21世纪全国本科院校电气信息类创新型应用人才培养规划教材

电工技术

主　编　赵　莹　李艳娟
副主编　曲萍萍　杜艳丽
参　编　苑广军　胡冬梅
孙继元

内 容 简 介

全书共分11章，分别是电路的基本概念和基本定律、电路的基本分析方法、正弦交流稳态电路、三相电路、非正弦周期电流电路、电路的暂态分析、磁路和变压器、异步电动机、继电接触器控制系统、可编程控制器及其应用和电工测量。每章设有学习目标、知识结构、引例、练习与思考以及习题，内容丰富实用，有利于培养学生的实际应用能力。

本书可作为高等院校非电类专业的本科教材，也可作为高职高专教育、成人教育、电大等相关专业的教学用书，同时可作为从事电工技术的相关人员的参考书。

图书在版编目(CIP)数据

电工技术/赵莹，李艳娟主编．—北京：北京大学出版社，2014.6
(21世纪全国本科院校电气信息类创新型应用人才培养规划教材)
ISBN 978-7-301-24181-3

Ⅰ.①电…　Ⅱ.①赵…②李…　Ⅲ.①电工技术—高等学校—教材　Ⅳ.①TM

中国版本图书馆CIP数据核字(2014)第081376号

书　　名：电工技术
著作责任者：赵　莹　李艳娟　主编
策 划 编 辑：程志强
责 任 编 辑：程志强
标 准 书 号：ISBN 978-7-301-24181-3/TM・0060
出 版 发 行：北京大学出版社
地　　址：北京市海淀区成府路205号　100871
网　　址：http://www.pup.cn　　新浪官方微博:@北京大学出版社
电 子 信 箱：pup_6@163.com
电　　话：邮购部62752015　发行部62750672　编辑部62750667　出版部62754962
印　刷　者：北京虎彩文化传播有限公司
经　销　者：新华书店
787毫米×1092毫米　16开本　22.75印张　528千字
2014年6月第1版　2019年7月第3次印刷
定　　价：46.00元

前　言

电工学是高等院校非电类专业的一门重要的专业基础课程，对该课程知识的掌握情况直接影响到后续专业课的学习。本书在编写过程中，以创新型应用人才培养目标为依据，结合编者多年的教学和工作经验，并参考了大量国内外教材，旨在使学生通过该门课程的学习，获得电工技术方面必备的基本理论、基本知识和基本技能，掌握简单的电气设备、电子方面的知识，为学习后续课程以及今后从事相关工程技术工作打下坚实的基础。

本书具有以下特色。

(1) 每章设有学习目标、知识结构，并以生活中的常见实例引出每章内容，能够激发学生的学习兴趣。

(2) 教学内容丰富，篇幅紧凑，注重基本概念、基本定律和电路的基本分析、计算方法的讲解，主次分明，详略得当。

(3) 层次结构由浅入深，重点内容详细交代，过深内容点到为止。

(4) 力求做到简洁与易懂相结合，语言流畅，通俗易懂，易于学生学习和理解。

(5) 部分章节增加了实用电路介绍，以便提高学生的学习兴趣和实践能力。

本书由北华大学赵莹和东北林业大学李艳娟担任主编，北华大学曲萍萍和杜艳丽担任副主编，苑广军、胡冬梅和孙继元参编。本书具体编写分工为：第1章由李艳娟编写；第2～4章由赵莹编写；第5、6章由杜艳丽编写；第7章由苑广军编写；第8章由曲萍萍编写；第9、10章由胡冬梅编写；第11章由孙继元编写。

本书在编写过程中借鉴了许多参考资料，在此对参考资料的作者表示感谢!

限于编者经验和水平，书中难免存在疏漏之处，恳请广大读者提出宝贵意见。

编　者

2014年2月

目 录

第1章

电路的基本概念和基本定律

学习目标

- ☞ 了解实际电路与电路模型的区别
- ☞ 理解电压与电流参考方向的意义
- ☞ 掌握功率的计算公式
- ☞ 理解电阻元件、理想电源及受控源的定义和伏安特性
- ☞ 掌握基尔霍夫定律的内容及应用方法
- ☞ 熟悉电位的概念及计算方法
- ☞ 掌握电阻串并联等效化简及分压公式和分流公式

知识结构

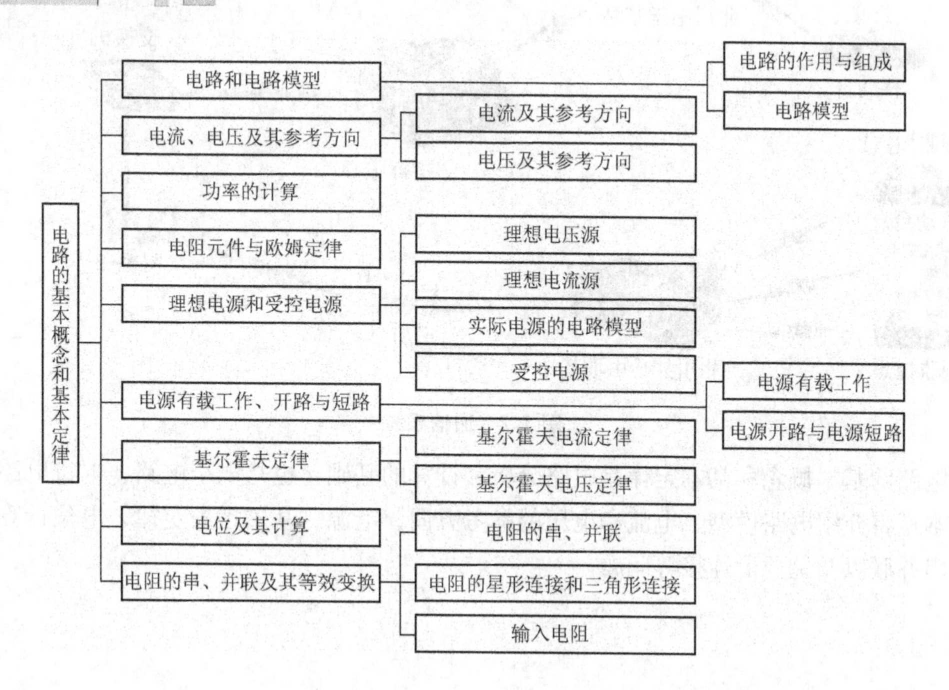

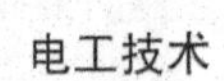

引例

电路理论是当代电气工程和电子科学技术的重要理论之一，经过一个多世纪的发展，它已发展成为一门体系完整、逻辑严密、具有强大生命力的学科领域。电路理论在实际生产生活中应用非常广泛，如家用电器：微波炉、电饭煲、电冰箱、空调等，这些电器内部具有使其正常工作的交流电路。而常用的手电筒(图 1.1)内部是一个最简单的直流电路，电力系统、通信系统(图 1.2)内部则包含比较复杂的电路。

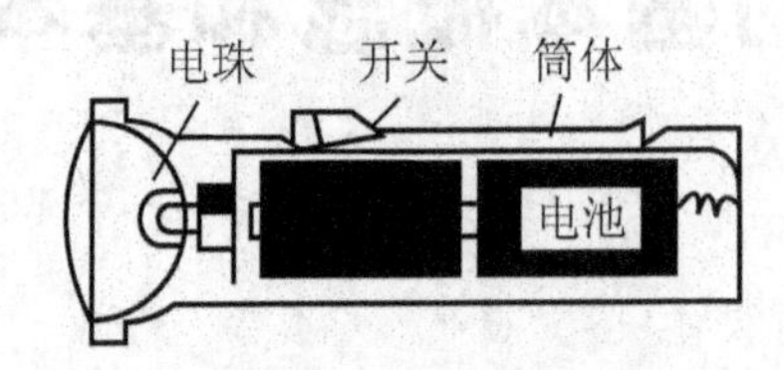

图 1.1　手电筒模型图

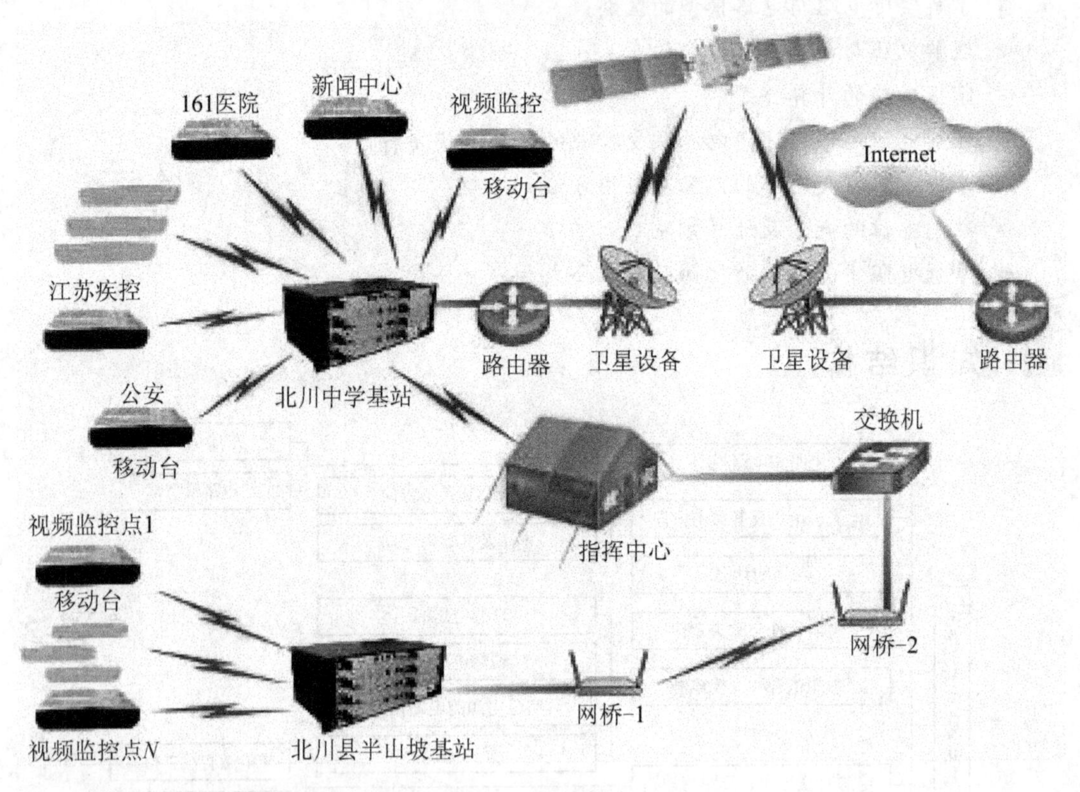

图 1.2　通信系统

电路的基本概念和基本定律是电路分析和计算的基础，也是电子电路、电机电路的基础。本章将介绍电路模型、电流和电压的参考方向、电源、基尔霍夫定律、电位计算和电阻的串并联以及星角形连接等问题。

1.1　电路和电路模型

1.1.1　电路的作用与组成

电路是电流的通路，是为了实现某种功能而由某些电气设备或元器件按一定方式组合起来的。常见的电气设备有发电机、变压器、电动机、电热炉等；常见的电子器件有二极管、三极管、晶闸管等。

电路的结构形式千差万别，所完成的功能各不相同。电路按其结构来分可分为3个部分，即提供电能和信号的电源部分、吸收电能或信号的负载部分、还有其他一些中间环节。如图1.3所示的电力系统电路，在发电厂内发电机将热能、水能、风能、核能等能量转换为电能，再经变压器升压后由输电线路完成电能的传输，建在用户端的变电站经变压器降压后将电能分配给负载，通过负载把电能转换为机械能、热能或其他形式的能量。在这个系统中，发电机是电源部分；电动机、电热炉、电灯等是负载，是取用电能的设备；变压器和输电线是中间环节，是连接电源和负载的部分，起传输和分配电能的作用。

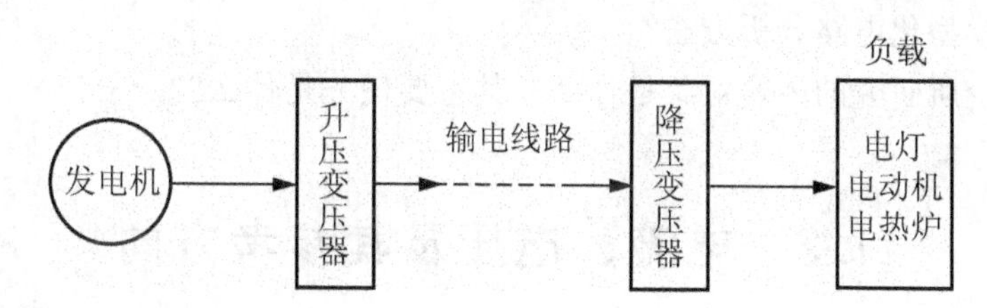

图1.3　电力系统电路示意图

电路中的电压和电流是在电源和信号源的作用下产生的，因此电源和信号源称为激励，也称为输入；由激励在电路各部分产生的电压和电流称为响应，也称为输出。所谓电路分析，就是在已知电路结构和元器件参数的情况下，研究电路的激励和响应之间的关系。

1.1.2　电路模型

为了分析和研究电路，常采用模型化的方法(将实际元件理想化)，即在一定的条件下突出其主要的电磁性质，忽略其次要因素，用足以表示其特性的理想化模型来表示它。由一些理想电路元件所组成的电路——实际电路的电路模型，它是对实际电路电磁性质的科学抽象和概括。在理想电路元件中主要有电阻元件、电感元件、电容元件和电源器件等。例如手电筒电路：其实际电路元件有干电池、开关和电珠等，连线图如图1.4(a)所示；电路模型如图1.4(b)所示，其中理想电阻元件 R 是电珠的电路模型，理想电压源 E 和电阻元件 R_0 的串联组合是干电池的电路模型，筒体起传输电流的作用，用理想导线表示，开关用S表示。图1.4(b)所示的电路模型又称为电路图。在电路图中，将理想电路元件用特定的电路符号表示；理想导线可画成直线、折线和曲线，其特点是处处等电位。

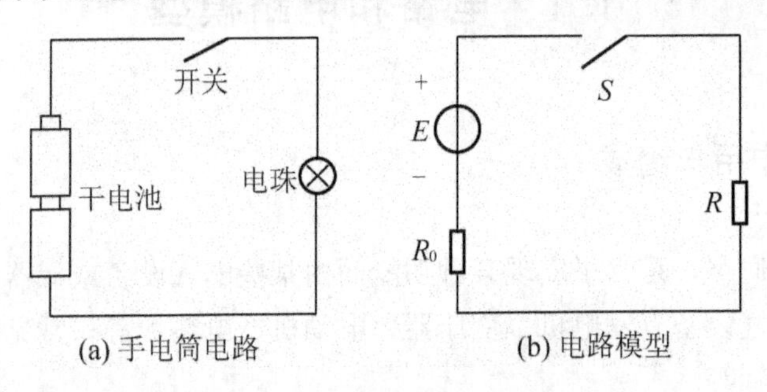

图1.4 手电筒电路及其电路模型

电路理论所研究的主要对象就是电路模型，其主要任务是研究电路的基本规律及其计算方法，并用电压、电流、功率等物理量进行表示，通常不涉及元件内部发生的物理过程。

练习与思考

1. 电路按其结构来分，可分为哪几个部分？
2. 什么是模型化电路分析方法？
3. 电路理论所研究的主要对象是什么？其主要任务是什么？

1.2 电流、电压及其参考方向

电流和电压的方向，有实际方向和参考方向之分，分析电路时要加以区别。

1.2.1 电流及其参考方向

电荷的定向移动形成电流。单位时间内通过导体横截面的电荷量定义为电流强度，简称电流，用以衡量电流的大小，用$i(t)$或i表示，即

$$i(t)=\frac{\mathrm{d}q}{\mathrm{d}t}$$

大小和方向随时间而变化的电流称为交变电流(alternating current，简写为ac或AC)，一般用小写字母$i(t)$表示。大小和方向都不随时间而改变的电流，称为恒定电流或直流电流(direct current，简写为dc或DC)，直流电流用大写字母“I”表示。

在国际单位制中，电荷的单位是C(库仑)，电流的单位是A(安培)，计量微小的电流时，可以以mA(毫安)和μA(微安)为单位。

习惯上规定正电荷的移动方向为电流的方向(实际方向)。电流的方向是客观存在的，

但在分析较复杂的直流电路时，往往难以事先判断电流的实际方向。对于交流电流，其方向随时间而变，在电路图上无法用一个箭头来表示它的实际方向。为此，在分析和计算电路时，可先任意选定某一个方向作为电流的方向，称为电流的参考方向或正方向。电流参考方向的表示法有两种：一种用箭头表示，如图 1.5(a)所示；一种用带双下标的字母表示，如图 1.5(b)所示，i_{ab}表示 i 的参考方向由 a 指向 b。所选的电流的参考方向并不一定与电流的实际方向一致。当电流的实际方向与参考方向一致时，电流为正值[图 1.6(a)]；当电流的实际方向与参考方向相反时，电流为负值[图 1.6(b)]。因此，在参考方向选定之后，电流的值才有正负之分。

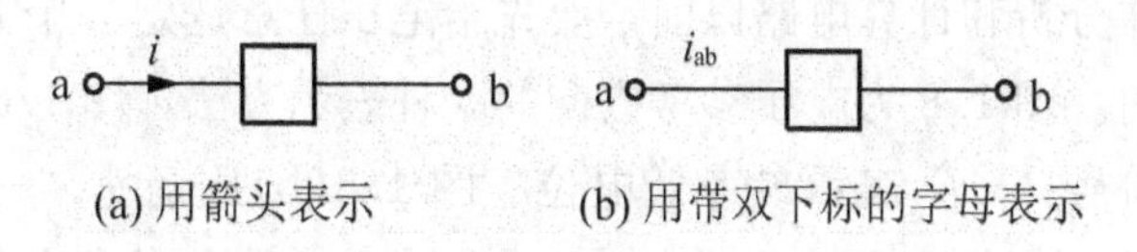

(a) 用箭头表示　　(b) 用带双下标的字母表示

图 1.5　电流的参考方向

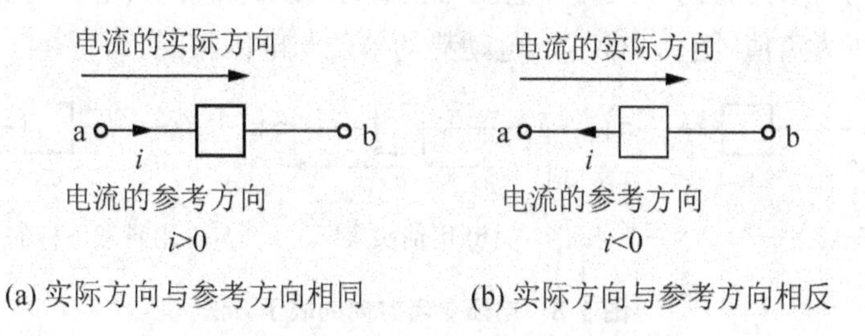

(a) 实际方向与参考方向相同　　(b) 实际方向与参考方向相反

图 1.6　电流实际方向与参考方向的关系

例如，对图 1.7 所示的电路，电流 I 实际方向与参考方向相同，$I=1\text{A}$，为正值；电流 I_1实际方向与参考方向相反，$I_1=-1\text{A}$，为负值，$I_1=-I$。

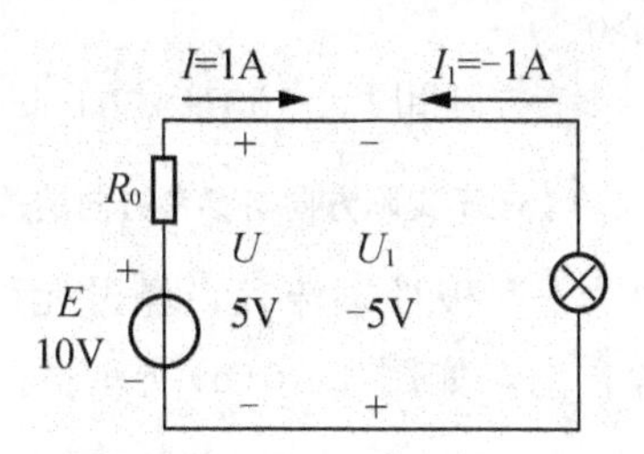

图 1.7　电流参考方向举例

1.2.2　电压及其参考方向

电压是用来描述电场力对电荷做功能力的物理量，如果电场力将单位正电荷 dq 从电场的高电位点 a 经过电路移动到低电位点 b 所做的功是 dw，则 ab 两点之间的电压为

$$u=\frac{\mathrm{d}w}{\mathrm{d}q} \tag{1.1}$$

大小和方向随时间而变化的电压称为交流电压(alternating voltage)，用 $u(t)$ 表示。大小和方向都不随时间而改变的电压，称为恒定电压或直流电压(direct voltage)，直流电压用大写字母“U”表示。

在国际单位制中，功的单位是 J(焦耳)，电荷的单位是 C(库仑)，电压的单位是 V(伏特)，计量微小的电压时，则以 mV(毫伏)或 μV(微伏)为单位；计量高电压时，则以 kV(千伏)为单位。

电压是个标量，为了表示电场力对电荷做功的方向，习惯上将高电位指向低电位的方向规定为电压的方向，并称作电压的实际方向或实际极性。

与电流一样，在分析和计算电路以前，要先给电压任意选定一个方向，并把这个方向称作电压的参考方向。图 1.8 为电压参考方向的 3 种表示方法，图 1.8(a)用符号“+”表示参考高电位，用符号“−”表示参考低电位；图 1.8(b)用箭头“→”表示电位降落方向；图 1.8(c)用带双下标的字母表示，其中 u_{ab} 表示 a 点是参考高电位，b 点是参考低电位。当实际方向与参考方向一致时，电压为正值[图 1.9(a)]；当电压的实际方向与参考方向相反时，电压为负值[图 1.9(b)]。电动势的单位与电压相同。

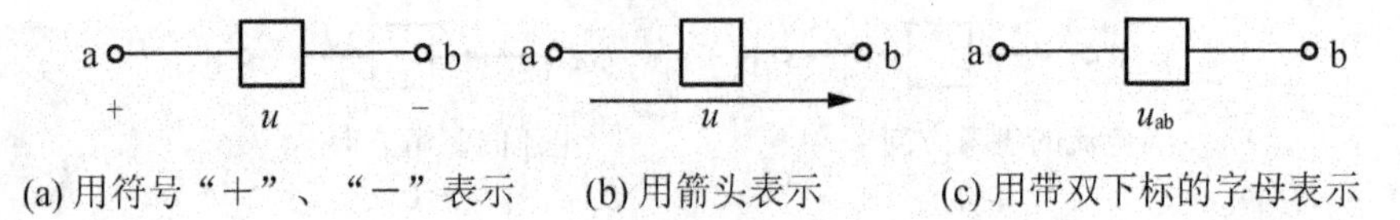

(a) 用符号“+”、“−”表示　(b) 用箭头表示　(c) 用带双下标的字母表示

图 1.8　电压参考方向的表示方法

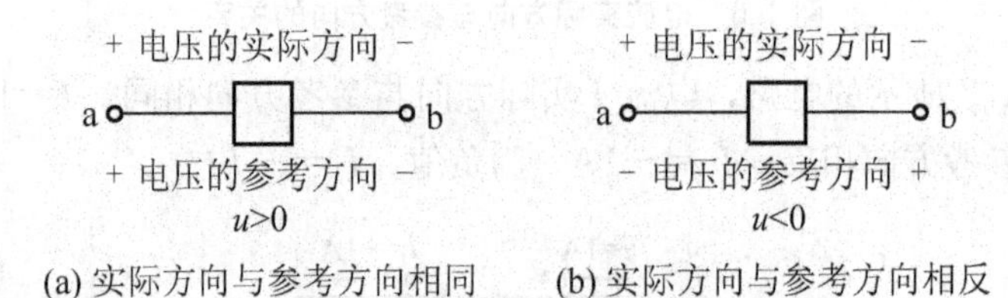

(a) 实际方向与参考方向相同　(b) 实际方向与参考方向相反

图 1.9　电压实际方向与参考方向的关系

当电流参考方向从电压的“+”极性端流入，经过元件从电压的“−”极性端流出时，称电流与电压为关联参考方向，如图 1.10(a)所示；反之称为非关联参考方向，如图 1.10(b)所示。

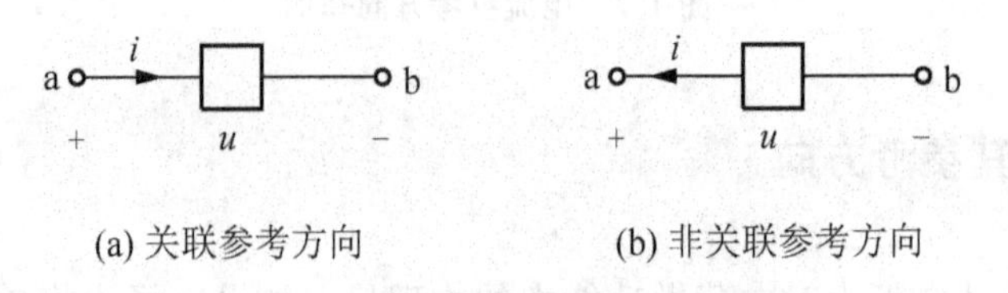

(a) 关联参考方向　(b) 非关联参考方向

图 1.10　电压与电流参考方向的关系

例如，对图 1.7 所示的电路，电压 U 的实际方向与参考方向相同，$U=5$V，为正值；电压 U_1 实际方向与参考方向相反，$U_1=-5$V，为负值，$U_1=-U$。

练习与思考

1. 在图 1.5(a)所示电路中，如果 $i=-5\text{A}$，则电流的实际方向如何？

2. 在图 1.5(b)所示电路中，如果 $i_{ab}=-3\text{A}$，则电流的实际方向如何？

3. 在图 1.8(a)所示电路中，如果 $u=10\text{V}$，则 a 端和 b 端电位哪个高？高多少？如果 $u=-10\text{V}$，则 a 端和 b 端电位哪个高？高多少？

4. 在图 1.8(c)所示电路中，如果 $u_{ab}=8\text{V}$，则 a 端和 b 端电位哪个高？高多少？如果 $u_{ab}=-8\text{V}$，则 a 端和 b 端电位哪个高？高多少？

5. 在图 1.11 中，$U_1=-8\text{V}$，$U_2=3\text{V}$，试求 U_{ab}的电压值。

6. 电路如图 1.12 所示，试回答哪些属于关联参考方向，哪些属于非关联参考方向。

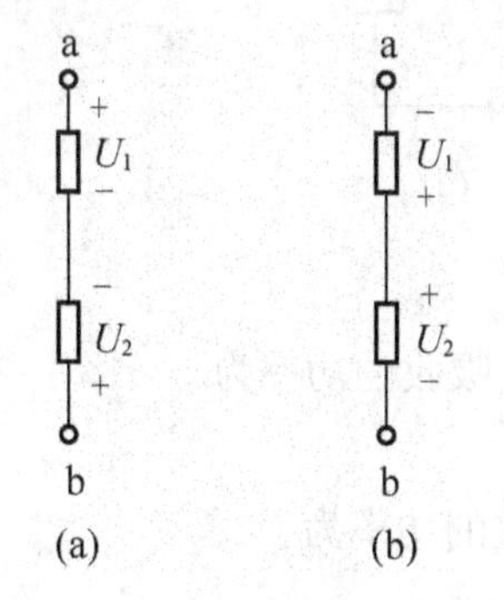

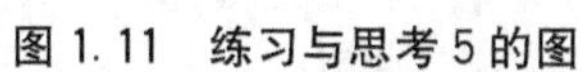

图 1.11　练习与思考 5 的图

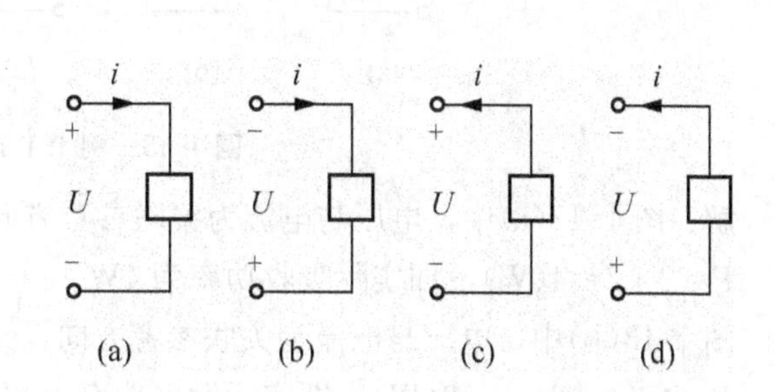

图 1.12　练习与思考 6 的图

1.3　功率的计算

将单位时间内某一个元件提供或消耗的能量称为该元件的电功率(electric power)，简称为功率，用 $p(t)$或 p 表示，可表示为

$$p(t)=\frac{\mathrm{d}w}{\mathrm{d}t}=\frac{\mathrm{d}w}{\mathrm{d}q}\cdot\frac{\mathrm{d}q}{\mathrm{d}t}=ui \tag{1.2}$$

对于直流电路，功率表示为

$$P=UI$$

在国际单位制中，能量 w 的单位为 J(焦耳)，时间单位为 s(秒)，功率的单位为 W(瓦特，简称瓦)，在实际使用中，还有 mW 和 kW。

功率与电压、电流有密切关系。对于电阻元件，当正电荷从电压的“+”极性端经过元件移动到电压的“−”极性端时，电场力对电荷做功，此时元件消耗能量或吸收功率(dissipate power)；对于电源，当正电荷从电压的“−”极性端经元件移动到电压的“+”极性端时，非电场力对电荷做功(电场力对电荷做负功)，此时元件提供能量或发出功率(supply power)。关于元件到底是吸收功率还是发出功率，有以下两个重要结论。

(1) 当电压和电流取关联参考方向时，如图 1.10(a)所示，公式 $p(t)=ui$ 的物理意义表示元件吸收功率。但由于 u、i 在参考方向下都是代数量，所以功率的值可正可负，当 $p>0$ 时，表示元件吸收功率；当 $p<0$ 时，表示元件发出功率。

(2) 当电压和电流取非关联参考方向时，如图 1.10(b)所示，公式 $p(t)=ui$ 的物理意义表示元件发出功率。当 $p>0$ 时，表示元件发出功率；当 $p<0$ 时，表示元件吸收功率。

【例 1.1】 计算图 1.13 各元件的功率，并判断元件实际是发出功率还是吸收功率。

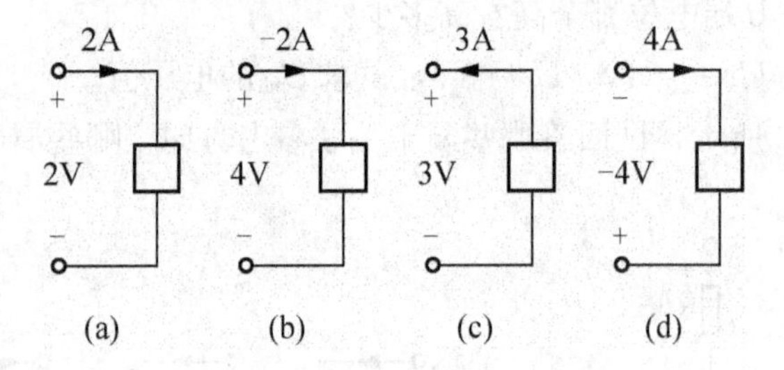

图 1.13 例 1.1 的图

解： 图 1.13(a)中，电压与电流为关联参考方向，元件吸收的功率为

$P=2\times2=4(\mathrm{W})$，即实际吸收功率为 4W。

图 1.13(b)中，电压与电流为关联参考方向，元件吸收的功率为

$P=4\times(-2)=-8(\mathrm{W})$，即实际发出功率为 8W。

图 1.13(c)中，电压与电流为非关联参考方向，元件发出的功率为

$P=3\times3=9(\mathrm{W})$，即实际发出功率为 9W。

图 1.13(d)中，电压与电流为非关联参考方向，元件发出的功率为

$P=(-4)\times4=-16(\mathrm{W})$，即实际吸收功率为 16W。

以上电路图中表示元件的方框，也可以是一部分电路，因此功率的计算方法同样适用于某一部分电路的功率计算。

练习与思考

1. 当电压和电流取关联参考方向时，公式 $p(t)=ui$ 的物理意义表示元件吸收功率。当 $p>0$ 时，表示吸收功率还是发出功率？当 $p<0$ 时，表示吸收功率还是发出功率？

2. 当电压和电流取非关联参考方向时，公式 $p(t)=ui$ 的物理意义表示元件发出功率。$p(t)=-ui$ 表示什么物理意义？

3. 计算图 1.14 各元件的功率，并判断元件实际是发出功率还是吸收功率。

4. 已知如图 1.15 所示各元件的功率和电压或电流，求未知的电压和电流并说明参考方向与实际方向的关系。

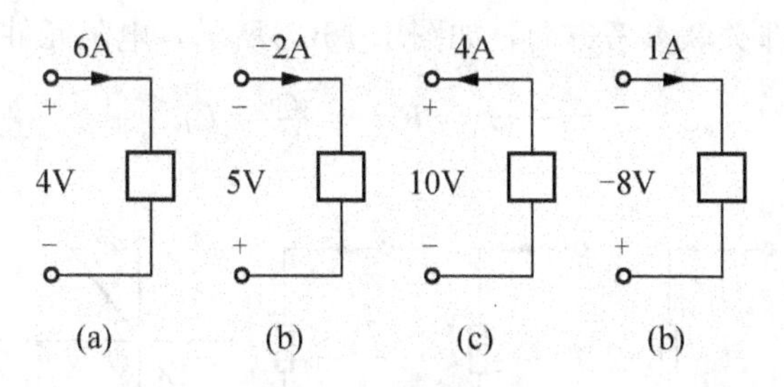

图 1.14　练习与思考 3 的图

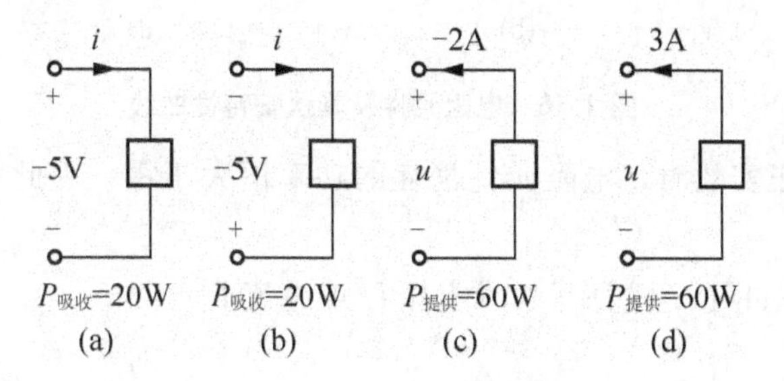

图 1.15　练习与思考 4 的图

1.4　电阻元件与欧姆定律

电阻元件(resistor)是对电阻器进行抽象而得到的理想模型，是反映电路耗能特性的元件，二端线性电阻元件的电路符号如图 1.16(a)所示。在任一瞬间其端电压和电流的关系服从欧姆定律(Ohm's law)。当电压与电流取关联参考方向时，如图 1.16(b)所示，其电压与电流的关系(伏安特性，voltage-current relation)可表示为

$$u = Ri(\text{或 } i = Gu) \tag{1.3}$$

当电压与电流取非关联参考方向时，如图 1.16(c)所示，其伏安特性可表示为

$$u = -Ri(\text{或 } i = -Gu) \tag{1.4}$$

式中，比例系数 R 是电阻元件的参数，对于线性电阻元件，R 是一个正实数。在国际单位制中，电阻的单位是 Ω(欧姆)，计量高电阻时，则以 kΩ(千欧)和 MΩ(兆欧)为单位。$G=\frac{1}{R}$，称为元件的电导(conductance)，电导的单位是 S(西门子)。

电阻元件的伏安特性可以用 u—i 平面的曲线表示，称为伏安特性曲线(voltage-ampere characteristic)。对于线性电阻元件，其伏安特性曲线是一条过原点的直线，如图 1.16(d)所示。

当电压与电流为关联参考方向，如图 1.16(b)所示，电阻元件吸收的功率为

$$p = ui = Ri^2 = \frac{u^2}{R} = Gu^2 \tag{1.5}$$

当电压与电流为非关联参考方向，如图 1.16(c)所示，电阻元件吸收的功率为

$$p = -ui = Ri^2 = \frac{u^2}{R} = Gu^2 \tag{1.6}$$

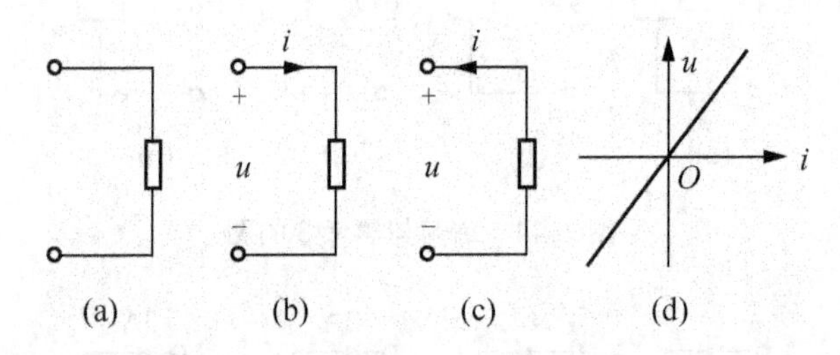

图 1.16　电阻元件及其伏安特性曲线

可见，当 R 为正实数时，电阻元件消耗的功率恒大于零，因此电阻元件是一种耗能元件。

【例 1.2】 电路如图 1.17 所示，求电压 U 或电流 I。

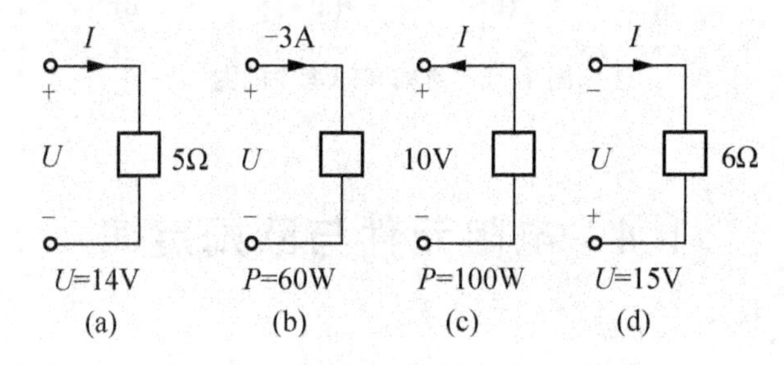

图 1.17　例 1.2 的图

解： 图 1.17(a)中，电压与电流为关联参考方向，根据公式可得

$$I = \frac{U}{R} = \frac{14}{5}\text{A} = 2.8\text{A}$$

图 1.17(b)中，电压与电流为关联参考方向，根据公式可得

$$U = \frac{P}{I} = \frac{60}{-3}\text{V} = -20\text{V}$$

图 1.17(c)中，电压与电流为非关联参考方向，根据公式可得

$$I = -\frac{P}{U} = -\frac{100}{10}\text{A} = -10\text{A}$$

图 1.17(d)中，电压与电流为非关联参考方向，根据公式可得

$$I = -\frac{U}{R} = -\frac{15}{6}\text{A} = -2.5\text{A}$$

【例 1.3】 有一台额定值为 220V/200W 的白炽灯，接在 220V 的电源上，试求流过白炽灯的电流及此时白炽灯的电阻。

解： 流过白炽灯的电流为

$$I = \frac{P}{U} = \frac{200}{220}\text{A} = 0.91\text{A}$$

此时白炽灯的电阻为

$$R=\frac{U}{I}=\frac{220}{0.91}\Omega=242\Omega$$

当一个线性电阻元件的端电压不论为何值时，流过它的电流恒为零，就把它称为“开路”。开路的伏安特性曲线在 $u-i$ 平面上与电压轴重合，相当于 $R=\infty$ 或 $G=0$，如图 1.18(a)所示；当流过一个线性电阻元件的电流无论为何值时，它的端电压恒为零，就把它称为“短路，”短路的伏安特性曲线在 $u-i$ 平面上与电流轴重合，相当于 $R=0$ 或 $G=\infty$，如图 1.18(b)所示。

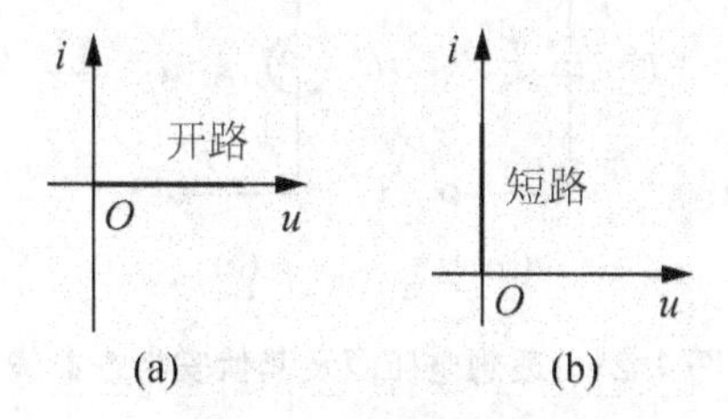

图 1.18　开路与短路的伏安特性

练习与思考

1. 一个额定功率是 20W 的 50kΩ 的电阻器，它的额定电压和额定电流分别是多少？

2. 有一个额定值为 100W/220V 的白炽灯，分别将它接在 220V、110V 和 380V 的电源上，求 3 种情况下流过白炽灯的电流，比较电灯的亮度，说明会有什么后果。

3. 试计算图 1.19 电路在开关 S 闭合和断开两种情况下的电压 U_1 和 U_2。

4. 写出图 1.20 所示各电阻元件的伏安关系表达式。

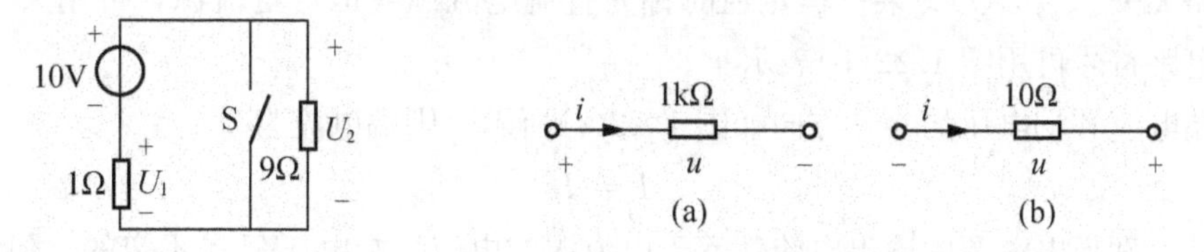

图 1.19　练习与思考 3 的图　　　图 1.20　练习与思考 4 的图

1.5　理想电源和受控电源

1.5.1　理想电压源

理想电压源电路符号如图 1.21(a)所示，是实际电源的理想化模型，简称电压源(voltage source)。电压源所提供的电压 $u_s(t)$随时间按一定规律变化，其大小和极性是独立的，与外电路无关。当 $u_s(t)$ 按某种确定的函数规律(如正弦)变化时称为交流电压源；当 $u_s(t)$ 为某一恒定值时称为直流电压源或恒定电压源，可用大写字母 U_S 表示(也可用 E 表示)，电路符号可用图 1.21(b)表示。理想直流电压源的端电压等于电压源的电压，端电流 I 随外接电路的变化而变化，其大小和方向由外接电路和 U_S 共同决定。

理想直流电压源的伏安特性曲线如图 1.21(d)所示，是一条与电流轴平行的曲线，电压恒定不变，电流可为正、负或零。

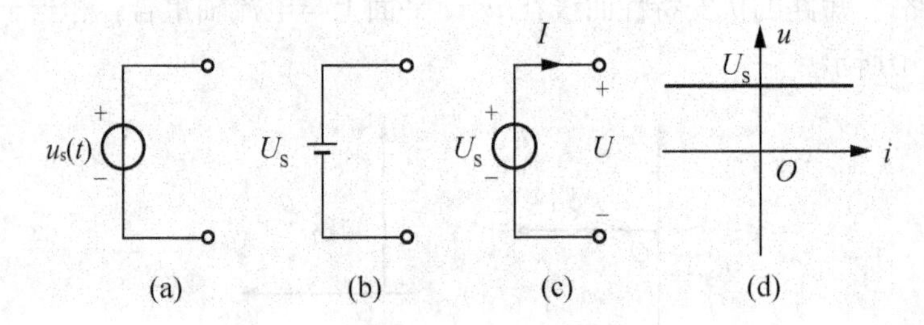

图 1.21　理想电压源及其伏安特性曲线

图 1.21(c)中流过电压源的电流与电压源 U_S 为非关联参考方向，电压源提供的功率为

$$P = U_S I \tag{1.7}$$

当 $P>0$ 时，称电压源为电源状态；当 $P<0$ 时，称电压源为负载状态。

1.5.2　理想电流源

理想电流源电路符号如图 1.22(a)所示，也是实际电源的理想化模型，简称电流源(current source)，它所提供的电流 $i_s(t)$ 随时间按一定规律变化，其大小和方向是独立的，与外电路无关。当 $i_s(t)$ 为某一恒定值时称为直流电流源或恒定电流源，可用大写字母 I_S 表示，电路符号可用图 1.22(b)表示。

取端电流和端电压的参考方向如图 1.22(c)所示，则端电流为

$$I = I_S \tag{1.8}$$

可见，理想电流源的输出电流就等于电流源的电流，端电压 U 是不定的，随外接电路的变化而变化，其大小和极性由外接电路和 I_S 共同决定。

理想直流电流源的伏安特性曲线如图 1.22(d)所示，是一条与电压轴平行的曲线，电流恒定不变，电压可为正、负或零。

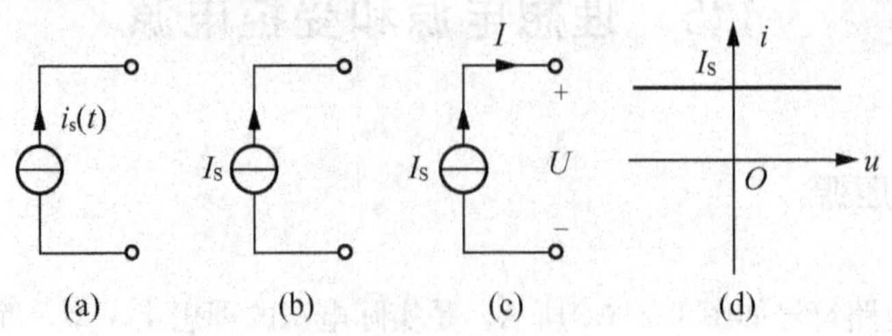

图 1.22　理想电压源及其伏安特性曲线

图 1.22(c)中电流源的电流与端电压为非关联参考方向，电流源提供的功率为

$$P = UI_S \tag{1.9}$$

当 $P>0$ 时，称电流源为电源状态；当 $P<0$ 时，称电流源为负载状态。

1.5.3　实际电源的电路模型

实际电源有发电机、电池、直流信号源、交流信号源等，它们在向外电路提供能量或电信号的同时，内部也有一定的损耗。通常实际直流电压源的模型可用理想电压源与电阻 R_0 串联来表示，电路如图 1.23(a)所示；直流电流源的模型可用理想电流源与电阻 R_0 并联来表示，电路如图 1.23(c)所示。

电源模型的端电压与端电流之间的关系曲线称作电源的外特性，图 1.23(b)、(d)分别给出了直流电压源和直流电流源的外特性曲线。从图中可以看出，实际电压源的端电压 U 随输出电流 I 的增加而降低；实际电流源的输出电流 I 随端电压 U 的增加而降低。

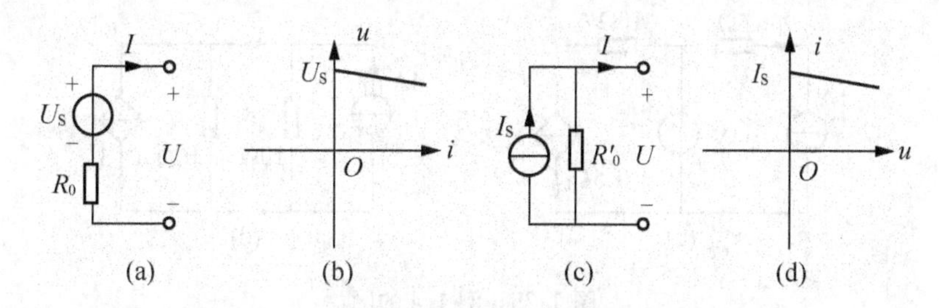

图 1.23　实际电源的电路模型及其伏安特性曲线

当实际电压源的内阻 R_0 很小，与外电路电阻比较可忽略时，其电路模型就是理想电压源；当实际电流源的内阻 R_0 很大，与外电路电阻比较可忽略时，其电路模型就是理想电流源。

1.5.4　受控电源

在实际应用中，还存在着电源的输出电压或电流的大小和变化规律受所在电路其他支路的电压或电流控制，不具有确定值的情况。当控制量消失或为零时，该电源的电压或电流也将为零，具有这种特性的电源称为受控源(dependence source)。根据受控源在电路中提供的是电压还是电流，是受电压控制还是受电流控制，受控源可分为电压控制电压源(VCVS)、电流控制电压源(CCVS)、电压控制电流源(VCCS)和电流控制电流源(CCCS)四种类型。受控源电路符号如图 1.24 所示。

图中 α、β、g、r 称为受控源的控制系数，对于线性受控源，它们通常都是常数。β 具有电阻量纲，g 具有电导量纲，α 和 r 没有量纲，是常数。u、i 是受控源的控制量，通常是电路中某两点之间的电压或某条支路的电流。

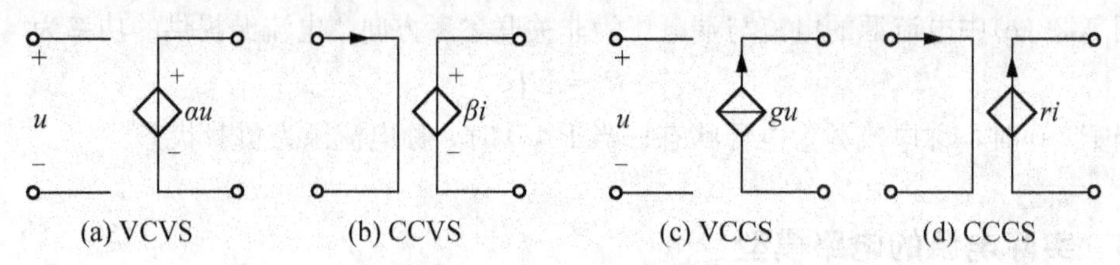

图 1.24　受控电源的电路符号

【例 1.4】　图 1.25 为含受控源的电路，判断受控源的类型、控制系数及控制量。

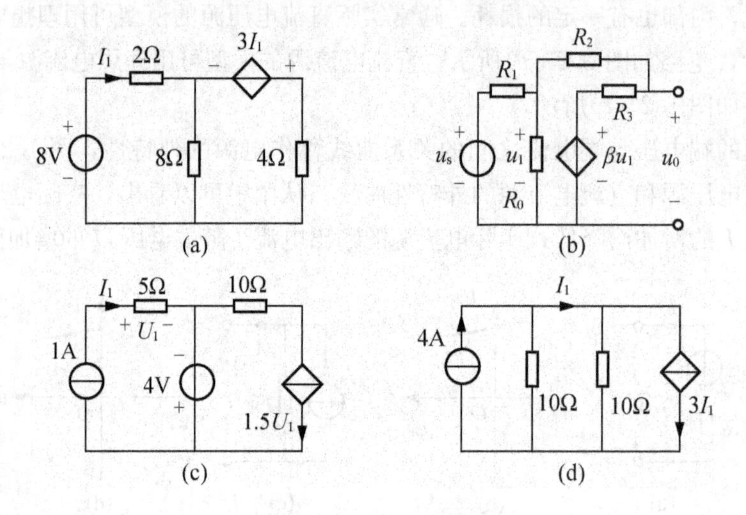

图 1.25　例 1.4 的图

解：图 1.25(a)中，受控源是电流控制电压源，控制系数 $\beta=3\Omega$，控制量是电流 I_1。

图 1.25(b)中，受控源是电压控制电压源，控制系数为 β，控制量是电压 u_1。

图 1.25(c)中，受控源是电压控制电流源，控制系数 $g=1.5\text{S}$，控制量是电压 U_1。

图 1.25(d)中，受控源是电流控制电流源，控制系数 $r=3$，控制量是电流 I_1。

独立电源是电路中能量和信号的输入，对电路起激励作用；受控电源则表示电路中某处的电压或电流受其他支路电压或电流控制，是电路中的一种物理现象。在分析含受控电源的电路时，可将受控电源当作独立电源一样处理，但需要注意受控电源的控制量通常是待求的解变量。

【例 1.5】　图 1.26 为含受控电源的电路，求电压 U 及各元件的功率。

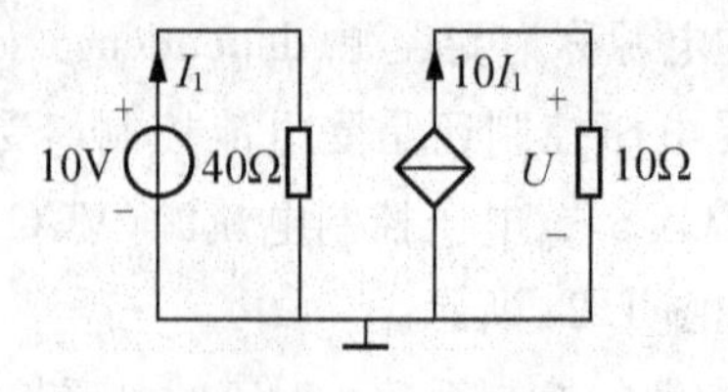

图 1.26　例 1.5 的图

解: $I_1 = \frac{10}{40}\text{A} = 0.25\text{A}, U = 10 \times 10I_1 = 25\text{V}$

电压源提供的功率为 $P = 10 \times 0.25\text{W} = 2.5\text{W}$

受控源提供的功率为 $P = 10I_1U = 10 \times 0.25 \times 25\text{W} = 62.5\text{W}$

40Ω 电阻消耗的功率为 $P=2.5\text{W}$

10Ω 电阻消耗的功率为 $P=62.5\text{W}$

练习与思考

1. 流过电压源的电流与电压源 U_S 为非关联参考方向，电压源提供的功率为 $P = U_S I$，当 $P>0$ 时，称电压源为电源状态还是负载状态？当 $P<0$ 时，称电压源为电源状态还是负载状态？

2. 电压源的输出电流和输出功率由什么来决定？其值是否一定大于零？

3. 电流源的端电压和输出功率由什么来决定？

4. 受控电源与理想电源有什么本质区别？受控电源分为哪些种类？

5. 图 1.27 所示为一个理想电压源和一个实际电压源分别带相同负载的电路，分别求电压源的输出电流 I、端电压 U 及其提供的功率 P。

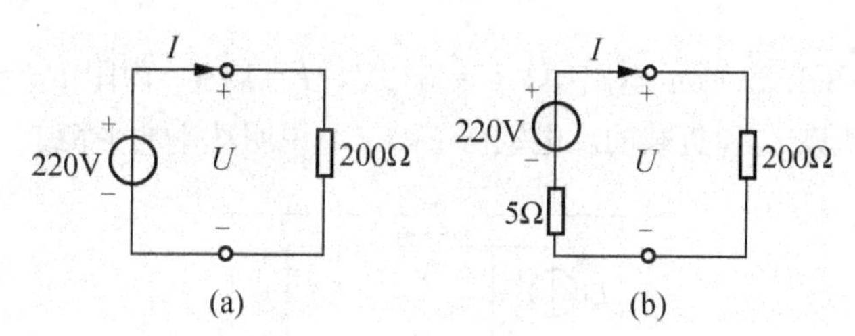

图 1.27 练习与思考 5 的图

1.6 电源有载工作、开路与短路

本节分别介绍电源有载工作、开路与短路时的电流、电压和功率等情况。

1.6.1 电源有载工作

图 1.28(a)为一个简单的电源有载工作电路图，根据欧姆定律可得

$$I = \frac{E}{R_0 + R} \tag{1.10}$$

$$U = RI = E - R_0 I \tag{1.11}$$

由式(1.11)可见，电源端电压小于电源的电动势，两者之差就是电流流过电源内阻产

生的电压降。电流越大，电源端电压下降得越多。通常电源内阻较小，当 $R_0 \ll R$ 时，$U \approx E$，这时即使负载有波动，负载上的电压也几乎不变，这时称为电源带负载能力强。因此，电压源的内阻越小越好。电源端电压 U 与输出电流 I 之间的关系曲线称作电源的外特性曲线，如图 1.28(b)所示，它是一条直线，其斜率为 $-R_0$。

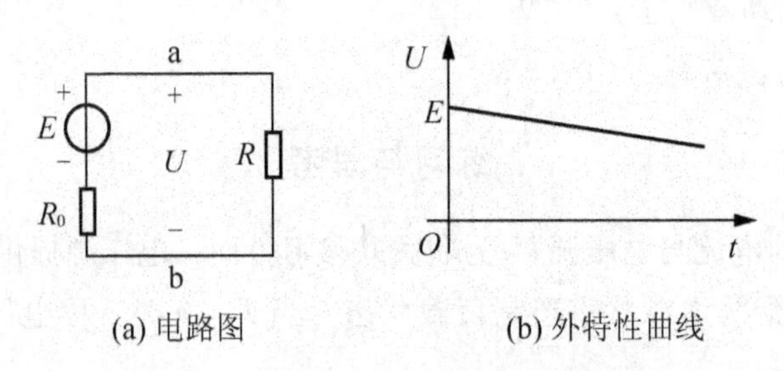

图 1.28　电源有载工作电路图及外特性曲线

将式两边同时乘以电流 I，则可得功率平衡式

$$UI = EI - R_0 I^2 \tag{1.12}$$

$$P = P_E - \Delta P \tag{1.13}$$

式中，$P_E = EI$，是电源产生的功率；$\Delta P = R_0 I^2$，是电源内阻上损耗的功率；$P = UI$，是电源输出的功率。

【例 1.6】 在图 1.29 所示电路中，$U = 380V$，$I = 10A$，内阻 $R_{01} = 1\Omega$，$R_{02} = 0.8\Omega$。(1)试求电源的电动势 E_1 和负载的反电动势 E_2。(2)说明功率的平衡。

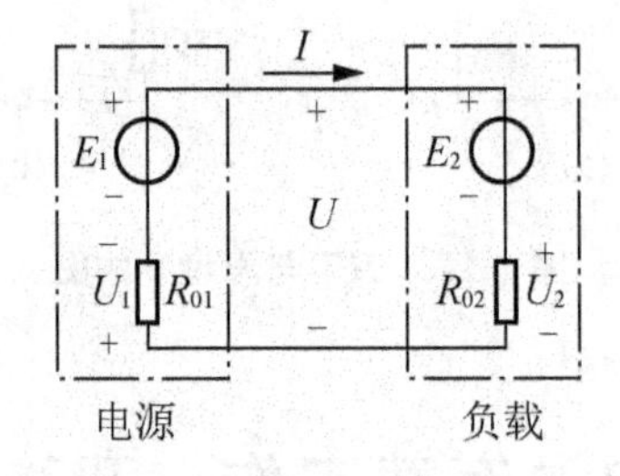

图 1.29　例 1.6 的图

解：(1)

$$E_1 = U + R_{01} I = 380V + 1 \times 10V = 390V$$

$$E_2 = U - R_{02} I = 380V - 0.8 \times 10V = 372V$$

(2) 由(1)中两式可得

$$E_1 = E_2 + R_{01} I + R_{02} I$$

两边同时乘以 I，可得

$$E_1 I = E_2 I + R_{01} I^2 + R_{02} I^2$$

$$390 \times 10W = 372 \times 10W + 1 \times 10^2 W + 0.8 \times 10^2 W$$

$$3900W = 3720W + 100W + 80W$$

式中，$E_1 I = 3900W$，是电源产生的功率；$E_2 I = 3720W$，是负载取用的功率；$R_{01} I^2 = 100W$，是电源内阻损耗的功率；$R_{02} I^2 = 80W$，是负载内阻损耗的功率。

由此可知，在一个电路中，电源产生的功率和负载取用的功率以及内阻损耗的功率是平衡的。

分析电路时，通常需要判断出哪个电路元件是电源，哪个电路元件是负载。其判断方法如下：当电流从电压U的高电位端流出，这个元件就是电源，是提供功率的元件；当电流从电压U的高电位端流入，这个元件就是负载，是取用功率的元件。

【例 1.7】 有一220V/100W的电灯泡，接在220V的电源上，试求流过该灯泡的电流和其在该电压作用下的电阻。如果每晚用电2h，试求一个月消耗的电能。

解：
$$I=\frac{P}{U}=\frac{100}{220}\text{A}=0.45\text{A}$$

$$R=\frac{U}{I}=\frac{220}{0.45}\Omega=489\Omega$$

两个月用电量 $W=Pt=100\text{W}\times(2\times30)\text{h}=6\text{kW}\cdot\text{h}$

【例 1.8】 某电站向某城市供电的高压直流输电线示意图如图1.30所示，输电线每根对地耐压为500kV，电线容许电流为1kA，每根导线电阻为30Ω。如果首端线间电压U_1为1000kV，可传输多少功率到城市？

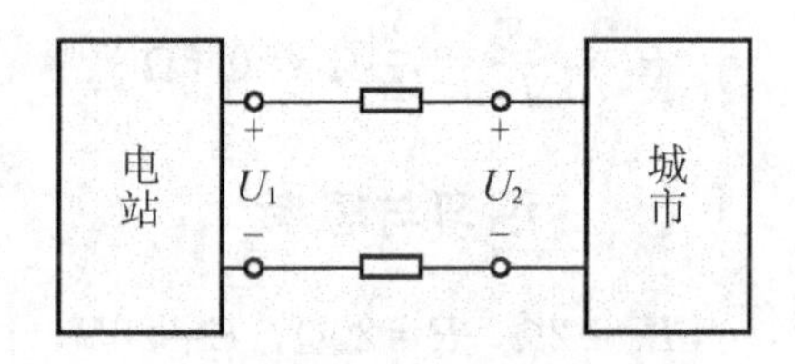

图 1.30　高压直流输电线示意图

解：根据题意

$$\begin{aligned}U_2&=U_1-2\times30\times1\text{kV}\\&=940\text{kV}\end{aligned}$$

传输到城市的功率为

$$\begin{aligned}P&=U_2\times I\\&=940\times10^3\times1\times10^3\text{W}\\&=940\times10^6\text{W}\end{aligned}$$

1.6.2　电源开路与电源短路

当电源与负载断开，这时电源处于开路状态，如图1.31(a)所示。电源开路时电源两端的端电压等于电源的电动势，电路中电流为零，电源不发出功率。

当电源两端连在一起时，称为电源短路，如图1.31(b)所示。电源短路时，负载电阻被短路，可视为零，电流只流过阻值很小的电源内阻，这时电流很大，此电流称为短路电流I_S。由于短路电流很大，可能烧坏电源，实际工作中要尽量避免。

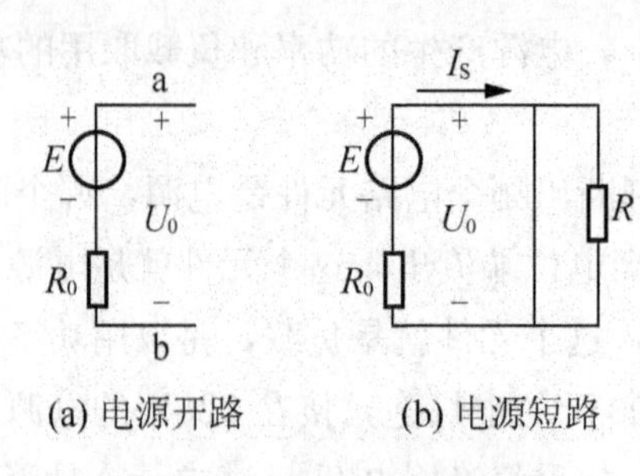

(a) 电源开路　　(b) 电源短路

图 1.31　电源开路与电源短路

电源短路时，外电路的电阻为零，电源的端电压也为零。这时电源的电动势全部降在电源内阻上。

【例 1.9】 如果直流电源的开路电压$U_0=20\text{V}$，短路电流$I_S=40\text{A}$，试求该电源的电动势和内阻。

解：电源的电动势

$$E=U_0=20\text{V}$$

电源内阻

$$R_0=\frac{E}{I_S}=\frac{20}{40}\Omega=0.5\Omega$$

练习与思考

1. 电路如图 1.28 所示，当$R_0=2\Omega$，$R=20\Omega$，$E=20\text{V}$，试求端电压U。

2. 电源开路时，电源两端的端电压是什么？这时电源是否发出功率？

3. 电源短路时，电源两端的端电压是多少？

4. 额定电流为 60A 的发电机，只接入了 40A 的照明负载，另外的 20A 电流流到哪里去了？

5. 在图 1.32(a)所示电池电路中，当$U=10\text{V}$，$E=20\text{V}$时，该电池作电源使用还是作为负载使用？在图 1.32(b)所示电池电路中，当$U=20\text{V}$，$E=10\text{V}$时，该电池作电源使用还是作为负载使用？两图中电流I的值是正值还是负值？

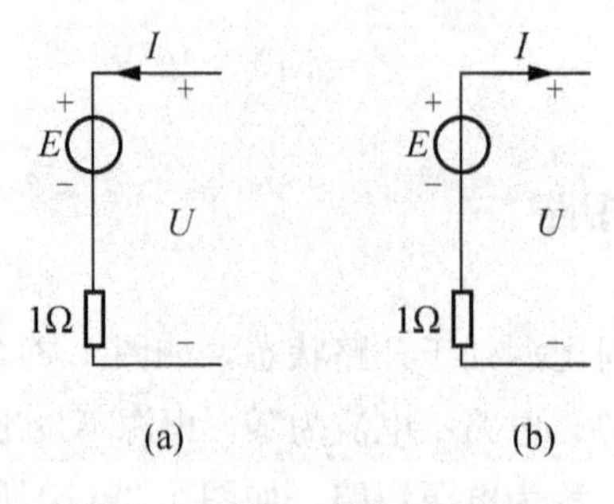

图 1.32　练习与思考 5 的图

6. 一个电热炉接在 220V 电源上取用的功率是 1000W，如果将它接在 110V 的电源

上，则取用的功率是多少？如果接在 380V 的电源上呢？

8. 如图 1.33 所示电路。(1)问 R_1 是不是电压源的内阻？(2)当 $R_1 = 10\Omega$ 和 $R_1 = 100\Omega$ 时，分别求电流 I 和 I_2。说明当 R_1 改变时，电压源和电阻 R_2 的工作状态是否改变？

9. 如图 1.34 所示电路，$R_2 = 50\Omega$。(1)问 R_1 是不是电流源的内阻？(2)当 $R_1 = 5\Omega$ 和 $R_1 = 50\Omega$ 时，分别求电压 U、U_2。说明当 R_1 改变时，电流源和电阻 R_2 的工作状态是否改变？

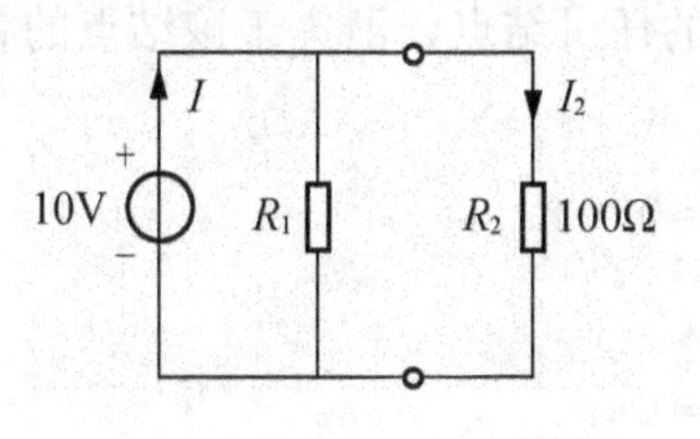

图 1.33　练习与思考 8 的图

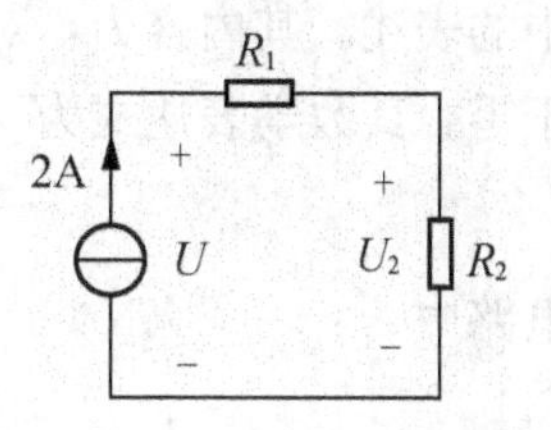

图 1.34　练习与思考 9 的图

1.7　基尔霍夫定律

电路元件的伏安关系反映了电路元件对其所在支路的电压和电流间所起的一种约束作用，称为元件约束。电路中元件的相互连接给支路电压和电流带来的约束，称作结构约束，表示这种约束关系的就是基尔霍夫定律。

1.7.1　电路结构术语

在介绍基尔霍夫定律之前，先介绍几个电路结构术语。

(1) 支路：把每一个二端元件或二端元件的组合定义为一条支路，支路是没有分支的一段电路。一条支路只流过一个电流，称为支路电流，支路两端之间的电压称为支路电压。图 1.35 所示电路中，E_1 和 R_1 及 E_2 和 R_2、R_3、R_4、R_5、R_6 分别称为支路，支路数 $b=6$。含有电源的支路称为有源支路，否则称为无源支路。

(2) 结点：把 3 条及 3 条以上支路的连接点称为结点。图 1.35 中 a、b、c、d 点就是结点，结点数 $n=4$。由此可见，支路是跨接在两结点间的一段电路。

(3) 回路：从电路的一个结点出发，经过若干支路和结点(所有结点和支路只经过一次)，这样首尾相连的闭合路径，称为回路。图 1.35 中，abdca、abcda、adbca 等都是回路。含有电源的回路称为有源回路，否则称为无源回路。

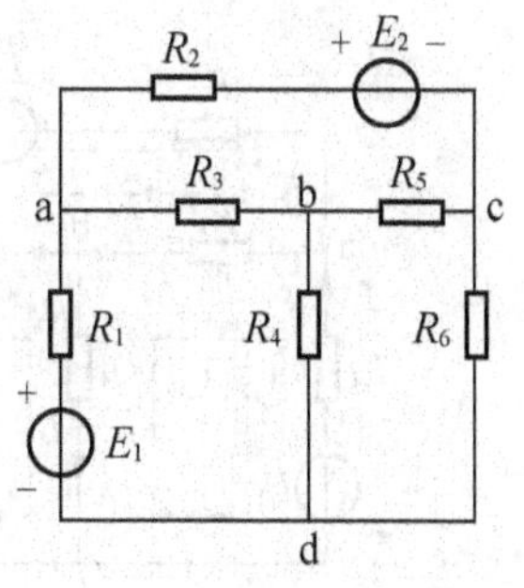

图 1.35　电路结构术语示意图

(4) 网孔：内部不包围任何支路的回路，称为网孔。图 1.35 中，回路 abda、cbdc 和 abca 就是网孔，图中网孔数 $m=3$。

1.7.2 基尔霍夫电流定律

基尔霍夫电流定律(Kirchhoff's current law，KCL)是基于电荷守恒的电流连续性原理在电路问题中的表述。其内容为：对于电路中的任一结点，汇集于该结点的各支路电流的代数和恒等于零。其数学表达式为

$$\sum i = 0 \tag{1.14}$$

在直流电路中

$$\sum I = 0 \tag{1.15}$$

对于支路电流，如果流出结点的电流前面取“+”号，则流入结点的电流前面取“−”号；如果流出结点的电流前面取“−”号，则流入结点的电流前面取“+”号。例如对图 1.36 中的结点 a、b、c、d 有

$$-I_1-I_2+I_3=0$$
$$-I_3+I_4+I_5=0$$
$$I_2-I_5+I_6=0$$
$$I_1-I_4-I_6=0$$

如果将上述 4 个方程相加，结果恒等于零，说明这 4 个方程不是彼此独立的。一般地，对于具有 n 个结点的电路，只有 $n-1$ 个 KCL 方程是独立的。

KCL 通常适用于结点，也可推广应用于包围部分电路的闭合面，即与闭合面相交支路的支路电流的代数和恒等于零。若流出闭合面的电流前面取“+”号，则流入闭合面的电流前面取“−”号。对图 1.37 所示的电路，闭合面 S 内有 a、b、c 三个结点。对 3 个结点列 KCL 有

$$-I_1-I_{ba}+I_{ac}=0$$
$$+I_3-I_{cb}+I_{ba}=0$$
$$-I_2-I_{ac}+I_{cb}-=0$$

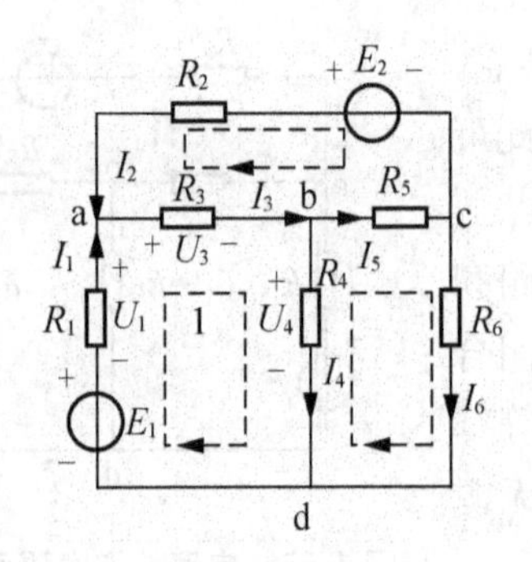

图 1.36 支路电流及回路示意图

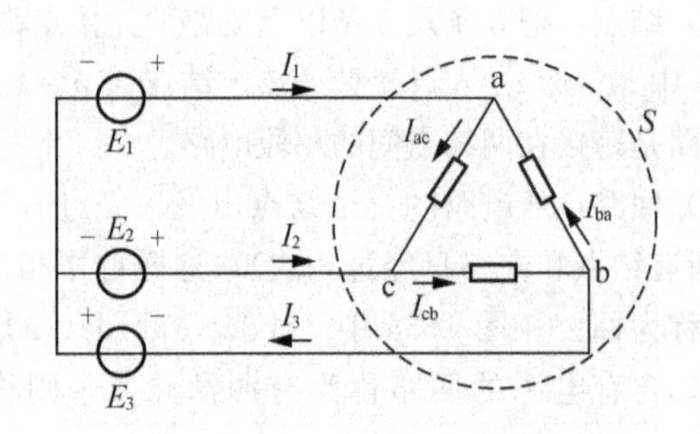

图 1.37 KCL 应用于广义结点

将 3 个方程相加，可得

$$-I_1-I_2+I_3=0$$

这种假设的闭合面称为广义结点。

【例 1.10】 在图 1.38 所示电路中，$I_1=5\text{A}$，$I_2=-5\text{A}$，$I_3=4\text{A}$，试求 I_4。

解：由 KCL 可得

$$-I_1+I_2+I_3+I_4=0$$

$$-5+(-5)+4+I_4=0$$

$$I_4=6\text{A}$$

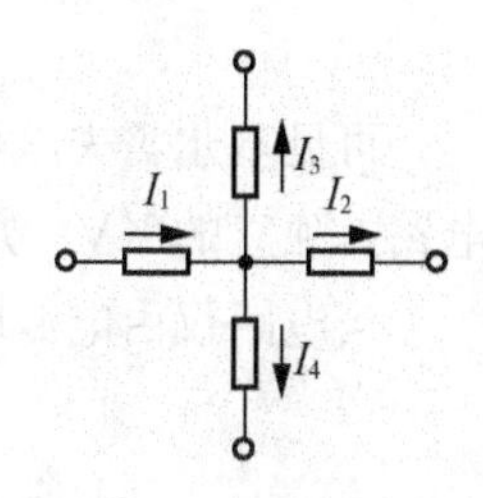

图 1.38 例 1.10 的图

【例 1.11】 求图 1.39(a)所示电路中的电压 U。

解：选相关电流参考方向如图 1.39(b)所示

(方法 1)对结点 b、a 列 KCL 方程可得

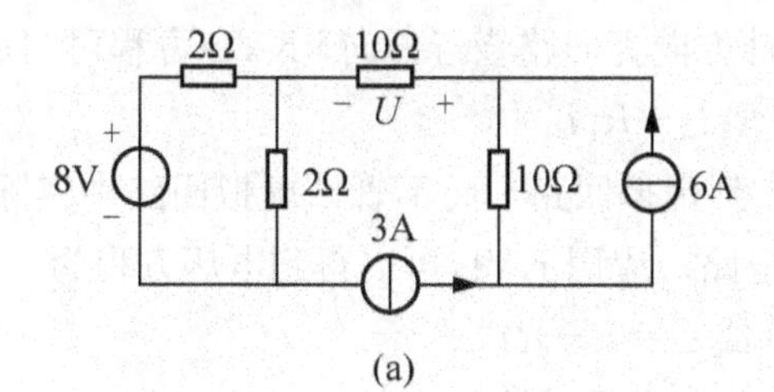

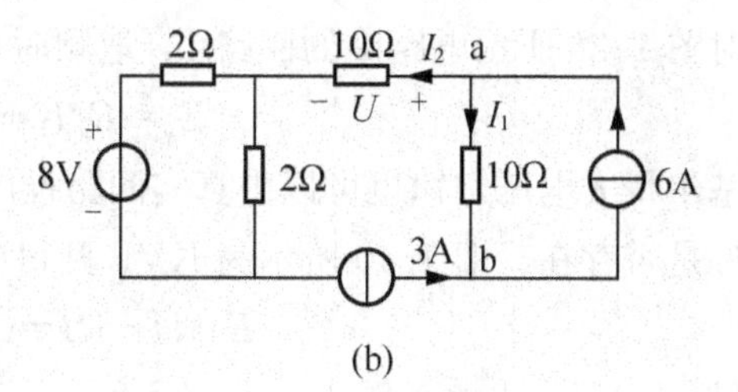

图 1.39 例 1.11 的图

$$I_1=6-3=3(\text{A})$$

$$I_2=6-I_1=3(\text{A})$$

所以

$$U=10I_2=30\text{V}$$

(方法 2)做广义闭合面包围 a、b 结点右侧并联电路，由推广的 KCL 可直接求得 $I_2=3\text{A}$。由欧姆定律得

$$U=10I_2=30\text{V}$$

1.7.3 基尔霍夫电压定律

基尔霍夫电压定律(Kirchhoff's voltage law，KVL)是基于能量守恒的电位单值性原理在电路中的描述。其内容为：对于电路中的任一回路，从任一点出发，以顺时针或逆时针方向绕行一周，则在这个方向上的所有电压降的代数和等于电位升的代数和；或者说，沿回路方向绕行，回路中各段电压的代数和恒等于零。其数学表达式为

$$\sum u=0 \tag{1.16}$$

在直流电路中

$$\sum U=0 \tag{1.17}$$

应用基尔霍夫电压定律时，首先要假定电压、电动势的参考方向，并指定回路的绕行方向。当电压降、电动势的参考方向与回路的方向一致时取“+”号，相反时取“−”号。例如，对图 1.36 所示电路中的回路 1，取顺时针方向为回路绕行方向，根据 KVL 可列方程

$$-E_1-U_1+U_3+U_4=0 \tag{1.18}$$

可见基尔霍夫电压定律(KVL)对回路中各段电压做出了线性约束。一般地，对于平面电路，独立的 KVL 方程数等于网孔数，因此对网孔列出的 KVL 方程肯定是独立的。

当电路仅由电源电动势和电阻元件构成时，KVL 方程可表示为

$$\sum E=\sum RI \tag{1.19}$$

对式(1.19)，如果电流参考方向与回路绕行方向一致，RI 前面取“+”号，相反则取“−”号；如果沿回路绕行方向电源电动势升高，则 E 前取“+”号，反之取“−”号。

对图 1.36 所示电路中的回路 1，取顺时针方向为回路绕行方向，KVL 方程可写成

$$E_1=R_1I_1+R_3I_3+R_4I_4 \tag{1.20}$$

基尔霍夫电压定律也可以由真实回路推广到虚拟回路，而不管该虚拟回路中实际的电路元件是否存在。图 1.40 所示为 KVL 开口电路。应用 KVL 可以得到电压方程为

$$E-U-RI=0 \text{ 或 } U=E-RI \tag{1.21}$$

【例 1.12】 电路如图 1.41(a)所示，求 7A 电流源提供的功率。

解：设相关电压、电流参考方向如图 1.41(b)所示，由 KCL 可得

$$I=7-3=4(\text{A})$$

由 KVL 可得

$$U=2\times7+2\times I=22(\text{V})$$

7A 电流源提供的功率

$$P=UI=22\times7=154(\text{W})$$

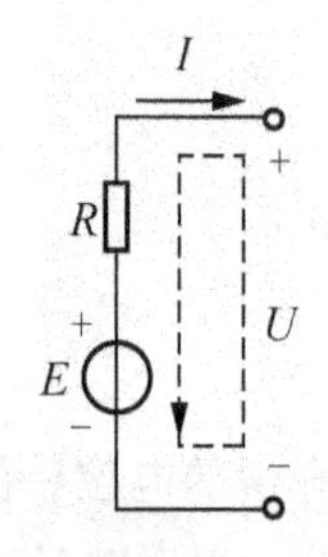

图 1.40 KVL 开口电路

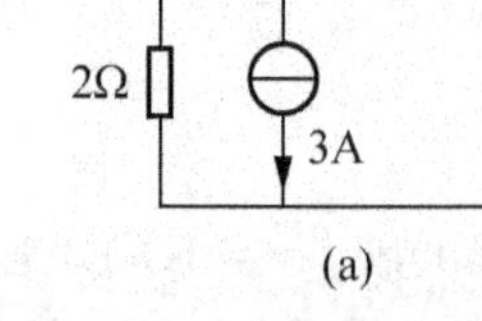

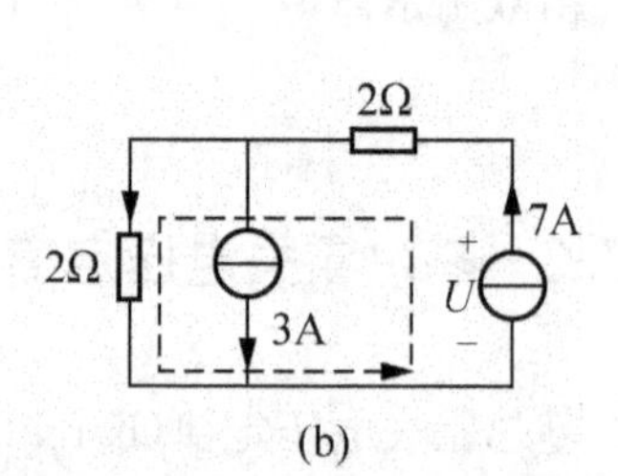

图 1.41 例 1.12 的图

【例 1.13】 电路如图 1.42(a)所示，求受控电压源提供的功率。

解：选相关电流参考方向如图 1.42(b)所示，列 KVL 方程：

$$-U+3\times8-2U=0$$

解得

$$U=8\text{V}$$

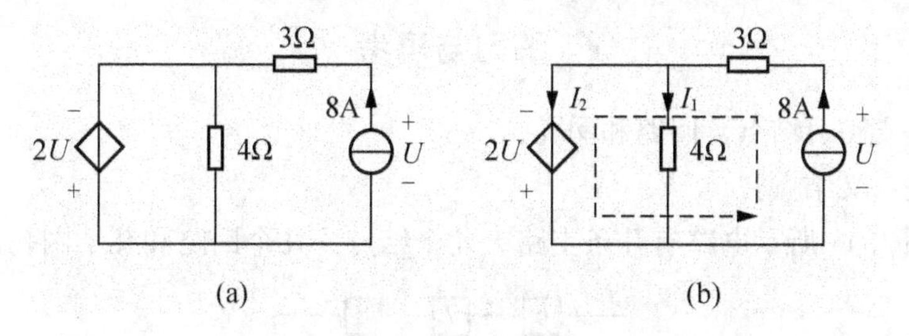

图 1.42　例 1.13 的图

由欧姆定律得

$$I_1 = -\frac{2U}{4} = -4\text{A}$$

由 KCL 得

$$I_2 = 8 - I_1 = 12(\text{A})$$

所以受控源提供的功率

$$P = 2UI_2 = 2 \times 8 \times 12\text{W} = 192\text{W}$$

【例 1.14】　如图 1.43(a)所示电路，求：(1)ab 端断开时的端口电压 U；(2)ab 端短接时的端口电流 I。

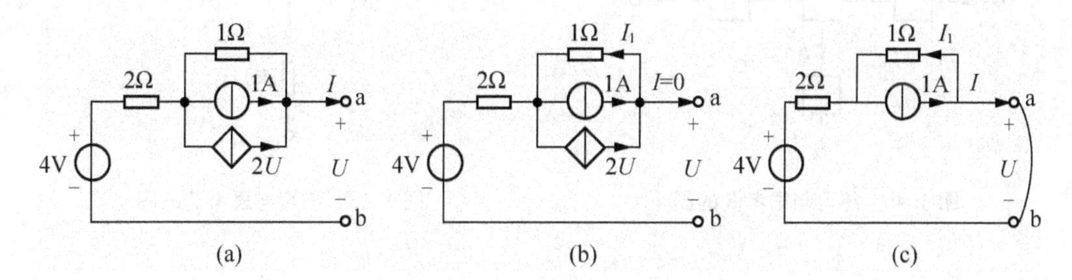

图 1.43　例 1.14 的电路图

解：(1) ab 端断开时，$I = 0$。

选相关电流参考方向如图 1.43(b)所示，列 KCL、KVL 方程：

$$I_1 - 1 - 2U = 0 \quad (1)$$

$$2I - 1 \times I_1 + U = 4 \quad (2)$$

联立方程(1)、(2)解得

$$U = -5\text{V}$$

(2) ab 端短接时，$U = 0$，受控电流源电流等于零，相当于断路，等效电路如图 1.43(c)所示。列 KCL、KVL 方程：

$$I_1 + I = 1 \quad (1)$$

$$2I - 1 \times I_1 = 4 \quad (2)$$

联立方程(1)、(2)解得

$$I = \frac{5}{3}\text{A}$$

练习与思考

1. 什么是支路、结点、回路和网孔?
2. 什么是广义结点?
3. 判断图 1.44 所示电路有几条支路、几个结点、几个回路和几个网孔。

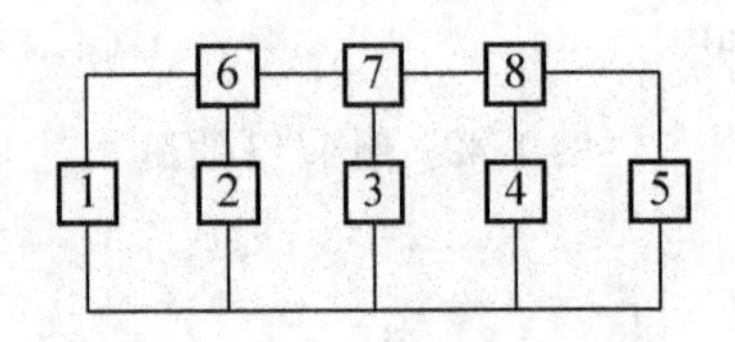

图 1.44 练习与思考 3 的图

4. 基尔霍夫电流定律是什么?
5. 基尔霍夫电压定律是什么?
6. 电路如图 1.45 所示，如果 $i_1=(6\sin314t)\mathrm{A}$，$i_2=(8\cos314t)\mathrm{A}$，试求 i_3 的表达式。
7. 电路如图 1.46 所示，试求电流 I_3、电压 U_{ab}、U_{ac}、U_{bc}。

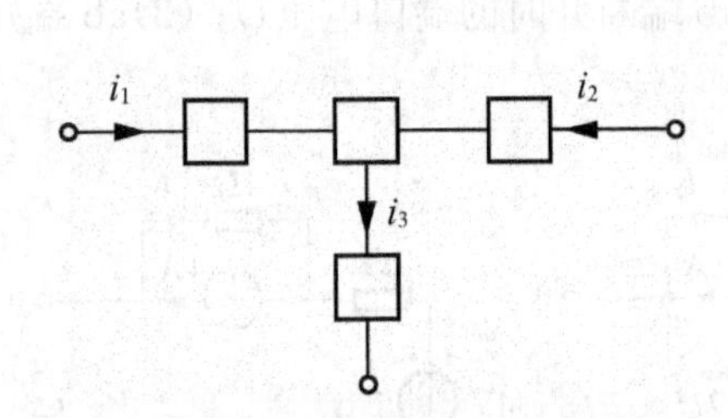

图 1.45 练习与思考 6 的图

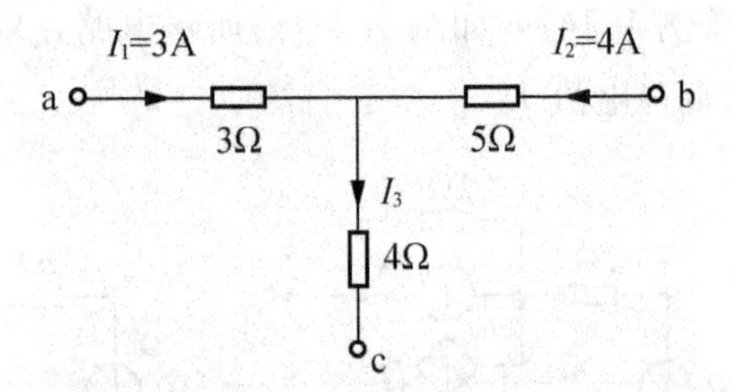

图 1.46 练习与思考 7 的图

1.8 电位及其计算

在电子电路中，经常涉及电位的概念。电位(electric potential)也是衡量电场力对电荷做功能量的物理量，如果电场力将单位正电荷 $\mathrm{d}q$ 从电路中的某一点 a 经过电路移动到参考点(零电位点)所做的功是 $\mathrm{d}w$，则 a 点电位是

$$u_a=\frac{\mathrm{d}w}{\mathrm{d}q} \tag{1.22}$$

电路中某一点的电位就等于该点与参考点之间的电压。在电路计算时，通常任意选定某一点作为参考点，并令参考点的电位等于零；在电子电路中，常选一条特定的公共线作为参考点。这条公共线是许多元件的汇集处且与机壳相连，这条线也称作地线(不一定与大地相连)；在电力工程中，常选大地作为参考点。现以图 1.47 为例，讨论电路各点电位的计算问题。

在图 1.47(a)中，b 点为参考电位点(即零点)，则

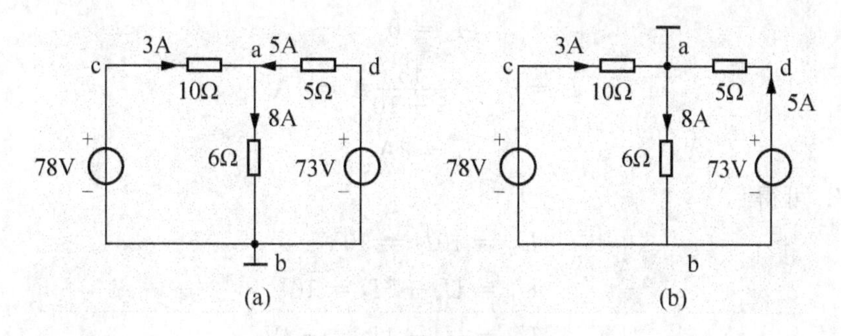

图 1.47　电位计算举例电路

$$U_b=0V,\ U_a=6\times8V=48V,\ U_c=U_a+3\times10V=78V,\ U_d=73V$$

各结点之间的电压为

$$U_{ca}=10\times3V=30V,\ U_{da}=5\times5V=25V,\ U_{ab}=6\times8V=48V,\ U_{cb}=78V,\ U_{db}=73V$$

在图 1.47(b)中，a 点为参考电位点(即零点)，则

$$U_a=0V, U_b=-6\times8V=-48V, U_c=10\times3V=30V, U_d=5\times5V=25V$$

各结点之间的电压为

$$U_{ca}=10\times3V=30V,\ U_{da}=5\times5V=25V,\ U_{ab}=6\times8V=48V,\ U_{cb}=78V,\ U_{db}=73V$$

可见，在同一个电路中，选择不同的结点为参考点时，电路中同一点的电位是不同的，但任意两个结点之间的电位差是不变的。因此可以说电位是相对的，电压是绝对的。

通常图 1.47(a)所示电路可简化为图 1.48 所示电路，电源可不画，各端标以电位值即可。

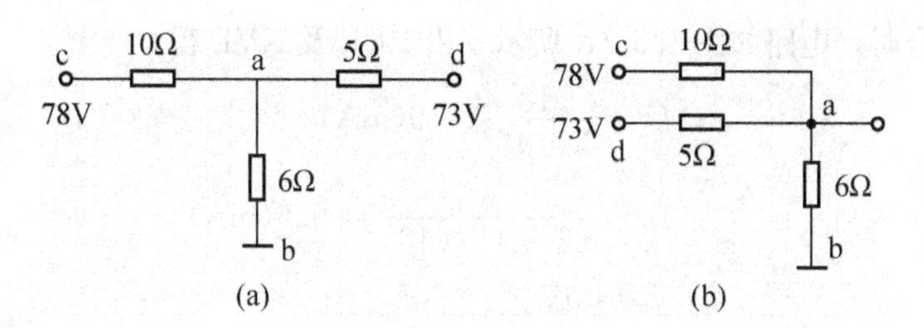

图 1.48　图 1.47(a)的简化画法

【例 1.15】 电路如图 1.49 所示，计算 a、b、c 点的电位。

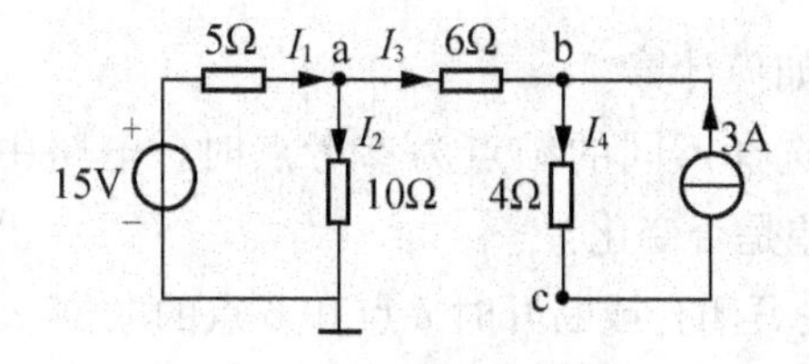

图 1.49　例 1.15 的图

解： 由 KCL 可知

$$I_3 = 0$$

$$I_1 = I_2 = \frac{15}{5+10}\text{A} = 1\text{A}$$

$$I_4 = 3\text{A}$$

由 KVL 可得

$$U_a = 10I_2 = 10\text{V}$$

$$U_b = U_a - 6I_3 = 10\text{V}$$

$$U_c = U_b - 4I_4 = -2\text{V}$$

【例 1.16】 电路如图 1.50(a)所示，求开关 S 断开和闭合时 a、b 两点的电位。

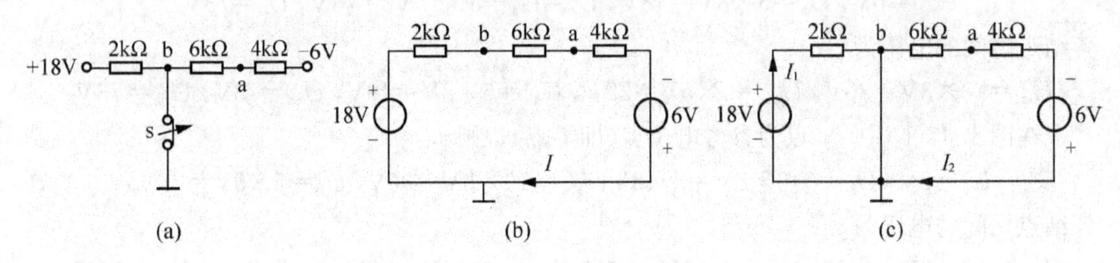

图 1.50 例 1.16 的图

解： 开关 S 断开时，电路如图 1.50(b)所示，由 KCL 及 KVL 得

$$I = \frac{18+6}{(2+6+4)\times 10^3} = 2(\text{mA})$$

$$U_a = 4\times 10^3 I - 6 = 2(\text{V})$$

$$U_b = 18 - 2\times 10^3 I = 14(\text{V})$$

开关 S 闭合时，电路如图 1.50(c)所示，由 KCL 及 KVL 得

$$I_1 = \frac{18}{2\times 10^3} = 9(\text{mA})$$

$$I_2 = \frac{6}{(6+4)\times 10^3} = 0.6(\text{mA})$$

$$U_b = 0\text{V}$$

$$U_a = -6\times 10^3 I_2 = -3.6\text{V}$$

练习与思考

1. 什么是电位？电位如何计算？

2. 在同一个电路中，选择不同的结点为参考点时，电路中同一点的电位是否相同？任意两个结点之间的电位差是否变化？

3. 计算图 1.51 中开关 S 闭合或断开时 a 点和 b 点的电位。

4. 试计算图 1.52 所示电路中 a、b 两点的电位。

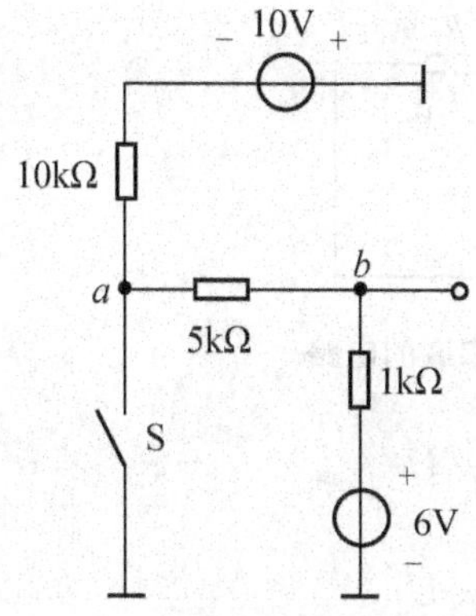

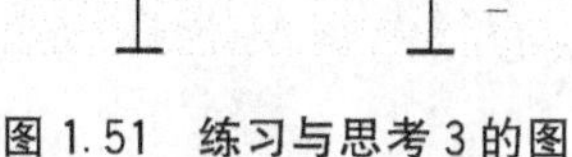

图 1.51　练习与思考 3 的图

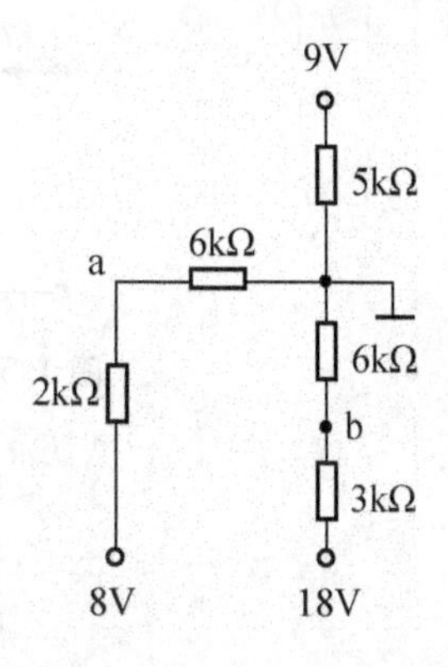

图 1.52　练习与思考 4 的图

1.9　电阻的串、并联及其等效变换

电阻的串联和并联是电路中最常用的电阻连接形式，本节分别加以介绍。

1.9.1　电阻的串联

如果电路中有两个或两个以上电阻一个接一个地顺序相连，并且在这些电阻中流过同一电流，这样的连接方法称为电阻的串联(connection in series)。图 1.53(a)是 n 个电阻串联的电路，串联的电阻可以用一个等效电阻 R_{eq}来代替，如图 1.53(b)所示。

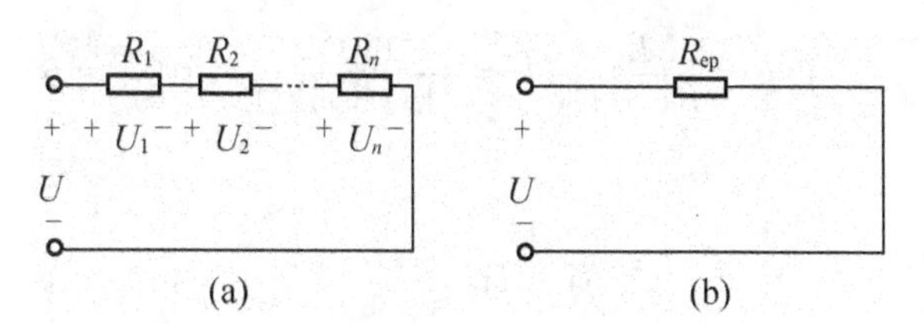

图 1.53　电阻的串联及等效电阻

等效电阻等于各个电阻之和，用公式可表示为

$$R_{eq} = \sum_{k=1}^{n} R_k \tag{1.23}$$

串联电阻上的电压与电阻成正比，设各个串联电阻的电压参考方向如图 1.53(a)所示，则有

$$U_k = \frac{R_k}{R_{eq}} U \quad (k = 1, 2, \cdots, n) \tag{1.24}$$

两个电阻相串联的电路如图 1.54 所示，分压公式为

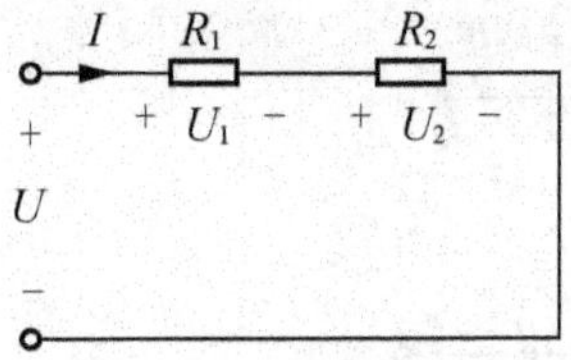

图 1.54　两个电阻串联的电路

$$U_1 = \frac{R_1}{R_1 + R_2}U$$
$$U_2 = \frac{R_2}{R_1 + R_2}U \tag{1.25}$$

电路中的电流 I 为

$$I = \frac{U}{R_1 + R_2} \tag{1.26}$$

电阻串联的应用很广泛，例如，有时为了限制负载中流过的电流过大，通常与负载串联一个限流电阻，以减小电流。如果需要调节电路中的电流时，可以在电路中串联一个变阻器进行调节。

【例 1.17】 电路如图 1.54 所示，$U = 10\text{V}$，$R_1 = 4\text{k}\Omega$。试分别求 $R_2 = 6\text{k}\Omega$、$R_2 = \infty$ 和 $R_2 = 0$ 时电路的电流 I、U_1 和 U_2。

解：当 $R_2 = 6\text{k}\Omega$ 时

$$I = \frac{U}{R_1 + R_2} = \frac{10}{4+6}\text{mA} = 1\text{mA}$$

$$U_1 = \frac{R_1}{R_1 + R_2}U = \frac{4\text{k}\Omega}{4\text{k}\Omega + 6\text{k}\Omega} \times 10\text{V} = 4\text{V}$$

$$U_2 = \frac{R_2}{R_1 + R_2}U = \frac{6\text{k}\Omega}{4\text{k}\Omega + 6\text{k}\Omega} \times 10\text{V} = 6\text{V}$$

当 $R_2 = \infty$ 时

$$I = \frac{U}{R_1 + R_2} = 0$$

$$U_1 = \frac{R_1}{R_1 + R_2}U = 0$$

$$U_2 = \frac{R_2}{R_1 + R_2}U = U = 10\text{V}$$

当 $R_2 = 0$ 时

$$I = \frac{U}{R_1 + R_2} = \frac{10}{4}\text{mA} = 2.5\text{mA}$$

$$U_1 = \frac{R_1}{R_1 + R_2}U = U = 10\text{V}$$

$$U_2 = \frac{R_2}{R_1 + R_2}U = 0$$

通过例 1.17 可知，电阻 R_2 存在 3 种情况：①有电压，有电流；②有电压，无电流；③无电压，有电流。

1.9.2　电阻的并联

如果两个或两个以上电阻连接在两个公共结点之间，这样的连接方法称为电阻并联(connection in parallel)。图 1.55(a)是 n 个电阻并联的电路，并联的电阻可以用一个等效电阻 R_{eq}来代替，如图 1.55(b)所示。

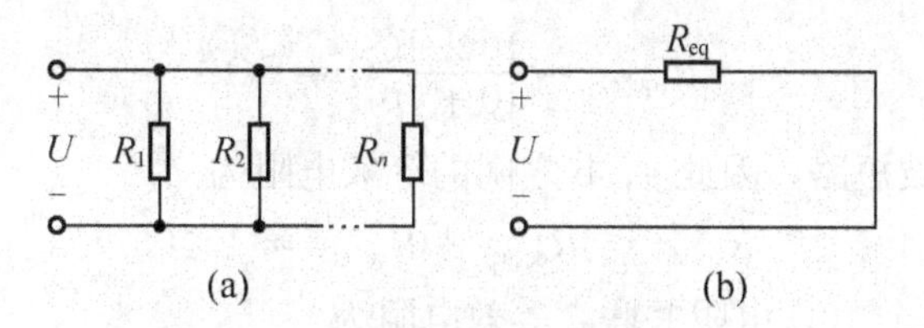

图 1.55　电阻的并联及等效电阻

等效电阻与各个电阻之间的关系可表示为

$$\frac{1}{R_{eq}} = \sum_{k=1}^{n} \frac{1}{R_k} \quad (k = 1,2,\cdots,n) \tag{1.27}$$

并联电阻的端电压保持不变，并联的电阻越多(即负载增加)，总电阻越小，电路中的总电流和总功率越大，但每个电阻的电流和功率保持不变。

当两个电阻并联时，电路如图 1.56 所示，等效电阻为

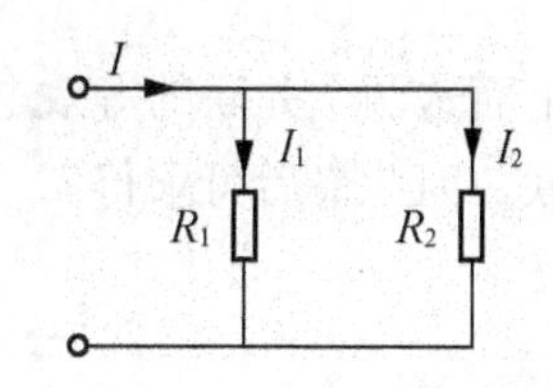

图 1.56　两个电阻并联的电路

$$R_{eq} = \frac{R_1 R_2}{R_1 + R_2} \tag{1.28}$$

电流分流公式为

$$\begin{aligned} I_1 &= \frac{R_2}{R_1 + R_2} I \\ I_2 &= \frac{R_1}{R_1 + R_2} I \end{aligned} \tag{1.29}$$

由分流公式可见，并联电阻上的电流大小与电阻成反比，当某个并联电阻较其他电阻大很多时，通过该并联电阻的电流就较其他电阻上的电流小很多，因此这个电阻的分流作用常可忽略不计。

实际应用中，可将电路中的某一段与电阻或变阻器并联，起分流或调节电流的作用。

【例 1.18】 电路如图 1.57 所示，试计算 a、b 两点的等效电阻。

解： (1) a、c 间的两个 20Ω 电阻并联，等效电阻为

$$R_{eq(ac)} = \frac{20 \times 20}{20 + 20} \Omega = 10\Omega$$

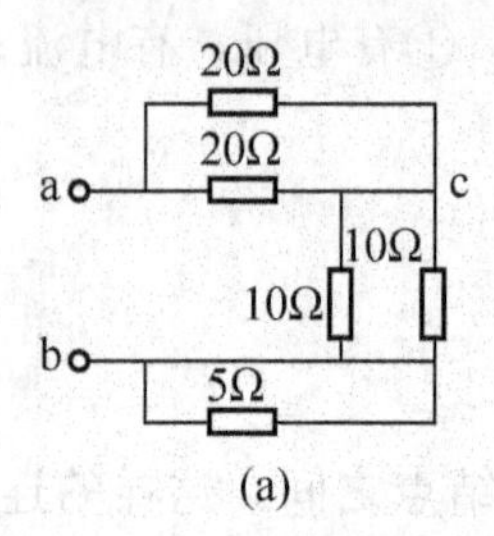

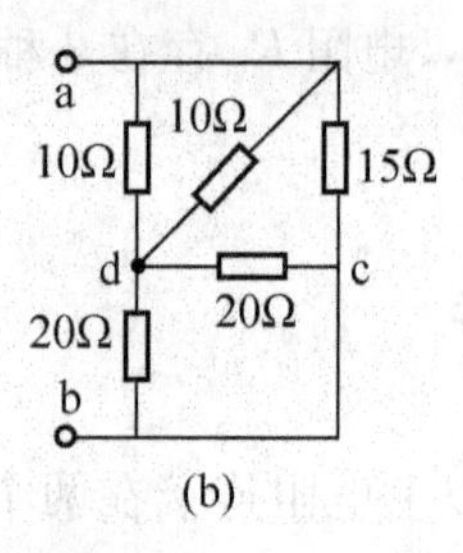

图 1.57　例 1.18 的图

b、c 间的两个 10Ω 电阻并联，等效电阻为

$$R_{\mathrm{eq(bc)}}=\frac{10\times10}{10+10}\Omega=5\Omega$$

图中的 5Ω 电阻被短路，因此 a、b 之间的等效电阻为

$$R_{\mathrm{eq(ab)}}=R_{\mathrm{eq(ac)}}+R_{\mathrm{eq(bc)}}=15\Omega$$

（2）a、d 间的两个 10Ω 电阻并联，等效电阻为

$$R_{\mathrm{eq(ad)}}=\frac{10\times10}{10+10}\Omega=5\Omega$$

b、d 间的两个 20Ω 电阻并联，等效电阻为

$$R_{\mathrm{eq(bd)}}=\frac{20\times20}{20+20}\Omega=10\Omega$$

上面这两个并联的等效电阻又串联，阻值为 15Ω，这个等效电阻又与电路中的 15Ω 电阻并联，因此最后可求得 a、b 之间的等效电阻为

$$R_{\mathrm{eq(ab)}}=\frac{15\times15}{15+15}\Omega=7.5\Omega$$

【例 1.19】 电路如图 1.58 所示，已知 $U=6\mathrm{V}, R_0=7\Omega, R_1=25\Omega, R_2=6.25\Omega$。求流过两个并联电阻的电流。

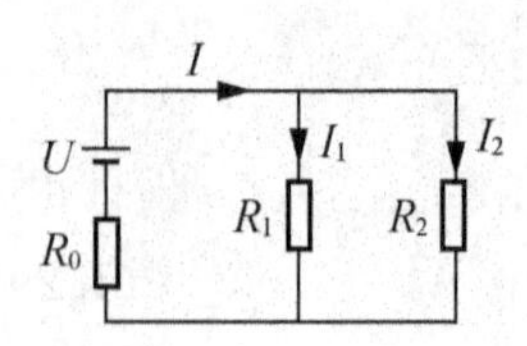

图 1.58　例 1.19 的图

解：（1）并联电阻的等效电阻

$$R_{\mathrm{eq}}=\frac{R_1R_2}{R_1+R_2}=\frac{25\times6.25}{25+6.25}=5(\Omega)$$

（2）蓄电池提供的电流

$$I=\frac{U}{R_0+R_{\mathrm{eq}}}=\frac{6}{7+5}=0.5(\mathrm{A})$$

（3）由分流公式得

$$I_1=\frac{R_2}{R_1+R_2}I=\frac{6.25}{25+6.25}\times0.5\mathrm{A}=0.1\mathrm{A}$$

$$I_2=\frac{R_1}{R_1+R_2}I=\frac{25}{25+6.25}\times0.5\mathrm{A}=0.4\mathrm{A}$$

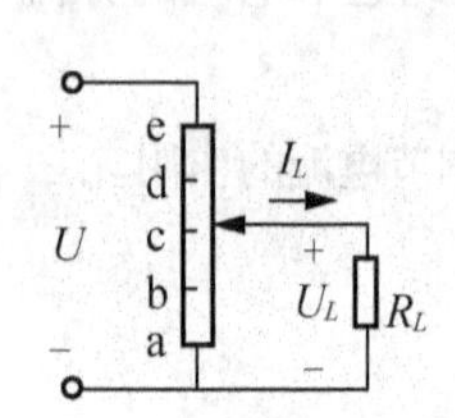

图 1.59　例 1.20 的图

【例 1.20】 用变阻器调节负载电阻 R_L 两端电压的分压电路如图 1.59 所示。$R_L=100\Omega$，电源电压 $U=100\mathrm{V}$，中间部分是变阻器，变阻器的规格为 100Ω/1.4A。现将其分成 4 段，用 a、b、c、 d、e标出。试求滑动触点分别在a、b、c、d、e时，负载和变阻器各段所通过的电流及负载电压，并说明变阻器可否安全工作。

解：在a点，$U_L=0\text{V}$，$I_L=0\text{A}$，$I_{ea}=\dfrac{U}{R_{ea}}=\dfrac{100}{100}\text{A}=1\text{A}$

在b点，等效电阻R_{eq}为R_{ba}与R_L并联，再与R_{eb}串联，即

$$R_{eq}=\frac{R_{ba}R_L}{R_{ba}+R_L}+R_{eb}=\frac{25\times100}{25+100}\Omega+75\Omega=95\Omega$$

$$I_{eb}=\frac{U}{R_{eq}}=\frac{100}{95}\text{A}=1.05\text{A},\ I_{ba}=\frac{R_L}{R_{ba}+R_L}\times1\text{A}=\frac{100}{25+100}\times1.05\text{A}=0.84\text{A}$$

$$I_L=\frac{R_{ba}}{R_{ba}+R_L}\times1\text{A}=\frac{25}{25+100}\times1.05\text{A}=0.21\text{A},\ U_L=R_L\times I_L=100\times0.21\text{V}=21\text{V}$$

在c点，等效电阻为

$$R_{eq}=\frac{R_{ca}R_L}{R_{ca}+R_L}+R_{ec}=\frac{50\times100}{50+100}\Omega+50\Omega=83\Omega$$

$$I_{ec}=\frac{U}{R_{eq}}=\frac{100}{83}\text{A}\approx1.2\text{A},\ I_{ca}=\frac{R_L}{R_{ca}+R_L}\times1.2\text{A}=\frac{100}{50+100}\times1.2\text{A}=0.8\text{A}$$

$$I_L=\frac{R_{ca}}{R_{ca}+R_L}\times1.2\text{A}=\frac{50}{50+100}\times1.2\text{A}=0.4\text{A},\ U_L=R_L\times I_L=100\times0.4\text{V}=40\text{V}$$

在d点，等效电阻为

$$R_{eq}=\frac{R_{da}R_L}{R_{da}+R_L}+R_{ed}=\frac{75\times100}{75+100}\Omega+25\Omega=68\Omega$$

$$I_{ed}=\frac{U}{R_{eq}}=\frac{100}{68}\text{A}\approx1.5\text{A},\ I_{da}=\frac{R_L}{R_{da}+R_L}\times1.5\text{A}=\frac{100}{75+100}\times1.5\text{A}\approx0.86\text{A}$$

$$I_L=\frac{R_{da}}{R_{da}+R_L}\times1.5\text{A}=\frac{75}{75+100}\times1.5\text{A}\approx0.64\text{A},\ U_L=R_L\times I_L=100\times0.64\text{V}=64\text{V}$$

由于$I_{ed}\approx1.5\text{A}>1.4\text{A}$，变阻器的ed段有被烧毁的危险。

在e点，等效电阻R_{eq}为R_{ea}与R_L并联：

$$R_{eq}=\frac{R_{ea}R_L}{R_{ea}+R_L}=50\Omega$$

$$I_{ea}=I_L=\frac{1}{2}\times\frac{U}{R_{eq}}\text{A}=\frac{1}{2}\times\frac{100}{50}\text{A}=1\text{A},\ U_L=R_L\times I_L=100\times1\text{V}=100\text{V}$$

电路除了串联、并联、混联，还有一种特殊的连接方式，即惠斯通电桥，如图1.60所示。其中，R_1、R_2、R_3、R_4所在支路称为桥臂，R_5支路称为对角线支路。当满足条件$R_1R_3=R_2R_4$时，对角线支路中电流为零，称为电桥处于平衡状态。电桥平衡时，R_5可看作开路或短路，就可按照电阻的串、并联进行计算，如果不满足电桥平衡，则需要应用电阻的星形-三角形变换进行计算。

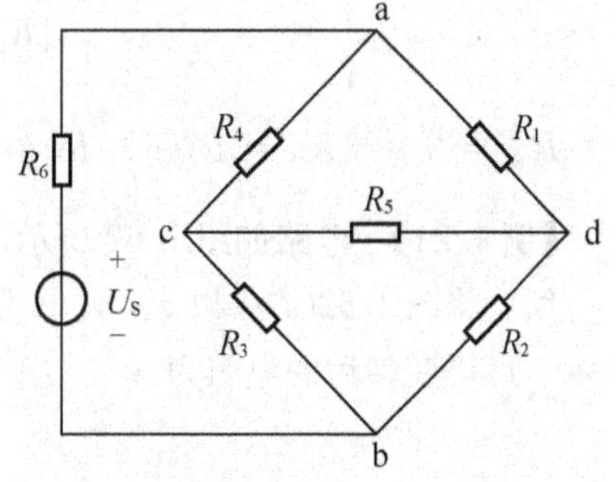

图1.60　惠斯通电桥

1.9.3 电阻的星形连接和三角形连接

电阻元件除串联和并联连接外，常用的还有星形连接和三角形连接。如果 3 个电阻的 3 个端子连接在一起，另 3 个端子与外电路相连，这种连接法称为星形(Y形)连接(star connection)，如图 1.61(a)所示。如果 3 个电阻顺序连接成一个回路后，其连接点又与外电路相连，这种连接法称为三角形(△形)连接(delta connection)，如图 1.61(b)所示。

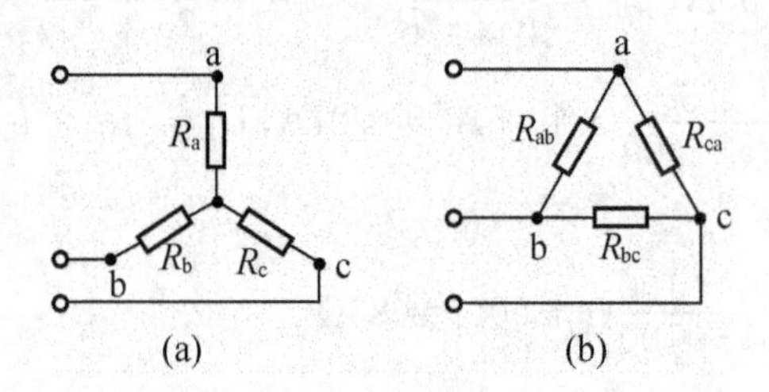

图 1.61 电阻的星形连接和三角形连接

电阻的星形连接和三角形连接在相同的端口电压、端口电流对应相等的条件下可以作等效变换。将星形连接等效变换为三角形连接时有

$$\begin{cases} R_{ab} = R_a + R_b + \dfrac{R_a R_b}{R_c} \\ R_{bc} = R_b + R_c + \dfrac{R_b R_c}{R_a} \\ R_{ca} = R_c + R_a + \dfrac{R_c R_a}{R_b} \end{cases} \tag{1.30}$$

当 $R_a = R_b = R_c = R_Y$ 时，$R_{ab} = R_{bc} = R_{ca} = R_\triangle = 3R_Y$

将三角形连接等效变换为星形连接时：

$$\begin{cases} R_a = \dfrac{R_{ab} R_{ca}}{R_{ab} + R_{bc} + R_{ca}} \\ R_b = \dfrac{R_{ab} R_{bc}}{R_{ab} + R_{bc} + R_{ca}} \\ R_c = \dfrac{R_{bc} R_{ca}}{R_{ab} + R_{bc} + R_{ca}} \end{cases} \tag{1.31}$$

$R_{ab} = R_{bc} = R_{ca} = R_\triangle$ 时，$R_a = R_b = R_c = R_Y = \dfrac{1}{3} R_\triangle$

【例 1.21】 电路如图 1.62 所示，试求电路的总电阻 R_{12}。

解：将图 1.62(a)中以 a、b、c 为结点的三角形连接转换成为星形连接，如图 1.62(b)所示。可得变换后的电阻为

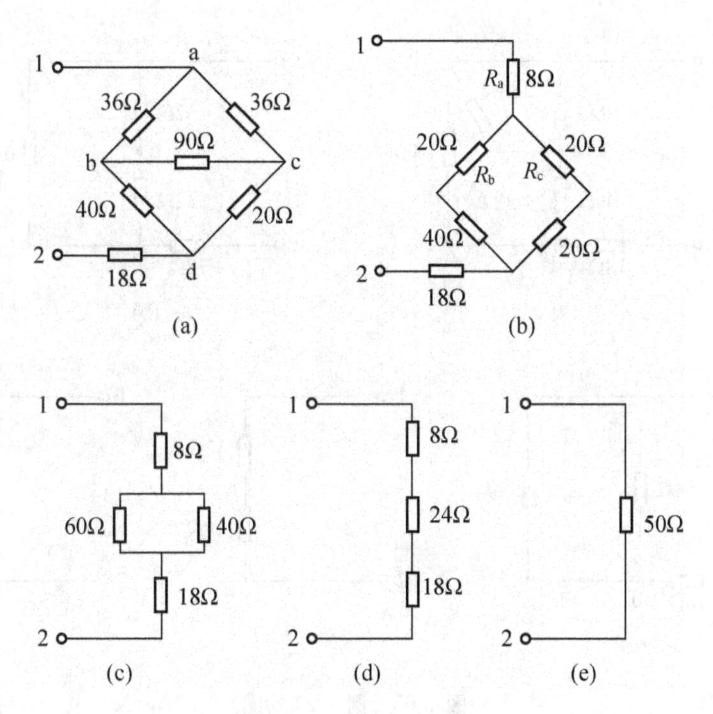

图 1.62　例 1.21 的图

$$R_a = \frac{R_{ab}R_{ca}}{R_{ab}+R_{bc}+R_{ca}} = \frac{36\times 36}{36+36+90}\Omega = 8\Omega$$

$$R_b = \frac{R_{ab}R_{bc}}{R_{ab}+R_{bc}+R_{ca}} = \frac{36\times 90}{36+36+90}\Omega = 20\Omega$$

$$R_c = \frac{R_{bc}R_{ca}}{R_{ab}+R_{bc}+R_{ca}} = \frac{36\times 90}{36+36+90}\Omega = 20\Omega$$

然后再用串并联的方法得到图 1.62(c)、(d)、(e)，最后可得

$$R_{12} = 50\Omega$$

本题也可以把以 c 点为中心，以 a、b、d 为顶点的星形连接转换成三角形连接，求解过程如图 1.63 所示。

【例 1.22】　电路如图 1.64 所示，试求电流 I 和 I_1。

解：利用电阻的星形-三角形变换及串联-并联变换可得简化电路如图 1.64(b)、(c)所示。由电路可得

$$R_a = R_b = R_d = R_Y = \frac{1}{3}R_\triangle = \frac{1}{3}\times 9\Omega = 3\Omega$$

$$R_{cae} = R_{cbe} = 9\Omega$$

电流

$$I = \frac{15}{\frac{9\times 9}{9+9}+3}\text{A} = 2\text{A}$$

$$I_1 = \frac{1}{2}I = 1\text{A}$$

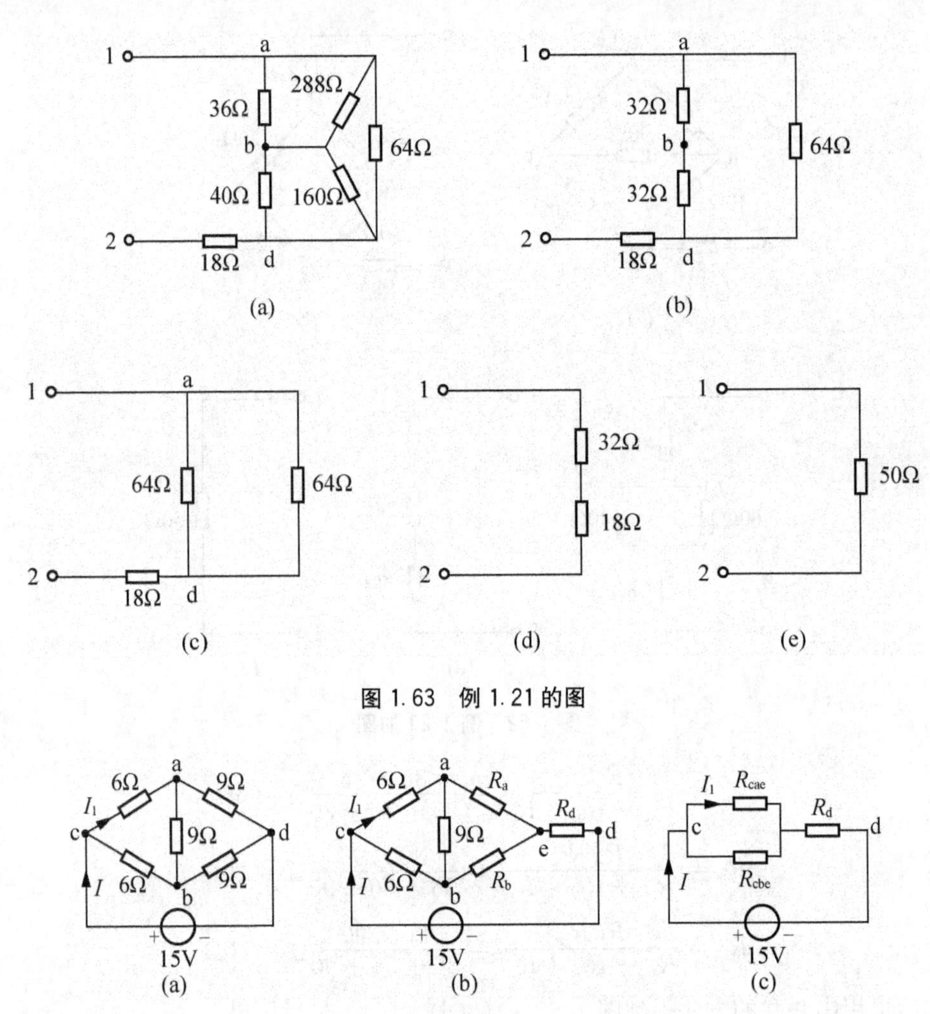

图 1.63　例 1.21 的图

图 1.64　例 1.22 的图

1.9.4　输入电阻

电路或网络向外引出一对端子，从它的一个端口流入的电流一定等于从另一个端子流出的电流，这样的电路或网络称为一端口或二端网路。图 1.65 是一端口的电路符号。

如果一端口的内部仅含有电阻，则可应用电阻的串、并联和星形-三角形变换求得它的等效电阻；如果一端口内部还含有受控源，但不含独立电源，端口电压与端口电流成正比，其比值就是一端口的输入电阻，公式为

$$R_i = \frac{u}{i} \tag{1.32}$$

【例 1.23】 试求图 1.66 的输入电阻。

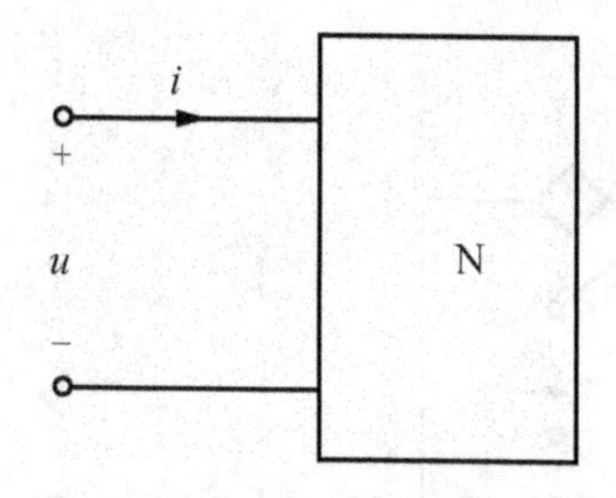

图 1.65　一端口的电路符号

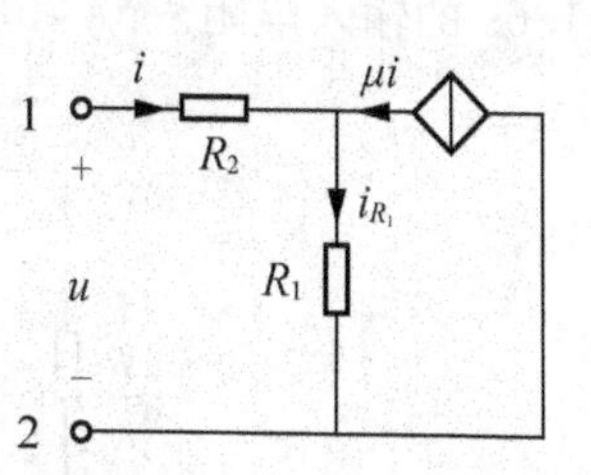

图 1.66　例 1.23 的图

解：根据 KCL，可得

$$i_{R_1}=i+\mu i=(1+\mu)i$$

根据 KVL 可得

$$u=iR_2+i_{R_1}R_1=iR_2+(1+\mu)iR_1=i[R_2+(1+\mu)R_1]$$

输入电阻为

$$R_i=\frac{u}{i}=R_2+(1+\mu)R_1$$

练习与思考

1. 一只 100V/8W 的电阻要接在 220V 的电源上，试问要串联多大阻值的电阻?

2. 图 1.67 所示为常用的电阻分压器电路，利用分压器上的滑动触头 c 的滑动，可向负载电阻提供 $0\sim U$ 的可变电压。已知直流电压源电压 $U=20\text{V}$，滑动触头使 $R_1=800\Omega$，$R_2=200\Omega$，电压表内阻为无穷大，计算输出电压 U_2。如果使用内阻为 800Ω 的电压表测量此电压，求电压表的值。

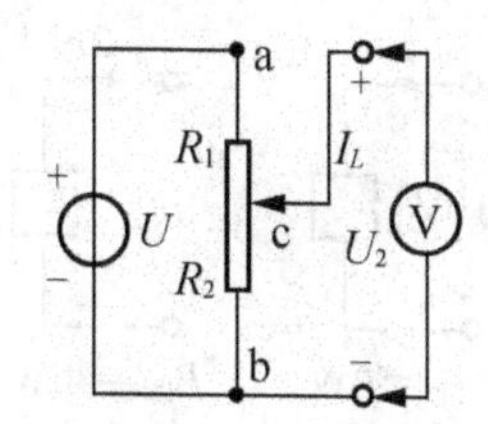

图 1.67　练习与思考 2 的图

3. 试求图 1.68 中 ab 两端的等效电阻。

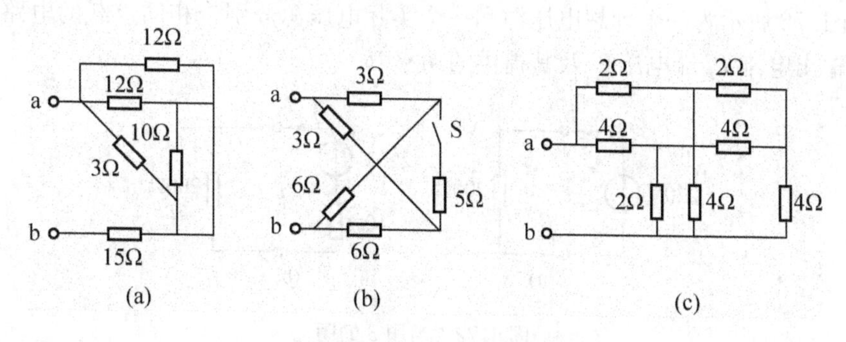

图 1.68　练习与思考 3 的图

4. 试求图 1.69 的输入电阻。

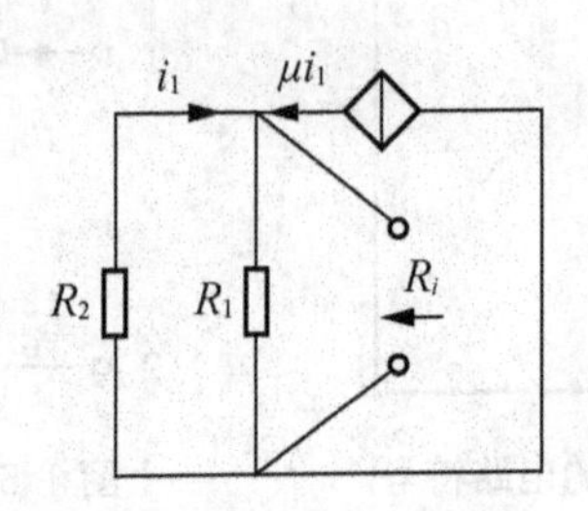

图 1.69 练习与思考 4 的图

习 题

1. 计算如图 1.70 所示各元件的功率，并判断元件实际是提供功率还是吸收功率。

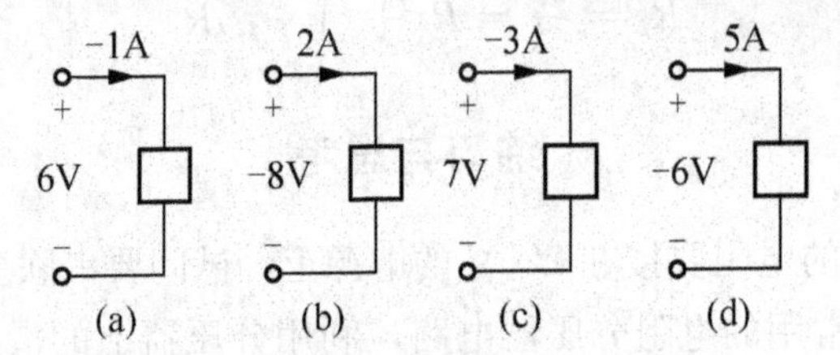

图 1.70 习题 1 的图

2. 已知如图 1.71 所示各元件的功率和电压或电流，求未知的电压和电流并说明参考方向与实际方向的关系。

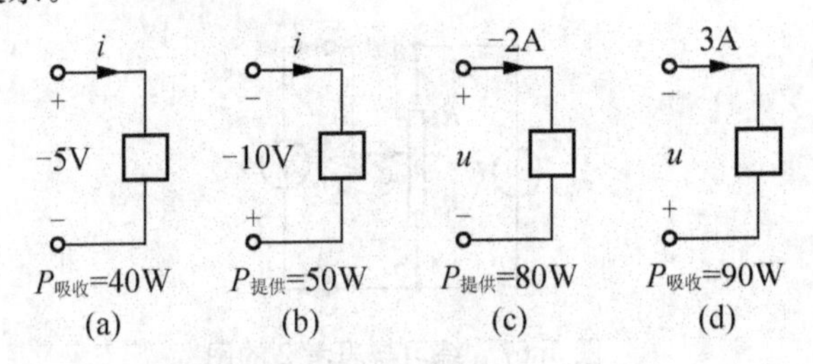

图 1.71 习题 2 的图

3. 图 1.72 所示为一个理想电压源和一个实际电压源分别带相同负载的电路，分别求电压源的输出电流 I、端电压 U 及其提供的功率 P。

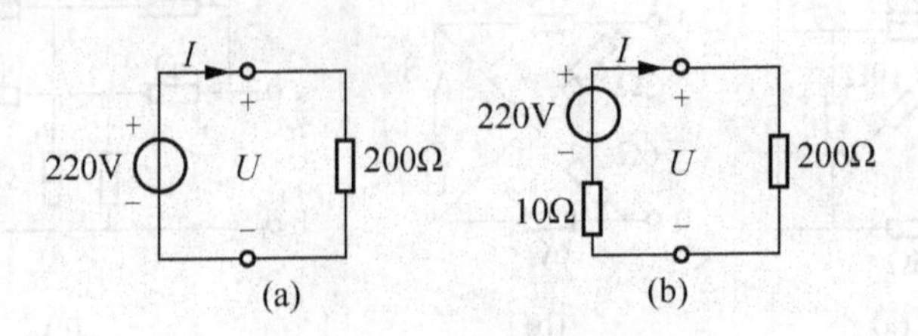

图 1.72 习题 3 的图

4. 某生产车间有 200W、200V 的 100 把电烙铁，每天使用 4h，问 3 个月(按 30 天计)用电多少度?

5. 电路如图 1.73 所示，各元件中的电流均为 3A，试求各支路电压 U。

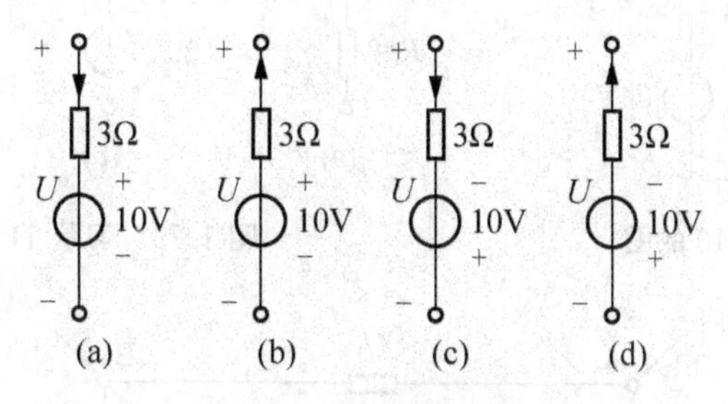

图 1.73　习题 5 的图

6. 电路如图 1.74 所示，$R_1=R_2=R_3$，试求各支路电流。

7. 电路如图 1.75 所示，试求 U_{cb}。

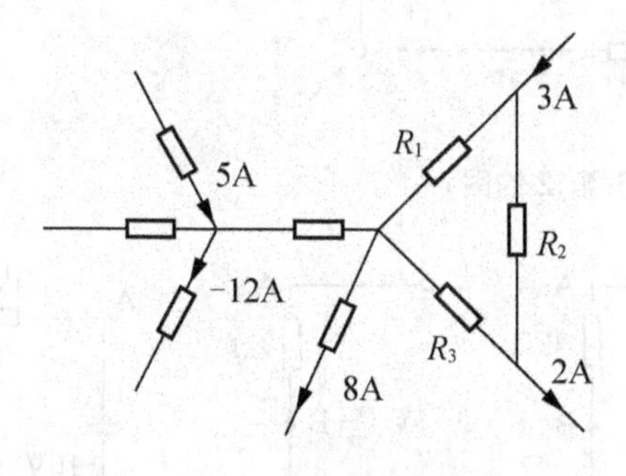

图 1.74　习题 6 的图

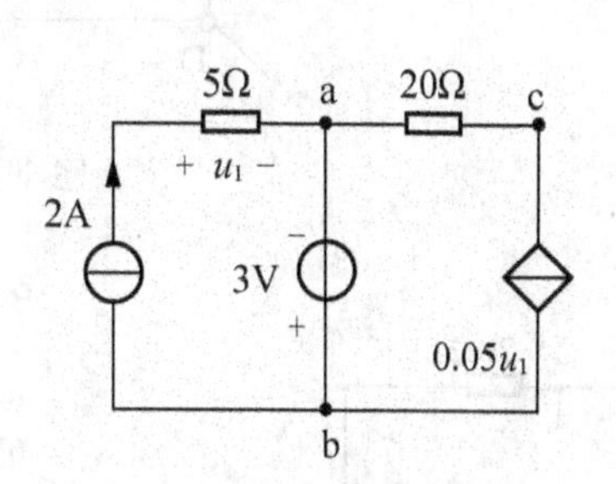

图 1.75　习题 7 的图

8. 试求图 1.76 所示电路中的电流 I。

9. 电路如图 1.77 所示，求 A 点的电位 U_A。

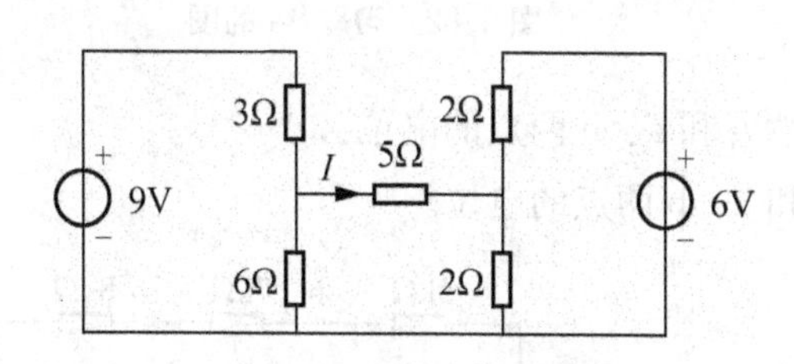

图 1.76　习题 8 的图

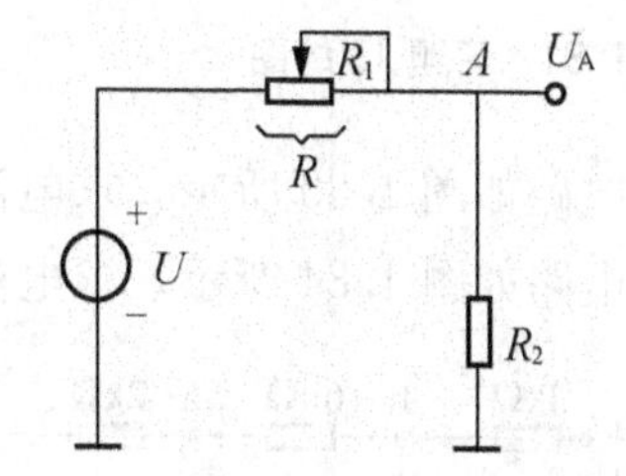

图 1.77　习题 9 的图

10. 电路如图 1.78 所示，求电流 I 及受控源的功率。

11. 求图 1.79 所示各支路中的未知量。

12. 图 1.80 所示电路中，已知电压 $U_1=U_2=U_4=10\text{V}$，求 U_3 和 U_{CA}。

13. 利用 KCL 与 KVL 求图 1.81 中的电流 I(提示：利用 KVL 将 180V 电源支路电流用 I 来表示，然后在结点①写 KCL 方程求解)。

14. 求图 1.82 所示电路图中 A、B、C 三点的电位。

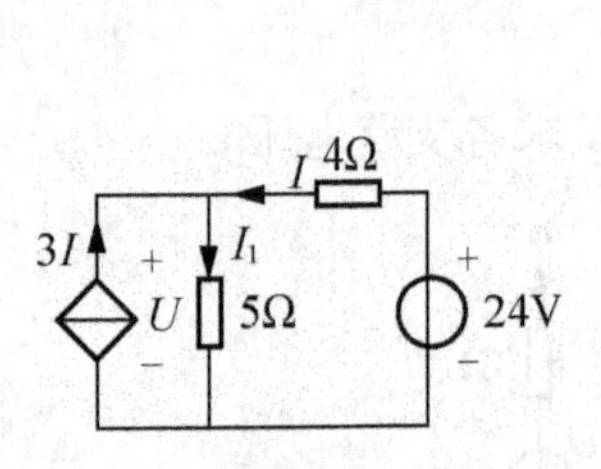

图 1.78　习题 10 的图

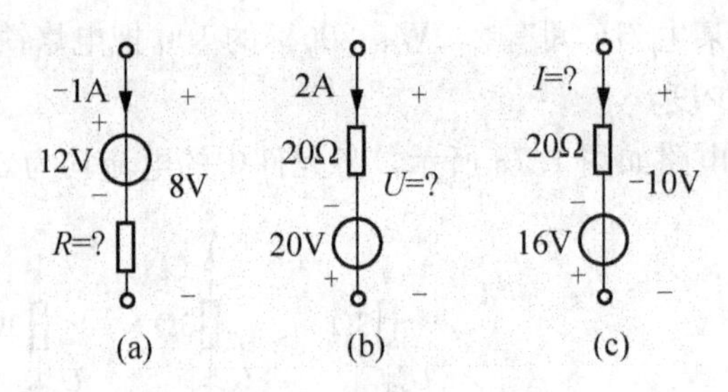

图 1.79　习题 11 的图

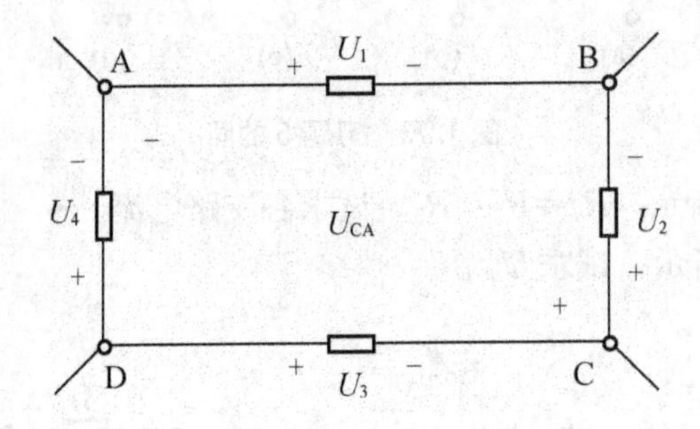

图 1.80　习题 12 的图

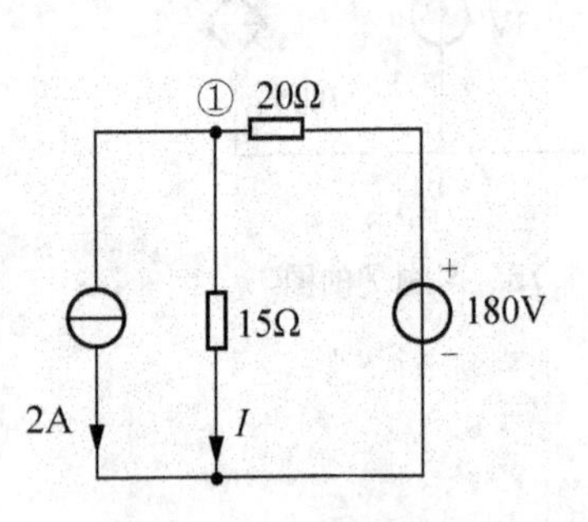

图 1.81　习题 13 的图

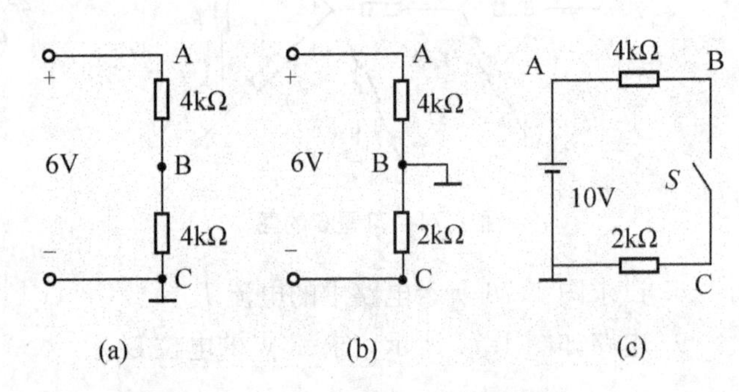

图 1.82　习题 14 的图

15. 电路如图 1.83 所示，求电流 I_1、I_2和 a、b 两点的电位。

16. 电路如图 1.84 所示，求电流 I 和 a、b 两点的电位。

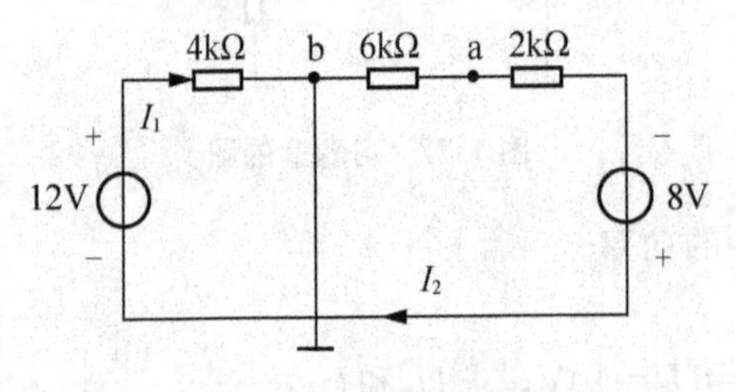

图 1.83　习题 15 的图

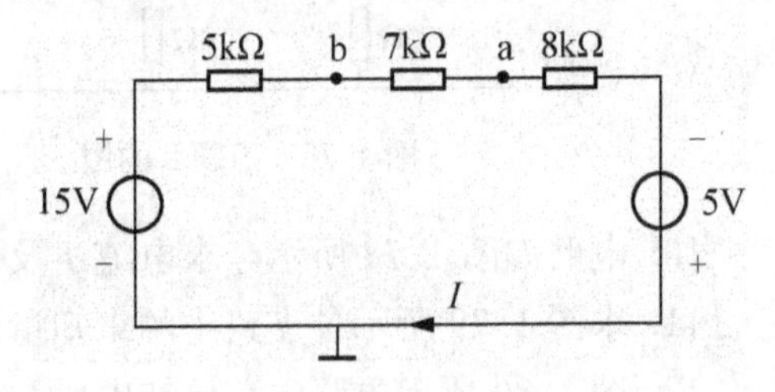

图 1.84　习题 16 的图

17. 如图 1.85 所示电路，已知 $U_s=15\text{V}$，$R_0=1\Omega$，$R_1=6\Omega$，分别求 $R_2=3\Omega$、$R_2=\infty$、$R_2=0$ 时各支路电流以及电阻两端的电压。

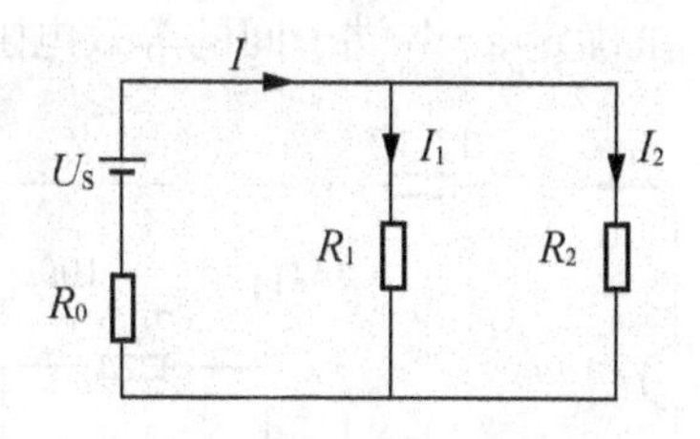

图 1.85　习题 17 的图

18. 求图 1.86 所示电路中 a、b 两点之间的等效电阻。

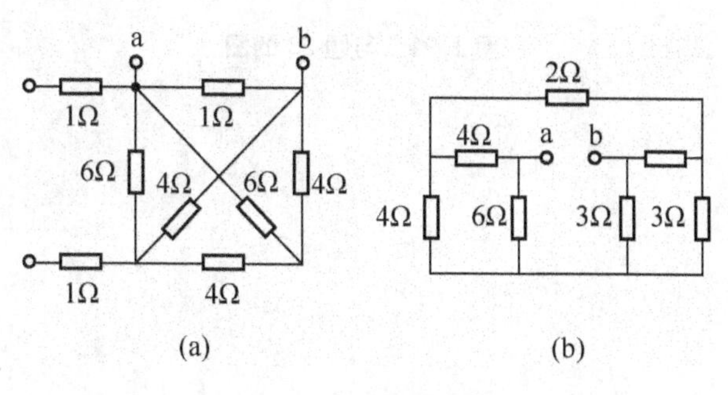

图 1.86　习题 18 的图

19. 求图 1.87 所示电路中的电流 I_1。

20. 在图 1.88 所示的电路中，R_1、R_2、R_3 和 R_4 的额定值均为 6.3V、0.3A，R_5 额定值为 6.3V、0.45A，电路电压 U=110V。上述各电阻元件均处于额定工作状态，则选配电阻 R_X 和 R_Y 的理想阻值应为多大？

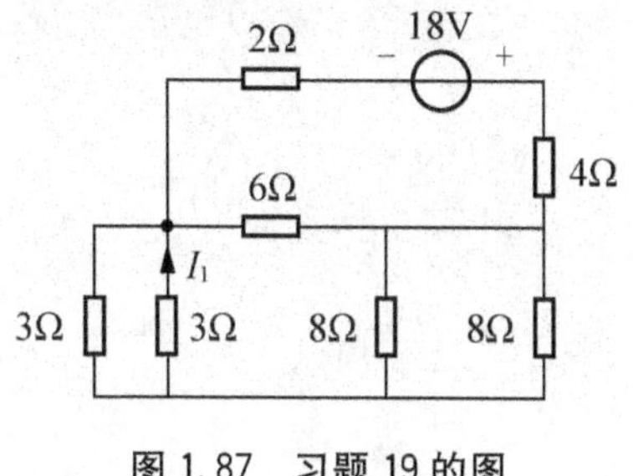

图 1.87　习题 19 的图

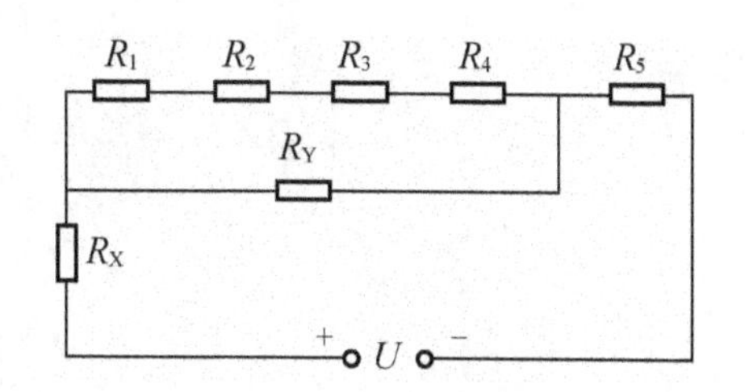

图 1.88　习题 20 的图

21. 试求图 1.89 中电压 U 和 U_1。

22. 电路如图 1.90 所示，电阻阻值均为 5Ω，试求 a、b 两端的输入电阻 R_i。

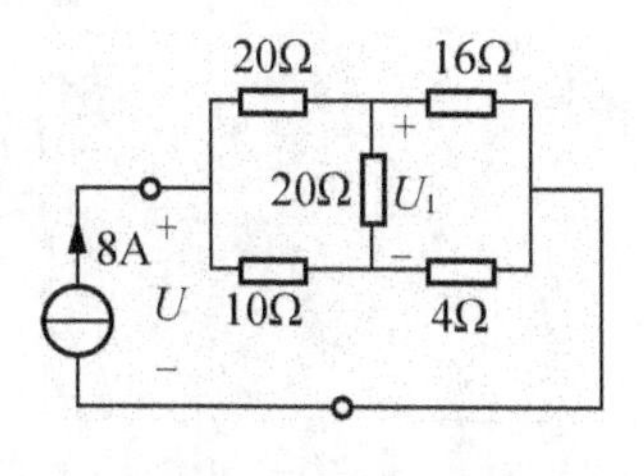

图 1.89　习题 21 的图

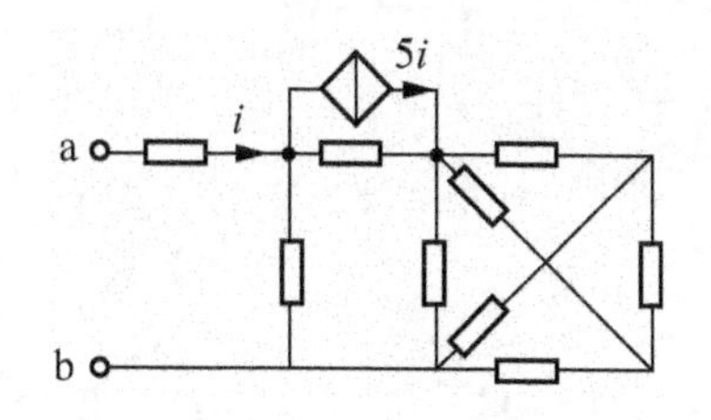

图 1.90　习题 22 的图

23. 电路如图 1.91 所示，试确定 a—b 端子间的等效电阻 R_{ab}，并进而求出电流 i。

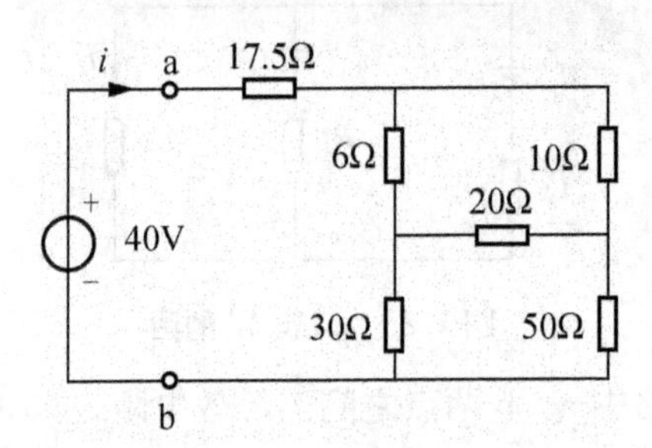

图 1.91　习题 23 的图

第2章

电路的基本分析方法

学习目标

☞ 掌握电压源、电流源两种模型及其等效变换
☞ 掌握用支路电流法、结点电压法和叠加定理分析电路的方法
☞ 掌握用戴维宁定理、诺顿定理分析电路的方法

知识结构

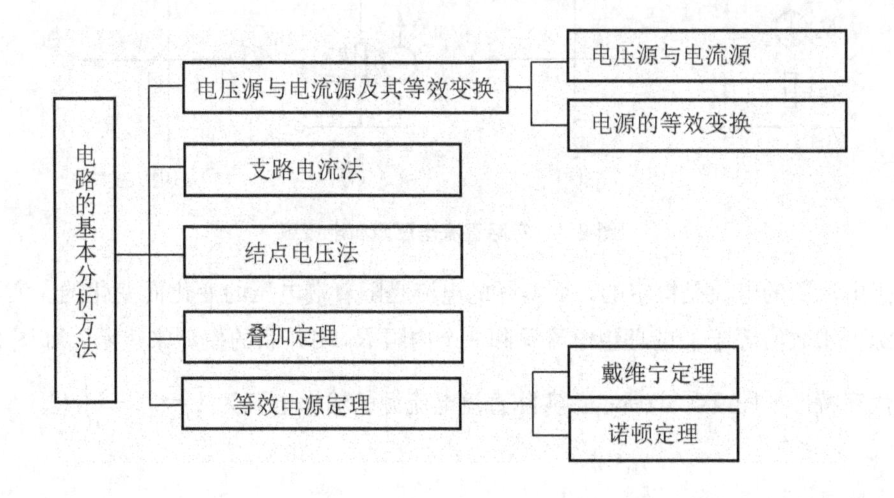

引例

实际电路的结构形式多种多样，对于简单的电路，可以应用第1章讲解的知识进行求解，但对于较复杂的电路，这种方法不再适用，本章将介绍几种系统的求解电路的方法，包括支路电流法、结点电压法，还包括应用叠加定理、戴维宁定理和诺顿定理进行求解的方法。

2.1 电压源与电流源及其等效变换

2.1.1 电压源与电流源

理想的电压源的端电压是恒定的，而实际的电压源由于内部存在电阻的缘故，其端电压是随着电流的变化而变化的。实际的直流电压源可用理想电压源U_S和一个内阻R_0串联的模型来表示，如图2.1(a)所示，伏安特性如图2.1(b)所示。实际直流电压源的端电压为$U=U_S-U_R=U_S-IR_0$。

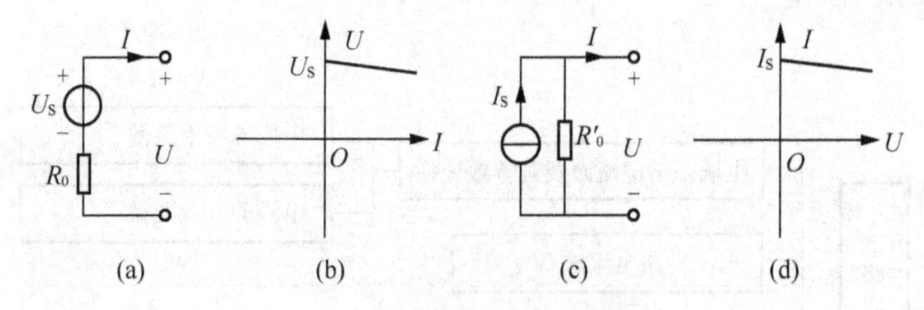

图2.1 实际直流电压源和电流源

理想电流源的电流是恒定的，而实际的电流是随着端电压的变化而变化的。实际的直流电流源可用数值等于I_S的理想电流源和一个内阻R'_0相并联的模型来表示，如图2.1(c)所示，伏安特性如图2.1(d)所示。实际直流电流源的输出电流为$I=I_S-\frac{1}{R'_0}U$。

2.1.2 电源的等效变换

一个实际电源，既可用电压源模型表示，也可用电流源模型表示，这两个模型之间是等效的，对图2.1来说，等效条件为$R_0=R'_0$、$I_S=\frac{U_S}{R_0}$或$U_S=I_SR'_0$。在进行等效变换时，必须注意电压源的电压极性与电流源的电流方向之间的关系，电压源的正极对应着电流源电流的流出端。

应用电源等效变换分析电路时还应注意以下几点。

(1) 电源等效变换是电路等效变换的一种方法，这种等效是对电源输出电流 I、端电压 U 的等效。

(2) 有内阻 R_0 的实际电源，它的电压源模型与电流源模型之间可以等效变换；理想的电压源与理想的电流源之间不能变换。

电源等效变换的方法可以推广应用，如果理想电压源与外接电阻串联，可以把外接电阻看作其内阻，则可变换为电流源形式；如果理想电流源与外接电阻并联，可把外接电阻看作其内阻，则可变为电压源形式。

【例 2.1】 试将图 2.2(a)所示电路中的电压源等效变换为电流源。

解： 在图 2.2(a)中，将电压源与电阻的串联变换为电流源与电阻的并联，其中电流源为：$I_S=\frac{U_S}{R}=\frac{6V}{2\Omega}=3A$。电路如图 2.2(b)所示。

【例 2.2】 试将图 2.3(a)所示电路中的电流源等效变换为电压源。

解： 在图 2.2(a)中，将电流源与电阻的并联变换为电压源与电阻的串联，其中电压源为：$U_S=RI_S=5\Omega\times 2A=10V$。电路如图 2.3 (b)所示。

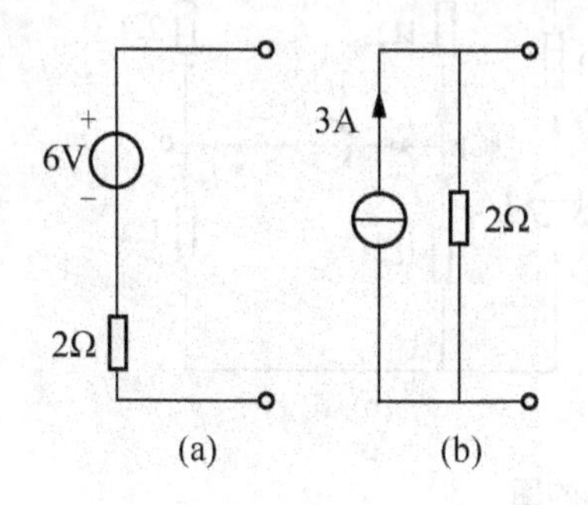

图 2.2　例 2.1 的图

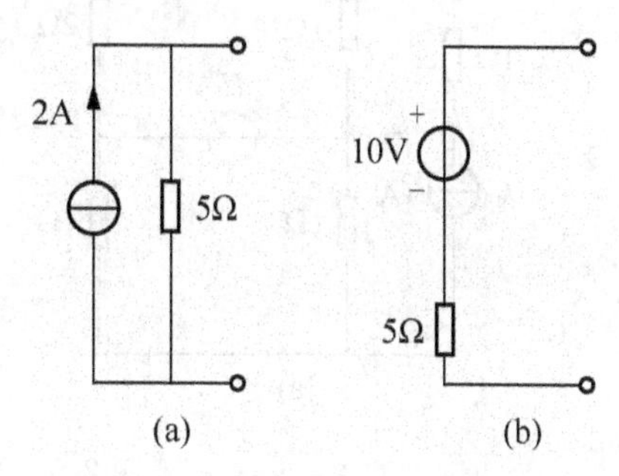

图 2.3　例 2.2 的图

练习与思考

1. 将图 2.4 电路中的电压源等效变换为电流源。

2. 将图 2.5 电路中的电流源等效变换为电压源。

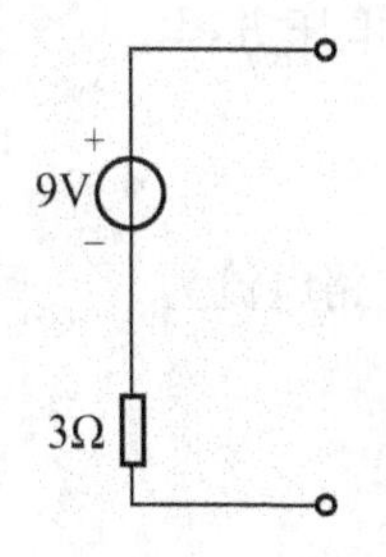

图 2.4　练习与思考 1 的图

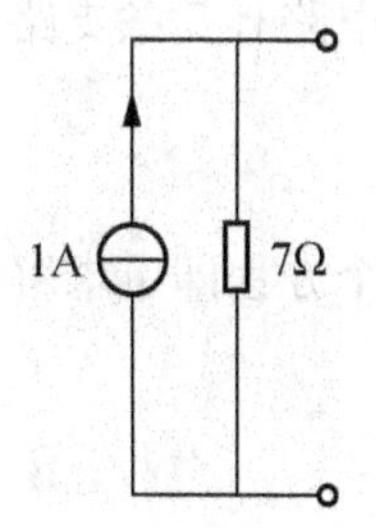

图 2.5　练习与思考 2 的图

2.2 支路电流法

支路电流法是一种基本的电路分析方法，该方法直接应用基尔霍夫电流定律和基尔霍夫电压定律对结点和回路列方程组，然后再解出各支路电流。步骤如下。

(1) 从所给电路图上找出 b 条支路，n 个结点。

(2) 标出电压和电流的参考方向。

(3) 应用基尔霍夫电流定律列出 $n-1$ 个独立的电流方程。

(4) 应用基尔霍夫电压定律列出 $b-(n-1)$ 个独立的电压方程。

(5) 根据独立的电流方程和电压方程即可求解出 b 个支路电流。

下面以图为例进行说明。

【例 2.3】 试用支路电流法求解图 2.6(a)电路中的各支路电流。

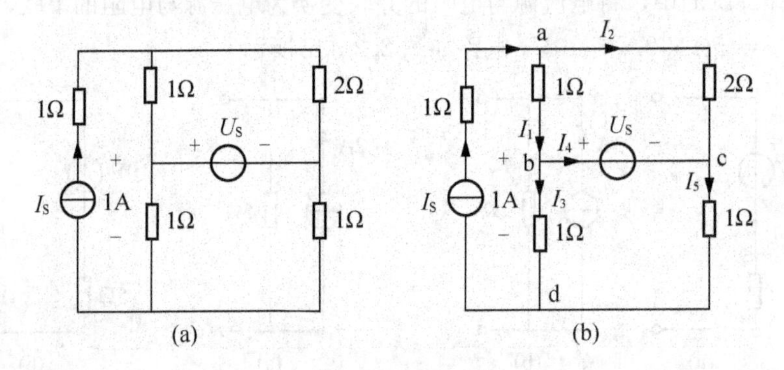

图 2.6 例 2.3 的图

解：设定并标出各支路电流的参考方向，如图 2.3(b)所示。

电路有 4 个结点，可列 3 个独立的 KCL 电流方程。

结点 a $\qquad I_S-I_1-I_2=0$

结点 b $\qquad I_1-I_3-I_4=0$

结点 c $\qquad I_2+I_4-I_5=0$

除了电源，电路有 5 条支路，可列 2 个独立的 KVL 电压方程。

回路 bcab $\qquad U_S+I_1-2I_2=0$

回路 bcdb $\qquad U_S-I_3+I_5=0$

联立以上 5 个方程即可求解各支路的电流。解得各支路电流为

$$I_1=0.333\text{A}$$

$$I_2=0.667\text{A}$$

$$I_3=1\text{A}$$

$$I_4=-0.667\text{A}$$

$$I_5=0\text{A}$$

【例 2.4】 电路如图 2.7(a)所示，$R_1=2\text{k}\Omega$，$R_2=R_4=1\text{k}\Omega$，$R_3=3\text{k}\Omega$，$U_{s1}=10\text{V}$，$U_{s2}=2\text{V}$，试用支路电流法求解图中的各支路电流。

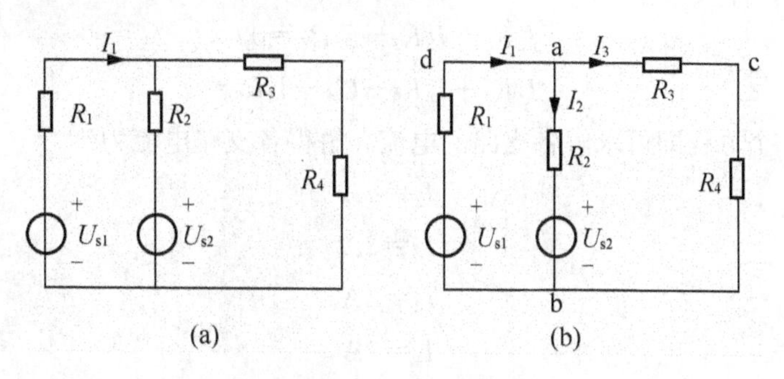

图 2.7　例 2.4 的图

解：设定并标出各支路电流的参考方向，如图 2.7(b)所示。

电路有 2 个结点 a 和 b，可列 1 个独立的 KCL 电流方程。

结点 a　　$I_1-I_2-I_3=0$

电路有 3 条支路，可列 2 个独立的 KVL 电压方程。

回路 abda　　$U_{s2}-U_{s1}+I_1R_1+I_2R_2=0$

回路 abca　　$U_{s2}-I_3(R_3+R_4)+I_2R_2=0$

联立以上 3 个方程即可求解各支路的电流。解得各支路电流为

$$I_1=3\text{mA}$$

$$I_2=2\text{mA}$$

$$I_3=1\text{mA}$$

【例 2.5】 电路如图 2.8 所示，$R_1=R_5=R_6=2\Omega$，$R_2=5/3\Omega$，$R_3=1\Omega$，$R_4=5\Omega$，$U_s=25\text{V}$，试用支路电流法求解图中的各支路电流。

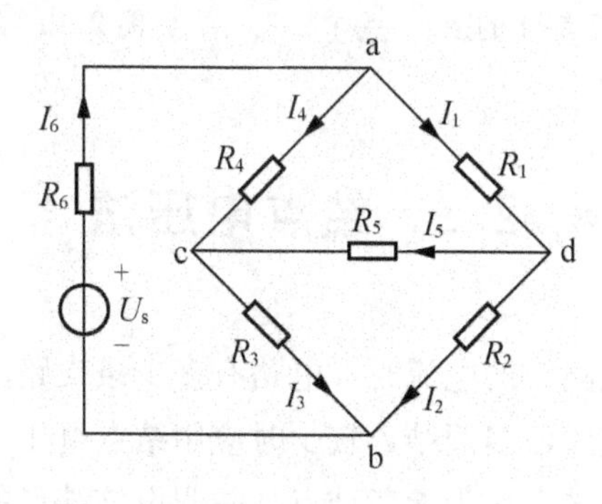

图 2.8　例 2.5 的图

解：该电路有 4 个结点，可列 3 个独立的 KCL 电流方程。

结点 a　　$I_6-I_1-I_4=0$

结点 b　　$-I_6+I_2+I_3=0$

结点 c　　$I_4+I_5-I_3=0$

电路有 6 条支路，可列 3 个独立的 KVL 电压方程。

回路 adca $\quad I_1R_1+I_5R_5-I_4R_4=0$

回路 dbcd $\quad I_2R_2-I_3R_3-I_5R_5=0$

回路 acba $\quad I_4R_4+I_3R_3-U_S+I_6R_6=0$

联立以上 6 个方程即可求解各支路的电流。解得各支路电流为

$$I_1=4\text{A}$$

$$I_2=3\text{A}$$

$$I_3=3\text{A}$$

$$I_4=2\text{A}$$

$$I_5=1\text{A}$$

$$I_6=6\text{A}$$

练习与思考

1. 电路如图 2.9 所示，试用支路电流法求解各支路的电流。

2. 电路如图 2.10 所示，试用支路电流法求解电流 I 和电压 U。

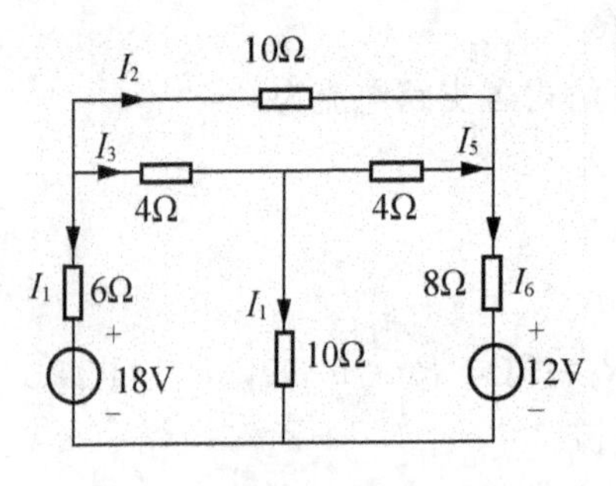

图 2.9 练习与思考 1 的图

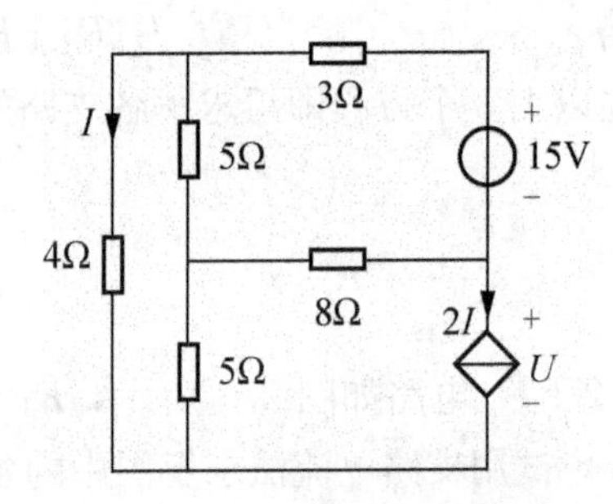

图 2.10 练习与思考 2 的图

2.3 结点电压法

应用支路电流法求解电路中的电流时，电路有多少条支路就有多少个未知量，当支路较多时，计算量较大。当支路较多而结点较少时应用结点电压法进行计算就比较方便。方法如下：电路中，任选某一结点作为参考结点，并假设该结点的电位为零，其他结点到该参考点的电压称为结点电压，又称结点电位。如果有 n 个结点，则有 $n-1$ 个结点电压。结点电压法以结点电压为未知量，用结点电压表示各支路电流，根据基尔霍夫电流定律对独立结点建立关于结点的 KCL 方程，联立方程即可求解各结点电压，进而可以求出各支路电流。

【例 2.6】 电路如图 2.11 所示。已知 $I_S=0.5\text{A}$，$E_2=2\text{V}$，$E_3=6\text{V}$，$R_1=R_2=2\,\Omega$，

$R_3=R_4=4\ \Omega$，试用结点电压法求解电路中的各支路电流以及电源发出的功率。

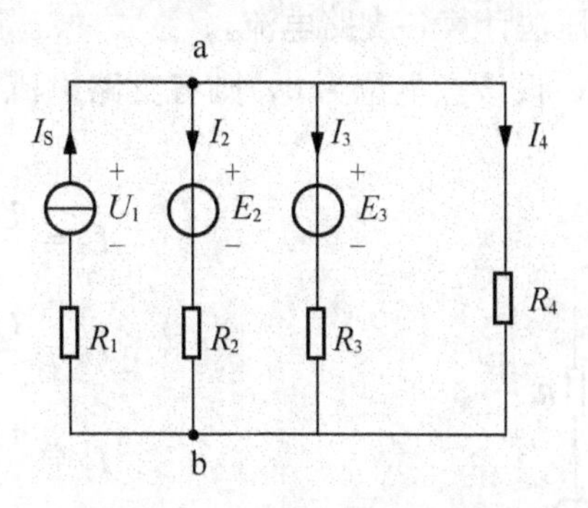

图 2.11　例 2.6 的图

解：选结点 b 为参考点(0 电位)，结点 a 的电压为 U_a，则有

$$I_2=\frac{U_a-E_2}{R_2},\ I_3=\frac{U_a-E_3}{R_3},\ I_4=\frac{U_a}{R_4}$$

结点 a 的 KCL 方程为 $I_S-I_2-I_3-I_4=0$

把以上 4 个方程联立可得 $U_a=\dfrac{\dfrac{E_2}{R_2}+\dfrac{E_3}{R_3}+I_S}{\dfrac{1}{R_2}+\dfrac{1}{R_3}+\dfrac{1}{R_4}}$

代入数据，可得 $U_a=\dfrac{\dfrac{2}{2}+\dfrac{6}{4}+0.5}{\dfrac{1}{2}+\dfrac{1}{4}+\dfrac{1}{4}}=3(\mathrm{V})$

$$I_2=\frac{3-2}{2}=0.5(\mathrm{A}),\ I_3=\frac{3-6}{4}=-0.75(\mathrm{A}),\ I_4=\frac{3}{4}=0.75(\mathrm{A})$$

两个电压源发出的功率为

$$P_{E_2}=-E_2I_2=-2\times0.5=-1(\mathrm{W})$$

$$P_{E_3}=-E_3I_3=-6\times(-0.75)=4.5(\mathrm{W})$$

要求电流源发出的功率，需要先求出 U_1：

$$U_1=U_a+2\times0.5=4(\mathrm{V})$$

所以电流源发出的功率为 $P_{I_S}=U_1\times I_S=4\times0.5=2(\mathrm{W})$

【例 2.7】　试用结点电压法求解图 2.12 中 A 点电位。

解：设 A 点电压为 U，则有 $\dfrac{25-U}{R_3}+\dfrac{-50-U}{R_2}=\dfrac{U}{R_1}$

整理得 $U=\dfrac{\dfrac{25}{10}+\dfrac{-50}{40}}{\dfrac{1}{10}+\dfrac{1}{40}+\dfrac{1}{10}}=\dfrac{1.25}{0.225}=5.56(\mathrm{V})$

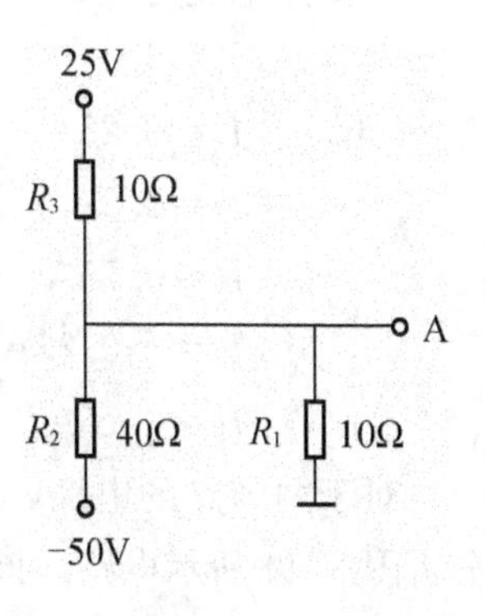

图 2.12　例 2.7 的图

【例 2.8】 电路如图 2.13 所示，已知 $R_1=2\Omega$，$R_2=R_3=R_4=R_5=R_6=4\Omega$，$U_{s1}=4V$，$U_{s6}=8V$，试用结点电压法计算各支路电流。

解： 选 d 点为参考结点，设该点电位为 0，则各支路电流可以用各结点电压及相关参数表示。

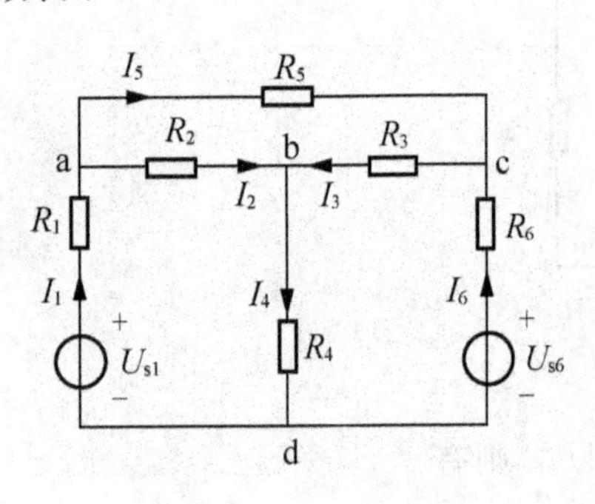

图 2.13 例 2.8 的图

$$I_1=\frac{U_{s1}-U_a}{R_1}$$

$$I_2=\frac{U_a-U_b}{R_2}$$

$$I_3=\frac{U_c-U_b}{R_3}$$

$$I_4=\frac{U_b}{R_4}$$

$$I_5=\frac{U_a-U_c}{R_5}$$

$$I_6=\frac{U_{s6}-U_c}{R_6}$$

对结点 a、b、c 列 KCL 方程：

结点 a $\quad I_1-I_2-I_5=0 \quad \frac{U_{s1}-U_a}{R_1}-\frac{U_a-U_b}{R_2}-\frac{U_a-U_c}{R_5}=0$

结点 b $\quad I_2+I_3-I_4=0 \quad \frac{U_a-U_b}{R_2}+\frac{U_c-U_b}{R_3}-\frac{U_b}{R_4}=0$

结点 c $\quad I_5+I_6-I_3=0 \quad \frac{U_a-U_c}{R_5}+\frac{U_{s6}-U_c}{R_6}-\frac{U_c-U_b}{R_3}=0$

代入已知数据，解得各结点电压为

$$U_a=4V$$
$$U_b=3V$$
$$U_c=5V$$

各支路电流为

$$I_1=0A$$
$$I_2=0.25A$$
$$I_3=0.5A$$
$$I_4=0.75A$$
$$I_5=-0.25A$$
$$I_6=0.75A$$

对于两结点的电路，使用弥尔曼定理比较方便。分析图 2.14 所示电路，该电路有两个结点，将结点 a 设为参考结点，结点 b 的结点电压为 U。

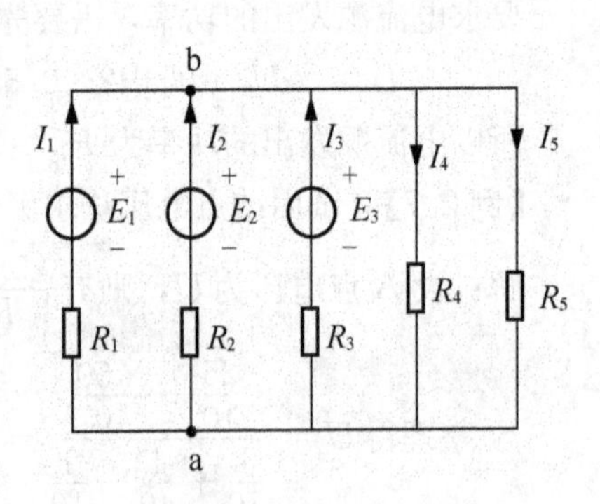

图 2.14 两结点电路

各支路电流用结点电压表示为

$$I_1 = \frac{E_1 - U}{R_1}$$

$$I_2 = \frac{E_2 - U}{R_2}$$

$$I_3 = \frac{E_3 - U}{R_3}$$

$$I_4 = \frac{U}{R_4}$$

$$I_5 = \frac{U}{R_5}$$

由 KCL，$I_1 + I_2 + I_3 - I_4 - I_5 = 0$，即

$$\frac{E_1 - U}{R_1} + \frac{E_2 - U}{R_2} + \frac{E_3 - U}{R_3} - \frac{U}{R_4} - \frac{U}{R_5} = 0$$

整理得

$$U = \frac{\frac{E_1}{R_1} + \frac{E_2}{R_2} + \frac{E_3}{R_3}}{\frac{1}{R_1} + \frac{1}{R_2} + \frac{1}{R_3} + \frac{1}{R_4} + \frac{1}{R_5}}$$

对于有 b 条支路的两结点电路，可以得出两结点电压为

$$U = \frac{\sum_{i=1}^{b} \frac{E_i}{R_i}}{\sum_{i=1}^{b} \frac{1}{R_i}} \tag{2.1}$$

式(2.1)称为弥尔曼定理。在式中，分母各项为正，分子可正可负，当支路的电动势与结点电压方向相反时取正号；当支路的电动势与结点电压方向相同时取负号。在式中，如果第 i 条支路只含有电阻，不含有理想电压源，则取 $E_i = 0$；如果第 i 条支路含有理想电流源 I_i，无论是否含有电阻，都取 $\frac{E_i}{R_i} = I_i, \frac{1}{R_i} = 0$。

练习与思考

1. 试用结点电压法求解图 2.15 电路中各支路电流。

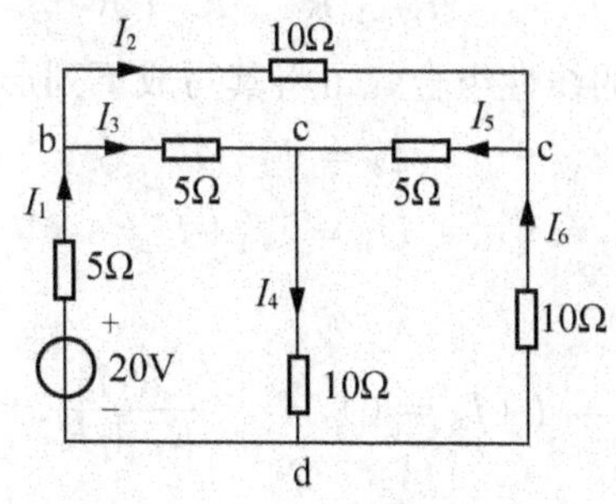

图 2.15 练习与思考 1 的图

2. 电路如图 2.16 所示，试用结点电压法求解各支路的电流。

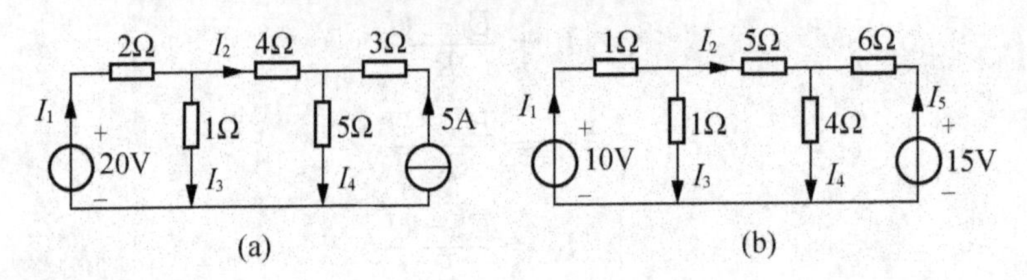

图 2.16　练习与思考 2 的图

3. 电路如图 2.17 所示，试用结点电压法求解电路中的电压 U。

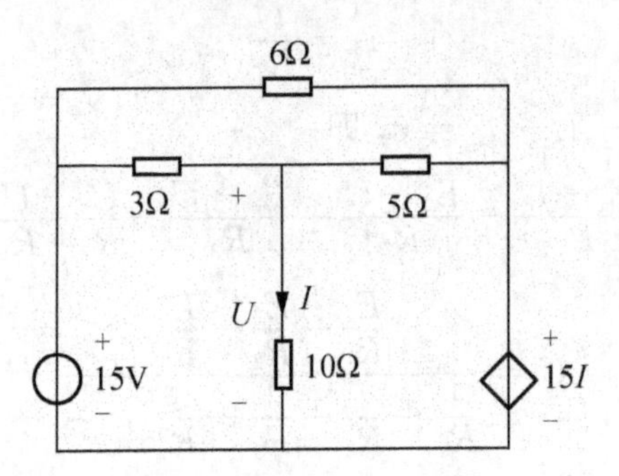

图 2.17　练习与思考 3 的图

2.4　叠 加 定 理

叠加定理是线性电路的基本定理。内容为：在多个电源同时作用的线性电路中，每一个元件的电流或电压可以看成是各个独立电源单独作用时在该元件上产生的电流或电压的代数和。叠加定理是线性电路的重要定理，下面通过实例进行说明。

对图 2.18 所示电路，利用前面学习的电路分析方法可得

$$
\begin{aligned}
I_2 &= \frac{U_S}{R_1+R_2}+\frac{R_1 I_S}{R_1+R_2} \\
U_1 &= \frac{R_1 U_S}{R_1+R_2}-\frac{R_1 R_2 I_S}{R_1+R_2}
\end{aligned}
\tag{2.2}
$$

式中：I_2 和 U_1 都是 U_S 和 I_S 的线性组合，可将其写成下列形式：

$$
\begin{aligned}
I_2 &= I'_2+I''_2 \\
U_1 &= U'_1+U''_1
\end{aligned}
$$

其中

$$I'_2=\frac{U_S}{R_1+R_2}=I_2(I_S=0),\quad I''_2=\frac{R_1 I_S}{R_1+R_2}=I_2(U_S=0)$$

$$U'_1=\frac{R_1 U_S}{R_1+R_2}=U_1(I_S=0),\quad U''_1=-\frac{R_1 R_2 I_S}{R_1+R_2}=U_1(U_S=0)$$

式中：I_2'和U_1'是电流源I_S置零时的响应，可以看作是电压源U_S单独作用产生的响应；I_2''和U_1''是电压源U_S置零时的响应，可以看成是电流源I_S单独作用产生的响应。电路中的总响应是两个电源单独作用产生的响应之和。

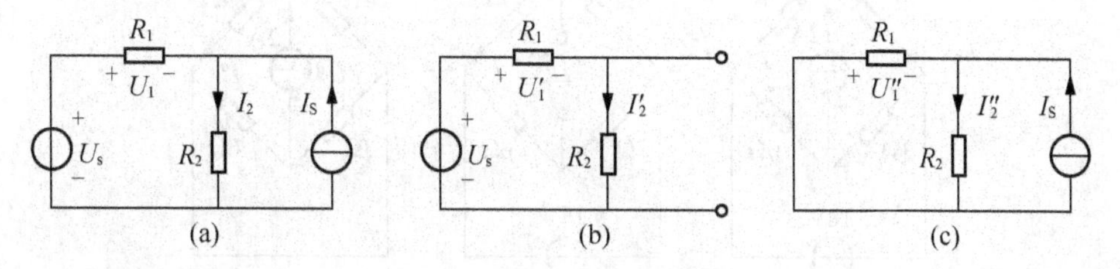

图 2.18　叠加定理举例电路

应用叠加定理分析计算电路时，应注意以下几点。

（1）叠加定理只适用于线性电路，不适用于非线性电路。

（2）一个电源单独作用时，其他电源应除去(理想电压源用短路线代替，理想电流源看成开路)。

（3）叠加时要注意各电流分量的参考方向，与原电路中电流的参考方向一致的电流分量前取正号，相反则取负号。

（4）叠加定理适用于求解电流、电压和电位，但不适用于求解功率。

【例 2.9】 试用叠加定理求解图 2.19 电路中的各支路电流。

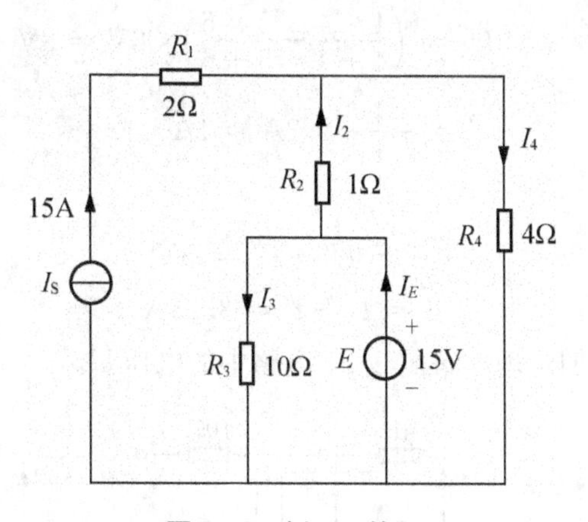

图 2.19　例 2.9 的图

解： 电压源单独作用，理想电流源开路：

$$I_2' = I_4' = \frac{E}{R_2 + R_4} = \frac{15}{1+4} = 3(\text{A}),\ I_3' = \frac{E}{R_3} = \frac{15}{10} = 1.5(\text{A}),\ I_E' = I_2' + I_3' = 4.5\text{A}$$

电流源单独作用，电压源用短路线代替：

$$I_2'' = -\frac{R_4}{R_2 + R_4} I_S = -\frac{4}{1+4} \times 15 = -12(\text{A}),\ I_4'' = \frac{R_2}{R_2 + R_4} I_S = \frac{1}{1+4} \times 15 = 3(\text{A})$$

$$I_E'' = I_2'' = -12\text{A}, I_3'' = 0,\ I_2 = I_2' + I_2'' = (3-12)\text{A} = -9\text{A}$$

$$I_3 = I_3' + I_3'' = 1.5\text{A},\ I_4 = I'4 + I_4'' = (3+3)\text{A} = 6\text{A}$$

$$I_E = I'_E + I''_E = (4.5 - 12)\text{A} = -7.5\text{A}$$

【例 2.10】 试用叠加定理计算图 2.20 中的电压 U 和 I。

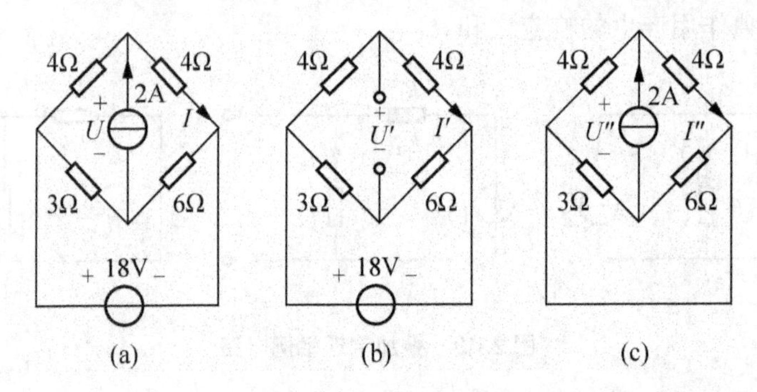

图 2.20 例 2.11 的图

解：画出电压源与电流源分别作用时的电路如图 2.20(b)、(c)所示。

对图 2.20(b)有

$$U' = \left(\frac{4}{4+4}\times 18 - \frac{6}{3+6}\times 18\right)\text{V} = -3\text{V}$$

$$I' = \frac{18}{4+4}\text{A} = 2.25\text{A}$$

对图 2.20(c)有

$$U'' = \left(\frac{4\times 4}{4+4} + \frac{3\times 6}{3+6}\right)\times 2\text{V} = 8\text{V}$$

$$I'' = \frac{4}{4+4}\times 2\text{A} = 1\text{A}$$

根据叠加定理可得

$$U = U' + U'' = 5\text{V}$$

$$I = I' + I'' = 3.25\text{A}$$

【例 2.11】 试用叠加定理求解图 2.21 电路中的电压 U。

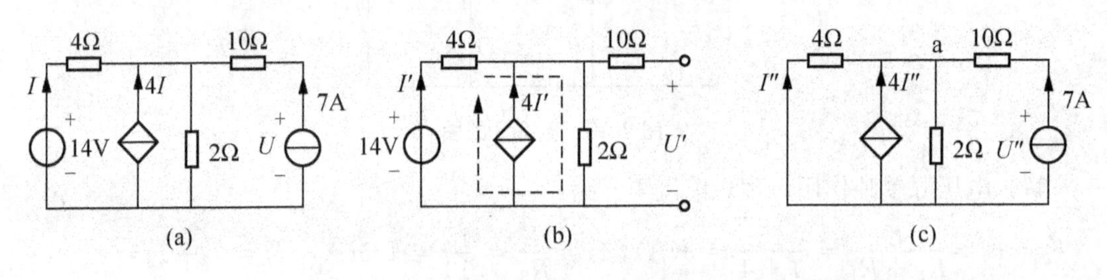

图 2.21 例 2.11 的图

解：14V 电压源单独作用的分电路如图 2.21(b)所示，对虚线对应回路列 KVL 方程为

$$4I' + 2(I' + 4I') = 14\text{V}$$

$$I' = 1\text{A}$$

$$U' = 2 \times 5I' = 10\text{V}$$

7A 电流源单独作用的分电路如图 2.21(c)所示，对结点 a 列 KCL 方程为

$$I'' + 4I'' + \frac{4I''}{2} + 7 = 0$$

$$I'' = -1\text{A}$$

$$U'' = 7 \times 10 - 4I'' = 74\text{V}$$

根据叠加定理，原电路中电压 U 为

$$U = U' + U'' = 84\text{V}$$

练习与思考

1. 试用叠加定理计算图 2.22 中的电流 I。
2. 试用叠加定理计算图 2.23 中的电压 U。

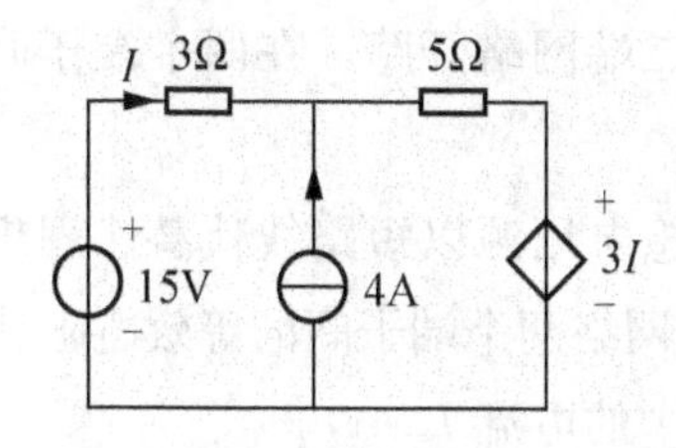

图 2.22 练习与思考 1 的图

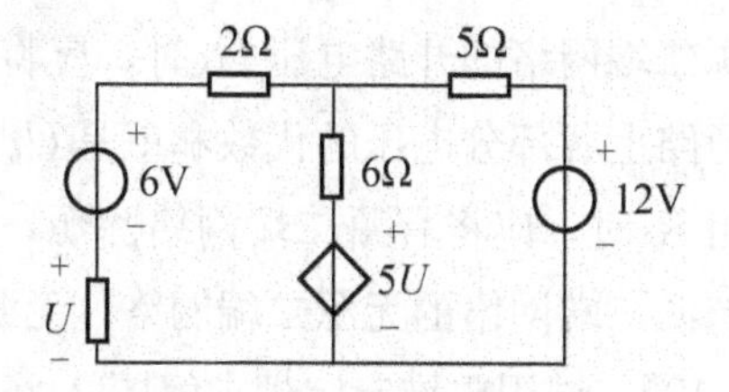

图 2.23 练习与思考 2 的图

2.5 等效电源定理

在只需求解一个复杂电路中某一支路的电流时，如果使用前面的几种方法求解，必然会引出一些不必要的电流来。为了计算简便，可以使用等效电源定理。

等效电源定理的思想是：将被求解支路从复杂电路中划出，这样原电路被分成两部分：被求解支路和其余电路部分。其余电路部分因含有电源，有两个出线端，被称为有源二端网络(active two-terminal network)，如图 2.24 所示。其中 R 所在的 ab 支路即从复杂电路中划出的被求解支路。有源二端网络可以是简单或任意复杂的电路，它对被求解支路供给电能，相当于一个电源。因此这个有源二端网络可以等效成一个电源。经过等效变换后，ab 支路中的电流 I 及其两端电压 U 没有变动。

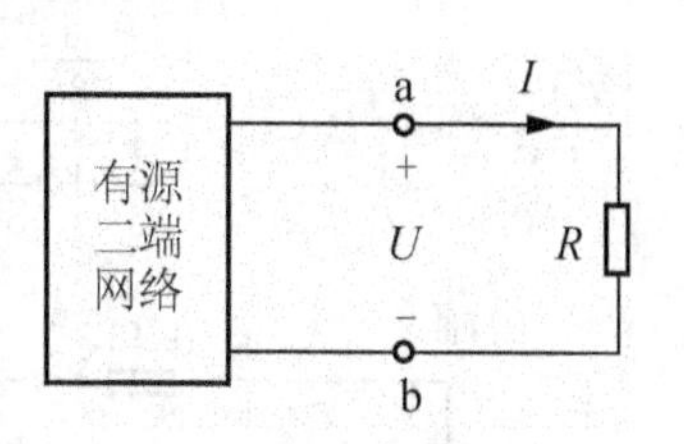

图 2.24 有源二端网络

根据前面所述，一个电源可以用两种电路模型来表示：一种是理想电压源和一个电阻串联；另一种是理想电流源和一个电阻并联，如图 2.25 所示。针对两种等效电源，可以得出以下两个电源等效定理。

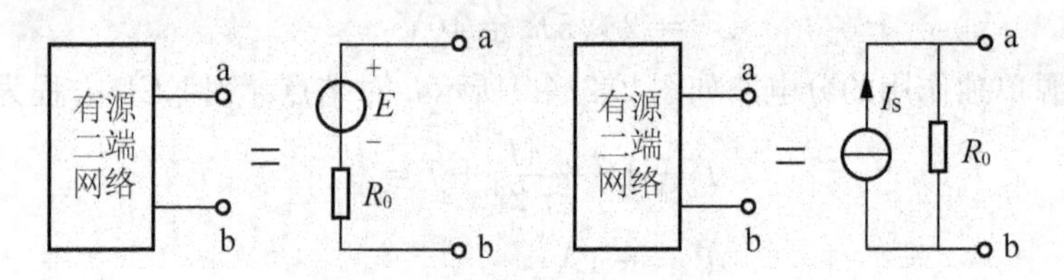

图 2.25　有源二端网络等效电源电路

2.5.1　戴维宁定理

任何一个线性有源二端网络，都可以用一个电动势为 E 的理想电压源和内阻 R_0 串联的电源来等效代替。等效电源的电动势 E 就是有源二端网络的开路电压 U_o，内阻 R_0 等于有源二端网络所对应的无源二端网络的等效电阻。

求有源二端网络的开路电压 U_o 时，应将有源二端网络开路，在两个端子间找一条通路，这条通路上各部分电压的代数和就是 U_o。

求内阻 R_0 时，应将有源二端网络除源，即理想电压源以短路线代替、理想电流源开路，得到有源二端网络的无源二端网络，无源二端网络两个端子间的等效电阻就是 R_0。

【例 2.12】　试用戴维宁定理求解图 2.26 电路中的电流 I。

解：先把 ab 支路开路，可求得 $U_{abo}=(5\times5-3)\text{V}=22\text{V}$

求 R_0 时，电流源开路，电压源短路，因此 $R_0=5\Omega$

电流　　$$I=\frac{22}{5+17}\text{A}=1\text{A}$$

【例 2.13】　试用戴维宁定理求解图 2.27 电路中的电流 I。

解：首先求出 ab 两点之间的开路电压 U_{abo}。

a、b 之间开路后，根据结点电压法可计算出 a 和 b 点电位：

$$U_a=\frac{\frac{-12}{3}+\frac{24}{3}}{\frac{1}{3}+\frac{1}{3}+\frac{1}{3}}\text{V}=4\text{V},U_b=\frac{\frac{6}{2}+\frac{-12}{3}}{\frac{1}{2}+\frac{1}{3}+\frac{1}{6}}\text{V}=-1\text{V}$$

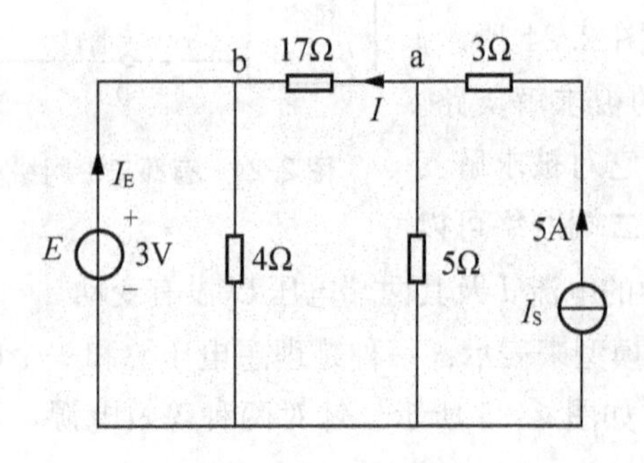

图 2.26　例 2.12 的图

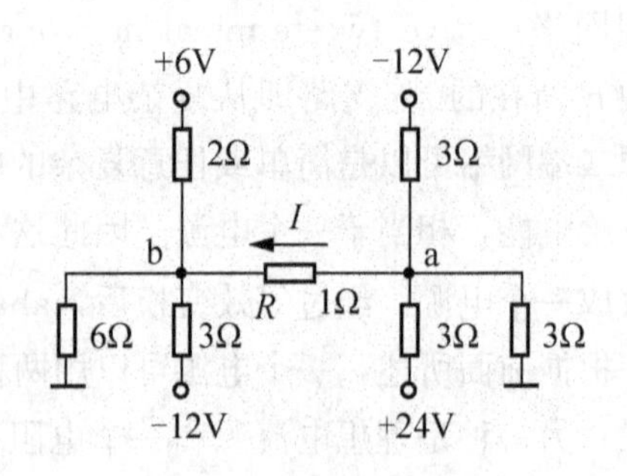

图 2.27　例 2.13 的图

$$U_{abo}=U_a-U_b=5V$$

$$R_0=\frac{1}{\frac{1}{3}+\frac{1}{3}+\frac{1}{3}}+\frac{1}{\frac{1}{2}+\frac{1}{3}+\frac{1}{6}}=2(\Omega)$$

$$I=\frac{U_{abo}}{R+R_0}=\frac{5}{1+2}A=1.667A$$

【例 2.14】　试用戴维宁定理求解图 2.28 电路中的电流 I。

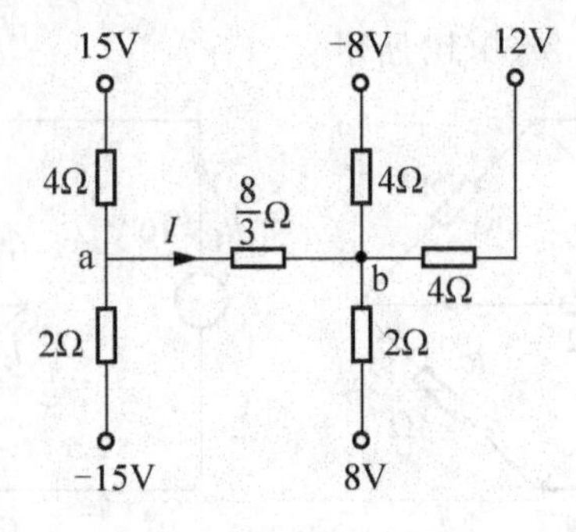

图 2.28　例 2.14 的图

解： 首先求出 ab 两点之间的开路电压 U_{abo}。

a、b 之间开路后，根据结点电压法可计算出 a 和 b 点电位：

$$U_a=\frac{\frac{15}{4}-\frac{15}{2}}{\frac{1}{4}+\frac{1}{2}}V=-5V,U_b=\frac{-\frac{8}{4}+\frac{12}{4}+\frac{8}{2}}{\frac{1}{4}+\frac{1}{4}+\frac{1}{2}}V=5V$$

$$U_{abo}=U_a-U_b=-10V$$

$$R_0=\left(\frac{1}{\frac{1}{4}+\frac{1}{2}}+\frac{1}{\frac{1}{4}+\frac{1}{4}+\frac{1}{2}}\right)\Omega=\frac{7}{3}\Omega$$

$$I=\frac{U_{abo}}{R+R_0}=\frac{-10}{\frac{8}{3}+\frac{7}{3}}A=-2A$$

2.5.2　诺顿定理

任何一个线性有源二端网络，都可以用一个电流为 I_S 的理想电流源和内阻 R_0 并联的电流源来等效代替。等效电源的电流就是有源二端网络的短路电流 I_S，内阻 R_0 等于有源二端网络所对应的无源二端网络的等效电阻。

【例 2.15】　试用诺顿定理求解图 2.29 电路中的电流 I。

解： 首先求 ab 两点的短路电流，ab 两点短路后，$I_1=$

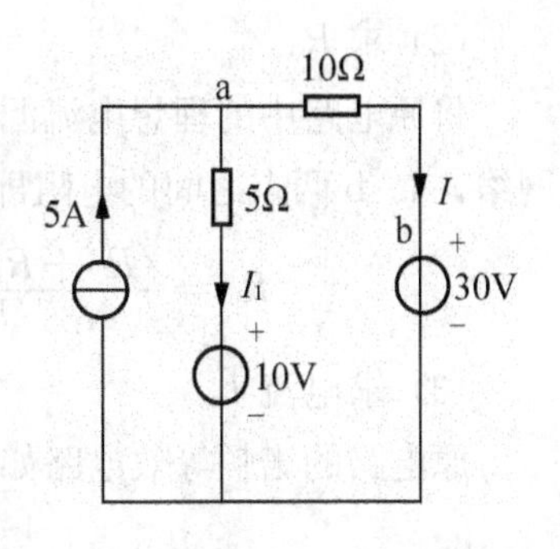

图 2.29　例 2.15 的图

$\frac{30-10}{5}=4\text{A}$，所以短路电流

$$I_S = 5-4 = 1(\text{A}),\ R_0 = 5\Omega$$

$$I = \frac{5}{5+10}\times 1\text{A} = 0.333\text{A}$$

【例 2.16】 试用诺顿定理求解图 2.30(a)电路中的电流 I。

解：(1)求短路电流 I_S。

将被求解支路短路，如图 2.30(b)所示。

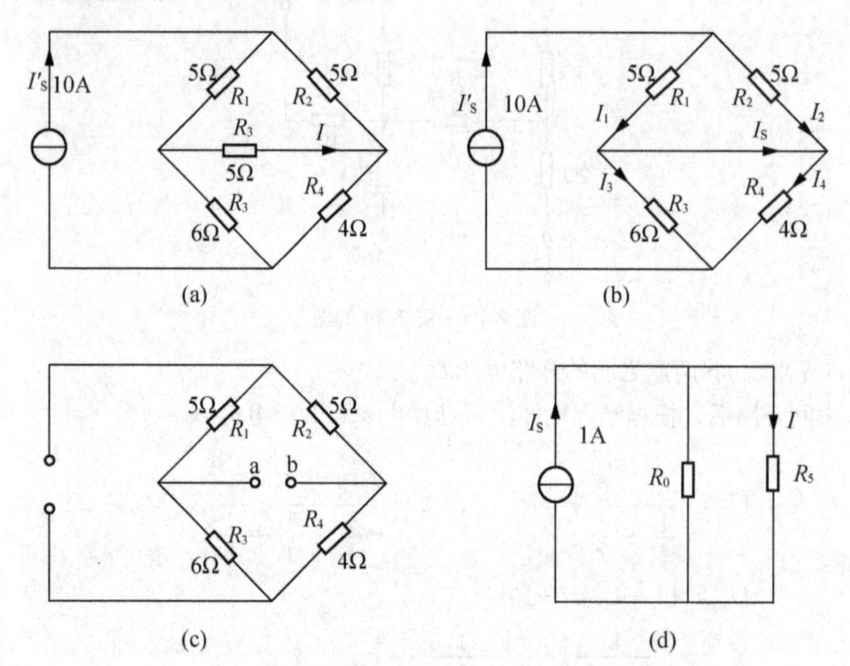

图 2.30 例 2.16 的图

根据 KCL 可得，$I_S = I_1 - I_3$

而 $I_1 = \frac{R_2}{R_1+R_2}I'_S = \frac{5}{5+5}\times 10\text{A} = 5\text{A}$，$I_3 = \frac{R_4}{R_3+R_4}I'_S = \frac{4}{4+6}\times 10\text{A} = 4\text{A}$

所以 $I_S = I_1 - I_3 = 1\text{A}$

(2) 求 R_0。

将原电路中的理想电流源开路，被求解支路开路，得到如图 2.30(c)所示的无源二端网络，a、b 两点之间的电阻即为 R_0。

$$R_0 = \frac{(R_1+R_2)\times(R_3+R_4)}{R_1+R_2+R_3+R_4} = \frac{(5+5)\times(4+6)}{5+5+4+6}\Omega = 5\Omega$$

(3) 求电流 I。

原电路的诺顿等效电路如图 2.30(d)所示，所求电流 I 为

$$I = \frac{5}{5+5}\times 1\text{A} = 0.5\text{A}$$

练习与思考

1. 什么是戴维宁定理？如何求解戴维宁等效电路的开路电压和内阻？
2. 什么是诺顿定理？
3. 试用戴维宁定理求解图 2.31 电路中的电流 i_c。

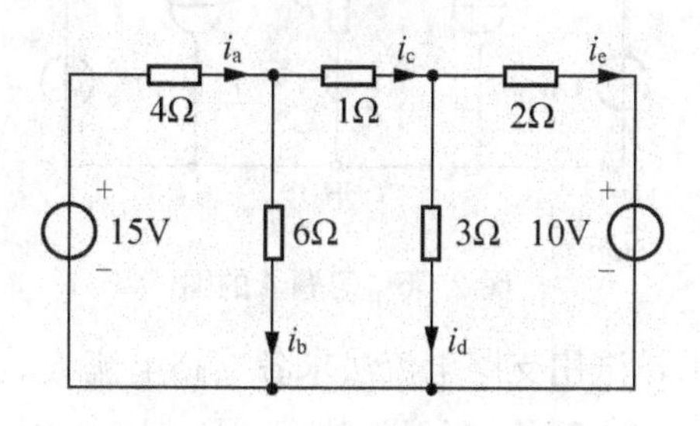

图 2.31　练习与思考 3 的图

习　　题

1. 用电源等效变换法求图 2.32 所示各电路中的电压 U 或电流 I。

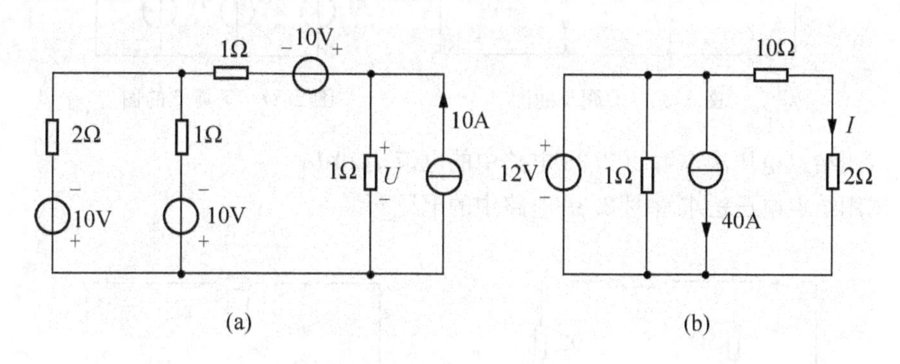

图 2.32　习题 1 的图

2. 电路如图 2.33 所示，使用电源等效变换法求流过负载 R_L 的电流 I。
3. 试求图 2.34 所示电路中的电流 I。

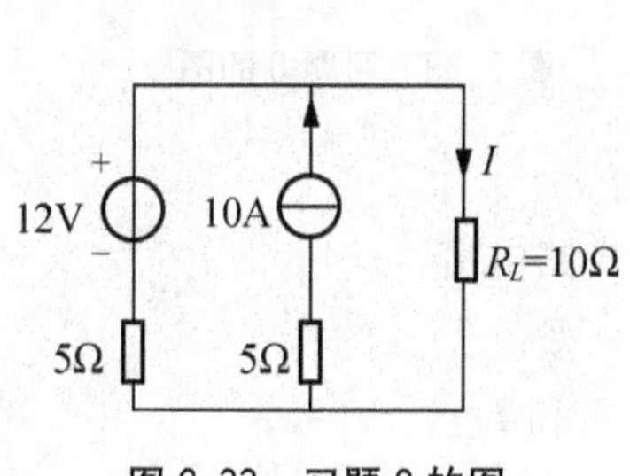

图 2.33　习题 2 的图

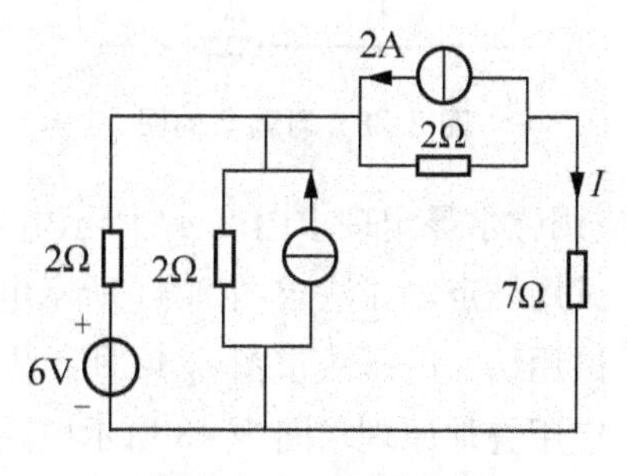

图 2.34　习题 3 的图

4. 在图 2.35 中，已知$U_{s1}=20\text{V}$，$U_{s5}=30\text{V}$，$I_{s2}=8\text{A}$，$I_{s4}=17\text{A}$，$R_1=5\Omega$，$R_3=10\Omega$，$R_5=10\Omega$，试求U_{ab}。

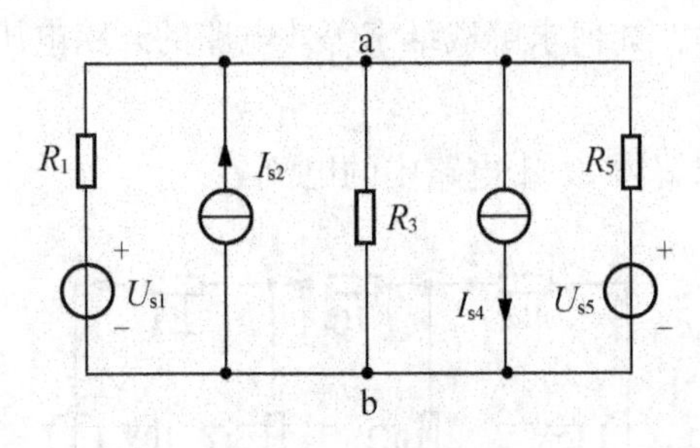

图 2.35　习题 4 的图

5. 电路如图 2.36 所示，试用支路电流法求各支路电流I_1、I_2、I_3、I_4。

6. 电路如图 2.37 所示，已知$E_1=10\text{V}$，$E_2=6\text{V}$，$E_3=8\text{V}$，$R_1=5\Omega$，$R_2=2\Omega$，$R_3=3\Omega$，$R_4=8\Omega$，试用支路电流法求各支路电流。

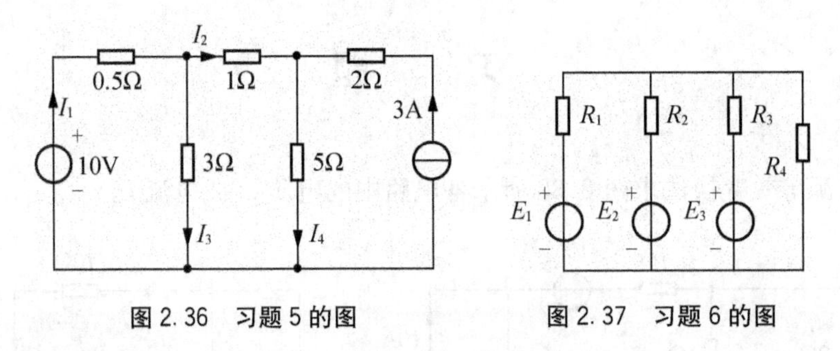

图 2.36　习题 5 的图　　　　图 2.37　习题 6 的图

7. 试用结点电压法求解图 2.38 电路中的电流I_S和I_O。

8. 试用结点电压法求解图 2.39 电路中的电压U。

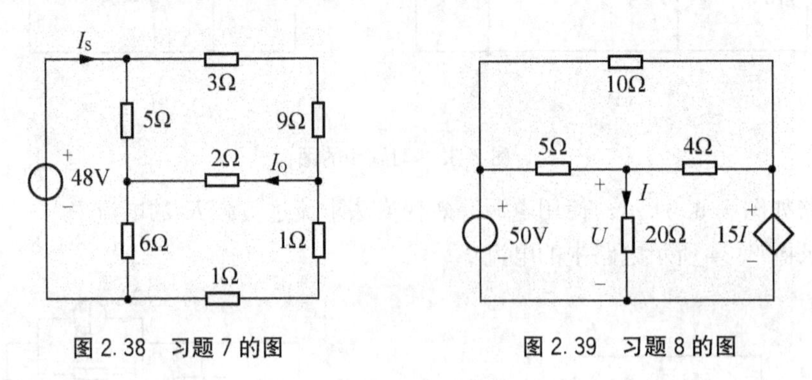

图 2.38　习题 7 的图　　　　图 2.39　习题 8 的图

9. 应用弥尔曼定理求图 2.40 所示电路中的电流I。

10. 试用结点电压法求图 2.41 所示电路中的各支路电流。

11. 试用结点电压法求图 2.42 所示电路中的电压U_1、U_2。

12. 应用叠加原理求图 2.43 所示电路中的电流I_1和I_2。

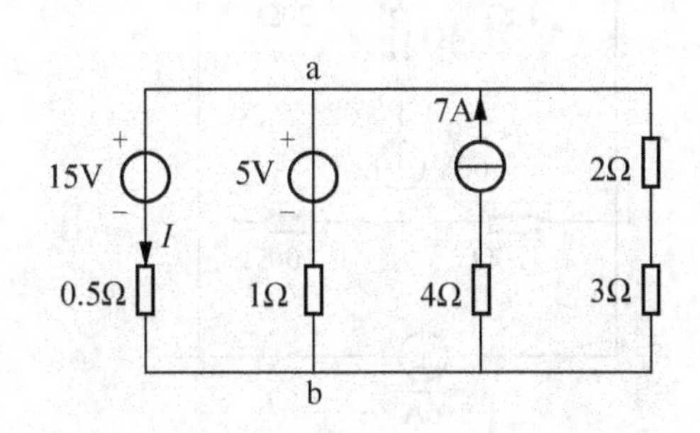

图 2.40　习题 9 的图

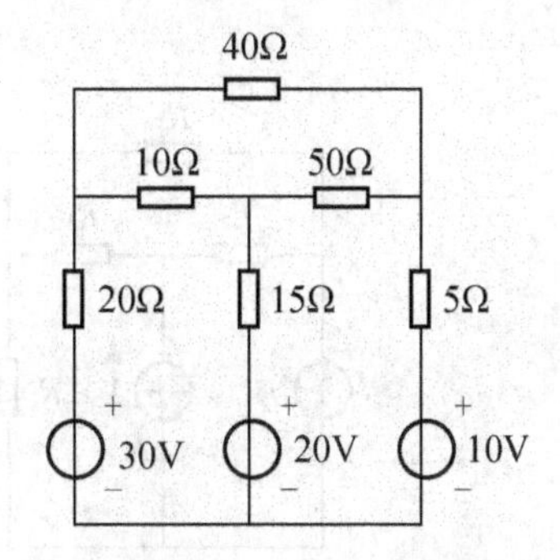

图 2.41　习题 10 的图

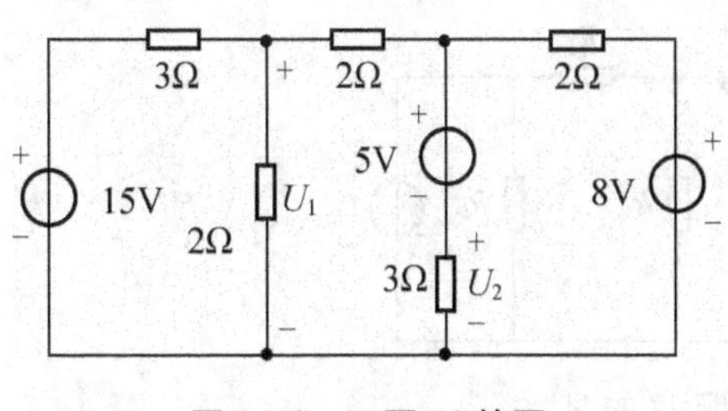

图 2.42　习题 11 的图

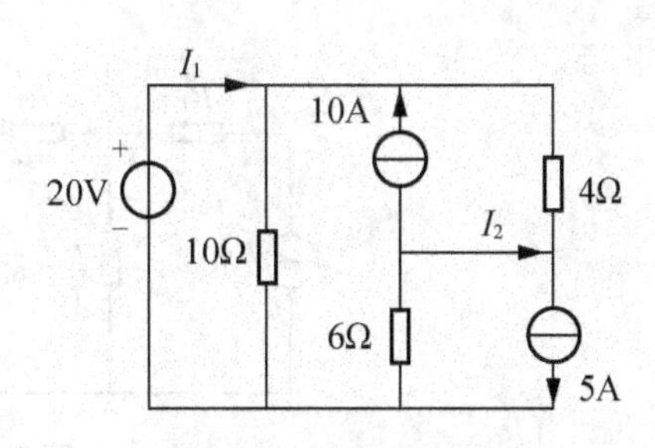

图 2.43　习题 12 的图

13. 用叠加定理求图 2.44 所示电路中的电压 U_x。

14. 试用叠加定理求图 2.45 所示电路中的电流 I_x。

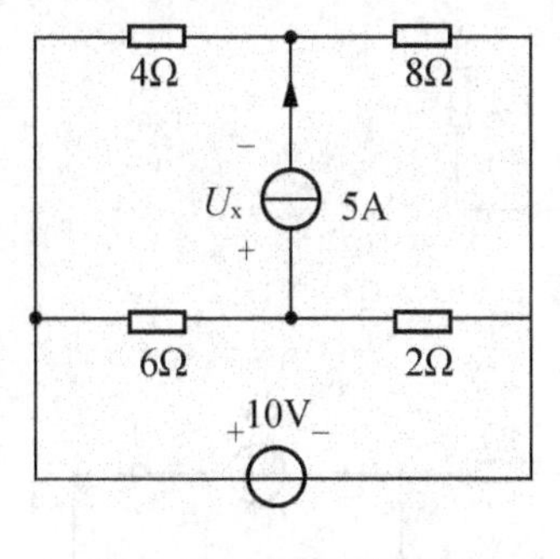

图 2.44　习题 13 的图

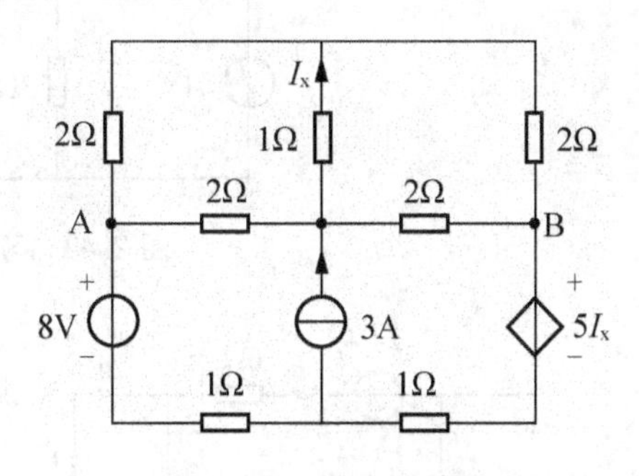

图 2.45　习题 14 的图

15. 用叠加原理求图 2.46 所示电路 R_2 中流过的电流。已知 $E=20\text{V}$，$I_S=2\text{A}$，$R_1=1\Omega$，$R_2=2\Omega$，$R_3=R_4=3\Omega$。

16. 试用戴维宁定理求图 2.47 所示电路中的电流 I。

17. 电路如图 2.48 所示，已知 $I_S=3\text{A}$，$U_{s1}=4\text{V}$，$U_{s2}=8\text{V}$，$R_1=15\Omega$，$R_2=2\Omega$，$R_3=R_4=2\Omega$，$R_5=2\Omega$，$R_6=12\Omega$。求通过 R_3 的电流 I。

18. 试用戴维宁定理求图 2.49 所示电路中的电流 I。

19. 试求图 2.50 电路中 R_X 分别为 2Ω、3Ω、5Ω 时的电流 i_X。

20. 试用诺顿定理求解图 2.51 所示电路中的电流 I。

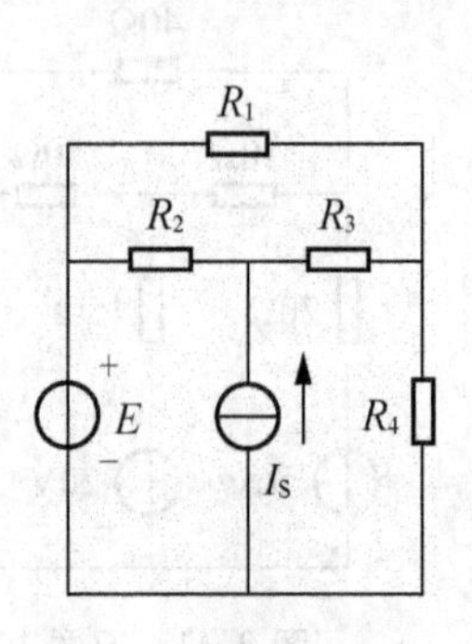

图 2.46　习题 15 的图

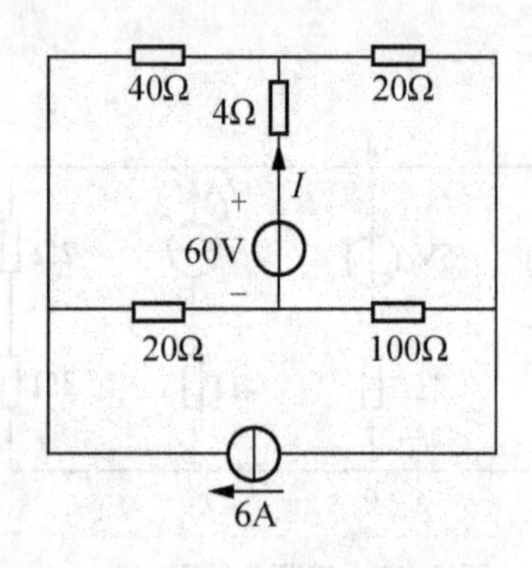

图 2.47　习题 16 的图

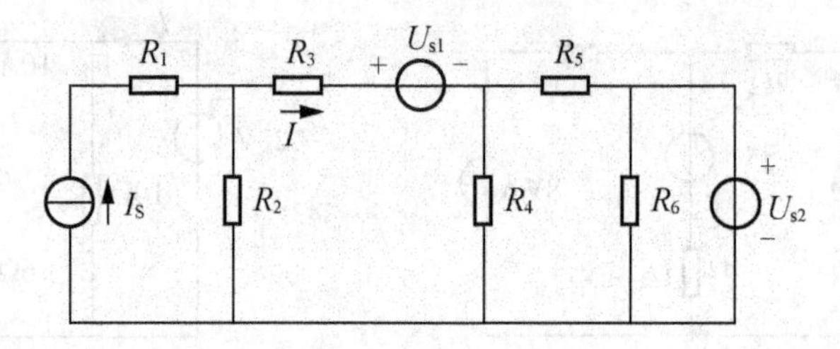

图 2.48　习题 17 的图

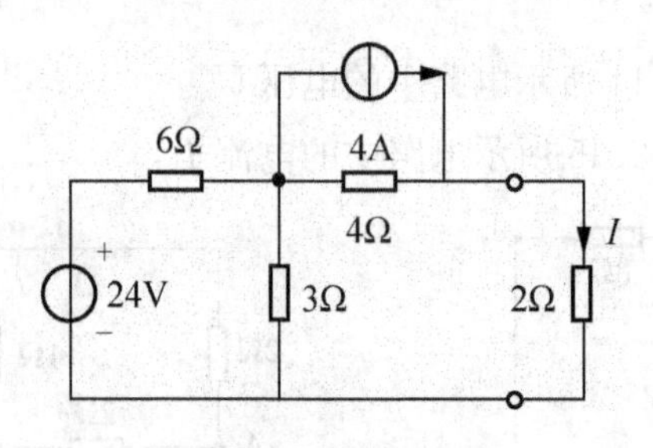

图 2.49　习题 18 的图

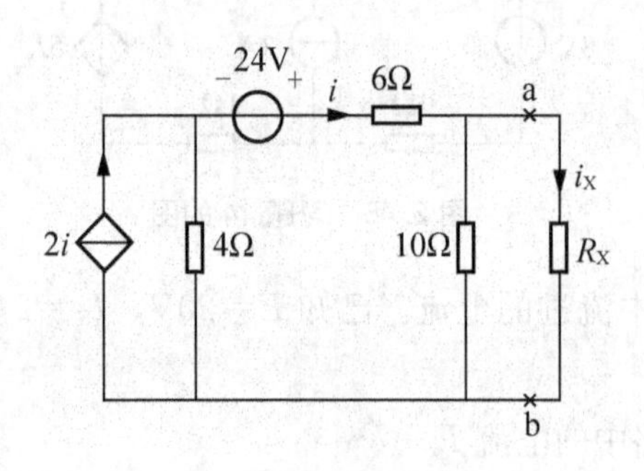

图 2.50　习题 19 的图

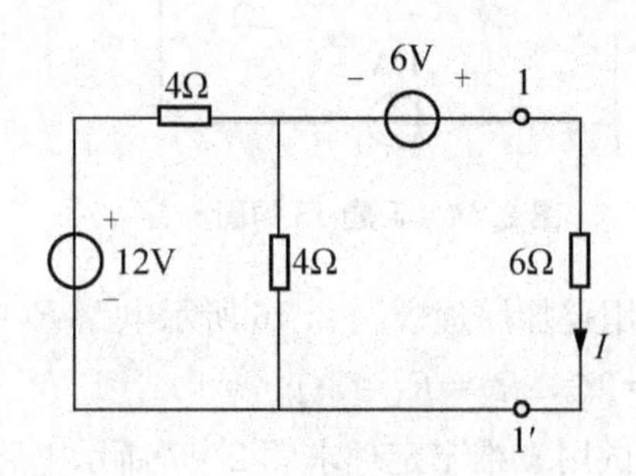

图 2.51　习题 20 的图

21. 电路如图 2.52 所示，已知 $E_1=15\text{V}$，$E_2=10\text{V}$，$I_S=4\text{A}$，各电阻值已标注在图中，求各电源的功率。

22. 试用电源等效变换方法求图 2.53 所示各电路中 U 和 I 的值。

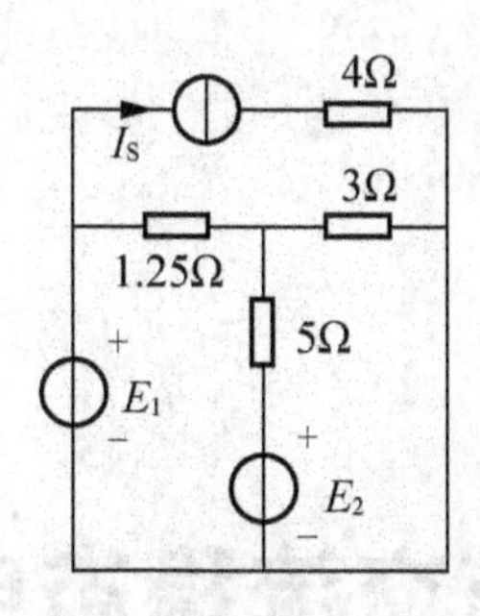

图 2.52　习题 21 的图

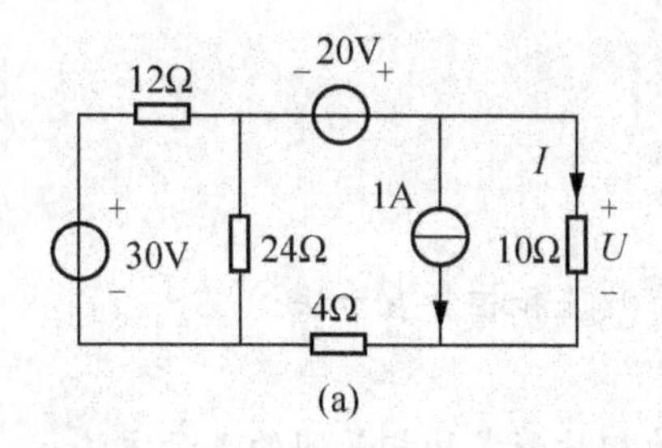

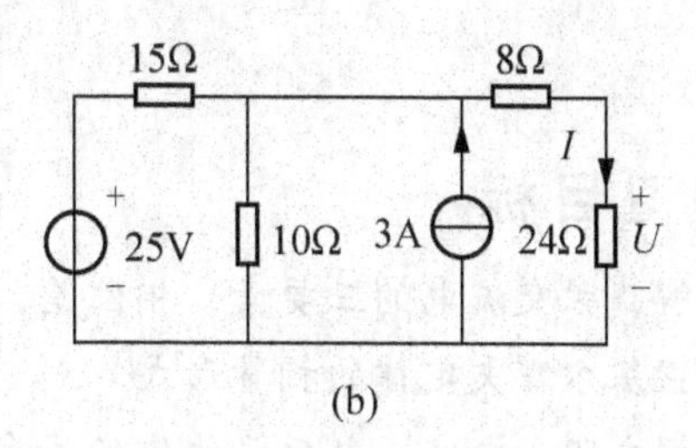

图 2.53　习题 22 的图

23. 试用电源等效变换方法求图 2.54 所示电路中 R_4 上流过的电流。已知 $E=50\text{V}$，$I_S=3\text{A}$，$R_1=10\Omega$，$R_2=2\Omega$，$R_3=R_4=4\Omega$。

24. 电路如图 2.55 所示，试求电流 I 的值。

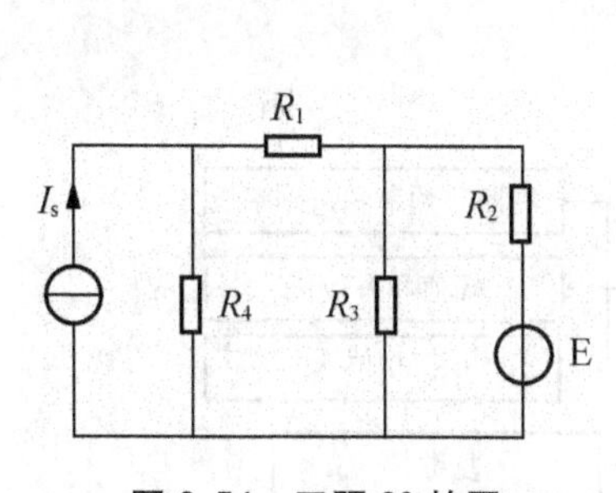

图 2.54　习题 23 的图

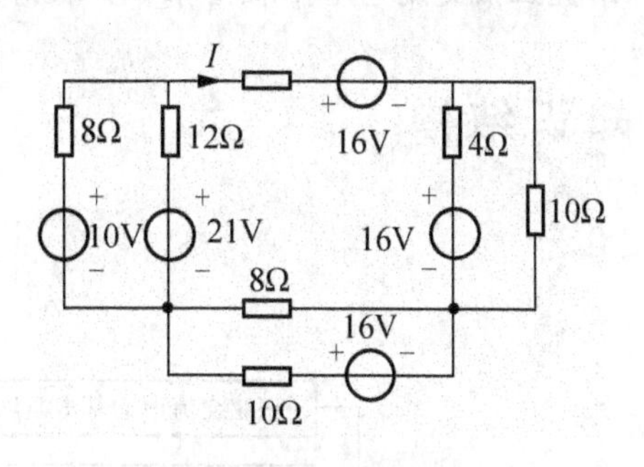

图 2.55　习题 24 的图

第3章

正弦交流稳态电路

学习目标

☞ 理解正弦交流电的三要素、相位差、有效值和相量表示法

☞ 掌握基尔霍夫定律的相量形式

☞ 掌握电阻、电容、电感元件伏安关系的相量形式和相量图的表示方法

☞ 掌握阻抗的概念、性质及串联、并联等效化简方法

☞ 掌握正弦交流电路的相量法计算

☞ 了解正弦交流电路瞬时功率的概念，了解功率因数的提高方法及其经济意义

☞ 掌握正弦交流电路串联谐振和并联谐振条件及特点

知识结构

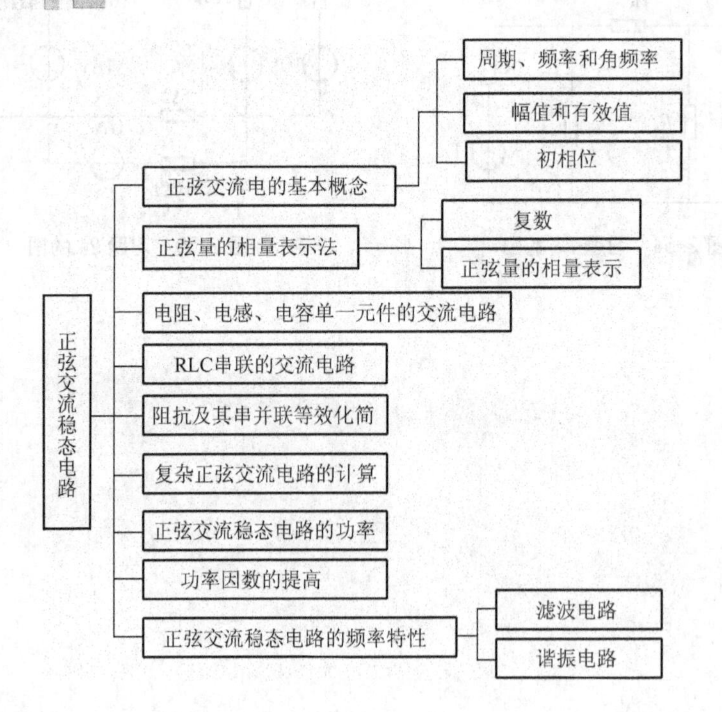

引例

生活用电和工业用电都是正弦交流电。正弦交流电是由发电厂提供的，发电厂有火力发电厂、水力发电厂、核电站和风力发电厂，如图3.1所示。

正弦交流电路是指含有正弦电源并且电路各部分所产生的电压和电流均按正弦规律变化的电路。正弦交流电路是电工技术中非常重要的一部分内容，这部分内容在实际生产生活中应用较多，例如，交流发电机所产生的电动势和正弦信号发生器所输出的信号电压都是正弦信号。正弦交流电路的频率特性包含滤波电路和谐振电路，滤波电路可以使有用频率信号通过而抑制无用频率信号；谐振具有选择信号和抑制干扰信号的作用，如接收机的输入电路，就用到了谐振的原理。正弦交流电路功率因数的提高具有重要的实际意义，例如在发电设备中，提高电网的功率因数能使发电设备的容量得到充分利用，同时也能使电能得到大量节约。

(a) 火力发电厂

(b) 水力发电厂

(c) 核电站

(d) 风力发电厂

图3.1　发电厂

3.1 正弦交流电的基本概念

在电路中，大小和方向随时间按正弦规律变化的电压和电流称为正弦量(sinusoidal variation)，通常可表示为

$$\begin{aligned} u &= U_{\mathrm{m}}\sin(\omega t + \varphi_u) \\ i &= I_{\mathrm{m}}\sin(\omega t + \varphi_i) \end{aligned} \tag{3.1}$$

波形如图 3.2 所示。

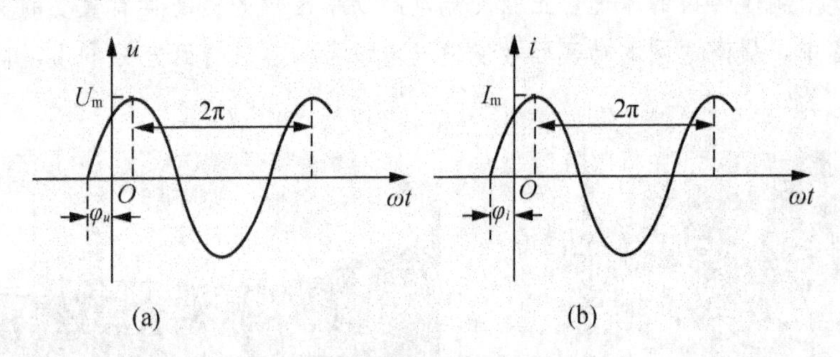

图 3.2 正弦电压和电流波形

式中，u 和 i 表示正弦量在任一时刻的瞬时值(instantaneous value)；U_{m} 和 I_{m} 称为正弦量的振幅(amplitude)，也叫最大值(maximum value)；ω 称为角频率(angular frequency)，φ_u 和 φ_i 称为初相位(initial phase)。振幅、角频率和初相位称为正弦交流电的三要素。

3.1.1 周期、频率和角频率

正弦量重复变化一次所需要的时间称为周期，用 T 表示，单位为秒(s)。每秒内变化的周期数称为频率(frequency)，用 f 表示，单位为赫兹(Hz)。ω 称为角频率，单位为弧度/秒(rad/s)。角频率、频率和周期之间的关系为

$$\omega t = 2\pi,\ \omega = 2\pi f,\ f = \frac{1}{T}$$

我国和大多数国家都采用 50Hz 作为电力标准频率，有些国家(如美国、日本)采用 60Hz。这种频率在工业上使用广泛，习惯上称为工频。通常的交流电动机和照明电路都是用这种频率。在其他不同的技术领域使用不同的频率，例如，高频炉的频率是 200～300kHz；中频炉的频率是 500～8000Hz；高速电动机的频率是 150～2000Hz；普通收音机中波段的频率是 530～1600kHz；无线通信中使用的频率可达 300GHz。

绘制正弦交流量的波形时，既可以用 t 作为横坐标，也可以直接用 ωt 作为横坐标。

【例 3.1】 已知某交流电的频率为 100Hz，试求 T 和 ω。

解：

$$T = \frac{1}{f} = \frac{1}{100}\mathrm{s} = 0.01\mathrm{s}$$

$$\omega = 2\pi f = 2 \times 3.14 \times 100\text{rad/s} = 628\text{rad/s}$$

3.1.2 幅值和有效值

正弦量在等幅正负交替变化过程中的最大值称为振幅，如式(3.1)中的U_m和I_m。

正弦量的瞬时值表示的是某一瞬间的数值，不能反映正弦量在电路中的做功效果。工程上引出能反映正弦电压和正弦电流做功效果的物理量，并将这个物理量称为正弦量的有效值，通常用大写字母表示，如正弦电压有效值U和正弦电流有效值I。

有效值是从电流的热效应角度规定的。设交流电流i和直流电流I分别通过阻值相同的电阻R，在一个周期T内产生的热量相等，则这一直流电流的数值I称为交流电流i的有效值。

根据上述定义可得

$$\int_0^T Ri^2 \mathrm{d}t = RI^2 T$$

于是

$$I = \sqrt{\frac{1}{T}\int_0^T i^2 \mathrm{d}t} \tag{3.2}$$

式(3.2)适用于周期性变化的量，但不适用于非周期量。

对正弦交流电流来说，设$i = I_m \sin\omega t$，代入式(3.2)，可得

$$I = \sqrt{\frac{1}{T}\int_0^T I_m^2 \sin^2 \omega t \mathrm{d}t} \tag{3.3}$$

因为$\sin^2 \omega t = \frac{1-\cos 2\omega t}{2}$，代入式可得

$$I = \frac{I_m}{\sqrt{2}} \text{ 或 } I_m = \sqrt{2} I \tag{3.4}$$

式(3.4)说明正弦交流电流的最大值是有效值的$\sqrt{2}$倍。

以上结论同样适用于正弦电压，设$u = U_m \sin\omega t$，则

$$U = \frac{U_m}{\sqrt{2}} \text{ 或 } U_m = \sqrt{2} U \tag{3.5}$$

工程中使用的交流电气设备铭牌上标出的额定电压、额定电流的数值、交流电压表、交流电流表的刻度都是有效值。

【例 3.2】 已知$u = U_m \sin\omega t$，$U_m = 380\text{V}$，$f = 50\text{Hz}$，试求有效值U、周期T和$t = 0.005\text{s}$时的瞬时值。

解：

$$U = \frac{U_m}{\sqrt{2}} = \frac{380}{\sqrt{2}}\text{V} = 269\text{V}$$

$$T = \frac{1}{f} = \frac{1}{50}\text{s} = 0.02\text{s}$$

$$u = U_m \sin\omega t = 380\sin 2\pi f t = 380\sin 2\pi \times 50 \times 0.005\text{V} = 380\text{V}$$

3.1.3 初相位

在式(3.1)中，$\omega t + \varphi_u$ 和 $\omega t + \varphi_i$ 都是随时间变化的电角度，称为正弦交流电的相位。在开始计时的瞬间，即 $t=0$ 时的相位称为初相位，式中的 φ_u 和 φ_i 就是初相位。

为了便于描述两个同频率正弦量之间的相位关系，将两个同频率正弦量的相位之差定义为正弦量的相位差(phase difference)，通常用符号 φ 或 θ 表示。例如，式中 u 和 i 的相位差为

$$\varphi = (\omega t + \varphi_u) - (\omega t + \varphi_i) = \varphi_u - \varphi_i \tag{3.6}$$

由式(3.6)可知，两个同频率正弦量的相位差就等于它们的初相位之差，相位差在主值范围内取值，即 $|\varphi| \leqslant 180°$，其大小与计时起点的选取、变动无关。

图 3.3 用波形图描述了两个同频率正弦量之间的相位关系。从图中可以看出，$\varphi = \varphi_u - \varphi_i$，当 $\varphi > 0$ 时，u 总是超前 i 一个 φ 角到达零值或最大值，这时称 u 超前 i 一个 φ 角，或者称 i 滞后 u 一个 φ 角；当 $\varphi < 0$ 时，称 u 滞后 i 一个 φ 角，或者称 i 超前 u 一个 φ 角；当 $\varphi = 0$ 时，称 u 和 i 同相；当 $\varphi = 180°$ 时，称 u 和 i 反相；当 $\varphi = \pm 90°$ 时，称 u 和 i 正交。

正弦量乘以常数，正弦量的积分、微分，正弦量的代数和运算，其结果都是同频率的正弦量。

【例 3.3】 已知某一正弦交流电流的波形如图 3.4 所示，试求它的振幅、有效值、周期、频率、角频率和初相位，并写出它的函数表达式。

解： 根据波形可知

振幅 $I_m = 8\text{mA}$，有效值 $I = \dfrac{I_m}{\sqrt{2}} = \dfrac{8}{\sqrt{2}}\text{mA} = 4\sqrt{2}\,\text{mA}$，周期 $T = 20\text{ms}$，

频率 $f = \dfrac{1}{T} = 50\text{Hz}$，角频率 $\omega = 2\pi f = 2 \times 3.14 \times 50\text{rad/s} = 314\text{rad/s}$，

初相位 $\varphi_i = \omega\Delta t = 314 \times 2 \times 10^{-3}\,\text{rad} = 0.2\pi$

该电流的正弦表达式为 $i = 8\sin(314t + 0.2\pi)$

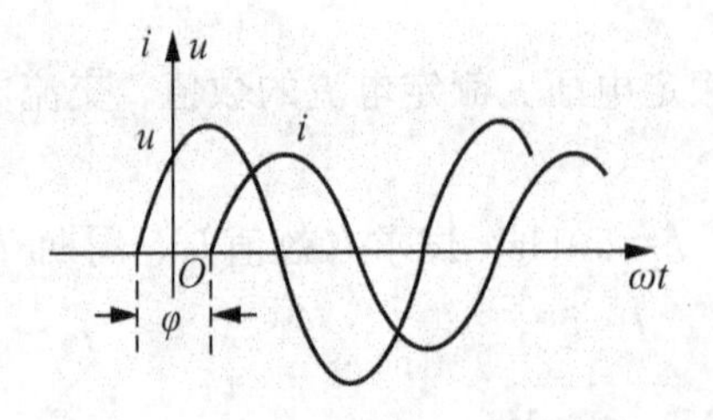

图 3.3 同频率正弦量之间的相位关系

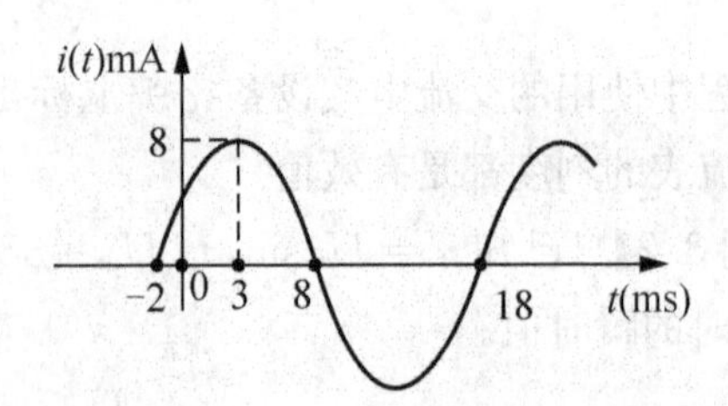

图 3.4 正弦电流波形

练习与思考

1. 已知某正弦交流电压 $u = 310\sin(400\pi t + 30°)$，试求它的振幅、有效值、周期、频率、角频率和初相位，并画出它的波形图。

2. 已知某正弦交流电压 $u = 380\sin(\omega t + 60°)$，正弦交流电流 $i = 220\sin(\omega t + 30°)$，试求其相位差，并判断 u 和 i 哪个超前，超前多少度。

3.2　正弦量的相量表示法

在线性电路中，如果激励和响应都是同频率的正弦量，且振幅稳定，这种电路称为正弦交流稳态电路(sinusoidal steady-state circuit)。相量法是分析正弦交流稳态电路的一种简单易行的方法，其数学基础是复数。

3.2.1　复数

复数在复平面上是一个坐标点，常用原点到该点的相量表示，如图 3.5 所示。复数还有多种数学表示形式。

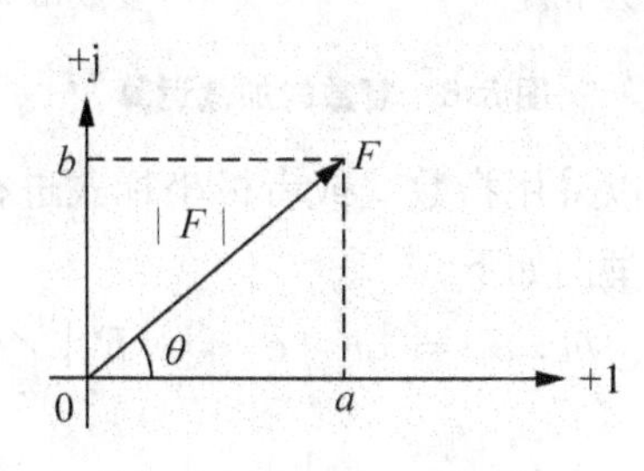

图 3.5　复数

(1) 复数的代数形式。

$$F = a + \mathrm{j}b \tag{3.7}$$

式中 $\mathrm{j} = \sqrt{-1}$，是虚单位。a 称为复数 F 的实部，b 称为复数 F 的虚部。

(2) 复数的三角形式。

$$F = |F|(\cos\theta + \mathrm{j}\sin\theta) \tag{3.8}$$

$|F|$ 为复数的模，θ 为复数的辐角。

$$|F| = \sqrt{a^2 + b^2} \tag{3.9}$$

$$\theta = \arctan\frac{b}{a} \tag{3.10}$$

$$a = |F|\cos\theta, b = |F|\sin\theta \tag{3.11}$$

(3) 复数的指数形式。

根据欧拉公式有

$$e^{j\theta} = \cos\theta + j\sin\theta \tag{3.12}$$

所以复数可以转化为指数形式

$$F = |F| e^{j\theta} \tag{3.13}$$

(4) 复数的极坐标形式。

$$F = |F| \angle\theta \tag{3.14}$$

复数的相加和相减运算使用代数形式进行。设

$$F_1 = a_1 + jb_1 ,\ F_2 = a_2 + jb_2$$

则

$$F_1 \pm F_2 = (a_1 + jb_1) \pm (a_2 + jb_2) = (a_1 \pm a_2) + j(b_1 \pm b_2)$$

复数的相加和相减运算也可以采用平行四边形法则在复平面上通过相加、相减进行，如图 3.6 所示。

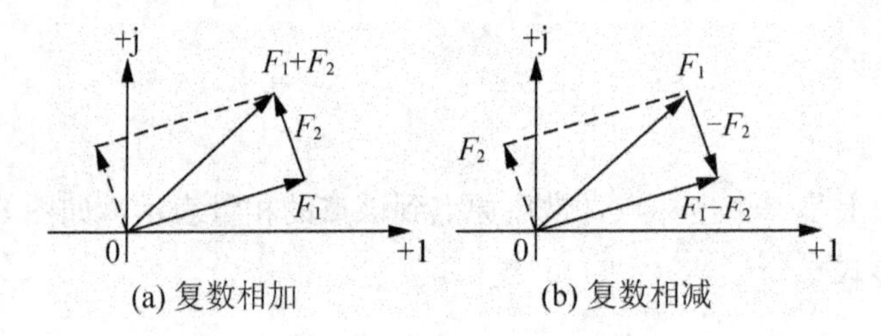

图 3.6　复数的加减运算

复数的相乘、相除运算可以采用指数式或者极坐标式进行，方法是模与模分别相乘、相除，相角分别相加、相减，举例如下。

设 $F_1 = |F_1| e^{j\theta_1} = |F_1| \angle\theta_1 ,\ F_2 = |F_2| e^{j\theta_2} = |F_2| \angle\theta_2$

则

$$F_1 \cdot F_2 = |F_1| \cdot |F_2| e^{j(\theta_1+\theta_2)} = |F_1| \cdot |F_2| \angle(\theta_1 + \theta_2)$$

$$\frac{F_1}{F_2} = \frac{|F_1|}{|F_2|} e^{j(\theta_1-\theta_2)} = \frac{|F_1|}{|F_2|} \angle(\theta_1 - \theta_2)$$

复数 $e^{j\theta} = 1\angle\theta$ 是一个模为 1，辐角为 θ 的复数，任意复数 $F = |F| e^{j\theta_1}$ 乘以 $e^{j\theta}$ 等于把复数 F 逆时针旋转一个角度 θ，而 F 的模值不变，所以 $e^{j\theta}$ 称为旋转因子。当 $\theta = \pm 90°$ 时，$e^{\pm j90°} = 1\angle \pm 90° = \pm j$，则 $Fe^{\pm j90°} = \pm jF = |F| \angle(\theta_1 \pm 90°)$。可见，复数 F 乘以 j 时，模不变，辐角增加 90°，在复平面内等于把复数 F 逆时针旋转 90°；复数 F 乘以 −j 时，模不变，辐角减少 90°，在复平面内等于把复数 F 顺时针旋转 90°，所以 j 通常称为 90° 旋转因子。

3.2.2　正弦量的相量表示

正弦量的表示方法有多种，一种是用三角函数来表示，如 $u = U_m \sin(\omega t + \varphi_u)$；另一种

是正弦波形表示，如图3.2(a)所示；还可以用相量来表示，相量表示法的基础是复数。

用相量法表示正弦量时，复数的模即为正弦量的振幅或有效值，复数的辐角即为正弦量的初相位。相量通常在大写字母上打“·”。例如，表示正弦电压 $u=U_{\mathrm{m}}\sin(\omega t+\varphi_u)$ 的相量有振幅相量和有效值相量，振幅相量可表示为

$$\dot{U}_{\mathrm{m}}=U_{\mathrm{m}}\mathrm{e}^{\mathrm{j}\varphi_u}=U_{\mathrm{m}}\angle\varphi_u \tag{3.15}$$

有效值相量可表示为

$$\dot{U}=U\mathrm{e}^{\mathrm{j}\varphi_u}=U\angle\varphi_u \tag{3.16}$$

对于同一个正弦电压，$\dot{U}_{\mathrm{m}}=\sqrt{2}\dot{U}$。正弦电流的相量形式与正弦电压的相量形式表示方法相同。

注意，相量只是表示正弦量，而不是等于正弦量。

相量在复平面的几何表示又称为相量图(phasor diagram)。振幅相量 $\dot{U}_{\mathrm{m}}=U_{\mathrm{m}}\angle\varphi_u$ 的相量图如图3.7(a)所示，有向线段的长度等于正弦量的振幅，有向线段与正实轴的夹角为正弦量的初相角。有效值相量 $\dot{U}=U\angle\varphi_u$ 的相量图如图3.7(b)所示。相量图的优点是可以直观地反映各个正弦量之间的大小关系和相位关系。但要注意，只有正弦周期量才能用相量表示，而且只有表示同频率正弦量的相量可以画在同一个复平面内。有时为了画图方便，可以省去直角坐标而用极坐标表示。

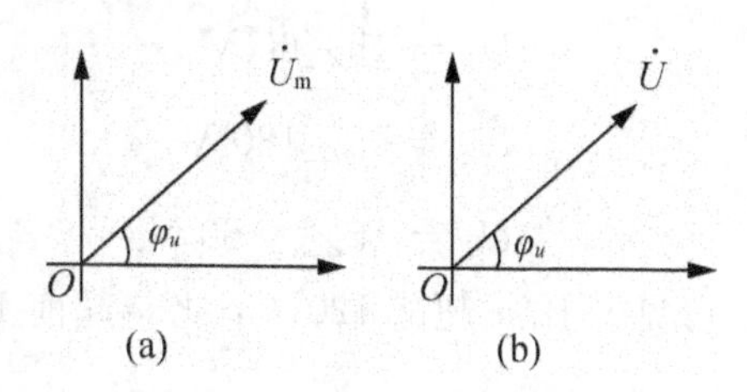

图3.7　正弦量的相量图

正弦量与相量之间的关系实质上是一种数学变换，把正弦量变换为相量的过程称为相量正变换；把相量变换为正弦量的过程称为相量反变换。

【例3.4】 已知某电路中的一个支路电压和电流分别为 $u(t)=15\sin(10t+60°)\mathrm{V}$，$i(t)=5\cos(10t+60°)\mathrm{A}$。(1)试分别写出电压和电流的振幅相量和有效值相量，然后画出相量图。(2)试求出电压与电流的相位差，并说明超前与滞后的关系。

解：(1)同一个电路，电压和电流必须用统一的函数形式表示。所以需要先把电流变换成正弦形式，即

$$i(t)=5\cos(10t+60°)\mathrm{A}=5\sin(10t+60°+90°)\mathrm{A}=5\sin(10t+150°)\mathrm{A}$$

根据正弦量的相量表示法，可写出电压和电流的振幅相量为

$$\dot{U}_{\mathrm{m}}=15\angle60°,\ \dot{I}_{\mathrm{m}}=5\angle150°$$

电压和电流的有效值相量为

$$\dot{U}=\frac{15}{\sqrt{2}}\angle 60°,\ \dot{I}=\frac{5}{\sqrt{2}}\angle 150°$$

相量图如图 3.8 所示。

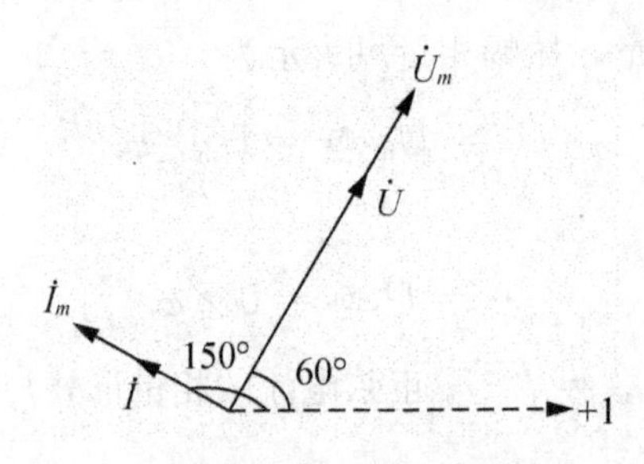

图 3.8　例 3.4 的相量图

(2) 相位差。

$$\varphi=60°-150°=-90°$$

即电压滞后电流 90°，或者说电流超前电压 90°。

【例 3.5】 已知正弦电压 $u_1=15\sqrt{2}\sin(\omega t+60°)\mathrm{V}$，$u_2=15\sqrt{2}\sin(\omega t+180°)\mathrm{V}$，$u_3=15\sqrt{2}\sin(\omega t-60°)\mathrm{V}$，试求有效值相量 $\dot{U}_1$、$\dot{U}_2$、$\dot{U}_3$，画出相量图说明它们之间的相位关系。

解：有效值相量分别为

$$\dot{U}_1=15\angle 60°\mathrm{V}$$

$$\dot{U}_2=15\angle 180°\mathrm{V}$$

$$\dot{U}_3=15\angle -60°\mathrm{V}$$

相量图如图 3.9 所示，可见 u_2 比 u_1 超前 120°，u_3 比 u_2 超前 120°，u_1 比 u_3 超前 120°。

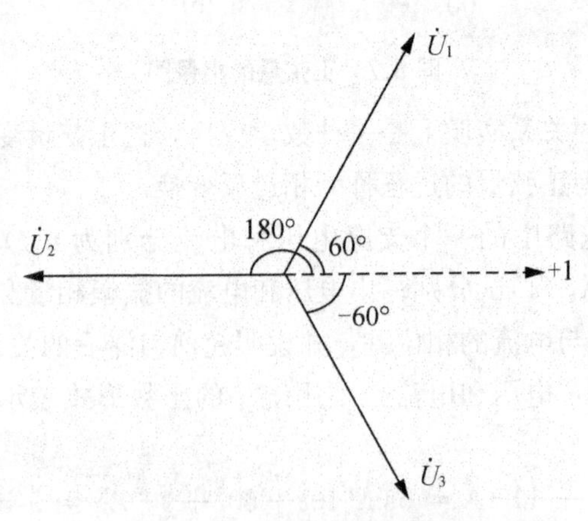

图 3.9　例 3.5 的相量图

基尔霍夫定律在正弦稳态电路中依然适用，但要注意以下两点。

(1) 用相量法分析正弦交流电路时，基尔霍夫定律必须以相量形式出现。

(2) 应用基尔霍夫定律时，振幅相量和有效值相量要分开计算，不要在一个等式中出

现，以免发生混淆。

【例 3.6】 图 3.10 所示为正弦交流电路，已知 $u_1 = 10\sin(10t)\mathrm{V}$，$u_2 = 20\sin(10t + 60^\circ)\mathrm{V}$，$u_3 = 40\sin(10t + 120^\circ)\mathrm{V}$，试用相量法求解 u。

解：首先将各正弦电压用振幅相量表示：

$$\dot{U}_{1\mathrm{m}} = 10\angle 0^\circ \mathrm{V} = 10\mathrm{V}$$

$$\dot{U}_{2\mathrm{m}} = 20\angle 60^\circ = (10 + 10\sqrt{3}\mathrm{j})\mathrm{V},$$

$$\dot{U}_{3\mathrm{m}} = 40\angle 120^\circ = (-20 + 20\sqrt{3}\mathrm{j})\mathrm{V}$$

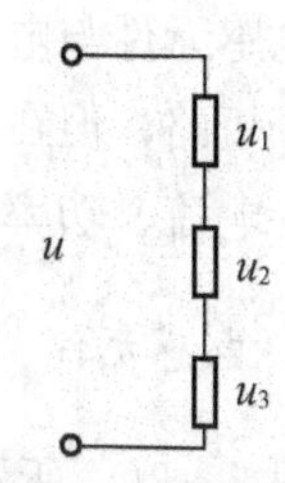

图 3.10 例 3.6 的图

由 KVL，有

$$\dot{U}_{\mathrm{m}} = \dot{U}_{1\mathrm{m}} + \dot{U}_{2\mathrm{m}} + \dot{U}_{3\mathrm{m}} = (30\sqrt{3}\mathrm{j})\mathrm{V} = 30\sqrt{3}\angle 90^\circ \mathrm{V}$$

根据振幅的相量形式可以写出电压 u 的瞬时值表达式为

$$u = 30\sqrt{3}\sin(10t + 90^\circ)\mathrm{V}$$

练习与思考

1. 将下列复数转换为三角形式和极坐标形式。

$$F_1 = 4 + \mathrm{j}4；F_2 = -3 + \mathrm{j}4；F_3 = 6 + \mathrm{j}8；F_4 = \mathrm{j}4；F_5 = -\mathrm{j}10$$

2. 将下列复数转换为直角坐标形式。

$$F_1 = 15\angle 60^\circ；F_2 = 10\angle 30^\circ；F_3 = 5\angle -45^\circ；F_4 = 8\angle 90^\circ；F_5 = 3\angle 150^\circ$$

3. 已知复数 $F_1 = 15\angle 120^\circ$，$F_2 = -3 + \mathrm{j}4$，试求(1) $F_1 + F_2$；(2) $F_1 - F_2$；(3) $F_1 \cdot F_2$；(4) $\dfrac{F_1}{F_2}$

4. 已知正弦电压 $u_1 = 14\sin(100t + 30^\circ)\mathrm{V}$，$u_2 = 20\sin(100t + 120^\circ)\mathrm{V}$，$u_3 = 18\sin(100t - 30^\circ)\mathrm{V}$，试求有效值相量 $\dot{U}_1$、$\dot{U}_2$、$\dot{U}_3$，画出相量图。

5. 电路如图 3.11 所示，已知 $i_1 = 30\sin(\omega t + 30^\circ)\mathrm{A}$，$i_2 = 40\sin(\omega t + 60^\circ)\mathrm{A}$，试用相量法求电流 i。

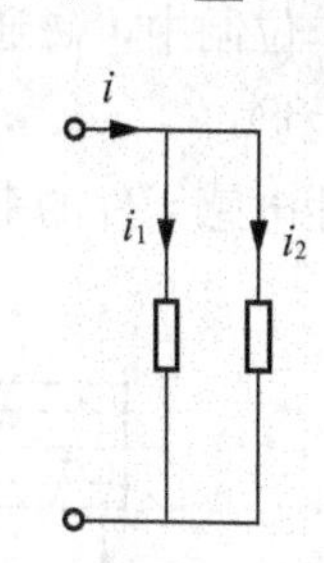

图 3.11 练习与思考 5 的图

3.3 电阻、电感、电容单一元件的交流电路

电路元件是构成电路的最小单元，掌握单一元件(电阻、电感、电容)在正弦稳态电路中的特性，对其他复杂电路的分析和计算就会变得容易，因为其他电路通常都是单一元件的组合。

3.3.1 电感元件和电容元件

电感元件与电容元件属于储能元件，在直流电路中，电容元件相当于断路，电感元件相当于短路；但在交流电路中，电感元件与电容元件的特性与在直流电路中完全不同，其电压、电流、功率和能量都随时间变化。

1. 电感元件

图 3.12(a)所示为一个电感线圈，线圈中的电流 i 产生的磁通 ϕ_L 与 N 匝线圈交链，总磁通链 $\psi_L = N\phi_L$。ψ_L 和 ϕ_L 的方向与 i 的参考方向成右手螺旋关系，当电流随时间变化时，磁通链 ψ_L 也随时间变化，根据电磁感应定律，在线圈两端产生的感应电压为

$$u = \frac{d\psi_L}{dt} \tag{3.17}$$

电感元件是实际线圈的一种理想化模型，它反映了电流产生磁通和磁场能量储存这一物理现象，其元件特性是磁通链 ψ_L 与电流 i 的代数关系。线性电感元件的电路符号如图 3.12(b)所示，当电流 i 与磁通链 ψ_L 的参考方向满足右手螺旋定则时，有

$$\psi_L = Li \tag{3.18}$$

其中比例系数 L 为电感元件参数，称为电感元件的自感系数或电感，它是一个正实常数。在国际单位制中，磁通链的单位是 Wb (韦伯)，当电流的单位是 A(安培)时，电感的单位是 H(亨利)。

线性电感元件的韦安特性是 $\psi_L - i$ 平面上过原点的一条直线，如图 3.12(c)所示。

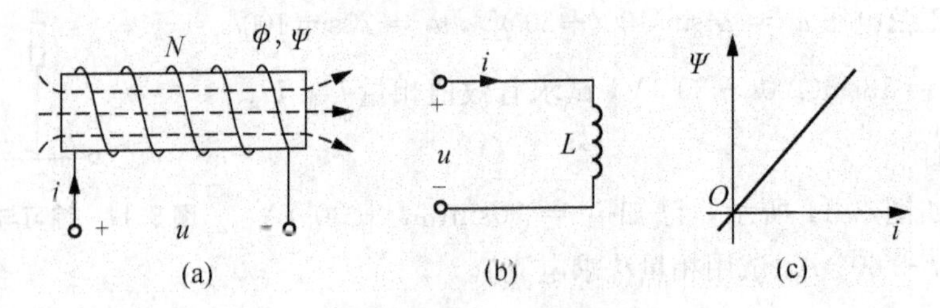

图 3.12 电感线圈、符号及韦安特性

当电压 u 与电流 i 取关联参考方向时，根据电磁感应定律可得

$$u = \frac{d\psi_L}{dt} = L\frac{di}{dt}$$

即

$$u = L\frac{di}{dt} \tag{3.19}$$

该式称为电感元件伏安关系的时域形式，可以看出，在时域里面电感元件的电压与电流是微分关系，当电感 L 一定时，某一时刻电压的大小跟该时刻电流随时间的变化率有关，当电流为直流时，电压恒等于零，即在直流电路中，电感元件相当于短路。

式(3.19)的逆关系为

$$i = \frac{1}{L}\int u \mathrm{d}t \tag{3.20}$$

写成定积分的形式为

$$\begin{aligned} i &= \frac{1}{L}\int_{-\infty}^{t} u(\xi)\mathrm{d}\xi = \frac{1}{L}\int_{-\infty}^{t_0} u(\xi)\mathrm{d}\xi + \frac{1}{L}\int_{t_0}^{t} u(\xi)\mathrm{d}\xi \\ &= i(t_0) + \frac{1}{L}\int_{t_0}^{t} u(\xi)\mathrm{d}\xi \end{aligned} \tag{3.21}$$

式中：t_0为计时起点；$i(t_0)$为起始电流。可见，电感元件中某一时刻电流的大小不仅与该时刻电压有关，还与起始电流以及积分区间内电压的变化规律有关，所以电感元件具有记忆功能，属于记忆元件。

电压 u 与电流 i 取关联参考方向时，线性电感元件吸收的功率为

$$p = ui = Li\frac{\mathrm{d}i}{\mathrm{d}t} \tag{3.22}$$

在 $-\infty \to t$ 时间段内，电感元件吸收的电能为

$$W_L = \int_{-\infty}^{t} p\mathrm{d}t = \int_{-\infty}^{t} Li\frac{\mathrm{d}i}{\mathrm{d}t}\mathrm{d}t = L\int_{i(-\infty)}^{i(t)} i\mathrm{d}i = \frac{1}{2}Li^2(t) - \frac{1}{2}Li^2(-\infty) \tag{3.23}$$

如果 $i(-\infty) = 0$，电感元件在 t 时刻吸收的电能或存储的磁场能量为

$$W_L(t) = \int_{-\infty}^{t} p\mathrm{d}t = \frac{1}{2}Li^2(t) \tag{3.24}$$

在 t_1到 t_2时间段内，电感元件吸收的电能或存储的磁场能量为

$$W_L = L\int_{i(t_1)}^{i(t_2)} i\mathrm{d}i = \frac{1}{2}Li^2(t_2) - \frac{1}{2}Li^2(t_1) \tag{3.25}$$

当 $i(t_2) > i(t_1)$ 时，$W_L > 0$，电感元件吸收电能，磁场能量增加；当 $i(t_2) < i(t_1)$ 时，$W_L < 0$，电感元件释放电能，磁场能量减小。可见，电感元件不把吸收的能量消耗掉，而是以磁场能量的形式储存在磁场中，所以它是一种储能元件；另外，它也不会释放出多于它吸收或储存的能量，因此它又是一种无源元件。

【例 3.7】 如图 3.12(b)所示电感元件电路，L=5mH，端电压 u 的波形如图 3.13(a)所示，试求电感电流 i，并画出给定时间段内的电流 i 的波形，$i(0)$=0。

解：设起始点 t_0=0，根据公式

$$i = i(t_0) + \frac{1}{L}\int_{t_0}^{t} u(\xi)\mathrm{d}\xi$$

可得

$$i = i(0) + \frac{1}{L}\int_{0}^{t} u(\xi)\mathrm{d}\xi = \frac{1}{L}\int_{0}^{t} u(\xi)\mathrm{d}\xi$$

当 $0 \leqslant t \leqslant 2\text{ms}$ 时，$i = \frac{1}{L}\int_{0}^{t} u(\xi)\mathrm{d}\xi = \frac{1}{5\times 10^{-3}}\int_{0}^{t} 10\mathrm{d}\xi = (2\times 10^3 t)\mathrm{A}$

当 $t = 2\text{ms}$ 时，i=4A

当 $2 < t \leqslant 4\text{ms}$ 时，

$$i=i(2)+\frac{1}{L}\int_{2\times10^{-3}}^{t}u(\xi)\mathrm{d}\xi=i(2)+\frac{1}{5\times10^{-3}}\int_{2\times10^{-3}}^{t}(-20)\mathrm{d}\xi=(12-4\times10^{3}t)\mathrm{A}$$

电流波形如图 3.13(b)所示。

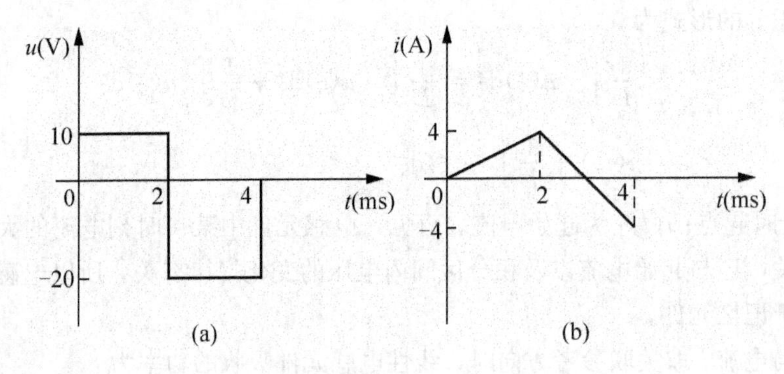

图 3.13　例 3.7 的图

2. 电容元件

在两块金属极板中间隔以绝缘介质，就可构成一个简单的电容器(平板电容器)，如图 3.14(a)所示，在两极板上加以电压时，极板上会分别聚集等量的正、负电荷，并在介质中建立电场而具有电场能量。电压去除后，电荷将继续留在极板上，因此电场也继续存在。所以，电容器是一种积蓄电荷、储存电场能量的器件，电容元件就是反映这种物理现象的电路模型。

电容元件的元件特性是电荷 q 与电压 u 之间的关系。线性电容元件的电路符号如图 3.14(b)所示，当电压参考极性与极板储存电荷的极性一致时，线性电容元件的特性为

$$q=Cu \tag{3.26}$$

式中，C 是电容元件的参数，称为电容，它是一个正实常数，在国际单位制中，当电荷和电压的单位分别为 C 和 V 时，电容的单位为 F(法拉)。线性电容元件的库伏特性曲线是一条通过原点的直线，如图 3.14(c)所示。

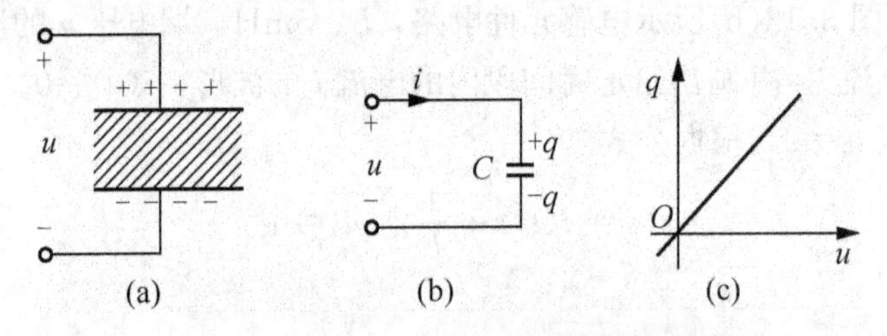

图 3.14　电容器、符号及库伏特性曲线

当电容元件的电压 u 和电流 i 取关联参考方向时，则可得电容元件的电压电流关系(VCR)为

$$i=\frac{\mathrm{d}q}{\mathrm{d}t}=\frac{\mathrm{d}(Cu)}{\mathrm{d}t}=C\frac{\mathrm{d}u}{\mathrm{d}t} \tag{3.27}$$

可见，电流与电压的变化率成正比，当电容上电压变化较大时，电流也会很大。直流电压不随时间变化，因此在直流电路中电容里的电流为零，此时电容相当于开路，或者说电容具有隔离直流的作用。

式(3.27)的逆关系为

$$q=\int i\mathrm{d}t \tag{3.28}$$

写成定积分的形式为

$$\begin{aligned} q&=\int_{-\infty}^{t} i\mathrm{d}\xi=\int_{-\infty}^{t_0} i\mathrm{d}\xi+\int_{t_0}^{t} i\mathrm{d}\xi \\ &=q(t_0)+\int_{t_0}^{t} i\mathrm{d}\xi \end{aligned} \tag{3.29}$$

式中：t_0为计时起点；$q(t_0)$为t_0时刻电容所带电荷。可见，电容元件t时刻具有的电荷等于t_0时刻的电荷加上t_0到t时间间隔内增加的电荷。如果计时起点为零，式(3.29)可写成

$$q(t)=q(0)+\int_{0}^{t} i\mathrm{d}\xi \tag{3.30}$$

由于$u=\dfrac{q}{C}$，因此有

$$u(t)=u(t_0)+\frac{1}{C}\int_{t_0}^{t} i\mathrm{d}\xi \tag{3.31}$$

如果计时起点为零，则有

$$u(t)=u(0)+\frac{1}{C}\int_{0}^{t} i\mathrm{d}\xi \tag{3.32}$$

可见，电容元件两端电压除了与$0\rightarrow t$时间电流的积分有关，还与起始点的电压有关，因此电容元件具有记忆功能，属于记忆元件，而电阻元件在某时刻的电压仅与该时刻的电流值有关，属于无记忆元件。

电压u与电流i取关联参考方向时，线性电容元件吸收的功率为

$$p=ui=Cu\frac{\mathrm{d}u}{\mathrm{d}t} \tag{3.33}$$

在$-\infty\rightarrow t$时间段内，电容元件吸收的电能为

$$W_C=\int_{-\infty}^{t} p\mathrm{d}t=\int_{-\infty}^{t} Cu\frac{\mathrm{d}u}{\mathrm{d}t}\mathrm{d}t=C\int_{u(-\infty)}^{u(t)} u\mathrm{d}u=\frac{1}{2}Cu^2(t)-\frac{1}{2}Cu^2(-\infty) \tag{3.34}$$

如果$u(-\infty)=0$，电容元件在t时刻吸收的能量为

$$W_C(t)=\frac{1}{2}Cu^2(t) \tag{3.35}$$

在t_1到t_2时间段内，电容元件吸收的能量为

$$W_C=C\int_{u(t_1)}^{u(t_2)} u\mathrm{d}u=\frac{1}{2}Cu^2(t_2)-\frac{1}{2}Cu^2(t_1)=W_C(t_2)-W_C(t_1) \tag{3.36}$$

当$u(t_2)>u(t_1)$时，$W_C>0$，电容元件吸收能量；当$u(t_2)<u(t_1)$时，$W_C<0$，电容元件释放能量。可见，电容元件不是把吸收的能量消耗掉，而是以电场能量的形式储存起

来，在放电的时候全部释放，所以它是一种储能元件；另外，它也不会释放出多于它吸收或储存的能量，因此它又是一种无源元件。

电容效应在许多场合都存在，从理论上讲，电位不相等的导体之间就会有电场，因此就有电荷聚集并有电场能量，即有电场效应存在。例如，在架空输电线之间，输电线与地之间都存在分布电容，在晶体三极管或二极管的电极之间存在杂散电容。至于在电路模型中是否计及这些电容，要视具体情况而定，当工作频率较高时，一般不应忽略其作用。

【例 3.8】 电路如图 3.14(b)所示，电容 $C=2\text{F}$，电容中电流 i 的波形图如图 3.15 所示，试求电容电压 u，$u(0)=0$。

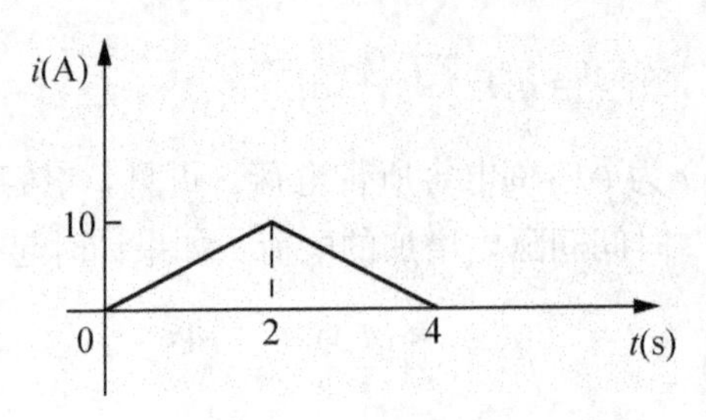

图 3.15 例 3.8 的图

解：由图可知

$$i(t)=\begin{cases}5t,\ (0\leqslant t\leqslant 2)\\-5t+20,\ (2<t\leqslant 4)\end{cases}$$

根据公式

$$u(t)=u(0)+\frac{1}{C}\int_0^t i\mathrm{d}\xi$$

当 $0\leqslant t\leqslant 2$ 时

$$u(t)=\frac{1}{2}\int_0^t 5t\mathrm{d}\xi=\left(\frac{5}{4}t^2\right)\text{V}$$

$$u(2)=5\text{V}$$

当 $2<t\leqslant 4$ 时

$$u(t)=u(2)+\frac{1}{2}\int_2^t(-5t+20)\mathrm{d}\xi=\left(-\frac{5}{4}t^2+10t-10\right)\text{V}$$

3.3.2 电阻元件的伏安特性

图 3.16(a)所示为线性电阻元件，电压和电流的参考方向设为关联参考方向，并设电流为 $i=I_{\text{m}}\sin\omega t$。根据欧姆定律可得

$$u=Ri=RI_{\text{m}}\sin\omega t=U_{\text{m}}\sin\omega t \tag{3.37}$$

可见，电压是与电流频率相同、相位相同的正弦量。电压和电流的正弦波形如图 3.16(b)所示。

根据(式 3.37)可得

$$U_{\mathrm{m}}=RI_{\mathrm{m}},\quad U=RI,\quad \frac{U_{\mathrm{m}}}{I_{\mathrm{m}}}=\frac{U}{I}=R \tag{3.38}$$

用相量表示电阻元件的电流和电压为

$$\dot{I}_{\mathrm{m}}=I_{\mathrm{m}}\angle 0^{\circ},\quad \dot{U}_{\mathrm{m}}=U_{\mathrm{m}}\angle 0^{\circ}=RI_{\mathrm{m}}\angle 0^{\circ} \tag{3.39}$$

则电阻元件伏安特性的相量形式为

$$\dot{U}_{\mathrm{m}}=R\dot{I}_{\mathrm{m}},\quad \dot{U}=R\dot{I},\quad \frac{\dot{U}_{\mathrm{m}}}{\dot{I}_{\mathrm{m}}}=\frac{\dot{U}}{\dot{I}}=R \tag{3.40}$$

这也是欧姆定律的相量形式。电压和电流的相量图如图 3.16(c)所示。

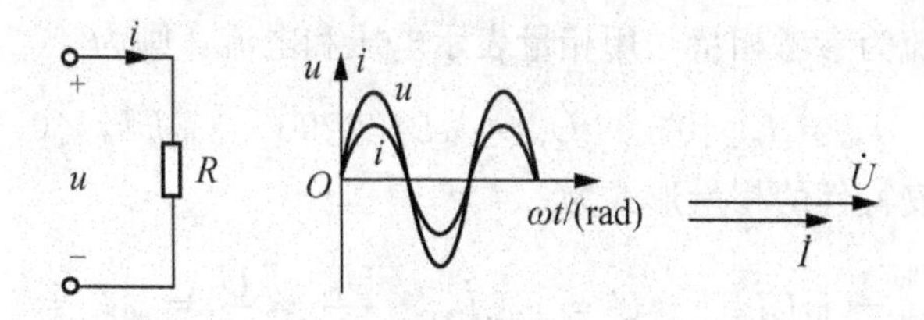

(a) 电阻元件　(b) 电压与电流的正弦波形　(c) 相量图

图 3.16　电阻元件的交流电路

电阻元件电压与电流的相位关系、幅值之间的大小关系、有效值之间的大小关系均与外接电路无关。当电流的初相为 φ 时，电压的初相也为 φ，即相位差不变。

3.3.3　电感元件的伏安特性

图 3.17(a)为线性电感元件，取电压和电流为关联参考方向，并设电流为 $i=I_{\mathrm{m}}\sin\omega t$（即 $\varphi_i=0$），则其伏安特性为

$$u=L\frac{\mathrm{d}i}{\mathrm{d}t}=L\frac{\mathrm{d}(I_{\mathrm{m}}\sin\omega t)}{\mathrm{d}t}=\omega LI_{\mathrm{m}}\cos\omega t=U_{\mathrm{m}}\sin(\omega t+90^{\circ}) \tag{3.41}$$

从该式可以看出，电压是与电流同频率的正弦量，相位比电流超前 90°。电压和电流的波形如图 3.17(b)所示。

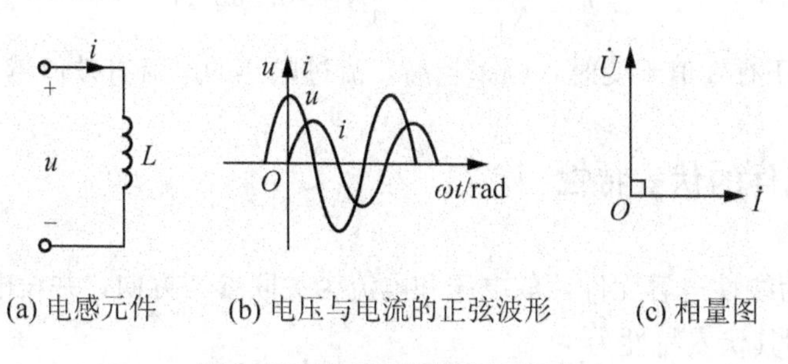

(a) 电感元件　(b) 电压与电流的正弦波形　(c) 相量图

图 3.17　电感元件的交流电路

在式(3.41)中有

$$U_{\mathrm{m}} = \omega L I_{\mathrm{m}}, \quad U = \omega L I, \quad \frac{U_{\mathrm{m}}}{I_{\mathrm{m}}} = \frac{U}{I} = \omega L = X_L \tag{3.42}$$

由此可知，在电感元件电路中，电压的幅值(有效值)与电流的幅值(有效值)之比为ωL，量纲为欧姆。ωL反映了电感元件对电流的阻碍作用，当电源电压一定时，ωL越大，则流过电感的电流越小。ωL称为电感元件的感抗，用X_L表示。即

$$X_L = \omega L = 2\pi f L \tag{3.43}$$

感抗X_L与电感L、频率f成正比。当电源频率$f=0$时(即直流)，$X_L=0$，电感元件相当于短路；当$f=\infty$时(即高频情况)，$X_L=\infty$，电感元件相当于断路，因此电感元件有通低频、阻高频的特性。

设电感元件电流为参考相量，用相量表示电压和电流，则为

$$\dot{I}_{\mathrm{m}} = I_m \angle 0^\circ, \quad \dot{U}_{\mathrm{m}} = \omega L I_{\mathrm{m}} \angle 90^\circ = \mathrm{j}\omega L I_{\mathrm{m}} \angle 0^\circ \tag{3.44}$$

则电感元件伏安特性的相量形式为

$$\dot{U}_{\mathrm{m}} = \mathrm{j}\omega L \dot{I}_{\mathrm{m}}, \quad \dot{U} = \mathrm{j}\omega L \dot{I}, \quad \frac{\dot{U}_{\mathrm{m}}}{\dot{I}_{\mathrm{m}}} = \frac{\dot{U}}{\dot{I}} = \mathrm{j}\omega L = \mathrm{j}X_L \tag{3.45}$$

电压与电流关系的相量图如图3.17(c)所示。

【例3.9】 把一个0.5H的电感元件接到频率为100Hz、电压有效值为200V的正弦电源上，试求流过电感的电流是多少？如果保持电压值不变，电源频率改为1000Hz，这时电流是多少？

解：当$f=100\mathrm{Hz}$时

$$X_L = 2\pi f L = 2 \times 3.14 \times 100 \times 0.5\Omega = 314\Omega$$

流过电感的电流有效值为

$$I = \frac{U}{X_L} = \frac{200}{314}\mathrm{A} = 0.637\mathrm{A}$$

当$f=1000\mathrm{Hz}$时

$$X_L = 2\pi f L = 2 \times 3.14 \times 1000 \times 0.5\Omega = 3140\Omega$$

流过电感的电流有效值为

$$I = \frac{U}{X_L} = \frac{200}{3140}\mathrm{A} = 0.0637\mathrm{A}$$

可见，当电压有效值不变时，频率越高，流过电感的电流有效值越小。

3.3.4 电容元件的伏安特性

图3.18(a)为线性电容元件，取电压和电流为关联参考方向，并设电压为$u=U_{\mathrm{m}}\sin\omega t$(即$\varphi_u=0$)，则其伏安特性为

$$i = C\frac{\mathrm{d}u}{\mathrm{d}t} = C\frac{\mathrm{d}(U_{\mathrm{m}}\sin\omega t)}{\mathrm{d}t} = \omega C U_{\mathrm{m}}\cos\omega t = \omega C U_{\mathrm{m}}\sin(\omega t + 90^\circ) \tag{3.46}$$

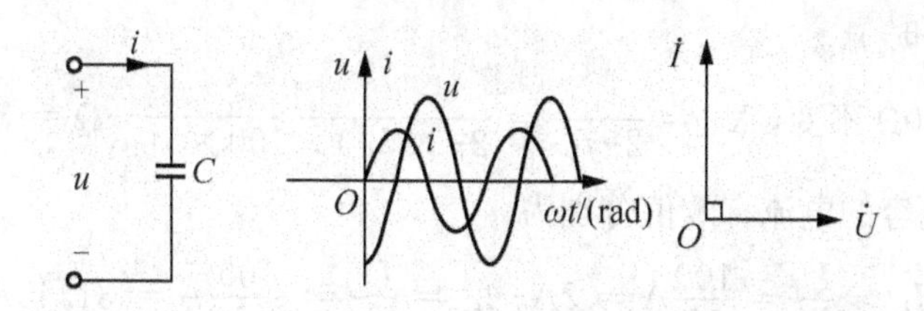

(a) 电容元件　(b) 电压与电流的正弦波形　(c) 相量图

图 3.18　电容元件的交流电路

从该式可以看出，电流是与电压同频率的正弦量，相位比电压超前 90°。电压和电流的波形如图 3.18(b)所示。

在式(3.46)中有

$$I_{\mathrm{m}} = \omega C U_{\mathrm{m}},\quad I = \omega C U,\quad \frac{U_{\mathrm{m}}}{I_{\mathrm{m}}} = \frac{U}{I} = \frac{1}{\omega C} = X_C \tag{3.47}$$

由此可知，在电容元件电路中，电压的幅值(有效值)与电流的幅值(有效值)之比为 $\frac{1}{\omega C}$，量纲为欧姆。$\frac{1}{\omega C}$ 反映了电容元件对电流的阻碍作用，当电源电压一定时，$\frac{1}{\omega C}$ 越大，则流过电容的电流越小。$\frac{1}{\omega C}$ 称为电容元件的容抗，用 X_C 表示。即

$$X_C = \frac{1}{\omega C} = \frac{1}{2\pi f C} \tag{3.48}$$

容抗 X_C 与电容 C、电源频率 f 成反比。当电源频率 $f=0$ 时(即直流)，$X_C=\infty$，电容元件相当于断路；当 $f=\infty$ 时(即高频情况)，$X_C=0$，电容元件相当于短路，因此电容元件有通高频、阻低频的特性。

设电容元件电压为参考相量，用相量表示电压和电流，则为

$$\dot{U}_{\mathrm{m}} = U_{\mathrm{m}}\angle 0^\circ,\quad \dot{I}_{\mathrm{m}} = \omega C U_{\mathrm{m}}\angle 90^\circ = \mathrm{j}\omega C U_{\mathrm{m}}\angle 0^\circ = \mathrm{j}\omega C \dot{U}_{\mathrm{m}} \tag{3.49}$$

则电容元件伏安特性的相量形式为

$$\dot{U}_{\mathrm{m}} = \frac{1}{\mathrm{j}\omega C}\dot{I}_{\mathrm{m}},\quad \dot{U} = \frac{1}{\mathrm{j}\omega C}\dot{I},\quad \frac{\dot{U}_{\mathrm{m}}}{\dot{I}_{\mathrm{m}}} = \frac{\dot{U}}{\dot{I}} = \frac{1}{\mathrm{j}\omega C} = -\mathrm{j}\frac{1}{\omega C} = -\mathrm{j}X_C \tag{3.50}$$

电压与电流关系的相量图如图 3.18(c)所示。

【例 3.10】 把一个 50Ω 的电阻、100μF 的电容元件分别接到一个频率为 200Hz、电压有效值为 100V 的正弦电源上，试求流过各元件的电流有效值是多少？如果保持电压值不变，电源频率改为 500Hz，这时各元件电流有效值将为多少？

解：当 $f=200\text{Hz}$ 时

$$R=50\Omega,\quad X_C = \frac{1}{2\pi f C} = \frac{1}{2\pi\times 200\times 100\times 10^{-6}}\Omega = 7.96\Omega$$

流过电阻和电容的电流有效值分别为

$$I_R = \frac{U}{R} = \frac{100}{50}\text{A} = 2\text{A},\quad I_C = \frac{U}{X_C} = \frac{100}{7.96}\text{A} = 12.56\text{A}$$

当 $f=500\text{Hz}$ 时

$$R=50\Omega\text{ 不变}, X_C=\frac{1}{2\pi fC}=\frac{1}{2\pi\times 500\times 100\times 10^{-6}}\Omega=3.18\Omega$$

流过电阻和电容的电流有效值分别为

$$I_R=\frac{U}{R}=\frac{100}{50}\text{A}=2\text{A}, I_C=\frac{U}{X_C}=\frac{100}{3.18}\text{A}=31.45\text{A}$$

可见，当电压有效值不变时，电源频率改变，流过电阻元件的电流有效值不变；当电压有效值不变时，电源频率升高，流过电容元件的电流有效值变大。

练习与思考

1. 电感元件两端电压 u 与流过的电流 i 取关联参考方向，已知 $i(0)=0$，电感 $L=15\text{mH}$，写出电流用电压表示的约束方程。

2. 电容元件两端电压 u 与流过的电流 i 取关联参考方向，已知 $u(0)=0$，电容 $C=20\text{pF}$，写出电压用电流表示的约束方程。

3. 关联参考方向下，电阻元件、电感元件、电容元件的交流电压和电流的相位是什么关系？

4. 电感元件具有通低频、阻高频的特性，电容元件具有通高频、阻低频的特性，这种说法是否正确？为什么？

5. 关联参考方向下，电阻元件、电感元件、电容元件的交流电压、电流有效值之间的关系是什么？

3.4 RLC 串联的交流电路

上节分析了电阻、电感、电容等单一元件的交流电路特性，本节将以上述分析为基础，分析电阻、电感、电容串联(RLC 串联)交流电路的特性。

图 3.19(a)为 RLC 串联电路，流过各元件的电流及各段电压均为同频率的正弦量，取参考方向如图 3.19(a)所示。设电流为 $i=I_{\text{m}}\sin\omega t$，则各元件上的电压为

$$u_R=RI_{\text{m}}\sin\omega t \tag{3.51}$$

$$u_L=\omega LI_{\text{m}}\sin(\omega t+90^\circ) \tag{3.52}$$

$$u_C=\frac{1}{\omega C}I_{\text{m}}\sin(\omega t-90^\circ) \tag{3.53}$$

根据 KVL 可得

$$u=u_R+u_L+u_C=RI_{\text{m}}\sin\omega t+\omega LI_{\text{m}}\sin(\omega t+90^\circ)+\frac{1}{\omega C}I_{\text{m}}\sin(\omega t-90^\circ)=U_{\text{m}}\sin(\omega t+\varphi)$$

u 为与 i 同频率的正弦量，通过运算可得电压 u 的振幅 U_{m} 与 I_{m} 之间的关系以及 φ 的大小，但是运算比较复杂。这种情况利用相量模型计算比较容易，RLC 串联电路的相量

模型如图 3.19(b)所示。

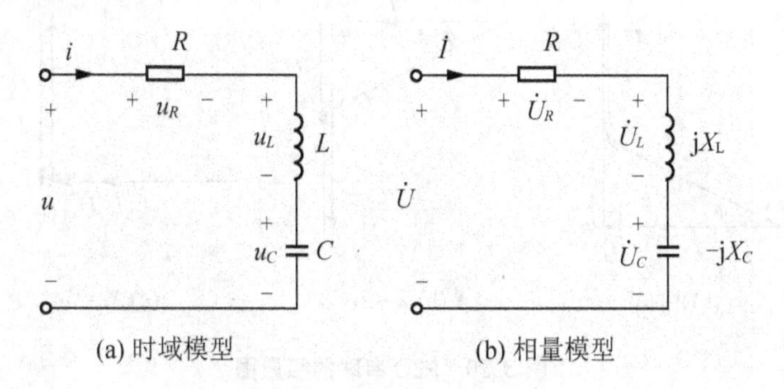

图 3.19　RLC 串联电路

RLC 串联电路的相量形式的 KVL 表达式为

$$\dot{U}=\dot{U}_R+\dot{U}_L+\dot{U}_C=RI+\mathrm{j}\omega L\dot{I}-\mathrm{j}\frac{1}{\omega C}\dot{I}=\left[R+\mathrm{j}\left(\omega L-\frac{1}{\omega C}\right)\right]\dot{I} \tag{3.54}$$

所以

$$\frac{\dot{U}}{\dot{I}}=R+\mathrm{j}\left(\omega L-\frac{1}{\omega C}\right)=R+\mathrm{j}(X_L-X_C) \tag{3.55}$$

式中的 $R+\mathrm{j}(X_L-X_C)$ 称为该电路的阻抗，用大写字母 Z 表示，即

$$Z=R+\mathrm{j}(X_L-X_C)=\sqrt{R^2+(X_L-X_C)^2}\,\mathrm{e}^{\mathrm{j}\arctan\frac{X_L-X_C}{R}}=|z|\,\mathrm{e}^{\mathrm{j}\varphi} \tag{3.56}$$

其中

$$|z|=\sqrt{R^2+(X_L-X_C)^2}=\sqrt{R^2+\left(\omega\mathrm{L}-\frac{1}{\omega C}\right)^2}=\frac{U}{I} \tag{3.57}$$

称为阻抗模，单位是欧姆，在电路中对电流具有阻碍作用。

$$\varphi=\arctan\frac{X_L-X_C}{R} \tag{3.58}$$

是阻抗的辐角，即电压与电流之间的相位差。

设电流 $i=I_{\mathrm{m}}\sin\omega t$ 为参考正弦量，$U_{\mathrm{m}}=I_{\mathrm{m}}\cdot|Z|$ 则电压

$$u=U_{\mathrm{m}}\sin(\omega t+\varphi) \tag{3.59}$$

通常还可以利用相量图对 RLC 串联电路进行分析。设电流有效值相量为参考相量，即 $\dot{I}=I\angle 0°$，根据元件伏安特性、KVL 及相量求和的三角形法则，可画出各电压相量 $\dot{U}_R$、$\dot{U}_L$、$\dot{U}_C$ 和 $\dot{U}$ 的相量图，如图 3.20 所示。

由电压相量 $\dot{U}_R$、$\dot{U}_L+\dot{U}_C$ 和 $\dot{U}$ 构成的直角三角形称为电压三角形，根据数学知识可得

$$U=\sqrt{U_R^2+(U_L-U_C)^2}=\sqrt{(RI)^2+(X_LI-X_CI)^2}=I\sqrt{(R)^2+(X_L-X_C)^2} \tag{3.60}$$

这种借助相量图求解正弦稳态电路的方法称为相量图法。

根据上述分析可知，RLC 串联电路的端口电压与电流之间的振幅(有效值)关系以及

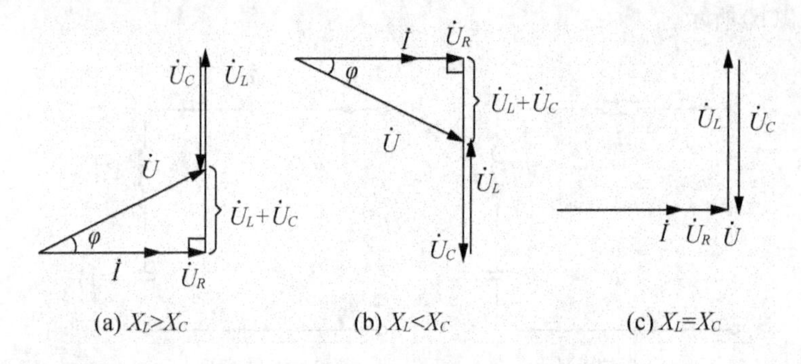

图 3.20 RLC 串联的相量图

相位差 φ 的大小均由电源频率和元件参数共同决定。当 $X_L > X_C$ 时，电路呈电感性，$0<\varphi<90°$，端口电压超前电流 φ 角；当 $X_L < X_C$ 时，电路呈电容性，$-90° < \varphi < 0$，端口电压滞后电流 φ 角；当 $X_L = X_C$ 时，电路呈电阻性，$\varphi = 0°$，端口电压与电流同相。

【例 3.11】 在图 3.19 RLC 串联正弦交流电路中，已知 $R = 40\Omega$，$L=100\text{mH}$，$C = 200\mu\text{F}$，电源电压 $u = 220\sqrt{2}\sin(100t + 30°)\text{V}$。试求：(1)电流 $\dot{I}$ 及 i；(2)电压 $\dot{U}_R$、$\dot{U}_L$、$\dot{U}_C$ 及 u_R、u_L、u_C。

解：(1)

$$X_L = \omega L = 100 \times 100 \times 10^{-3}\Omega = 10\Omega$$

$$X_C = \frac{1}{\omega C} = \frac{1}{100 \times 200 \times 10^{-6}}\Omega = 50\Omega$$

$$Z = R + \text{j}(X_L - X_C) = [40 + \text{j}(10 - 50)]\Omega = 40\sqrt{2}\angle -45°\Omega$$

$$\dot{U} = 220\angle 30°\text{V}$$

可得

$$\dot{I} = \frac{\dot{U}}{Z} = \frac{220\angle 30°}{40\sqrt{2}\angle -45°}\text{A} = 3.9\angle 75°\text{A}$$

$$i = 3.9\sqrt{2}\sin(100t + 75°)\text{A}$$

(2)

$$\dot{U}_\text{R} = R\dot{I} = 40 \times 3.9\angle 75°\text{V} = 156\angle 75°\text{V}$$

$$u_\text{R} = 156\sqrt{2}\sin(100t + 75°)\text{V}$$

$$\dot{U}_L = \text{j}X_L\dot{I} = \text{j} \times 10 \times 3.9\angle 75°\text{V} = 39\angle 165°\text{V}$$

$$u_L = 39\sqrt{2}\sin(100t + 165°)\text{V}$$

$$\dot{U}_C = -\text{j}X_C\dot{I} = -\text{j} \times 50 \times 3.9\angle 75°\text{V} = 195\angle -15°\text{V}$$

$$u_L = 195\sqrt{2}\sin(100t - 15°)\text{V}$$

【例 3.12】 如图 3.21 所示的正弦交流电路，当元件 2 分别为电阻元件、电感元件、电容元件时，求电压表 PV2 的读数(电表内阻抗忽略不计)。

解：本题可利用相量图分析，电路的相量模型如图 3.21(b)所示，设 $\dot{I} = I\angle 0°$ 为参考相量，当元件 2 为电阻元件时，相量图如图 3.21(c)所示，$\dot{U}_1$、$\dot{U}_2$ 与 $\dot{U}$ 同相位，

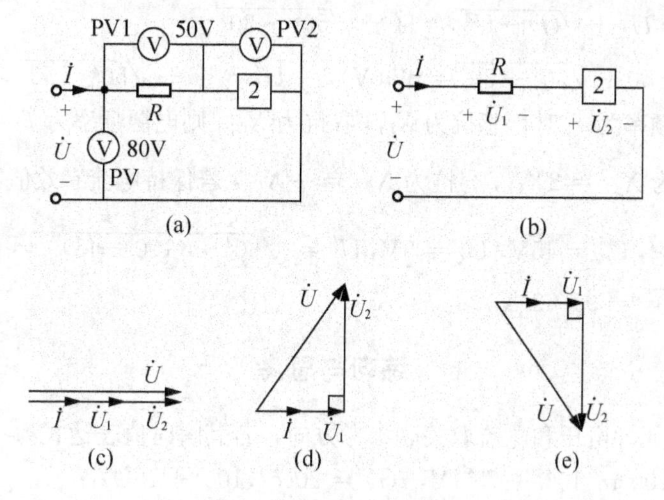

图 3.21　例 3.12 的图

$$U_2 = U - U_1 = 80\text{V} - 50\text{V} = 30\text{V}$$

PV2 的读数为 30V。

当元件 2 为电感元件时，相量图如图 3.21(d)所示，$\dot{U}_1$、$\dot{U}_2$ 与 $\dot{U}$ 构成直角三角形，

$$U_2 = \sqrt{U^2 - U_1^2} = \sqrt{80^2 - 50^2}\,\text{V} = 62.45(\text{V})$$

PV2 的读数为 62.45V。

当元件 2 为电容元件时，相量图如图 3.21(e)所示，$\dot{U}_1$、$\dot{U}_2$ 与 $\dot{U}$ 也构成直角三角形，

$$U_2 = \sqrt{U^2 - U_1^2} = \sqrt{80^2 - 50^2}\,\text{V} = 62.45(\text{V})$$

PV2 的读数为 62.45V。

【例 3.13】 如图 3.22(a)所示的 RLC 串联的正弦交流电路中，(1)当电源频率为 f_1 时，$U = 50\text{V}$、$U_R = 30\text{V}$、$U_L = 50\text{V}$，求 $U_C = ?$ (2)若保持电流有效值不变，将频率变为 $f_2 = 2f_1$，问 U_R、U_L、U_C 及 U 将变为多少？

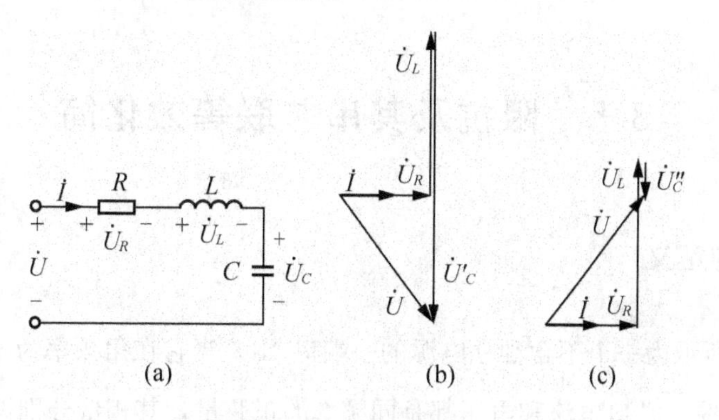

图 3.22　例 3.13 的图

解：(1)设 $\dot{I} = I\angle 0°$ 为参考相量，画相量图如图 3.22(b)、(c)所示。

$U_C = U_L \pm \sqrt{U^2 - U_R^2} = 50 \pm \sqrt{50^2 - 30^2}$

$U'_C = 50 + \sqrt{50^2 - 30^2} = 90(\text{V})$，　$U''_C = 50 - \sqrt{50^2 - 30^2} = 10(\text{V})$

(2) 设电源频率为 f_1 时，感抗为 X_{L1}，容抗为 X_{C1}，则电源频率为 $f_2 = 2f_1$ 时，电阻 R 保持不变，感抗为 $X_{L2} = 2X_{L1}$，容抗为 $X_{C2} = \frac{1}{2}X_{C1}$，若保持电流有效值不变，$U'_R = 30\text{V}$，$U'_L = 2U_L = 100\text{V}$，$U'_C = 45\text{V}$，$U''_C = 5\text{V}$，$U' = \sqrt{30^2 + (100-45)^2} = 62.65(\text{V})$，$U'' = \sqrt{30^2 + (100-5)^2} = 99.62(\text{V})$。

练习与思考

1. 已知二端元件电压和电流取关联参考方向，若其瞬时值表达式为

(1) $u(t) = 100\sin(100t + 75°)\text{V}$，$i(t) = 20\cos(100t + 15°)\text{A}$；

(2) $u(t) = -120\sin(314t)\text{V}$，$i(t) = 100\sqrt{2}\cos(314t + 30°)\text{A}$；

试判定该元件的性质并确定其参数。

2. 计算下面各题，并说明电路性质。

(1) $\dot{U} = 220\angle 30°\text{V}$，$Z = (10 + \text{j}10)\Omega$，求电路 $\dot{I}$。

(2) $\dot{U} = 100\angle 120°\text{V}$，$\dot{I} = 50\angle 60°\text{V}$，求 Z。

3. 如图 3.23 所示正弦交流电路，已知 $I_R = 4\text{A}$，$I_L = 3\text{A}$，$I_C = 5\text{A}$。求电流表 PA1 和 PA 的读数。

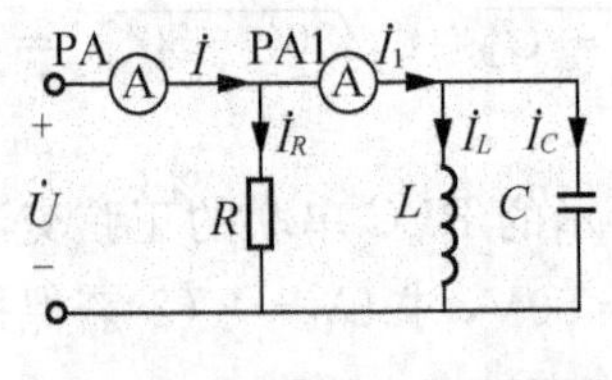

图 3.23　练习与思考 3 的图

3.5　阻抗及其串并联等效化简

3.5.1　阻抗的定义

图 3.24(a)所示为一个不含独立电源的一端口 N_0，当它在角频率为 ω 的正弦电源激励下处于稳定状态时，端口电流和电压都是同频率的正弦量，其相量分别设为 $\dot{U} = U\angle\varphi_u$ 和 $\dot{I} = I\angle\varphi_i$。将一端口 N_0 的端电压相量与端电流相量的比值定义为一端口 N_0 的阻抗，该值是复数，所以通常称为复阻抗，用大写字母 Z 表示，即

$$Z=\frac{\dot{U}}{\dot{I}}=\frac{U}{I}\angle\varphi_u-\varphi_i \tag{3.61}$$

或

$$\dot{U}=Z\dot{I} \tag{3.62}$$

式(3.62)是用阻抗 Z 表示的欧姆定律的相量形式。

复阻抗 Z 的电路符号如图 3.24(b)所示，复阻抗的一般形式为

$$Z=|Z|\angle\varphi_Z=R+\mathrm{j}X \tag{3.63}$$

式中，$|Z|$ 称为阻抗模，φ_Z 称为阻抗角，R 称为电阻部分，X 称为电抗部分。它们之间的关系为

$$|Z|=\sqrt{R^2+X^2},\quad \varphi_Z=\arctan\frac{X}{R} \tag{3.64}$$

或

$$R=|Z|\cos\varphi_Z,\quad X=|Z|\sin\varphi_Z \tag{3.65}$$

可见，$|Z|$、φ_Z、R、X 之间的关系可以用一个直角三角形表示，称为阻抗三角形，如图 3.24(c)所示，在国际单位制中，Z、$|Z|$、R、X 的单位均是 Ω(欧姆)。

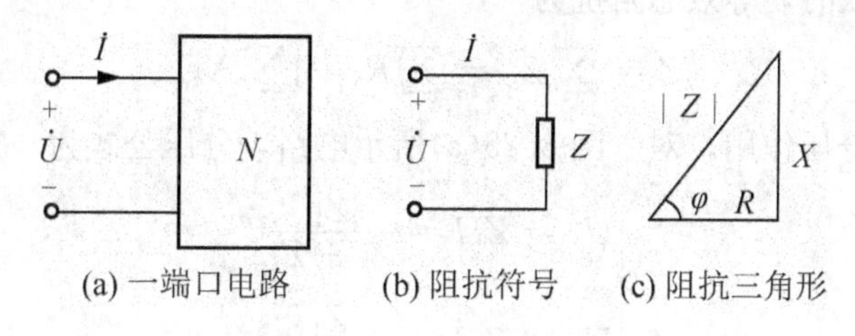

(a) 一端口电路　(b) 阻抗符号　(c) 阻抗三角形

图 3.24　一端口电路的阻抗

电阻、电容、电感可以看成是最简单的一端口，根据它们伏安特性的相量形式可求得它们的复阻抗分别为

$$Z_R=\frac{\dot{U}}{\dot{I}}=R,\ Z_L=\frac{\dot{U}}{\dot{I}}=\mathrm{j}\omega L,\quad Z_C=\frac{\dot{U}}{\dot{I}}=\frac{1}{\mathrm{j}\omega C}=-\mathrm{j}\frac{1}{\omega C} \tag{3.66}$$

3.5.2　阻抗的串联

在交流电路中，阻抗的串联与直流电路中电阻的串联相似。图 3.25(a)是两个阻抗串联的电路，根据基尔霍夫定律可以写出它的相量形式为

$$\dot{U}=\dot{U}_1+\dot{U}_2=Z_1\dot{I}+Z_2\dot{I}=(Z_1+Z_2)\dot{I} \tag{3.67}$$

两个串联的阻抗可以用一个等效阻抗 Z 来代替，如图 3.25(b)所示，在同样电压作用下，其欧姆定律形式为

$$\dot{U}=Z\dot{I} \tag{3.68}$$

两个式子相比较可以得出

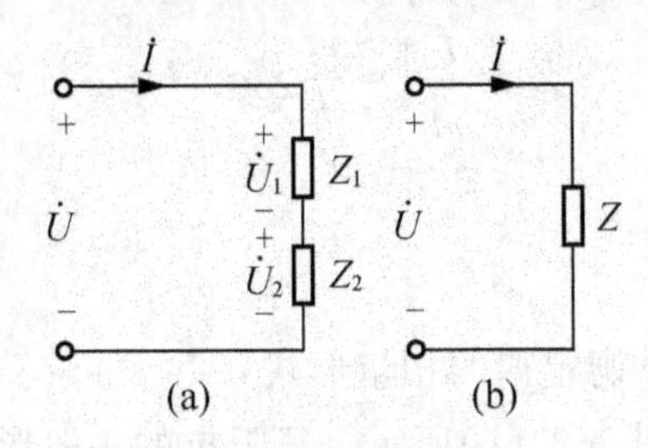

图 3.25　阻抗串联

$$Z = Z_1 + Z_2 \tag{3.69}$$

但由于一般

$$U \neq U_1 + U_2$$

即

$$|Z|I \neq |Z_1|I + |Z_2|I$$

所以

$$|Z| \neq |Z_1| + |Z_2|$$

当多个阻抗串联时，等效总阻抗为

$$Z = \sum Z_k = \sum R_k + \mathrm{j}\sum X_k \tag{3.70}$$

串联阻抗具有分压作用，对于图 3.25(a)所示电路，分压公式为

$$\begin{cases} \dot{U}_1 = Z_1\dot{I} = \dfrac{Z_1}{Z_1+Z_2}\dot{U} \\ \dot{U}_2 = Z_2\dot{I} = \dfrac{Z_2}{Z_1+Z_2}\dot{U} \end{cases} \tag{3.71}$$

该公式与直流电路中电阻串联的分压公式在形式上相似，但要注意该公式对有效值是不成立的。

【例 3.14】 在图 3.25(a)所示电路中，$Z_1 = (4+\mathrm{j}2)\Omega$，$Z_2 = (3+\mathrm{j}5)\Omega$，$\dot{U} = 220\angle 75°$，试求电流 $\dot{I}$、$\dot{U}_1$、$\dot{U}_2$，并作出相量图。

解：

$$Z_1 = (4+\mathrm{j}2)\Omega = 4.47\angle 26.6°\Omega$$

$$Z_2 = (3+\mathrm{j}5)\Omega = 5.83\angle 59°\Omega$$

$$\begin{aligned} Z = Z_1 + Z_2 &= \sum R_k + \mathrm{j}\sum X_k \\ &= [(4+3)+\mathrm{j}(2+5)]\Omega \\ &= (7+\mathrm{j}7)\Omega = 9.9\angle 45°\Omega \end{aligned}$$

$$\dot{I} = \frac{\dot{U}}{Z} = \frac{220\angle 75°}{9.9\angle 45°}\mathrm{A} = 22.2\angle 30°\mathrm{A}$$

$$\dot{U}_1 = Z_1\dot{I} = 4.47\angle 26.6° \times 22.2\angle 30°\mathrm{V} = 99.23\angle 56.6°\mathrm{V}$$

$$\dot{U}_2 = Z_2\dot{I} = 5.83\angle 59° \times 22.2\angle 30°\mathrm{V} = 129.43\angle 89°\mathrm{V}$$

相量图如图 3.26 所示。

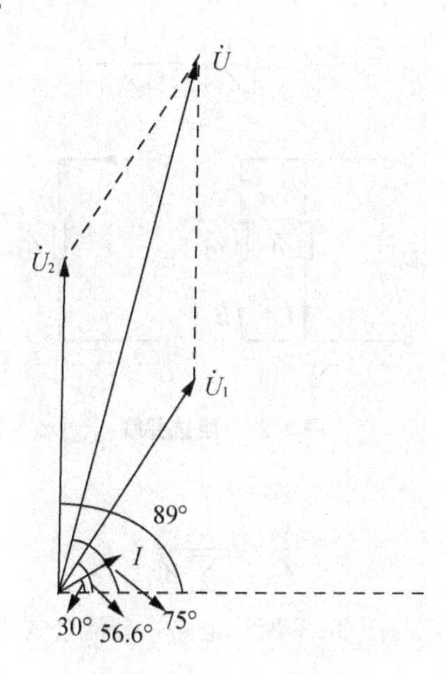

图 3.26　例 3.14 的相量图

3.5.3　阻抗的并联

在交流电路中，阻抗的并联与直流电路中电阻的并联相似。图 3.27(a)是两个阻抗并联的电路，根据基尔霍夫定律可以写出它的相量形式为

$$\dot{I}=\dot{I}_1+\dot{I}_2=\frac{\dot{U}}{Z_1}+\frac{\dot{U}}{Z_2}=\dot{U}\left(\frac{1}{Z_1}+\frac{1}{Z_2}\right) \tag{3.72}$$

两个并联的阻抗可以用一个等效阻抗 Z 来代替，如图 3.27(b)所示，其欧姆定律形式为

$$\dot{I}=\frac{\dot{U}}{Z} \tag{3.73}$$

两个式子相比较可以得出

$$\frac{1}{Z}=\frac{1}{Z_1}+\frac{1}{Z_2} \tag{3.74}$$

或

$$Z=\frac{Z_1Z_2}{Z_1+Z_2} \tag{3.75}$$

但由于一般

$$I\neq I_1+I_2$$

即

$$\frac{U}{|Z|}\neq\frac{U}{|Z_1|}+\frac{U}{|Z_2|}$$

所以

$$\frac{1}{|Z|} \neq \frac{1}{|Z_1|} + \frac{1}{|Z_2|}$$

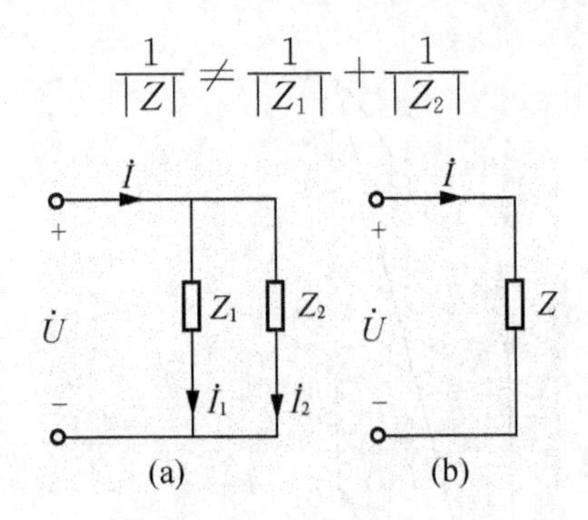

图 3.27 阻抗并联

当多个阻抗并联时，有

$$\frac{1}{Z} = \frac{1}{\sum Z_k} \tag{3.76}$$

并联阻抗具有分流作用，对图 3.27 所示电路，分流公式为

$$\begin{cases} \dot{I}_1 = \dfrac{Z_2}{Z_1 + Z_2}\dot{I} \\ \dot{I}_2 = \dfrac{Z_1}{Z_1 + Z_2}\dot{I} \end{cases} \tag{3.77}$$

该公式与直流电路中电阻并联的分流公式在形式上相似，但要注意该公式对有效值是不成立的。

【例 3.15】 在图 3.27(a)所示电路中，$Z_1 = (4 + j2)\Omega$，$Z_2 = (3 + j5)\Omega$，$\dot{U} = 220\angle 0°$，试求电流 $\dot{I}$、$\dot{I}_1$、$\dot{I}_2$。

解：

$$Z_1 = (4 + j2)\Omega = 4.47\angle 26.6°\Omega$$

$$Z_2 = (3 + j5)\Omega = 5.83\angle 59°\Omega$$

$$Z = \frac{Z_1 Z_2}{Z_1 + Z_2} = \frac{4.47\angle 26.6° \times 5.83\angle 59°}{4 + j2 + 3 + j5}\Omega$$

$$= \frac{26.06\angle 85.6°}{9.9\angle 45°}\Omega = 2.63\angle 40.6°\Omega$$

$$\dot{I} = \frac{\dot{U}}{Z} = \frac{220\angle 0°}{2.63\angle 40.6°}\text{A} = 83.65\angle -40.6°\text{A}$$

$$\dot{I}_1 = \frac{\dot{U}}{Z_1} = \frac{220\angle 0°}{4.47\angle 26.6°}\text{A} = 49.22\angle -26.6°\text{A}$$

$$\dot{I}_2 = \frac{\dot{U}}{Z_2} = \frac{220\angle 0°}{5.83\angle 59°}\text{A} = 37.74\angle -59°\text{A}$$

练习与思考

1. 什么是阻抗？电阻、电容、电感等单一元件的阻抗分别是什么？

2. 一端口电路如图 3.28 所示，电源频率 $\omega = 314\text{rad/s}$，试求电路的等效阻抗、端电压与端电流之间的相位差，并说明电路的性质(容性还是感性)。

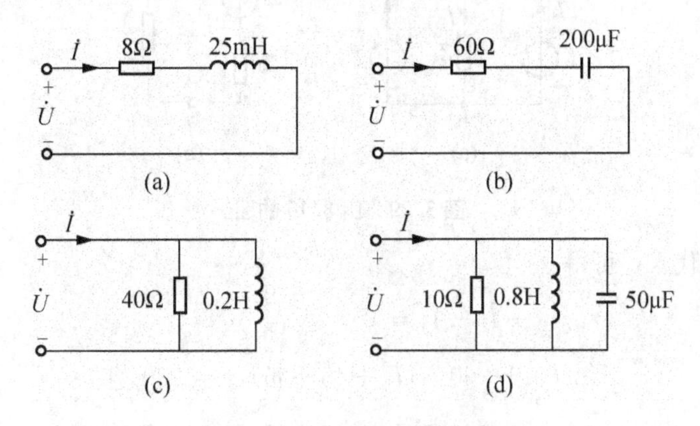

图 3.28　练习与思考 2 的图

3. 已知一端口的输入阻抗，分别求简单串联电路及其对应的参数 ($\omega = 20\text{rad/s}$)。

(1) $Z_1 = (0.1 + \text{j}0.9)\Omega$　　(2) $Z_2 = (10 - \text{j}20)\Omega$

(3) $Z_3 = (5 + \text{j}5)\Omega$　　(4) $Z_4 = 10\angle 30^\circ\Omega$

4. 已知某电路的阻抗为 $Z = (10 + \text{j}20)\Omega$，则其导纳为 $Y = \left(\frac{1}{10} + \text{j}\frac{1}{20}\right)\text{S}$，这个结论对吗？为什么？

3.6　复杂正弦交流电路的计算

前面几节介绍了用相量法求解简单正弦稳态电路的方法，通常可直接借助基尔霍夫定律和欧姆定律的相量形式以及阻抗的串、并联化简进行分析计算。对于复杂的正弦稳态电路，则可以应用支路电流法、结点电压法、叠加定理和戴维宁定理等方法进行分析计算，与直流电路的分析方法类似，所不同的是电流和电压应以相量表示，电阻、电容和电感及其组成的电路应以阻抗来表示。

【例 3.16】　在图 3.29(a)所示正弦稳态电路中，已知 $\dot{U}_1 = 230\angle 0^\circ\text{V}$，$\dot{U}_2 = 227\angle 0^\circ\text{V}$，$Z_1 = (0.1 + \text{j}0.5)\Omega$，$Z_2 = (0.1 + \text{j}0.5)\Omega$，$Z_3 = (5 + \text{j}5)\Omega$，求支路电流 $\dot{I}_3$。

解：

方法 1：支路电流法

由 KCL、KVL 可列出方程为

$$\dot{I}_1 + \dot{I}_2 - \dot{I}_3 = 0$$

$$Z_1\dot{I}_1 + Z_3\dot{I}_3 = \dot{U}_1$$

$$Z_2\dot{I}_2 + Z_3\dot{I}_3 = \dot{U}_2$$

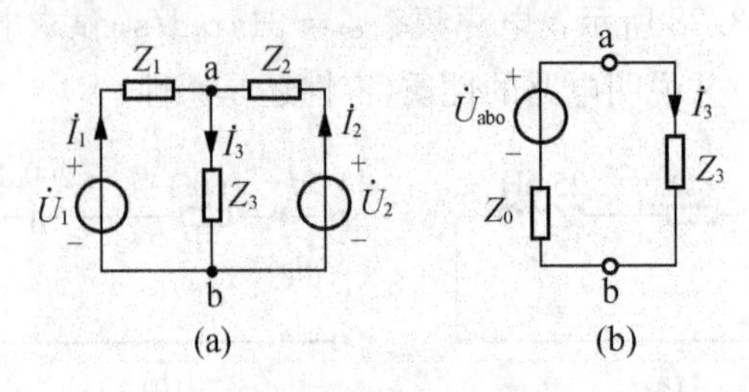

图 3.29 例 3.16 的图

将已知数据代入，可得

$$\dot{I}_1+\dot{I}_2-\dot{I}_3=0$$

$$(0.1+j0.5)\dot{I}_1+(5+j5)\dot{I}_3=230\angle 0^\circ$$

$$(0.1+j0.5)\dot{I}_2+(5+j5)\dot{I}_3=227\angle 0^\circ$$

解方程可得

$$\dot{I}_3=31.4\angle -46.1^\circ \text{A}$$

方法 2：结点电压法

设 b 点电位为 0，根据弥尔曼定理可得

$$\dot{U}_a=\frac{\dfrac{\dot{U}_1}{Z_1}+\dfrac{\dot{U}_2}{Z_2}}{\dfrac{1}{Z_1}+\dfrac{1}{Z_2}+\dfrac{1}{Z_3}}=221.8\angle -1.1^\circ \text{V}$$

则

$$\dot{I}_3=\frac{\dot{U}_a}{Z_3}=31.4\angle -46.1^\circ \text{A}$$

方法 3：戴维宁定理

图 3.29(a)的戴维宁等效电路如图 3.29(b)所示，其中 $\dot{U}_{abo}$ 为 a、b 两点的开路电压。

$$\dot{U}_{abo}=\frac{\dot{U}_1-\dot{U}_2}{Z_1+Z_2}Z_2+\dot{U}_2=228.5\angle 0^\circ \text{V}$$

内阻抗 Z_0 为

$$Z_0=\frac{Z_1Z_2}{Z_1+Z_2}=(0.05+j0.25)\Omega$$

然后可求出

$$\dot{I}_3=\frac{\dot{U}_{abo}}{Z_0+Z_3}=31.4\angle -46.1^\circ \text{A}$$

【例 3.17】 试用叠加定理求图 3.30(a)所示正弦交流电路中的电压 $\dot{U}$。

解：(1)电压源单独作用时，如图 3.30(b)所示。

$$\dot{U}'=-\frac{5}{5+j5}\times 10\angle 0^\circ=-5\sqrt{2}\angle -45^\circ \text{V}=5\sqrt{2}\angle 135^\circ \text{V}$$

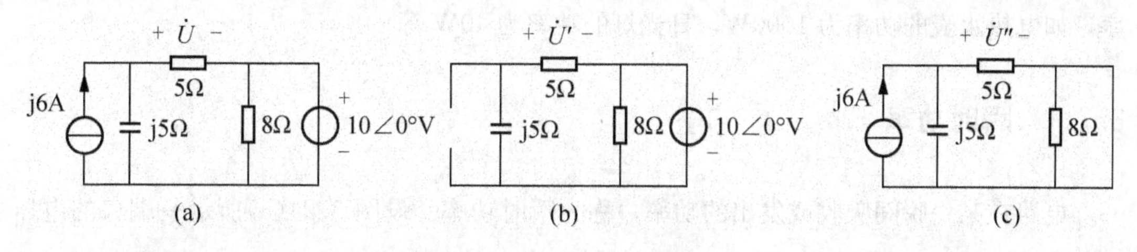

图 3.30　例 3.17 的图

(2) 电流源单独作用时，如图 3.30(c)所示。

$$\dot{U}''=\frac{\text{j}6\times\text{j}5}{5+\text{j}5}\times 5\text{V}=15\sqrt{2}\angle-45°\text{V}=-15\sqrt{2}\angle 135°\text{V}$$

(3) 两电源共同作用时，由叠加定理得

$$\dot{U}=\dot{U}'+\dot{U}''=(5\sqrt{2}\angle 135°-15\sqrt{2}\angle 135°)\text{V}=-10\sqrt{2}\angle 135°\text{V}=10\sqrt{2}\angle 45°\text{V}$$

【例 3.18】 正弦交流电路如图 3.31(a)所示，其中 $\dot{I}_{\text{S}}=10\angle 30°\text{A}$，试用戴维宁定理求 $\dot{I}$。

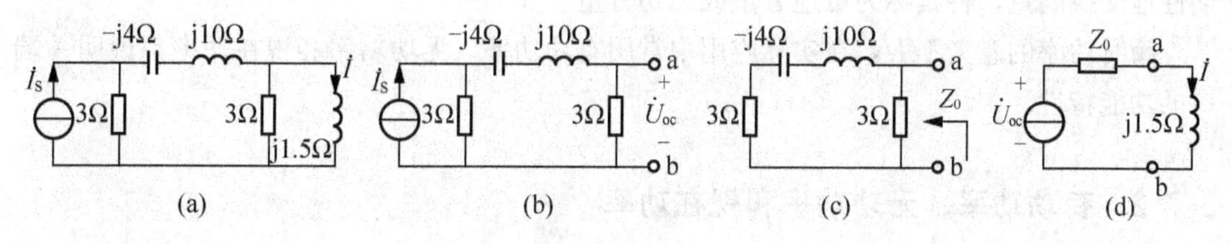

图 3.31　例 3.18 的图

解：(1)求开路电压 $\dot{U}_{\text{oc}}$，如图 3.31(b)所示。

$$\dot{U}_{\text{oc}}=3\times\frac{3\times 10\angle 30°}{3+3-\text{j}4+\text{j}10}\text{V}=\frac{15\sqrt{2}}{2}\angle-15°\text{V}=10.6\angle-15°\text{V}$$

(2) 求等效阻抗 Z_0，如图 3.31(c)所示。

$$Z_0=\frac{3\times(3-\text{j}4+\text{j}10)}{3+3-\text{j}4+\text{j}10}\Omega=(2.25+\text{j}0.75)\Omega$$

(3) 画等效电路如图 3.31(d)所示，求 $\dot{I}$。

$$\dot{I}=\frac{10.6\angle-15°}{2.25+\text{j}0.75+\text{j}1.5}=\frac{10.6\angle-15°}{3.18\angle 45°}=3.33\angle-60°(\text{A})$$

3.7　正弦交流稳态电路的功率

传输能量是正弦交流电路的主要用途之一，功率的计算是正弦交流稳态电路的重要内容。在正弦交流电路中，电压和电流都是时间的函数，瞬时功率也是随时间变化的，因此计算比直流电路要复杂。工程上计量的功率，家用电器标记的功率都是周期量的平均功

率，如电热水壶的功率为1000W，日光灯的功率为40W等。

3.7.1 瞬时功率

电路在某一瞬间吸收或发出的功率，称为瞬时功率。设图3.24(a)所示一端口的电压和电流分别为$u=\sqrt{2}U\sin(\omega t+\varphi)$，$i=\sqrt{2}I\sin\omega t$，则在任一时刻，一端口所吸收的瞬时功率为

$$\begin{aligned} p(t) &= u(t)i(t)=\sqrt{2}U\sin(\omega t+\varphi)\sqrt{2}I\sin\omega t \\ &= UI[\cos\varphi-\cos(2\omega t+\varphi)]=UI[\cos\varphi-\cos(2\omega t+2\varphi-\varphi)] \\ &= UI\cos\varphi[1-\cos(2\omega t+2\varphi)]-UI\sin\varphi\cos(2\omega t+2\varphi) \end{aligned} \tag{3.78}$$

可见，瞬时功率$p(t)$包含两个分量，第一个分量$UI\cos\varphi[1-\cos(2\omega t+2\varphi)]$恒大于等于零，它是一端口吸收的功率，将其称为不可逆分量或有功分量；第二个分量$UI\sin\varphi\cos(2\omega t+2\varphi)$可正可负，在一个周期的平均值等于零，它反映了一端口与外电路周期性地交换能量，将其称为可逆分量或无功分量。

瞬时功率的意义不大，在实际应用中常用有功功率、无功功率和视在功率等说明一端口的功能特性。

3.7.2 有功功率、无功功率和视在功率

1. *有功功率*

将瞬时功率在一个周期内的平均值定义为平均功率(average power)，又称为有功功率(active power)，用大写字母P表示。

$$P=\frac{1}{T}\int_0^T p(t)\mathrm{d}t=\frac{1}{T}\int_0^T ui\,\mathrm{d}t \tag{3.79}$$

对图3.24(a)所示的一端口，代入电压、电流可得

$$P=UI\cos\varphi \tag{3.80}$$

式中：U、I为一端口电压、电流的有效值；φ为端口电压和端口电流的相位差(对于无源一端口，$\varphi=\varphi_Z$)。在国际单位制中，瞬时功率、平均功率的单位是W。

2. *无功功率*

将瞬时功率中可逆分量的幅值定义为一端口的无功功率(reactive power)，用大写字母Q表示。

$$Q=UI\sin\varphi \tag{3.81}$$

对于电感性一端口，$0°<\varphi<90°$，$Q>0$，将其称为感性无功；对于电容性一端口，$-90°<\varphi<0°$，$Q<0$，将其称为容性无功。

无功功率是衡量由储能元件引起的与外部电路交换的功率，这里“无功”的意思是指这部分能量在往复变换的过程中，没有消耗掉，其单位用 var(乏)表示。

3. 视在功率

将一端口电路的端口电压与端口电流有效值的乘积定义为视在功率(apparent power)，用大写字母 S 表示。

$$S = UI \tag{3.82}$$

视在功率的单位用 V·A(伏安)表示。3 种功率 W、var 和 V·A 量纲相同，名称不同是为了区别不同的功率。

工程上常用视在功率衡量电气设备在额定的电压、电流条件下最大的负荷能力或承载能力。

有功功率、无功功率和视在功率从不同程度说明了正弦稳态电路的功率，它们之间的关系为

$$S = \sqrt{P^2 + Q^2},\quad \varphi = \arctan\frac{Q}{P} \tag{3.83}$$

$$P = S\cos\varphi,\quad Q = S\sin\varphi \tag{3.84}$$

可见，有功功率、无功功率和视在功率可构成直角三角形，称为功率三角形(power triangle)。

【例 3.19】 电路如图 3.24(a)所示，已知一端口电路的端口电压和端口电流分别为 $u(t) = 100\sqrt{2}\cos(314t + 30°)\text{V}$，$i(t) = 10\sqrt{2}\cos(314t + 75°)\text{A}$，试求一端口的有功功率、无功功率和视在功率。

解： $U = 100\text{V}$，$I = 10\text{A}$，$\varphi = 30° - 75° = -45°$，根据公式可得

$$P = UI\cos\varphi = 100 \times 10 \times \cos(-45°)\text{W} = 707.1\text{W}$$

$$P = UI\sin\varphi = 100 \times 10 \times \sin(-45°)\text{W} = -707.1\text{var}$$

$$S = UI = 100 \times 10\text{V}\cdot\text{A} = 1000\text{V}\cdot\text{A}$$

3.7.3　功率因数的提高

工程中常用到功率因数 λ 的概念，其定义为

$$\lambda = \cos\varphi = \frac{P}{S} \tag{3.85}$$

式中：φ 称作功率因数角。功率因数角等于负载阻抗的阻抗角，其值由负载的参数和电源频率共同决定。当负载是电感性或电容性负载时，$\cos\varphi < 1$，电源向负载输送的有功功率 $P < S$；当负载为电阻性负载时，$P = S$。

由于电源设备的容量就是视在功率 S，而输出的有功功率为 $P = S\cos\varphi$，因此为了充分利用电源设备的容量，就要求提高电路的功率因数 $\cos\varphi$。例如，一台变压器的容量是

10000V·A，如果负载的功率因数 $\cos\varphi=1$，则此变压器就能输出 10000V·A 的有功功率；如果负载的功率因数 $\cos\varphi=0.8$，则此变压器就能输出 8000V·A 的有功功率，这样变压器的容量就未被充分利用。另外提高功率因数能减少线路损耗，从而提高输电效率。当负载的有功功率 P 和电压 U 一定时，功率因数 $\cos\varphi$ 越大，则输电线路中的 $I=\frac{P}{U\cos\varphi}$ 越小，消耗在输电线路电阻 R_L 上的功率越小，$\Delta P=R_L I^2$。因此提高功率因数有很大的经济意义。按照供用电规则，高压供电的工业用户的平均功率因数不得低于 0.95，其他用户不得低于 0.9。

要提高功率因数 $\cos\varphi$ 的值，必须设法减小功率因数角 φ，而在工业企业中广泛使用的配电变压器、异步电动机等都属于电感性负载，功率因数比较低，为了提高这类负载的功率因数，可在负载端并联合适的静电电容器，其电路图和相量图如图 3.32 所示。

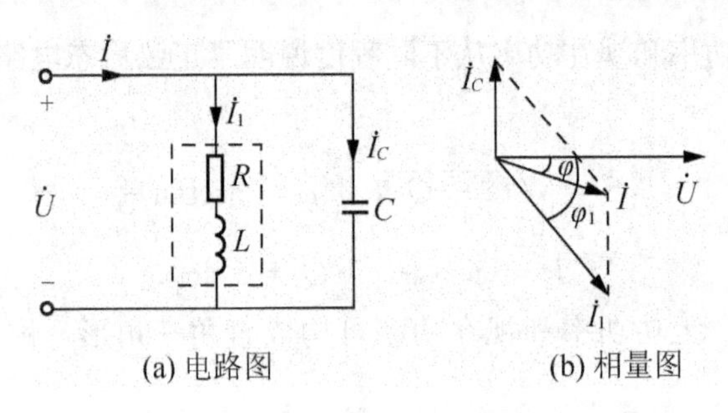

图 3.32　功率因数的提高

并联电容器以后，有功功率、电感性负载的电流和功率因数均有变化，但电压 $\dot{U}$ 和电流 $\dot{I}$ 之间的相位差 φ 变小了，即 $\cos\varphi$ 增大了。并联电容器以后，电源与负载之间的能量互换减少，电感性负载需要的无功功率大部分由电容器提供，因而能够使发电机的容量得到充分利用；从相量图可见，线路电流减小了，因此减小了功率损耗。

【例 3.20】　有一电感性负载电路，其功率 $P=1\text{kW}$，功率因数 $\cos\varphi_1=0.7$，接在电压 $U=200\text{V}$ 的电源上，电源频率为 50Hz。(1)如果将电路的功率因数提高到 $\cos\varphi=0.97$（感性），求需要并联电容器的电容值，分析并联电容器前后电源的有功功率、无功功率、功率因数及电流变化情况。(2)如果将功率因数从 0.97 提高到 1，求需要增加电容器的电容值。

解：(1)根据图 3.32(b)相量图可得

$$I_C=I_1\sin\varphi_1-I\sin\varphi=\frac{P}{U\cos\varphi_1}\sin\varphi_1-\frac{P}{U\cos\varphi}\sin\varphi$$
$$=\frac{P}{U}(\tan\varphi_1-\tan\varphi)$$

又由于

$$I_C=\frac{U}{X_C}=U\omega C$$

由以上两个公式可推出

$$C=\frac{P}{\omega U^2}(\tan\varphi_1-\tan\varphi)$$

由 $\cos\varphi_1=0.7$(感性)，$\cos\varphi=0.97$(感性)，可得 $\varphi_1=45.6°$，$\varphi=14.1°$，所以需要并联电容器的电容值为

$$C=\frac{1000}{314\times200^2}(\tan45.6°-\tan14.1°)\text{F}=61.3\mu\text{F}$$

并联电容器之前，电源的有功功率、无功功率、功率因数及电流分别为

$$P=1\text{kW},\ Q_1=P\tan\varphi_1=1000\times\tan45.6°\text{var}=1021\text{var}$$

$$\cos\varphi_1=0.7$$

$$I_1=\frac{P}{U\cos\varphi_1}==\frac{1000}{200\times0.7}\text{A}=7.14\text{A}$$

并联电容器之后，电源的有功功率、无功功率、功率因数及电流分别为

$$P=1\text{kW},$$

$$Q_2=P\tan\varphi_2=1000\times\tan14.1°\text{var}=251\text{var}$$

$$\cos\varphi_2=0.97$$

$$I=\frac{P}{U\cos\varphi_2}==\frac{1000}{200\times0.97}\text{A}=5.15\text{A}$$

由以上结果可知，电感性负载并联电容器之后，电路的功率因数提高了，电源电流减小，电源提供的无功功率也减小。

(2) 如果将功率因数从 0.97 提高到 1，需要增加电容器的电容为

$$C'=\frac{1000}{314\times200^2}(\tan14.1°-\tan0°)\text{F}=20.4\mu\text{F}$$

【例 3.21】 电路如图 3.33(a)所示，工频电压 $\dot{U}$ 的有效值为 220V，已知负载 1 的功率为 16kW，$\cos\varphi_1=0.8$(感性)；负载 2 的视在功率为 10kV·A，$\cos\varphi_2=0.8$(容性)，欲使 $\dot{U}$ 与 $\dot{I}$ 同相，电容器的电容值应该是多少？

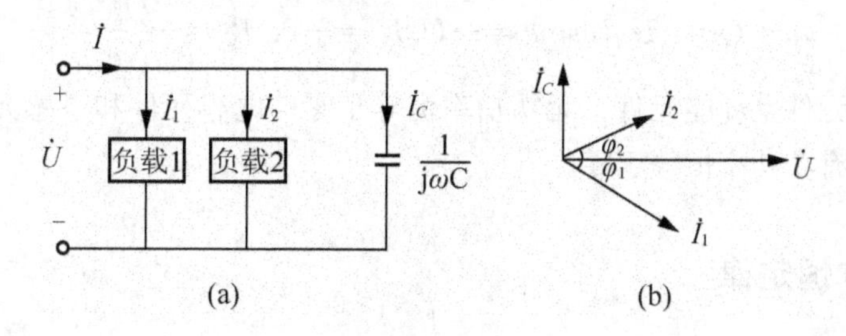

图 3.33　例 3.21 的图

解：

$$P_1=UI_1\cos\varphi_1=16\text{kW}$$

$$I_1=\frac{16000}{220\times0.8}\text{A}=90.91\text{A}$$

$$S_2=UI_2=10\text{kV}\cdot\text{A}$$

$$I_2 = \frac{10000}{220}\text{A} = 45.45\text{A}$$

$\varphi_1 = \varphi_2 = \arccos 0.8 = 36.9°$，设 $\dot{U} = 220\angle 0°\text{V}$，电路的相量图如图 3.33(b)所示，欲使 $\dot{U}$ 与 $\dot{I}$ 同相，则有

$$I_C + I_2\sin\varphi_2 = I_1\sin\varphi_1, \quad I_C = I_1\sin\varphi_1 - I_2\sin\varphi_2 = 27.28\text{A}$$

由于 $\dot{U} = \frac{1}{\text{j}\omega C} \cdot \dot{I}_{\text{C}}$

故 $C = \frac{I_{\text{C}}}{\omega U} \cdot = \frac{27.28}{314 \times 220}\text{F} = 3.95 \times 10^{-4}\text{F}$

3.7.4 电阻、电感、电容元件的功率计算

电阻、电感、电容元件是最简单的一端口，其功率分别如下。

(1) 电阻。

对于电阻元件，$\varphi = 0$，所以

$$P_R = U_R I_R \cos\varphi = U_R I_R = R I_R^2 = \frac{U_R^2}{R} \tag{3.86}$$

$$Q_R = U_R I_R \sin\varphi = 0 \tag{3.87}$$

(2) 电感。

对于电感元件，$\varphi = 90°$，所以

$$P_L = U_L I_L \cos\varphi = 0 \tag{3.88}$$

$$Q_L = U_L I_L \sin\varphi = U_L I_L = X_L I_L^2 = \frac{U_L^2}{X_L} \tag{3.89}$$

(3) 电容。

对于电容元件，$\varphi = -90°$，所以

$$P_{\text{C}} = U_{\text{C}} I_{\text{C}} \cos\varphi = 0 \tag{3.90}$$

$$Q_{\text{C}} = U_C I_C \sin\varphi = -U_C I_C = -X_C I_C^2 = -\frac{U_C^2}{X_C} \tag{3.91}$$

可见，电阻元件是耗能元件，无功功率恒等于零；电容元件和电感元件是储能元件，本身不耗能，其有功功率恒等于零。

3.7.5 功率守恒定律

对于一端口电路，总有功功率 P 等于电路中各元件有功功率之和；总无功功率 Q 等于电路中各元件无功功率之和，即

$$P = \sum P_k, \quad Q = \sum Q_k, \quad S = \sqrt{P^2 + Q^2} \tag{3.92}$$

但总的视在功率一般不等于所有元件视在功率之和。

【例 3.22】 两个阻抗相串联的电路如图 3.25(a)所示，外加电压 $\dot{U}$ 为工频电压，其有效值为 100V，电流 $\dot{I}$ 的有效值为 2A，电路消耗总功率为 200W，Z_1 的无功功率为 −50var，Z_2 的有功功率为 30W，求阻抗 Z_1 和电压 $\dot{U}_2$ 的有效值。

解：$S=UI=100\times 2\text{V}\cdot\text{A}=200\text{V}\cdot\text{A}$，所以总有功功率和总无功功率为

$$P=200\text{W},\ Q=0$$

根据有功功率守恒，有

$$P=P_1+P_2$$

所以

$$P_1=P-P_2=200\text{W}-30\text{W}=170\text{W}$$

根据无功功率守恒，有

$$Q=Q_1+Q_2$$

所以

$$Q_2=-Q_1=50\text{var}$$

$$Z_1=\frac{P_1}{I^2}+\text{j}\,\frac{Q_1}{I^2}=(42.5-\text{j}12.5)\Omega$$

$$Z_2=\frac{P_2}{I^2}+\text{j}\,\frac{Q_2}{I^2}=(7.5+\text{j}12.5)\Omega$$

$$U_2=|Z_2|I=\sqrt{7.5^2+12.5^2}\times 2\text{V}=29.2\text{V}$$

练习与思考

1. 什么是有功功率、无功功率和视在功率？

2. 有功功率、无功功率和视在功率之间有什么关系？

3. 什么是功率因数？提高功率因数有什么意义？

4. 什么是功率守恒定理？

5. 感性负载串联电容器时，可否提高功率因数？可操作性如何？

6. 电路如图 3.34 所示，已知 $U=120\text{V}$，试求电源提供的有功功率 P、无功功率 Q 和功率因数 $\cos\varphi$。

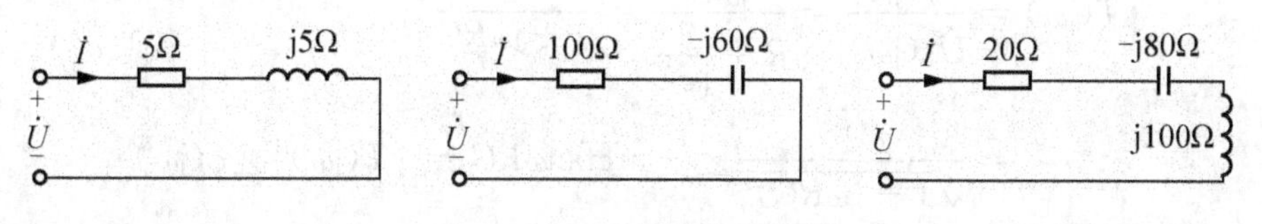

图 3.34　练习与思考 6 的图

3.8 正弦交流稳态电路的频率特性

在交流电路中，电容元件的容抗和电感元件的感抗都与频率有关，因此当激励信号的频率改变时，容抗和感抗随之改变，电路中的各部分响应(电压、电流)的有效值和相位也随之改变。当频率的变化超过一定范围时，电路将偏离正常的工作范围，可能导致电路失效，甚至使电路遭到损坏。响应与频率的关系称为电路的频率特性或频率响应(frequency response)，常用网络函数表示。网络函数 $T(\mathrm{j}\omega)$ 定义为

$$T(\mathrm{j}\omega)=\frac{\dot{R}(\mathrm{j}\omega)}{\dot{E}(\mathrm{j}\omega)}=|T(\mathrm{j}\omega)|\angle\varphi(\mathrm{j}\omega) \tag{3.93}$$

式中：$\dot{R}(\mathrm{j}\omega)$ 为响应相量；$\dot{E}(\mathrm{j}\omega)$ 为激励相量。网络函数 $T(\mathrm{j}\omega)$ 通常为复数，将其模值 $|T(\mathrm{j}\omega)|$ 随频率变化的特性称为幅频特性；相位 $\varphi(\mathrm{j}\omega)$ 随频率变化的特性称为相频特性。

在时间领域内对电路进行分析称为时域分析；在频率领域内对电路进行分析称为频域分析，本节的内容属于频域分析。

3.8.1 滤波电路

滤波电路是一种能使有用频率信号通过而同时抑制无用频率信号的电路，工程上常用来作信号处理、数据传送和抑制干扰等。滤波电路通常可分为低通、高通、带通和带阻等类型。除 RC 电路外，其他电路也可组成滤波电路。

1. 低通滤波电路

图 3.35(a)所示为 RC 串联电路，$\dot{U}_1(\mathrm{j}\omega)$ 是输入信号电压，$\dot{U}_2(\mathrm{j}\omega)$ 是输出信号电压，其网络函数为

$$\begin{aligned}T(\mathrm{j}\omega)&=\frac{\dot{U}_2(\mathrm{j}\omega)}{\dot{U}_1(\mathrm{j}\omega)}=\frac{\frac{1}{\mathrm{j}\omega C}}{R+\frac{1}{\mathrm{j}\omega C}}=\frac{1}{1+\mathrm{j}\omega RC}\\&=\frac{1}{\sqrt{1+(\omega RC)^2}}\angle-\arctan\omega RC=|T(\mathrm{j}\omega)|\angle\varphi(\mathrm{j}\omega)\end{aligned} \tag{3.94}$$

该网络函数又称为电压传递函数或电压转移函数，式中

$$|T(\mathrm{j}\omega)|=\frac{1}{\sqrt{1+(\omega RC)^2}} \tag{3.95}$$

反映了传递函数的模值随频率变化的特性，即幅频特性。

$$\varphi(\mathrm{j}\omega)=-\arctan\omega RC \tag{3.96}$$

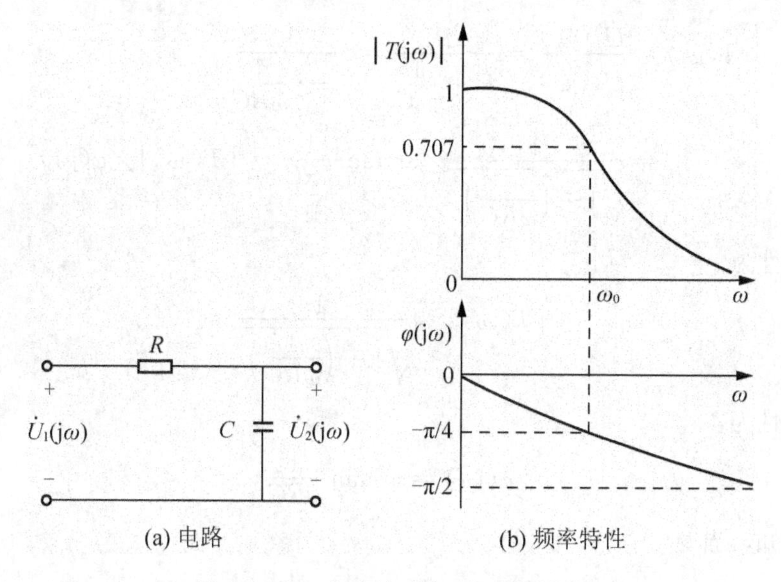

(a) 电路　　　　(b) 频率特性

图 3.35　RC 低通滤波电路和频率特性

反映了传递函数的相位随频率变化的特性，即相频特性。

分析可知，当

$$\omega=0,\quad |T(j\omega)|=1,\quad \varphi(\omega)=0$$

$$\omega=\infty,\quad |T(j\omega)|=0,\quad \varphi(\omega)=-\frac{\pi}{2}$$

$$\omega=\omega_0=\frac{1}{RC},\quad |T(j\omega)|=\frac{1}{\sqrt{2}}=0.707,\quad \varphi(\omega)=-\frac{\pi}{4}$$

幅频特性与相频特性随频率变化的曲线如图 3.35(b)所示，称为幅频特性曲线和相频特性曲线。

由幅频特性曲线可见，当 $\omega<\omega_0$ 时，$|T(j\omega)|$ 变化不大，接近或等于 1；当 $\omega>\omega_0$ 时，$|T(j\omega)|$ 明显下降，表明该电路具有使低频信号较易通过而抑制较高频率信号的作用，因此称为低通滤波电路(low-pass filter)。在实际应用中，输出电压不能下降过多。通常规定：当 $|T(j\omega)|=0.707$，即输出电压下降到输入电压的 70.7%时为最低限，此时 $\omega=\omega_0=\frac{1}{RC}$，$\omega_0$ 称为截止频率(cutoff frequency)，又称为半功率点频率。将 $0\leqslant\omega\leqslant\omega_0$ 的频率变化范围称为通频带。

2. 高通滤波电路

把图 3.35(a)所示电路中的 R 和 C 对调，即可构成 RC 高通滤波电路，电路如图 3.36 所示。

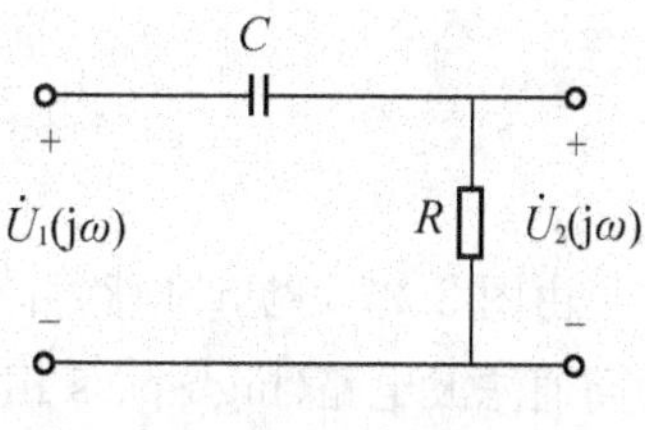

图 3.36　RC 高通滤波电路

其网络函数为

$$T(\mathrm{j}\omega)=\frac{\dot{U}_2(\mathrm{j}\omega)}{\dot{U}_1(\mathrm{j}\omega)}=\frac{R}{R+\frac{1}{\mathrm{j}\omega C}}=\frac{1}{1-\mathrm{j}\,\frac{1}{\omega RC}}$$

$$=\frac{1}{\sqrt{1+\left(\frac{1}{\omega RC}\right)^2}}\angle\arctan\frac{1}{\omega RC}=|T(\mathrm{j}\omega)|\angle\varphi(\mathrm{j}\omega) \tag{3.97}$$

幅频特性为

$$|T(\mathrm{j}\omega)|=\frac{1}{\sqrt{1+\left(\frac{1}{\omega RC}\right)^2}} \tag{3.98}$$

相频特性为

$$\varphi(\mathrm{j}\omega)=\arctan\frac{1}{\omega RC} \tag{3.99}$$

分析可知，当

$$\omega=0,\ |T(\mathrm{j}\omega)|=0,\ \varphi(\omega)=\frac{\pi}{2}$$

$$\omega=\infty,\ |T(\mathrm{j}\omega)|=1,\ \varphi(\omega)=0$$

$$\omega=\omega_0=\frac{1}{RC},\ |T(\mathrm{j}\omega)|=\frac{1}{\sqrt{2}}=0.707,\ \varphi(\omega)=\frac{\pi}{4}$$

幅频特性曲线与相频特性曲线如图 3.37 所示。

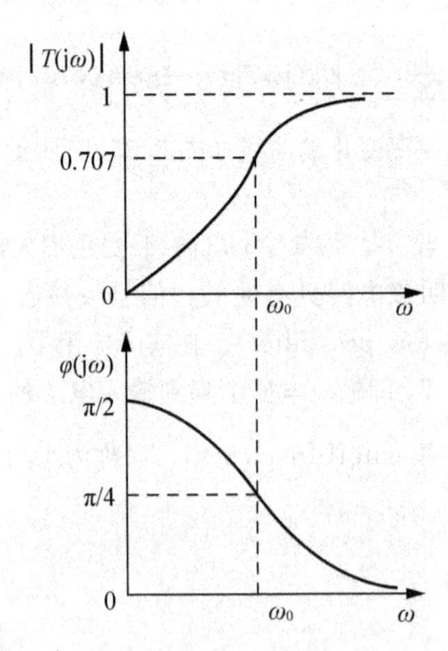

图 3.37　高通滤波电路的频率特性

由图 3.37 可见该电路具有使高频信号较易通过而抑制较低频率信号的作用，因此称为高通滤波电路(high-pass filter)。

3. 带通滤波电路

图 3.38 所示为 RC 带通滤波电路。

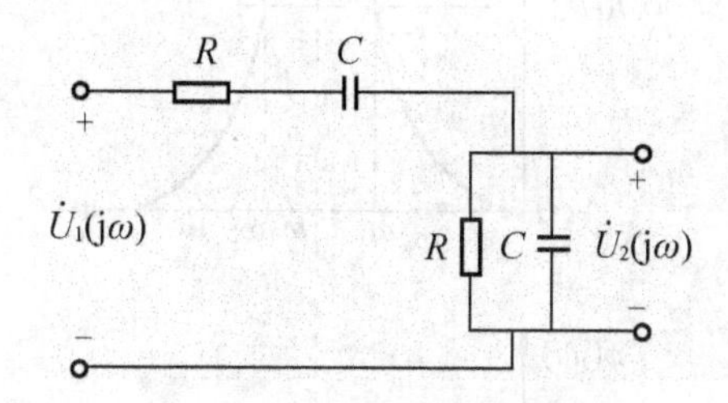

图 3.38　RC 带通滤波电路

其网络函数为

$$T(\mathrm{j}\omega)=\frac{\dot{U}_2(\mathrm{j}\omega)}{\dot{U}_1(\mathrm{j}\omega)}=\frac{\dfrac{\dfrac{R}{\mathrm{j}\omega C}}{R+\dfrac{1}{\mathrm{j}\omega C}}}{R+\dfrac{1}{\mathrm{j}\omega C}+\dfrac{\dfrac{R}{\mathrm{j}\omega C}}{R+\dfrac{1}{\mathrm{j}\omega C}}}=\frac{1}{3+\mathrm{j}\left(\omega RC-\dfrac{1}{\omega RC}\right)}$$

$$=\frac{1}{\sqrt{3^2+\left(\omega RC-\dfrac{1}{\omega RC}\right)^2}}\angle-\arctan\frac{\omega RC-\dfrac{1}{\omega RC}}{3}=|T(\mathrm{j}\omega)|\angle\varphi(\mathrm{j}\omega) \tag{3.100}$$

式中

$$|T(\mathrm{j}\omega)|=\frac{1}{\sqrt{3^2+\left(\omega RC-\dfrac{1}{\omega RC}\right)^2}} \tag{3.101}$$

$$\varphi(\mathrm{j}\omega)=-\arctan\frac{\omega RC-\dfrac{1}{\omega RC}}{3} \tag{3.102}$$

设

$$\omega_0=\frac{1}{RC}$$

则

$$T(\mathrm{j}\omega)=\frac{1}{3+\mathrm{j}\left(\dfrac{\omega}{\omega_0}-\dfrac{\omega_0}{\omega}\right)}=\frac{1}{\sqrt{3^2+\left(\dfrac{\omega}{\omega_0}-\dfrac{\omega_0}{\omega}\right)^2}}\angle-\arctan\frac{\dfrac{\omega}{\omega_0}-\dfrac{\omega_0}{\omega}}{3} \tag{3.103}$$

幅频特性曲线与相频特性曲线如图 3.39 所示。

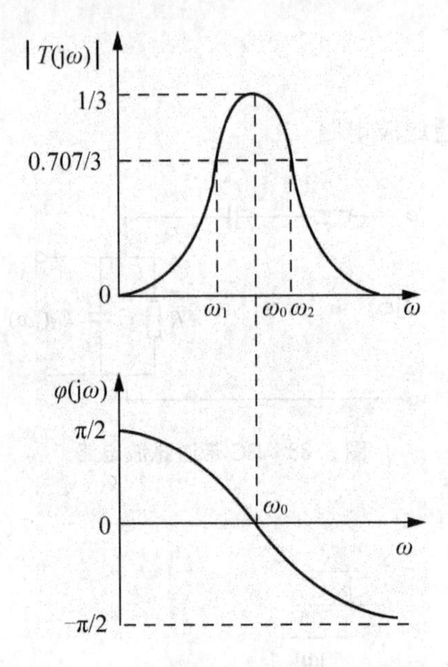

图 3.39　RC 带通滤波电路的频率特性

由图可知，当 $\omega=\omega_0=\dfrac{1}{RC}$ 时，输出电压与输入电压同相，且 $\dfrac{U_2}{U_1}=\dfrac{1}{3}$；当 $\omega>\omega_0$ 或 $\omega<\omega_0$ 时，$|T(\mathrm{j}\omega)|$ 下降，规定当 $|T(\mathrm{j}\omega)|$ 等于最大值(即 $\dfrac{1}{3}$)的 70.7%处频率的上下限之间宽度称为通频带宽度，简称通频带，即

$$\omega=\omega_2-\omega_1 \tag{3.104}$$

该电路具有使通频带范围内频率信号通过而抑制其他频率信号的作用，所以称为带通滤波器(band-pass filter)。

【例 3.23】 图 3.40 所示 RC 电路常用于测量技术和电子技术中，试求其网络函数。

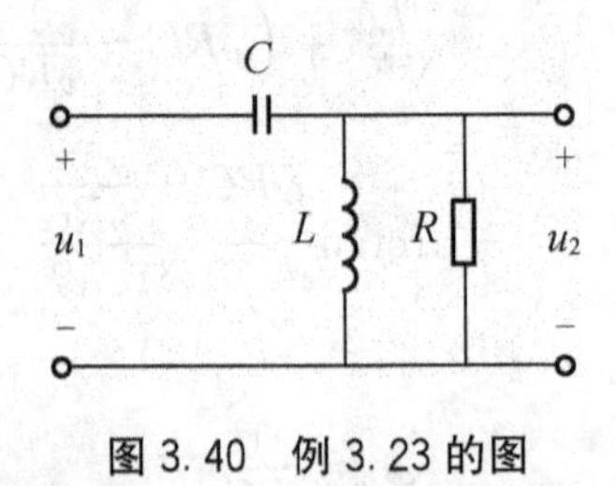

图 3.40　例 3.23 的图

解：根据网络函数定义可得

$$T(\mathrm{j}\omega)=\frac{\dot{U}_2}{\dot{U}_1}=\frac{\dfrac{R\times \mathrm{j}\omega L}{R+\mathrm{j}\omega L}}{\dfrac{R\times \mathrm{j}\omega L}{R+\mathrm{j}\omega L}+\dfrac{1}{\mathrm{j}\omega C}}=\frac{\mathrm{j}\omega RL}{\mathrm{j}\omega RL-\mathrm{j}\dfrac{R}{\omega C}+\dfrac{L}{C}}=\frac{\omega RL}{\omega RL-\dfrac{R}{\omega C}-\mathrm{j}\dfrac{L}{C}}$$

幅频特性为

$$|T(\mathrm{j}\omega)|=\frac{\omega RL}{\sqrt{\left(\omega RL-\frac{R}{\omega C}\right)^2+\left(\frac{L}{C}\right)^2}}$$

相频特性为

$$\varphi(\omega)=\arctan\frac{\frac{L}{C}}{\omega RL-\frac{R}{\omega C}}=\arctan\frac{\omega L}{\omega^2 RLC-R}$$

3.8.2　谐振电路

在含有电感和电容的正弦交流电路中，通常端口电压与端口电流是不同相的，当调节电路中元件的参数或者改变电源的频率时，可使端口电压与端口电流同相，这种情况称为谐振(resonance)。谐振实际上是正弦交流电路的一种特殊现象，研究谐振的目的就是要认识这种现象，并在实际使用中充分利用谐振特性，同时也要预防它所产生的危害。按照发生谐振时电路结构的不同，谐振可分为串联谐振和并联谐振，下面分别进行讨论。

1. 串联谐振

如图3.19所示的RLC串联电路，其输入阻抗为

$$Z=R+\mathrm{j}\left(\omega L-\frac{1}{\omega C}\right) \tag{3.105}$$

当阻抗虚部为零时，阻抗角$\varphi_Z=0$，电路发生谐振，由于此谐振发生在串联电路中，所以称为串联谐振。此时

$$\omega L=\frac{1}{\omega C} \tag{3.106}$$

$$\omega=\omega_0=\frac{1}{\sqrt{LC}},f=f_0=\frac{1}{2\pi\sqrt{LC}} \tag{3.107}$$

式(3.106)是串联电路发生谐振的条件，式(3.107)是谐振频率。可见，对于RLC串联电路，适当调节元件参数L、C或电源频率(或角频率)就可以使电路发生谐振或者消除谐振。

RLC串联电路发生谐振时，电路具有如下特性。

(1) 此时$Z_0=R+\mathrm{j}\left(\omega L-\frac{1}{\omega C}\right)=R$，输入阻抗模$|Z|=|Z_0|=R$最小。

(2) 电流有效值达到最大，$I_0=\frac{U}{|Z_0|}=\frac{U}{R}$，阻抗模与电流的频率特性如图3.41所示。

(3) 电源电压与电流同相($\varphi=0$)，因此电路对电源呈现电阻性。电源供给给电路的能量都被电阻消耗，电源与电路之间不发生能量互换。能量互换只发生在电感与电容之间。

（4）由于 $\omega L=\dfrac{1}{\omega C}$，所以 $U_L=U_C$，而 $\dot{U}_L$ 与 $\dot{U}_C$ 在相位上相反，互相抵消，对整个电路不起作用，因此电源电压 $\dot{U}=\dot{U}_R$，相量图如图 3.42 所示。

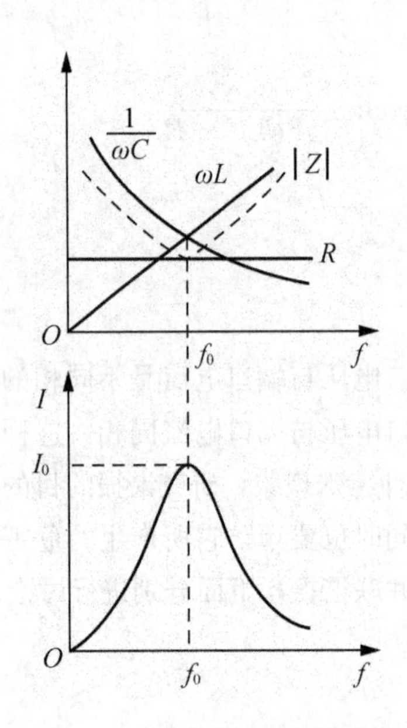

图 3.41　阻抗模与电流频率特性

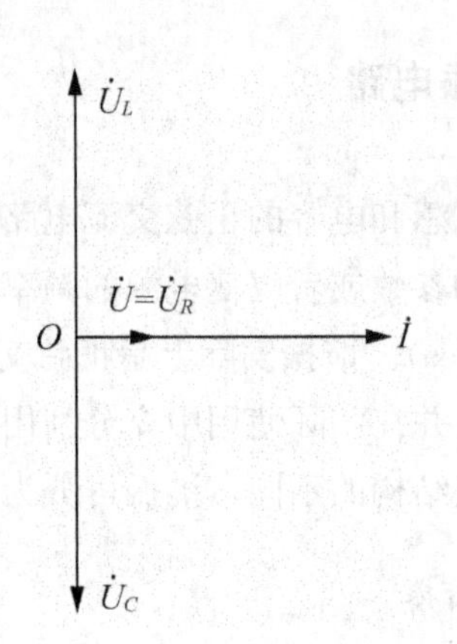

图 3.42　串联谐振时的相量图

电感和电容上电压的有效值是电源电压的 Q 倍，即

$$\dot{U}_L=\mathrm{j}\omega_0 L\dot{I}=\mathrm{j}\omega_0 L\frac{\dot{U}}{R}=\mathrm{j}\frac{1}{R}\sqrt{\frac{L}{C}}\dot{U}=\mathrm{j}Q\dot{U} \tag{3.108}$$

$$\dot{U}_C=\frac{1}{\mathrm{j}\omega_0 C}\dot{I}=\frac{1}{\mathrm{j}\omega_0 C}\frac{\dot{U}}{R}=-\mathrm{j}\frac{1}{R}\sqrt{\frac{L}{C}}\dot{U}=-\mathrm{j}Q\dot{U} \tag{3.109}$$

$$Q=\frac{U_C}{U}=\frac{U_L}{U}=\frac{1}{\omega_0 CR}=\frac{\omega_0 L}{R} \tag{3.110}$$

式中 $Q=\dfrac{1}{R}\sqrt{\dfrac{L}{C}}$，称为电路的品质因数或简称 Q 值。当 $Q>1$ 时，电容和电感上电压的有效值都高于电源电压，如果电压过高时，可能会击穿线圈和电容器的绝缘。因此在电力工程中一般要避免发生串联谐振。

在无线电工程中，通常可利用串联谐振完成信号的选择，例如，在收音机中用来选择一定的频率信号。图 3.43(a)所示是收音机的接收电路，由天线线圈 L_1 和由电感线圈 L 与可变电容器 C 构成的串联谐振电路。天线收到的各种频率信号都会在 LC 谐振电路中感生出响应的电动势 e_1、e_2、e_3…，如图 3.43(b)所示，R 是电感 L 的电阻。调节电容 C 的值，把所需信号调到串联谐振，这时 LC 串联回路中该频率信号的电流最大，在可变电容两端得到的该频率信号的电压也就越高，而其他频率信号在回路里产生的电流很小，这样就起到了选择信号抑制其他频率信号的作用。

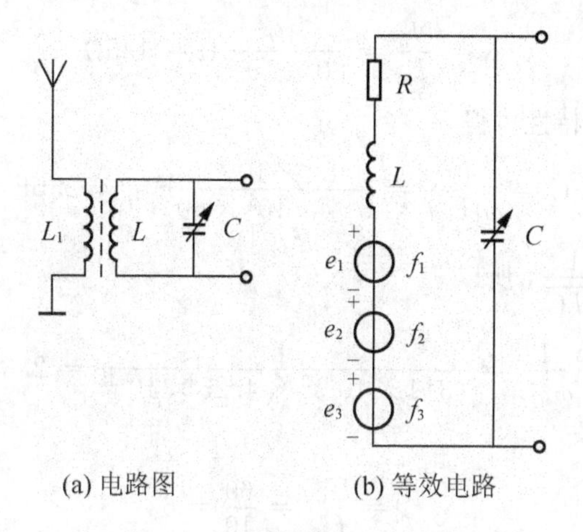

图 3.43　收音机的接收电路

在工程上经常用到通频带的概念，对图 3.44 所示电路，在电流 I 值等于最大值 I_0 的 70.7%处频率的上下限之间的宽度称为通频带，即

$$\Delta f = f_2 - f_1 \tag{3.111}$$

通频带宽度越小，谐振曲线越尖锐，电路的频率选择性就越强。谐振曲线的尖锐程度与 Q 值有关，Q 值越大，谐振曲线越尖锐，选频性越强，其关系如图 3.45 所示。

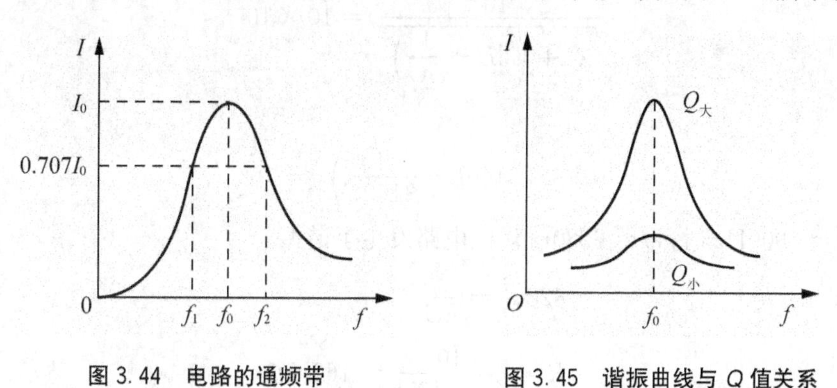

图 3.44　电路的通频带　　　　图 3.45　谐振曲线与 Q 值关系

【例 3.24】　图 3.46 所示 RLC 串联电路，已知 $u_S(t) = 10\sqrt{2}\cos 314 \times 10^6 t(\mathrm{V})$，调节电容 C 的电容值使电路发生谐振时，$I_0 = 80\mathrm{mA}$，$U_{C0} = 60\mathrm{V}$。(1)试求谐振时的 R、L、C 参数。(2)计算电路的品质因数。

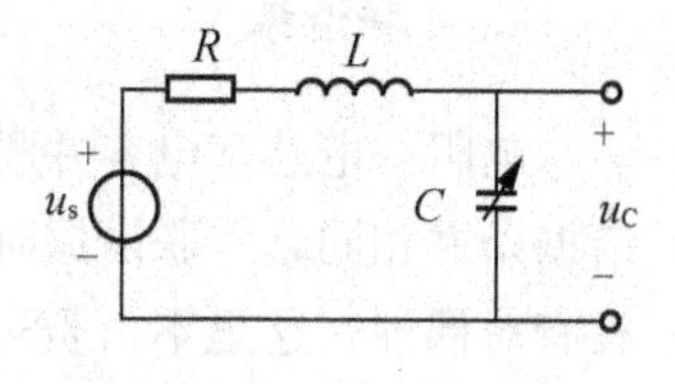

图 3.46　例 3.24 的图

解： (1)谐振时，$U_R = U_S = 10\mathrm{V}$，因此

$$R=\frac{U_R}{I_0}=\frac{10}{80\times10^{-3}}\Omega=125\Omega$$

根据电容元件伏安特性可得

$$C=\frac{I_0}{\omega_0U_{C0}}=\frac{80\times10^{-3}}{314\times10^6\times60}\text{F}=4.25\text{pF}$$

当谐振时，$\omega_0=\frac{1}{\sqrt{LC}}$，所以

$$L=\frac{1}{\omega_0^2C}=\frac{1}{(314\times10^6)^2\times4.25\times10^{-12}}=2.39\mu\text{H}$$

（2）品质因数为

$$Q=\frac{U_{C0}}{U_\text{S}}=\frac{60}{10}=6$$

【例 3.25】 如图 3.19 所示 RLC 串联电路，接在电压 $U=10\text{V}$，频率可调的交流电源上，当频率 $f=500\text{Hz}$ 时，电流 $I=10\text{mA}$；当频率增加到 $f=1000\text{Hz}$ 时，电流达到最大值 $I_0=60\text{mA}$。(1) 求 R、L、C 值；(2)谐振时电容两端的电压 U_{C0}。

解：(1)由已知得

当 $f=500\text{Hz}$ 时，$\omega=3140\text{rad/s}$

$$\frac{10}{\sqrt{R^2+\left(\omega L-\frac{1}{\omega C}\right)^2}}=10\times10^{-3}$$

即

$$R^2+\left(3140L-\frac{1}{3140C}\right)^2=10^6 \tag{1}$$

当 $f=1000\text{Hz}$ 时，$\omega=6280\text{rad/s}$，电路发生了谐振。

$$6280^2=\frac{1}{LC} \tag{2}$$

$$R=\frac{10}{60\times10^{-3}}=166.7\Omega \tag{3}$$

联立求解方程①②③可得 $R=166.7\Omega$，$C=0.24\mu\text{F}$，$L=0.105\text{H}$。

（2）
$$U_{C0}=\frac{60\times10^{-3}}{6280\times0.24\times10^{-6}}=39.8\text{V}$$

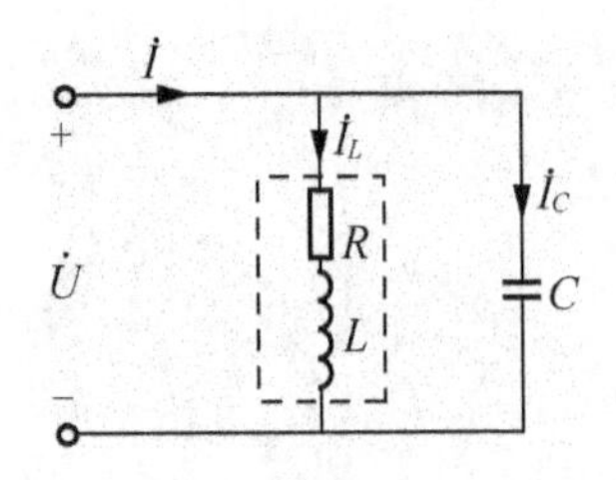

图 3.47　LC 并联谐振电路图

2. 并联谐振

电阻、电感和电容并联电路的谐振条件与串联电路的谐振条件相同，并联谐振时电路特性与串联谐振电路特性具有对偶性，这里不再赘述。下面分析常用的 LC 并联谐振电路，电路如图 3.47 所示，这里电感 L 用电阻及电感串联模型表示。其等效阻抗为

$$Z=\frac{(R+\mathrm{j}\omega L)\frac{1}{\mathrm{j}\omega C}}{R+\mathrm{j}\omega L+\frac{1}{\mathrm{j}\omega C}} \tag{3.112}$$

设谐振时 $\omega L \gg R$，因此

$$Z=\frac{\mathrm{j}\omega L\times\frac{1}{\mathrm{j}\omega C}}{R+\mathrm{j}\omega L+\frac{1}{\mathrm{j}\omega C}}=\frac{\frac{L}{C}}{R+\mathrm{j}\left(\omega L-\frac{1}{\omega C}\right)} \tag{3.113}$$

当

$$\omega L=\frac{1}{\omega C} \tag{3.114}$$

即

$$\omega=\omega_0=\frac{1}{\sqrt{LC}},\quad f=f_0=\frac{1}{2\pi\sqrt{LC}} \tag{3.115}$$

时，发生并联谐振。

并联谐振具有以下特性。

（1）由式可知，此时输入阻抗模 $|Z|=|Z_0|=\frac{L}{RC}$ 最大，在电源电压 U 一定的情况下，电流 I 将在谐振时达到最小值，即

$$I=I_0=\frac{U}{|Z_0|}=\frac{URC}{L}$$

阻抗模与电流的频率特性如图 3.48 所示。

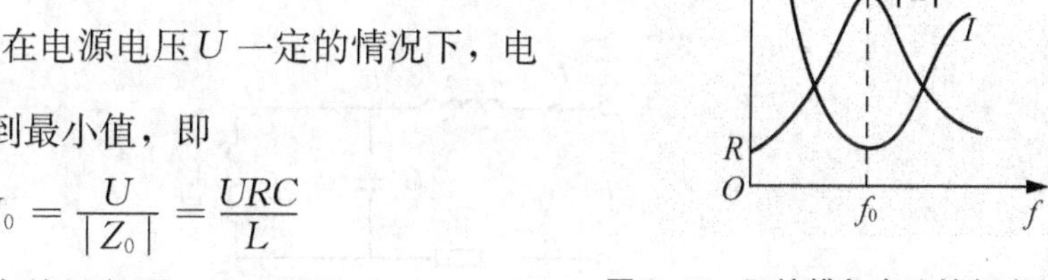

图 3.48　阻抗模与电流的频率特性

（2）电源电压与电流同相（$\varphi=0$），因此电路对电源呈现电阻性。谐振时电路的阻抗模相当于一个电阻。

（3）支路电流是总电流的 Q 倍，即

$$I_{C0}=\omega_0 CU=\frac{\omega_0 L}{R}\frac{RC}{L}U=QI_0$$

$$I_{L0}=\frac{U}{\sqrt{R^2+(\omega_0 L)^2}}\approx\frac{U}{\omega_0 L}=\frac{1}{\omega_0 RC}\frac{RC}{L}U=QI_0$$

式中，Q 为谐振回路的品质因数，其大小可按下式计算：

$$Q=\frac{I_{C0}}{I}=\frac{I_{L0}}{I}=\frac{\omega_0 L}{R}=\frac{1}{\omega_0 RC}=\frac{1}{R}\sqrt{\frac{L}{C}}$$

可见，谐振时并联支路的电流近似相等，而比总电流大很多。并联谐振时电路的相量图如图 3.49 所示。

在 L 和 C 值不变时，如果 R 值越小，品质因数 Q 值越大，阻抗模 $|Z_0|$ 也越大，阻抗谐振曲线越尖锐(图 3.50)，选择性越好。

【例 3.26】 如图 3.51 所示 RLC 并联电路，$R=1\mathrm{k}\Omega$，$L=5\mathrm{H}$，信号电压 $u=$

$220\sin 314t$(V)，调节电容 C 值使电路在电源频率处发生谐振，求 C 值。

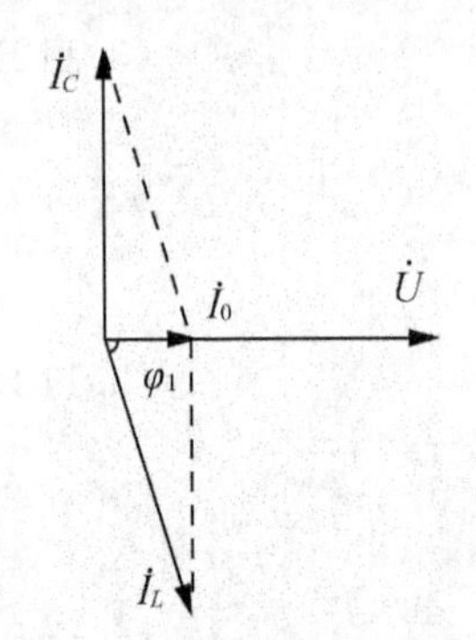

图 3.49　并联谐振的相量图

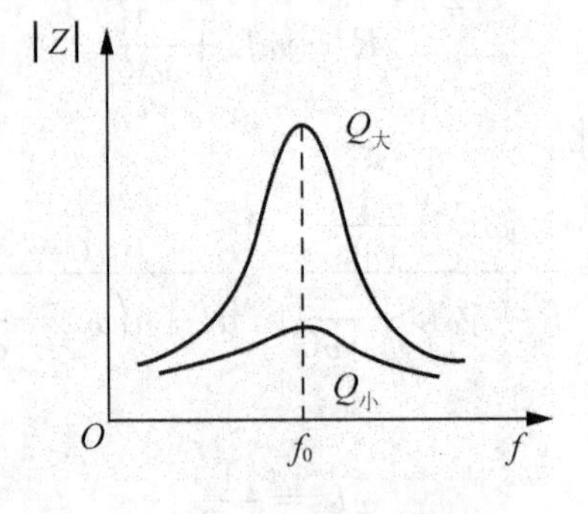

图 3.50　并联谐振曲线

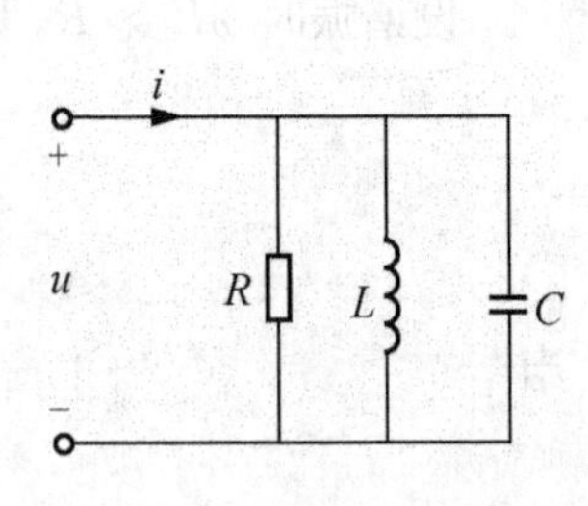

图 3.51　例 3.26 的图

解：谐振时

$$C=\frac{1}{\omega^2 L}=\frac{1}{314^2\times 5}=2.03(\mu\text{F})$$

【例 3.27】　在图 3.52 所示电路中，$U=220\text{V}$，$C=1\mu\text{F}$。当电源频率 $\omega_1=1000\text{rad/s}$ 时，$U_R=0$；当电源频率 $\omega_2=2000\text{rad/s}$ 时，$U_R=U=220\text{V}$。试求电路中电感参数 L_1 和 L_2。

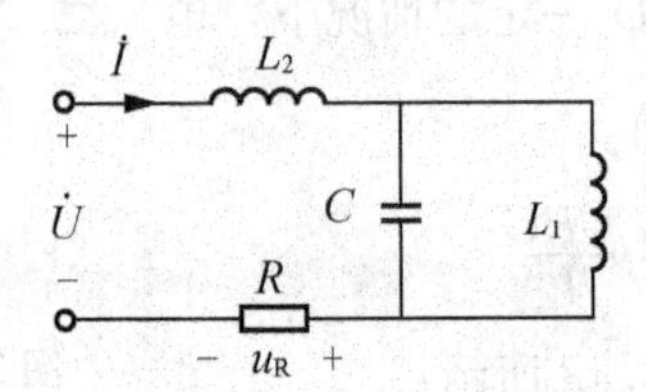

图 3.52　例 3.27 的图

解：当 $U_R=0$，即 $I=0$，电路处于并联谐振，所以

$$\omega_1 L_1=\frac{1}{\omega_1 C}$$

$$L_1=\frac{1}{\omega_1^2 C}=\frac{1}{1000^2\times 1\times 10^{-6}}\text{H}=1\text{H}$$

当 $U_R=U=220\text{V}$ 时，电路处于串联谐振。电路的输入阻抗为

$$Z=R+\text{j}\omega_2 L_2+\frac{\text{j}\omega_2 L_1\times\frac{1}{\text{j}\omega_2 C}}{\text{j}\omega_2 L_1+\frac{1}{\text{j}\omega_2 C}}=R+\text{j}\omega_2 L_2-\text{j}\frac{\omega_2 L_1}{\omega_2^2 L_1 C-1}$$

$$\dot{U}=\dot{I}Z$$

串联谐振时，$\dot{U}$ 和 $\dot{I}$ 同相，Z 的虚部为零，所以

$$\omega_2 L_2=\frac{\omega_2 L_1}{\omega_2^2 L_1 C-1}$$

$$L_2 = \frac{1}{\omega_2^2 C - \frac{1}{L_1}} = \frac{1}{2000^2 \times 1 \times 10^{-6} - 1}\text{H} = 0.33\text{H}$$

练习与思考

1. 什么是交流电路的频率特性？
2. 什么是滤波？滤波电路分为哪些类？
3. 低通滤波电路的幅频特性曲线有什么特点？
4. 什么是交流电路的谐振？试分析电路发生谐振时能量的消耗和互换情况。
5. 试分析当电源频率低于或者高于谐振频率时，RLC 串联电路是电容性还是电感性。
6. 如图 3.53 所示电路，当 $\omega = \frac{1}{\sqrt{L_1 C_1}}$ 时，哪些电路相当于短路？哪些电路相当于开路？对于图 3.53(c)、(d)电路，是否可在其他频率处发生并联谐振？谐振频率是多少？

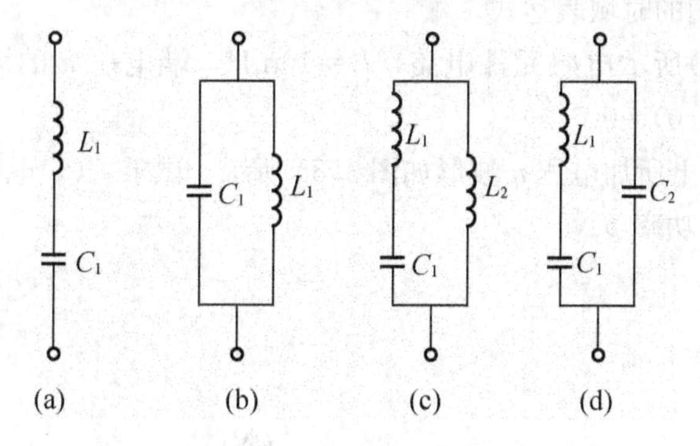

图 3.53　练习与思考 6 的图

习　　题

1. 已知某正弦电流为 $i = 8\sin(100t + 45°)$，试求它的振幅、有效值、周期、频率、角频率和初相位，并画出它的波形图。

2. 已知某正弦交流电压 $u = 220\sin(50t + 80°)$，正弦交流电流 $i = 180\sin(50t + 135°)$，试求其相位差，并判断 u 和 i 哪个超前，超前多少度？

3. 将下列复数转换为三角形式和极坐标形式。

$$F_1 = 2 + \text{j}5;\ F_2 = -3 + \text{j}5;\ F_3 = 6 + \text{j}6;\ F_4 = \text{j}10$$

4. 将下列复数转换为直角坐标形式。

$$F_1 = 18\angle 45°;\ F_2 = 12\angle -30°;\ F_3 = 5\angle 225°$$

5. 已知复数 $F_1 = 10\angle -120°$，$F_2 = -3 + \text{j}3$，试求(1) $F_1 + F_2$；(2) $F_1 - F_2$；(3) $F_1 \cdot F_2$；(4) $\frac{F_1}{F_2}$。

6. 已知正弦电压 $u_1 = 10\sin(10t + 10^\circ)\text{V}$，$u_2 = 25\sin(10t + 90^\circ)\text{V}$，试求有效值相量 $\dot{U}_1$、$\dot{U}_2$，画出相量图。

7. 已知下列正弦量，写出它们的有效值相量，并画出相量图，求它们之间的相位差。

(1) $u = 100\sin(\omega t + 30^\circ)\text{V}$，$i = 5\sqrt{2}\sin(\omega t - 60^\circ)\text{A}$；

(2) $i_1 = 5\sqrt{2}\sin(314t - 15^\circ)\text{A}$，$i_2 = 3\sqrt{2}\sin(314t + 120^\circ)\text{A}$

8. 有一个电阻元件，$R = 50\Omega$，流过元件的电流 $i(t) = 10\sqrt{2}\sin 100t\text{A}$，电压与电流取关联参考方向。(1)求元件的电压 $u(t)$；(2)画出 $i(t)$ 与 $u(t)$ 的波形；(3)求 $u(t)$ 与 $i(t)$ 的相位差，指出超前与滞后关系。

9. 将第 8 题中的电阻换成一个 $L = 8\text{mH}$ 的电感元件，重做第 8 题。

10. 将第 8 题中的电阻换成一个 $C = 8\mu\text{F}$ 的电容元件，重做第 8 题。

11. 已知两个同频率的正弦量的相量 $\dot{U}_1 = 220\angle 60^\circ\text{V}$，$\dot{U}_2 = 50\sqrt{2}\angle -45^\circ\text{V}$，其频率 $f = 500\text{Hz}$，写出它们的时域表达式。

12. 如图 3.12(b)所示电感元件电路，$L=10\text{mH}$，端电压 u 的波形如图 3.54 所示，试求电感电流 i，设 $i(0)=0$。

13. $20\mu\text{F}$ 的电容上所加电压 u 波形如图 3.55 所示，试求：(1)电容电流 i；(2)电容电荷 q；(3)电容吸收的功率 p。

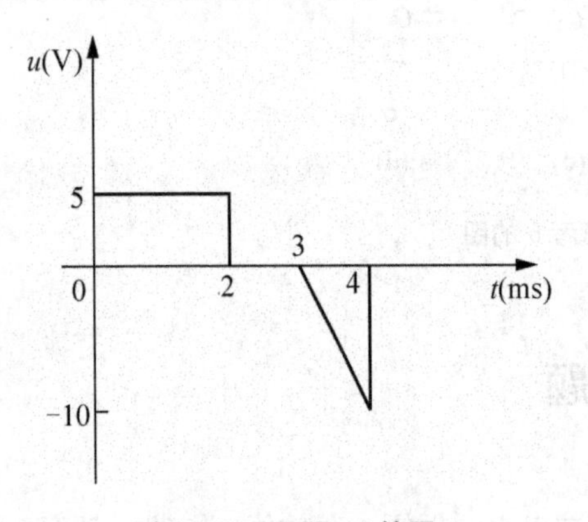

图 3.54　习题 12 的图

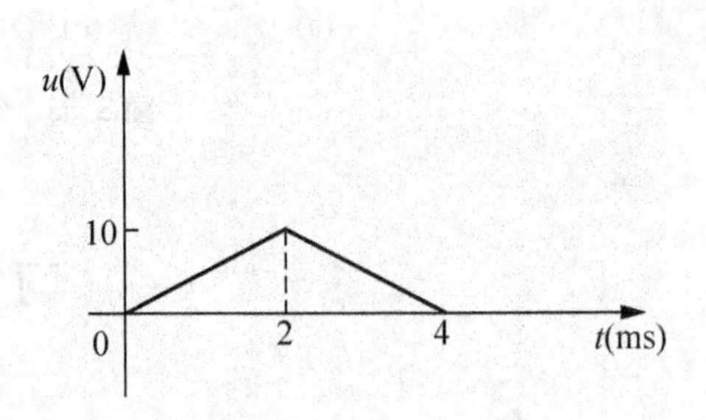

图 3.55　习题 13 的图

14. 电容元件两端电压与电流取关联参考方向，电容 $C=5\text{F}$，电容中电流 i 的波形图如图 3.56 所示，试求电容电压 u，并画出给定时间段内的电压 u 的波形，$u(0)=0$。

15. 一端口电路如图 3.24(a)所示，端口电压 u 和电流 i 如下式所示，试求每种情况下的输入阻抗，并给出等效电路图，给出元件的参数。

(1) $u = 100\cos(100t + 45^\circ)\text{V}$，$i(t) = 10\sin(100t + 15^\circ)\text{A}$

(2) $u = 100\sin(10t + 15^\circ)\text{V}$，$i(t) = 10\sin(10t + 15^\circ)\text{A}$

(3) $u = 380\sin(314t - 15^\circ)\text{V}$，$i(t) = 220\sin(314t + 15^\circ)\text{A}$

16. 已知流过电容元件的电流相量为 $\dot{I} = 10\angle 30^\circ(\text{mA})$，$C = 50\mu\text{F}$。取电压与电流为关

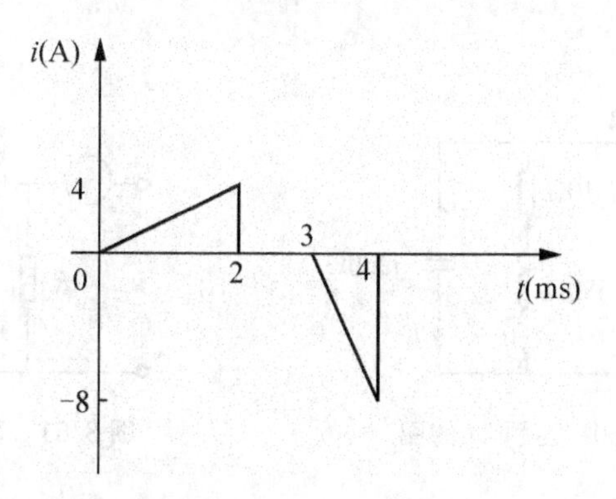

图 3.56　习题 14 的图

联参考方向，试分别求 $\omega=10\mathrm{rad/s}$ 和 $\omega=500\mathrm{rad/s}$ 时电容元件的容抗 X_C 及电压 $\dot{U}$。

17. 如图 3.57 所示为 RL 串联的交流电路，电压表读数为 60V，电流表读数为 0.5A，电源频率 $f=50\mathrm{Hz}$，电阻 $R=10\Omega$，求电感 $L=$?（各表内阻抗忽略不计。）

18. 试求图 3.58 中电流 $\dot{I}$（分 3 种情况 $\beta>1$、$\beta<1$ 和 $\beta=1$），说明电路等效为什么元件，并求元件参数。

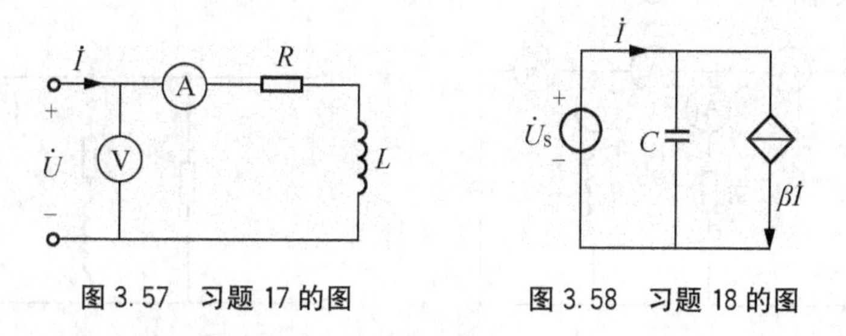

图 3.57　习题 17 的图　　　图 3.58　习题 18 的图

19. 如图 3.59 所示为 RC 并联电路，如果电源电压有效值 $U=50\mathrm{V}$，电流有效值 $I=70.7\mathrm{mA}$，电源频率 $f=100\mathrm{Hz}$，电阻 $R=2\mathrm{k}\Omega$，求电容 $C=$?

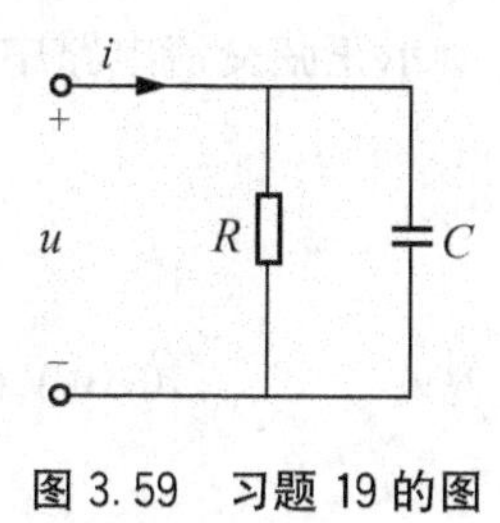

图 3.59　习题 19 的图

20. 某负载在电压有效值为 220V、频率为 100Hz 时，有功功率为 30kW，无功功率为 20kvar，求其串联电路模型及相应元件的参数。

21. 在图 3.60 所示电路中，电源电压 $\dot{U}_{\mathrm{m}}=380\angle0^{\circ}$（最大值相量）。试求：(1)等效阻抗 Z；(2)电流 $\dot{I}$、$\dot{I}_1$、$\dot{I}_2$。

22. 在图 3.61 所示电路中，$X_C=X_L=R$，且已知交流电流表 A_1 的读数为 5A，试求

电流表 A_2 和 A_3 的读数。

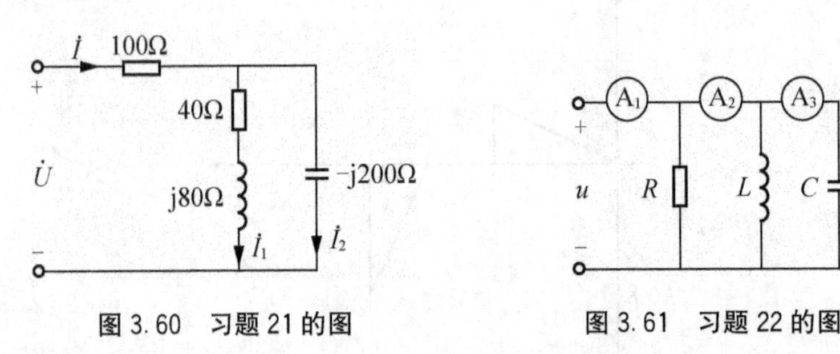

图 3.60　习题 21 的图　　　　图 3.61　习题 22 的图

23. 在图 3.62 所示电路中，已知交流电流表 A_1 的读数为 4A，交流电流表 A_2 的读数为 10A，交流电流表 A_3 的读数为 2A，试求电流表 A 和 A_4 的读数。

24. 上题中，如果交流电流表 A_1 的读数不变，而把电源的频率提高一倍，求所有其他电流表的读数。

25. 图 3.63 所示正弦稳态电路，已知 3 条支路的功率因数分别为 1(阻性)，0.7(感性)，0.8(容性)；3 条支路电流有效值分别为 $I_1=8\text{A}$，$I_2=18\text{A}$，$I_3=12\text{A}$，求电路的总电流有效值 I 及总的功率因数。

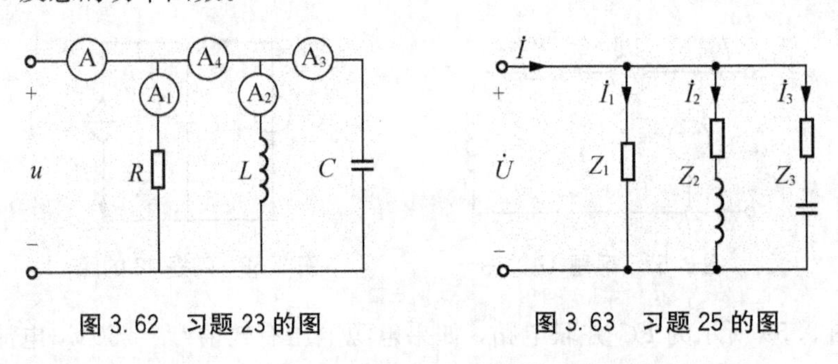

图 3.62　习题 23 的图　　　　图 3.63　习题 25 的图

26. 试用支路电流法求图 3.64 所示正弦交流电路中的各支路电流。

27. 试用结点电压法求图 3.65 所示正弦交流电路中的各支路电流。

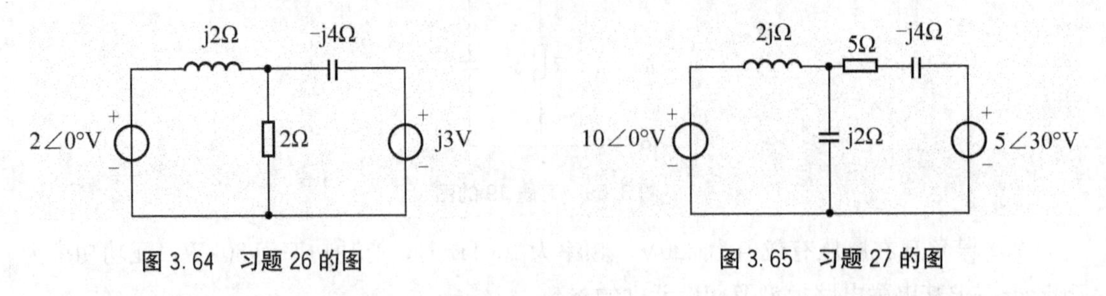

图 3.64　习题 26 的图　　　　图 3.65　习题 27 的图

28. 电路如图 3.66 所示，$U_S=20\text{V}$(直流)，$L=2\mu\text{H}$，$R_1=2\Omega$，$R_2=4\Omega$，$C=2\mu\text{F}$，$i_S=10\sin(1000t+15°)\text{A}$，试用叠加定理求电压 u_C 和电流 i_L。

29. 图 3.67 所示的网络为一个滞后网络，试求当 $f=200\text{Hz}$ 时，输出与输入的相位差是多少。

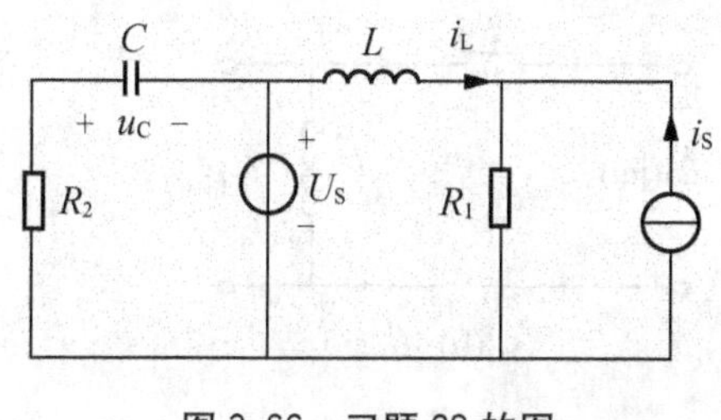

图 3.66　习题 28 的图

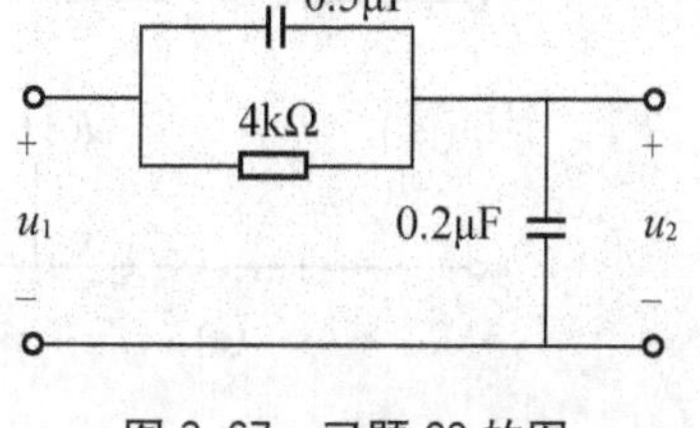

图 3.67　习题 29 的图

30. 正弦交流电路如图 3.68 所示，已知 $f=100\text{Hz}$，调节电容 C 使电流表读数为最小，求此时的电容 C 及电路的功率因数 $\cos\varphi$。

31. 在图 3.69 所示的电路中，$u=10\sin(10^3t+60°)\text{V}$，$u_C=5\sin(10^3t-30°)\text{V}$，求二端网络 N 的有功功率 P 和无功功率 Q。

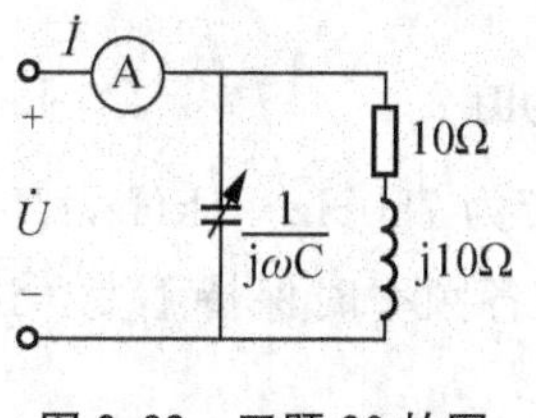

图 3.68　习题 30 的图

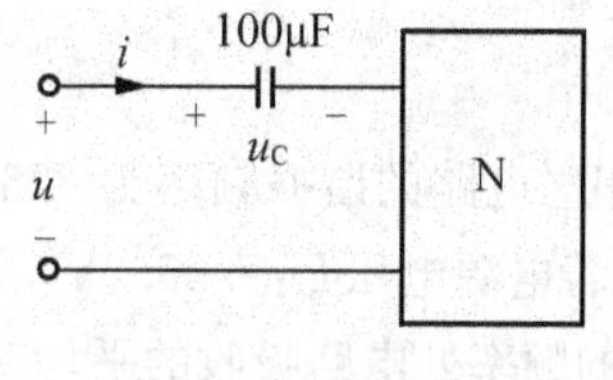

图 3.69　习题 31 的图

32. 在图 3.70 所示的正弦交流电路中，已知 $U=100\text{V}$，$R_1=5\Omega$，$R_2=12\Omega$，$X_C=10\sqrt{3}\Omega$，$X_L=20\sqrt{3}\Omega$。求各支路电流及其消耗的有功功率和无功功率。

33. 如图 3.71 所示正弦交流电路，两组负载并联接至正弦电源，其视在功率和功率因数分别为 $S_1=10^3\text{kVA}$，$\cos\varphi_1=0.6$（感性）；$S_2=500\text{kVA}$，$\cos\varphi_2=1$，求电路总的视在功率及功率因数。

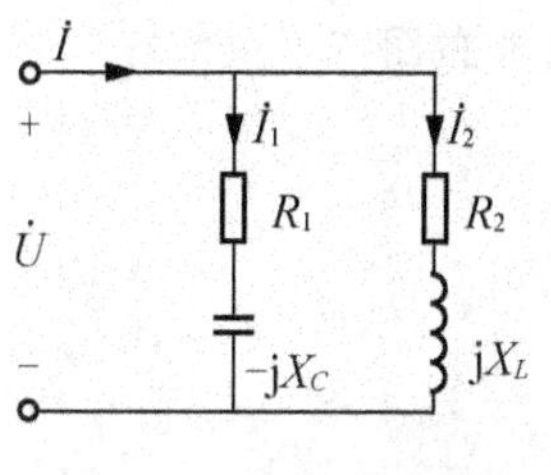

图 3.70　习题 32 的图

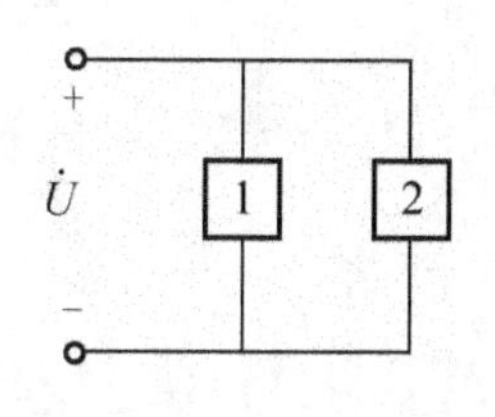

图 3.71　习题 33 的图

34. 分析图 3.72 是什么类型滤波电路，并求截止频率。

35. 某收音机的输入电路如图 3.43 所示，线圈 L 的电感 $L=2\text{mH}$，电阻 $R=20\Omega$，今欲收听 512kHz 某电台的广播，应将可变电容调到多少？如果在调谐回路中感应出电压 $U=3\mu\text{V}$，试求此时回路中该信号的电流以及线圈两端的电压。

36. 电路如图 3.73 所示，已知 $R_1=10\Omega$，$R_2=1000\Omega$，$C=10\mu\text{F}$，电路发生谐振时的角频率 $\omega_0=1000\text{rad/s}$，$U_s=100\text{V}$。试求电感 L 和 a、b 间的电压 $\dot{U}_{ab}$。

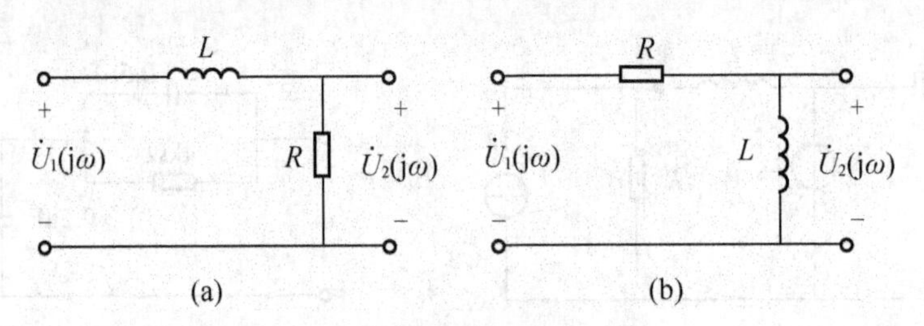

图 3.72　习题 34 的图

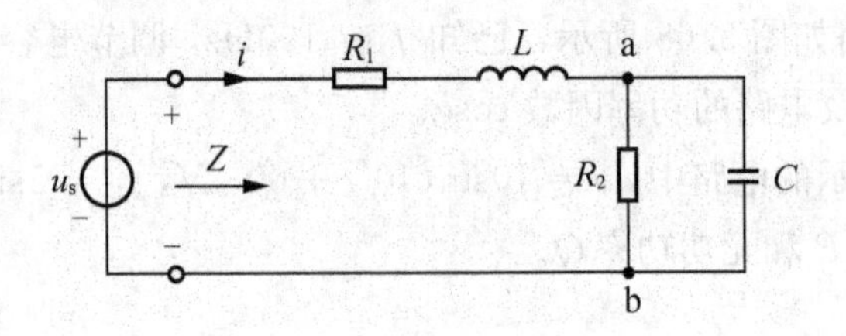

图 3.73　习题 36 的图

37. RLC 串联电路的谐振频率为 876Hz，通频带为 750Hz～1kHz，$L=0.32\text{H}$，试求 R、C、Q 值，若电源电压 $U_1=23.2\text{V}$，其有效值在各频率时保持不变，试求在谐振点及在通频带两端的频率处电路吸收的平均功率。

38. 电路如图 3.74 所示，$I_S=1\text{A}$，$\omega=1000\text{rad/s}$ 时电路发生谐振，$R_1=R_2=100\Omega$，$L=0.2\text{H}$，试求谐振时电容值及电流源端电压。

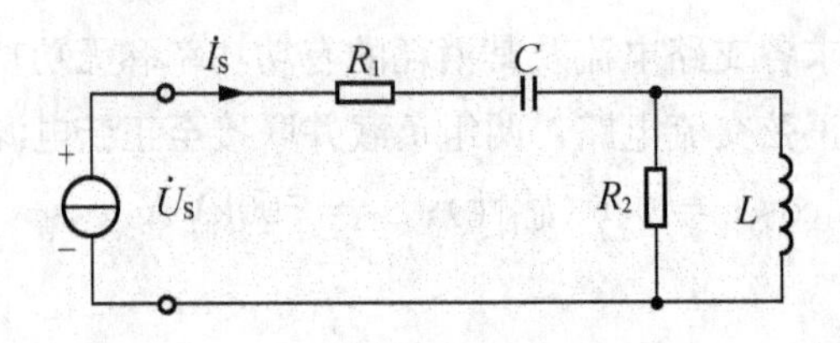

图 3.74　习题 38 的图

第4章

三相电路

学习目标

- 了解三相制的概念
- 了解三相四线制电路中中线的作用
- 熟悉对称三相电源的特征及其连接方法
- 掌握线电压与相电压、线电流与相电流的概念及关系
- 熟悉三相负载的连接方法
- 掌握负载星形连结和负载三角形连结的三相电路的计算
- 掌握三相电路的功率计算方法

知识结构

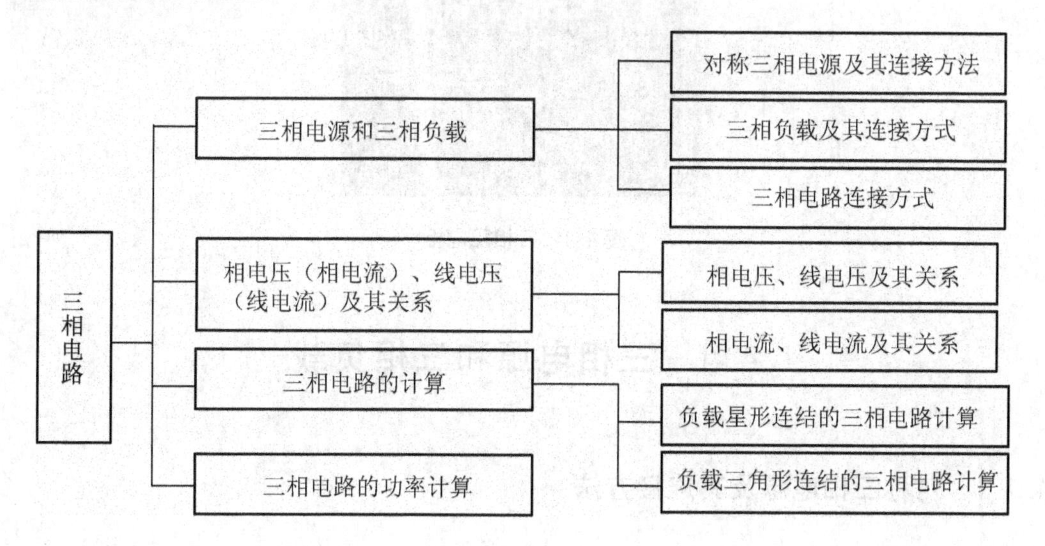

引例

在现代电力系统中，电能的生产、输送和分配都采用三相制，三相供电系统具有很多优点，为各国广泛使用。在发电方面，相同尺寸的三相发电机比单相发电机的功率大，在三相负载相同的情况下，发电机转矩恒定，有利于发电机的工作；在传输方面，三相系统比单相系统节省传输线，三相变压器比单相变压器经济，在用电方面，三相电能够使三相电动机平稳转动。

三相电一般是380V，有4根线，其中3根是火线，1根是零线。380V是相与相之间的电压，也称为线电压，通常为工业用电，用户包括为工厂车间、实验室等；220V为相与零线之间的电压，即通常说的市电，一般行政办公或居民生活均使用220V市电。图4.1为某车间三相配电柜。

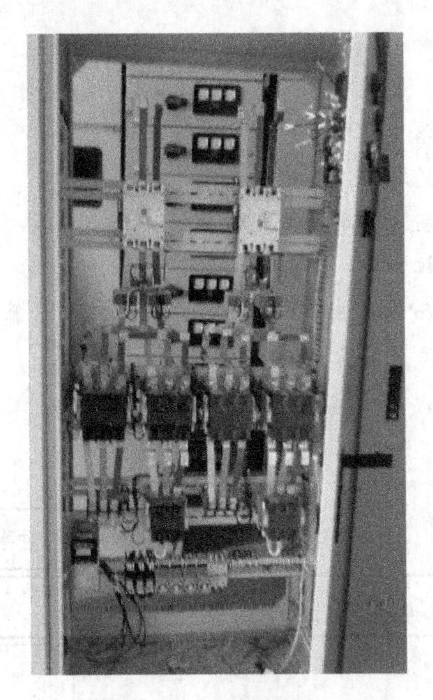

图4.1 三相配电柜

4.1 三相电源和三相负载

4.1.1 对称三相电源及其连接方法

三相交流发电机是典型的三相电源，图4.2(a)是三相交流发电机的原理图，它的主要组成部分包括电枢(armature)和磁极(field pole)两部分。

电枢是固定的，也称定子(stator)。在定子铁心的内圆周表面冲有槽，用以放置定子

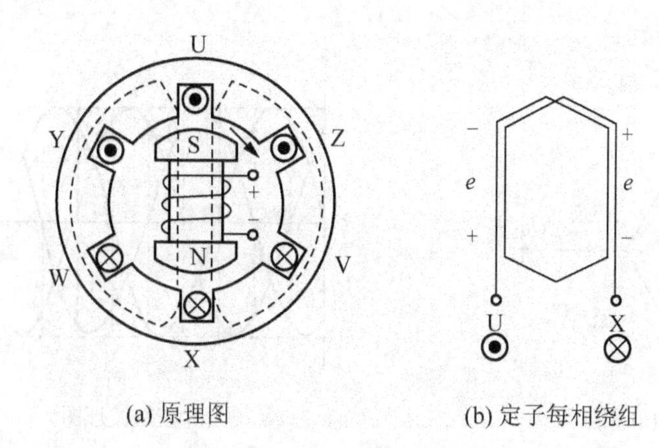

(a) 原理图 (b) 定子每相绕组

图 4.2 三相交流发电机

三相绕组 UX、VY 和 WZ，简称 U 相、V 相、W 相绕组，U、V、W 表示 3 个绕组的始端，X、Y、Z 表示 3 个绕组的末端。三相绕组材料、结构完全相同，但在相位上彼此相差 120°。

磁极是转动的，又称转子(rotor)，转子铁心上绕有励磁绕组，用直流励磁。选择合适的极面形状和励磁绕组的分布情况，可使空气隙中的磁感应强度按正弦规律分布。

当转子(磁极)由原动机带动并匀速按顺时针方向转动时，定子每相绕组依次切割磁力线，因此就会产生感应电动势，因而在 3 个绕组上产生 3 个振幅和频率相等，相位彼此相差 120°的三相对称正弦电压。

如图 4.2(b)所示，以末端为参考“−”极性，始端为参考“+”极性，以 U 相绕组电压为参考，则 U、V、W 三相绕组的电压 u_{U}、u_{V}、u_{W}分别为

$$\begin{cases} u_{\mathrm{U}} = U_{\mathrm{m}}\sin\omega t \\ u_{\mathrm{V}} = U_{\mathrm{m}}\sin(\omega t - 120^\circ) \\ u_{\mathrm{W}} = U_{\mathrm{m}}\sin(\omega t - 240^\circ) = U_{\mathrm{m}}\sin(\omega t + 120^\circ) \end{cases} \tag{4.1}$$

它们的相量表达式为

$$\begin{aligned} \dot{U}_{\mathrm{U}} &= U\angle 0^\circ = U \\ \dot{U}_{\mathrm{V}} &= U\angle -120^\circ = U\left(-\frac{1}{2} - \mathrm{j}\frac{\sqrt{3}}{2}\right) \\ \dot{U}_{\mathrm{W}} &= U\angle -240^\circ = U\angle 120^\circ = U\left(-\frac{1}{2} + \mathrm{j}\frac{\sqrt{3}}{2}\right) \end{aligned} \tag{4.2}$$

式中：U 为 3 个相电压的有效值。它们的相量图和波形图如图 4.3 所示。

从图 4.3(b)所示的波形图可以看出，任何瞬间对称三相电压的瞬时值之和都等于零，即

$$u_{\mathrm{U}} + u_{\mathrm{V}} + u_{\mathrm{W}} = 0$$

或者根据图 4.3(a)的相量图，用相量求和的方法把 3 个相量合成也能得出相同的结果，即

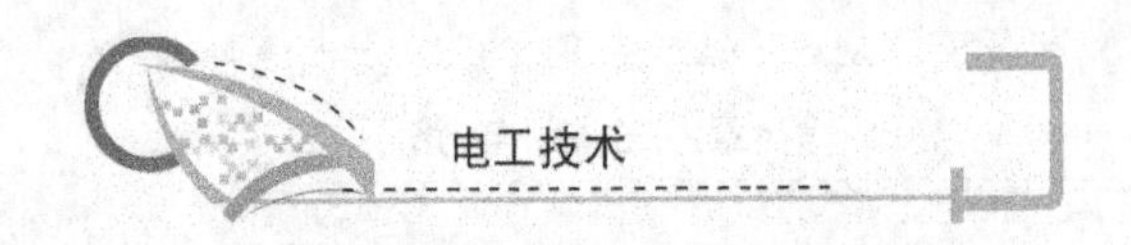

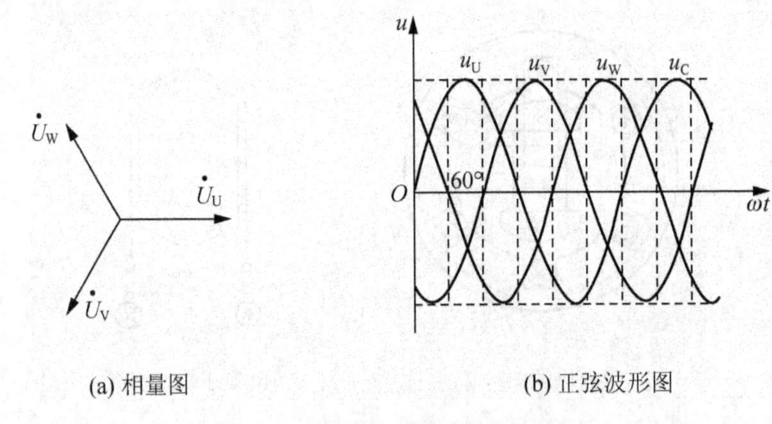

(a) 相量图　　(b) 正弦波形图

图 4.3　三相电压相量图和正弦波形图

$$\dot{U}_U + \dot{U}_V + \dot{U}_W = 0$$

振幅、频率都相等，相位彼此相差 120°的三相电压，称为对称三相电压(symmetrical three-phase voltage)。显然，它们的瞬时值或相量之和为零。对应的三相电源称为对称三相电源(balanced three-phase source)。

由图 4.3(b)波形图可知，U 相比 V 相超前 120°，V 相比 W 相超前 120°，W 相比 U 相超前 120°。三相电路中把三相交流电到达同一数值的先后次序称为相序，在图 4.3(b)中相序是 U、V、W，这种相序称为正序或顺序；反之，如果 V 相比 U 相超前 120°，W 相比 V 相超前 120°，U 相比 W 相超前 120°，相序 U、V、W 则称为负序或逆序。通常电力系统都采用正序。

三相电源的连接方式有星形(Y形)连接和三角形(△形)连接两种。如果把三相电源的 3 个末端连在一起，形成一个公共电 N，再由始端 U、V、W 引出 3 条端线，这种连接方式称为星形连接，如图 4.4(a)所示。公共点 N 称为中性点或零点，从中性点引出的连接线称为中线或零线，从始端 U、V、W 引出的连接线称为端线或火线。星形连接方式可以向负载提供三相三线制(无中线)和三相四线制(有中线)两种供电方式。把三相电源依次连接成一个回路，再从端子 U、V、W 引出 3 根火线与外电路相连，这种连接方式称为三角

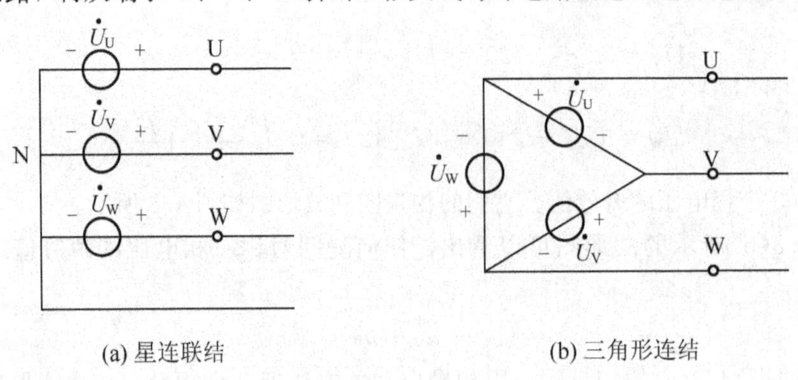

(a) 星连联结　　(b) 三角形连结

图 4.4　三相电源的连接方式

形连接，如图 4.4(b)所示。三角形连接方式只能提供三相三线制一种供电方式。

4.1.2 三相负载及其连接方式

三相电路负载连接方式也有星形连接和三角形连接两种。星形连接时，3 个负载阻抗分别用 Z_U、Z_V、Z_W表示，有 3 个端线 U′、V′、W′ 和一个公共点 N′，如图 4.5(a)所示。三角形连接时，3 个负载阻抗分别用 Z_{UV}、Z_{VW}、Z_{WU}表示，连接成一个回路，引出三个端线 U′、V′、W′，如图 4.5(b)所示。如果 $Z_U=Z_V=Z_W=Z$，或者 $Z_{UV}=Z_{VW}=Z_{WU}=Z$，则称三相负载为对称三相负载(balanced three-phase load)，否则称为不对称三相负载(unbalanced three-phase load)。

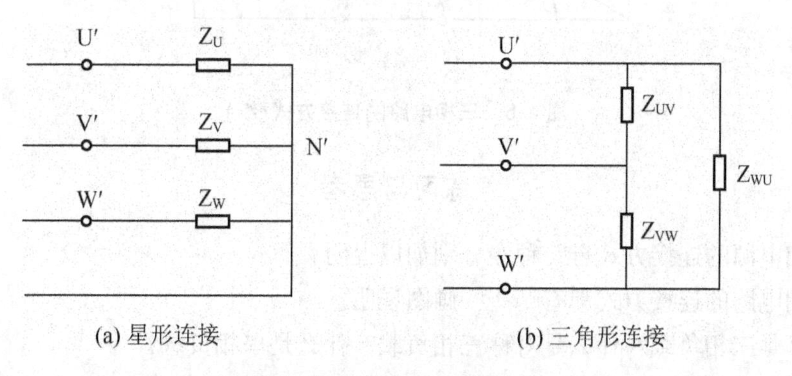

图 4.5 三相电路负载连接方式

电力系统中的实际负载常见的有单项负载和三相负载，其中三相异步电动机是典型的三相对称负载，而单相电动机及常用家用电器如冰箱、电视等均属于单相负载。使用单相负载时要注意应该使负载均匀地分配在各相中。

4.1.3 三相电路连接方式

根据三相电源和三相负载的连接方式，三相电路的连接方式有Y N-Y N 形、Y-Y形、Y-△形、△-Y形、△-△形，如图 4.6 所示(此处输电线路的阻抗忽略不计)。

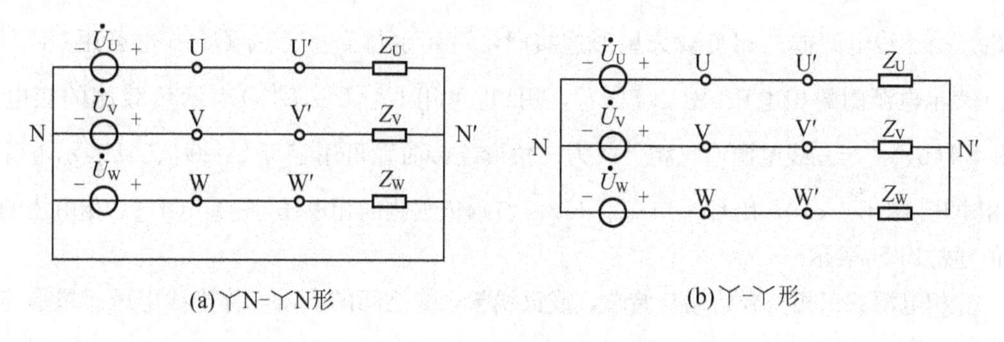

图 4.6 三相电路的连接方式

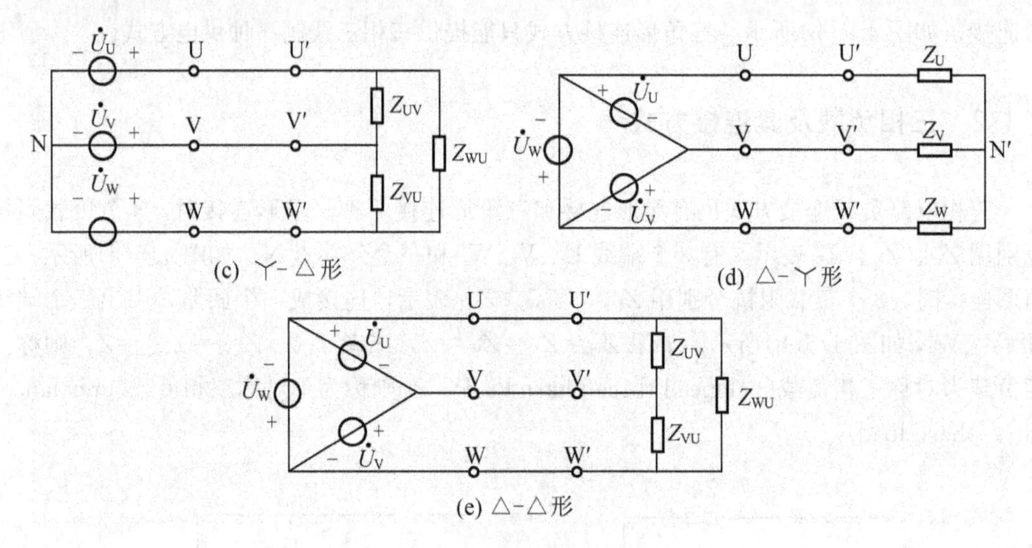

图 4.6 三相电路的连接方式(续)

练习与思考

1. 三相电源的连接方式有几种？分别加以说明。

2. 三相电路的连接方式都有哪些？画图说明。

3. 什么是三相负载？什么是对称三相负载？什么是单相负载？

4. 如果 $u_U = 380\sin(\omega t - 30°)\text{V}, u_V = 380\sin(\omega t - 150°)\text{V}, u_W = 380\sin(\omega t + 90°)\text{V}$，电压 u_U、u_V、u_W是对称三相电源吗？相序是正序还是负序？

4.2 相电压(相电流)、线电压(线电流)及其关系

4.2.1 相电压、线电压及其关系

每一相电源或每一相负载两个端子之间的电压，称为相电压，其参考极性由始端指向末端。当三线电源或三相负载为星形连接时，可用字母 $\dot{U}_{UN}$、$\dot{U}_{VN}$、$\dot{U}_{WN}$（也可用 $\dot{U}_U$、$\dot{U}_V$、$\dot{U}_W$）表示电源侧的相电压[图 4.7(a)]，用（也可用 $\dot{U}'_U$、$\dot{U}'_V$、$\dot{U}'_W$）表示负载侧的相电压[图 4.7(b)]。当三线电源或三相负载为三角形连接时，可用字母 $\dot{U}_U$、$\dot{U}_V$、$\dot{U}_W$ 表示电源侧的相电压[图 4.7(c)]，用 $\dot{U}_{U'V'}$、$\dot{U}_{V'W'}$、$\dot{U}_{W'U'}$ 表示负载侧的相电压[图 4.7(d)]，相电压的有效值通常用 U_P表示。

三相电源或三相负载始端与始端，或火线与火线之间的电压，称为线电压。星形连接和三角形连接两种方式三相电路的电源侧线电压都用字母 $\dot{U}_{UV}$、$\dot{U}_{VW}$、$\dot{U}_{WU}$ 表示，用 $\dot{U}_{U'V'}$、

$\dot{U}_{V'W'}$、$\dot{U}_{W'U'}$ 表示负载侧的线电压，参考极性如图 4.7 所示，线电压的有效值通常用 U_L 表示。

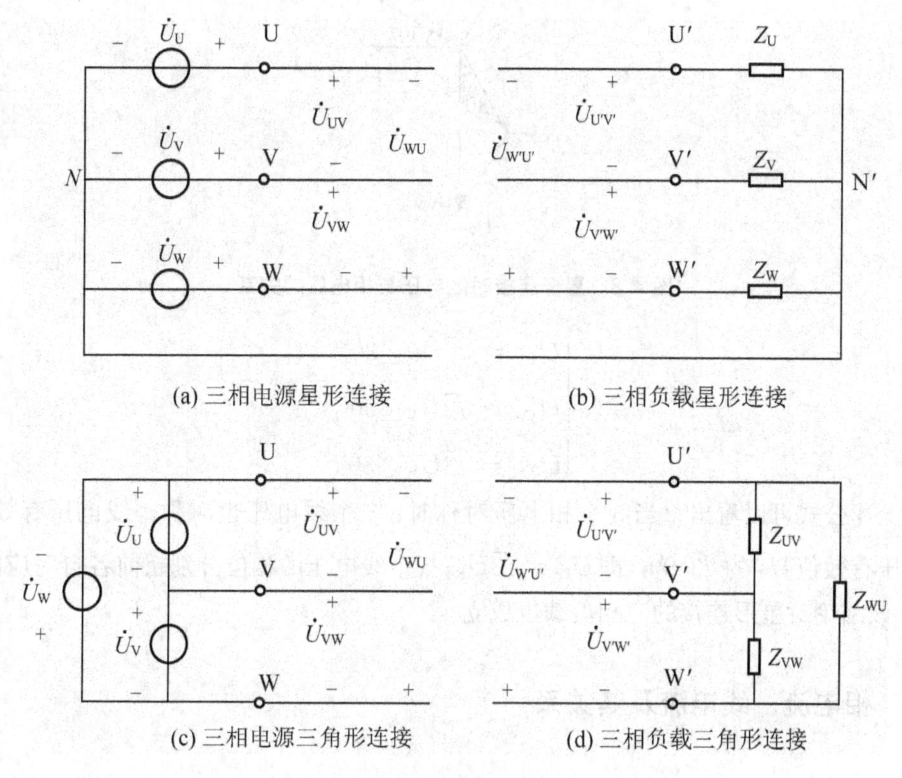

图 4.7 三相电源和三相负载的相电压、线电压

从图 4.7 中可以看出，当三相电源或三相负载为三角形连接时，线电压与相电压是相等的。当三相电源为星形连接时，线电压与相电压是不等的，线电压与相电压有如下关系：

$$\begin{cases}\dot{U}_{UV}=\dot{U}_U-\dot{U}_V\\ \dot{U}_{VW}=\dot{U}_V-\dot{U}_W\\ \dot{U}_{WU}=\dot{U}_W-\dot{U}_U\end{cases} \tag{4.3}$$

当 3 个相电压对称时，设 $\dot{U}_U=U_P\angle 0°$，可以画出相量图如图 4.8 所示。

根据相量图可以得出 3 个线电压分别为

$$\begin{cases}\dot{U}_{UV}=\dot{U}_U-\dot{U}_V=\sqrt{3}U_P\angle 30°=U_L\angle 30°\\ \dot{U}_{VW}=\dot{U}_V-\dot{U}_W=\sqrt{3}U_P\angle -90°=U_L\angle -90°\\ \dot{U}_{WU}=\dot{U}_W-\dot{U}_U=\sqrt{3}U_P\angle 150°=U_L\angle 150°\end{cases} \tag{4.4}$$

上式也可以写成

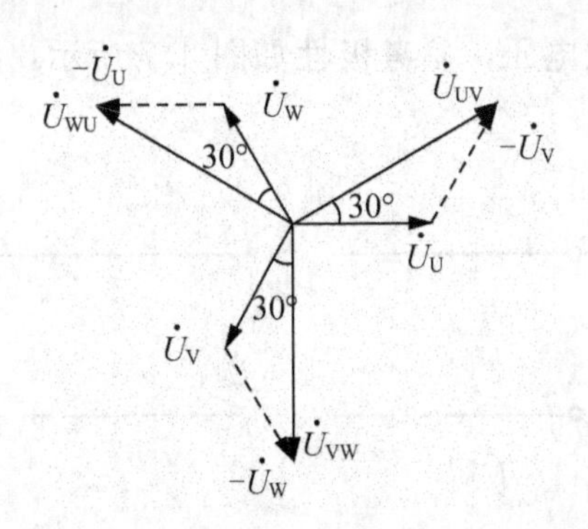

图 4.8　星形连接时线电压与相电压的关系

$$\begin{cases} \dot{U}_{UV} = \sqrt{3}\dot{U}_U\angle 30^\circ \\ \dot{U}_{VW} = \sqrt{3}\dot{U}_V\angle 30^\circ \\ \dot{U}_{WU} = \sqrt{3}\dot{U}_W\angle 30^\circ \end{cases} \tag{4.5}$$

由上述公式可以看出，当 3 个相电压对称时，3 个线电压也对称，线电压有效值 U_L 是相电压有效值 U_P 的 $\sqrt{3}$ 倍，即 $U_L = \sqrt{3}U_P$；3 个线电压的相位分别超前各自对应的相电压 30°，该结论对星形连接的三相负载也成立。

4.2.2　相电流、线电流及其关系

三相电路中，流过各相负载和各相电源的电流称为相电流；流经各火线的电流称为线电流，流经中线的电流称为中线电流。

三相负载星形连接时，线电流等于对应的相电流，线电流和相电流都用字母 $\dot{I}_U$、$\dot{I}_V$、$\dot{I}_W$ 表示，中线电流用 $\dot{I}_N$ 表示[图 4.9(a)]，且

$$\dot{I}_N = \dot{I}_U + \dot{I}_V + \dot{I}_W \tag{4.6}$$

三相负载三角形连接时，线电流与相电流不相等，用 $\dot{I}_{UV}$、$\dot{I}_{VW}$、$\dot{I}_{WU}$ 表示相电流，$\dot{I}_U$、$\dot{I}_V$、$\dot{I}_W$ 表示线电流[图 4.9(b)]。

线电流与相电流的关系：

$$\begin{aligned} \dot{I}_U &= \dot{I}_{UV} - \dot{I}_{WU} \\ \dot{I}_V &= \dot{I}_{VW} - \dot{I}_{UV} \\ \dot{I}_W &= \dot{I}_{WU} - \dot{I}_{VW} \end{aligned} \tag{4.7}$$

特别地，当相电流对称时，设 $\dot{I}_{UV} = I\angle 0^\circ$、$\dot{I}_{VW} = I\angle -120^\circ$、$\dot{I}_{WU} = I\angle 120^\circ$，相量图如图 4.10 所示。

根据相量图可得 3 个线电流相量，3 个线电流也是对称的，且线电流有效值 I_L 等于相

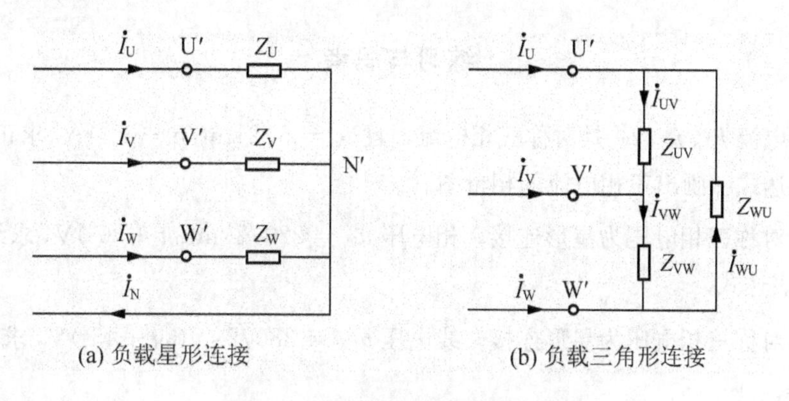

图 4.9 三相负载的线电流与相电流

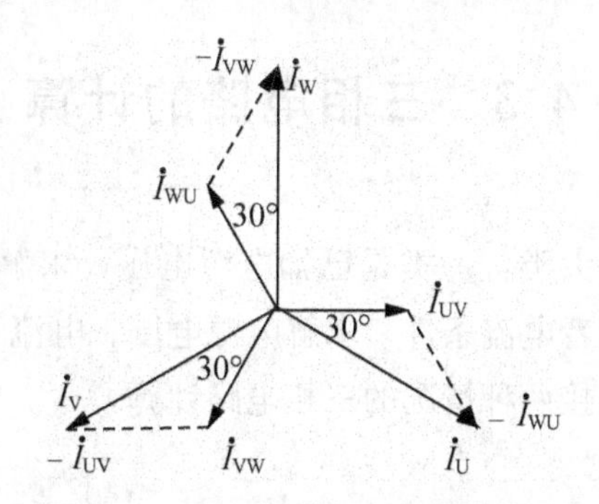

图 4.10 三角形连接时线电流与相电流的关系

电流有效值 I 的 $\sqrt{3}$ 倍，即 $I_L=\sqrt{3}I$；线电流的相位落后于各自对应的相电流 30°，即

$$\begin{aligned}\dot{I}_U&=\sqrt{3}\dot{I}_{UV}\angle-30^\circ\\ \dot{I}_V&=\sqrt{3}\dot{I}_{VW}\angle-30^\circ\\ \dot{I}_W&=\sqrt{3}\dot{I}_{WU}\angle-30^\circ\end{aligned}\tag{4.8}$$

【例 4.1】 已知对称三相电压为星形连接，线电压 $u_{UV}=380\sqrt{2}\sin(\omega t+25^\circ)\text{V}$，求相电压 $\dot{U}_U$、$\dot{U}_V$、$\dot{U}_W$ 的表达式。

解：根据三相电压的对称特性，可得到其他两相线电压为

$$u_{VW}=380\sqrt{2}\sin(\omega t-95^\circ)\text{V},\ u_{WU}=380\sqrt{2}\sin(\omega t+145^\circ)\text{V}$$

再根据线电压有效值是相电压有效值的 $\sqrt{3}$ 倍，所以相电压的有效值为$\frac{380}{\sqrt{3}}\text{V}=220\text{V}$。

相电压滞后各自对应线电压 30°，所以可以得到相电压分别为

$$\begin{aligned}\dot{U}_U&=220\angle-5^\circ\\ \dot{U}_V&=220\angle-125^\circ\\ \dot{U}_W&=220\angle115^\circ\end{aligned}$$

练习与思考

1. 已知电流 i_U、i_V、i_W 是对称三相电流，且 $i_V = 5\sqrt{2}\sin(\omega t - 30°)$A，求正序时的 i_U、i_W 瞬时值表达式。画出三相电流的相量图。

2. 已知对称三相电压为星形连接，相电压 $u_U = 220\sqrt{2}\sin(\omega t + 30°)$V，求线电压 u_{UV}、u_{VW}、u_{WU} 的表达式。

3. 已知对称三相电压为星形连接，线电压 $u_{UV} = 380\sqrt{2}\sin(\omega t + 45°)$V，求相电压 $\dot{U}_U$、$\dot{U}_V$、$\dot{U}_W$ 的表达式。

4.3 三相电路的计算

三相电路的计算包括两大类：一类是已知电源电压，求解负载电压、电流和功率等；另一类是已知负载的电压或者电流条件，求解电源电压、电流和功率等。下面分别介绍负载星形连接和负载三角形连接两种情况的三相电路计算。

4.3.1 负载星形连结的三相电路计算

负载星形连接的三相四线制电路如图 4.11(a)所示，电源是对称三相电源，负载阻抗分别为 Z_U、Z_V、Z_W，线路阻抗忽略。

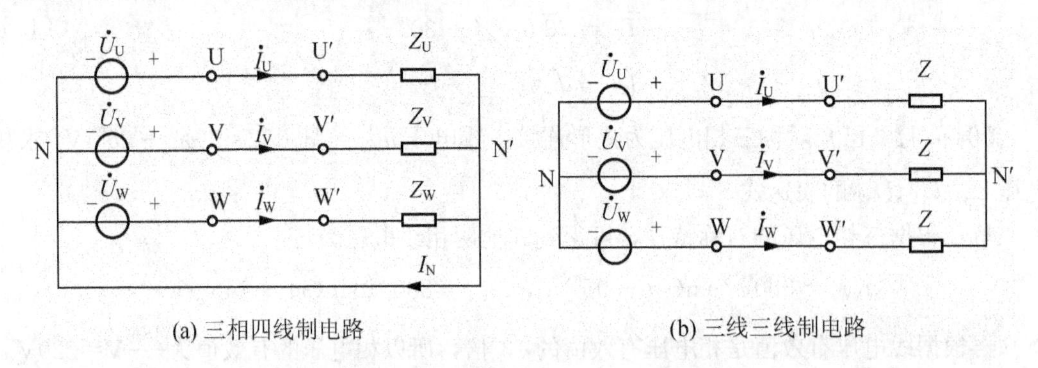

图 4.11 三相四线制电路和三相三线制电路

设电源 $\dot{U}_U$ 为参考正弦量，则可得

$$\dot{U}_U = U\angle 0°, \dot{U}_V = U\angle -120°, \dot{U}_W = U\angle 120°$$

在图 4.11 中，电源相电压就是每相负载电压，于是每相负载中的电流为

$$\dot{I}_{\mathrm{U}} = \frac{\dot{U}_{\mathrm{U}}}{Z_{\mathrm{U}}} = \frac{U\angle 0^{\circ}}{|Z_{\mathrm{U}}|\angle\varphi_{\mathrm{U}}} = I_{\mathrm{U}}\angle -\varphi_{\mathrm{U}}$$

$$\dot{I}_{\mathrm{V}} = \frac{\dot{U}_{\mathrm{V}}}{Z_{\mathrm{V}}} = \frac{U\angle -120^{\circ}}{|Z_{\mathrm{V}}|\angle\varphi_{\mathrm{V}}} = I_{\mathrm{V}}\angle -120^{\circ}-\varphi_{\mathrm{V}} \tag{4.9}$$

$$\dot{I}_{\mathrm{W}} = \frac{\dot{U}_{\mathrm{W}}}{Z_{\mathrm{W}}} = \frac{U\angle 120^{\circ}}{|Z_{\mathrm{W}}|\angle\varphi_{\mathrm{W}}} = I_{\mathrm{W}}\angle 120^{\circ}-\varphi_{\mathrm{W}}$$

式中，每相负载中电流的有效值分别为 $I_{\mathrm{U}} = \frac{U}{|Z_{\mathrm{U}}|}$，$I_{\mathrm{V}} = \frac{U}{|Z_{\mathrm{V}}|}$，$I_{\mathrm{W}} = \frac{U}{|Z_{\mathrm{W}}|}$。

各相负载的电压与电流之间的相位角分别为

$$\varphi_{\mathrm{U}} = \arctan\frac{X_{\mathrm{U}}}{R_{\mathrm{U}}},\ \varphi_{\mathrm{V}} = \arctan\frac{X_{\mathrm{V}}}{R_{\mathrm{V}}},\ \varphi_{\mathrm{W}} = \arctan\frac{X_{\mathrm{W}}}{R_{\mathrm{W}}} \tag{4.10}$$

按图 4.11 中电流的参考方向，中性线中的电流为

$$\dot{I}_{\mathrm{N}} = \dot{I}_{\mathrm{U}} + \dot{I}_{\mathrm{V}} + \dot{I}_{\mathrm{W}} \tag{4.11}$$

如果图中负载对称，即 $Z_{\mathrm{U}}=Z_{\mathrm{V}}=Z_{\mathrm{W}}=Z$，那么 $|Z_{\mathrm{U}}| = |Z_{\mathrm{V}}| = |Z_{\mathrm{W}}| = |Z|$，$\varphi_{\mathrm{U}} = \varphi_{\mathrm{V}} = \varphi_{\mathrm{W}} = \varphi = \arctan\frac{X}{R}$。因为三相电源对称，因此这时负载的相电流也对称，即 $I_{\mathrm{U}} = I_{\mathrm{V}} = I_{\mathrm{W}} = I = \frac{U}{|Z|}$。这时中性线电流等于零，即 $\dot{I}_{\mathrm{N}} = \dot{I}_{\mathrm{U}} + \dot{I}_{\mathrm{V}} + \dot{I}_{\mathrm{W}} = 0$

中性线中既然没有电流，中性线可以省略，这时图 4.11(a)可画为图 4.11(b)，即三相三线制电路。

三相三线制电路应用比较广泛，通常三相负载都是对称的。

【例 4.2】 电路如图 4.11(b)所示，已知对称三相电源线电压 $u_{\mathrm{UV}} = 380\sqrt{2}\sin(\omega t + 60^{\circ})\mathrm{V}$，对称三相负载每相阻抗 $Z = (6+\mathrm{j}6)\Omega$，试求各相负载的电流。

解：相电压有效值为

$$U = \frac{380}{\sqrt{3}}\mathrm{V} = 220\mathrm{V}$$

u_{U} 比 u_{UV} 滞后 30°，所以

$$u_{\mathrm{U}} = 220\sqrt{2}\sin(\omega t + 30^{\circ})\mathrm{V}$$

U 相电流有效值为

$$I_{\mathrm{U}} = \frac{U}{|Z_{\mathrm{U}}|} = \frac{220}{\sqrt{6^2+6^2}}\mathrm{A} = 25.9\mathrm{A}$$

i_{U} 比 u_{U} 滞后的角度为

$$\varphi = \arctan\frac{X}{R} = \arctan\frac{6}{6} = 45^{\circ}$$

所以

$$i_{\mathrm{U}} = 25.9\sqrt{2}\sin(\omega t - 15^{\circ})\mathrm{A}$$

因为电流对称，所以其他两相电流为

$$i_{\mathrm{V}} = 25.9\sqrt{2}\sin(\omega t - 15^{\circ} - 120^{\circ})\mathrm{A} = 25.9\sqrt{2}\sin(\omega t - 135^{\circ})\mathrm{A}$$

$$i_{\mathrm{V}} = 25.9\sqrt{2}\sin(\omega t - 15^{\circ} + 120^{\circ})\mathrm{A} = 25.9\sqrt{2}\sin(\omega t + 105^{\circ})\mathrm{A}$$

【例 4.3】 图 4.12 所示对称三相四线制系统中，对称三相电源的相电压 $U_P = 220V$，星形连接的对称三相负载每相阻抗为 $Z = (190 + j98)\Omega$，端线阻抗 $Z_l = (6 + j2)\Omega$，中线阻抗 $Z_N = (2 + j2)\Omega$。求负载端的线电流和线电压。

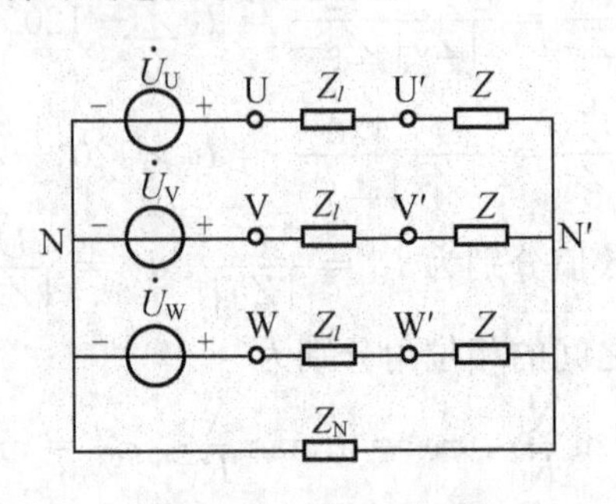

图 4.12 例 4.3 的图

解： 由于电路为对称三相电路，N 和 N′等电位，即 $\dot{U}_{N'N} = 0$。

负载端相电流有效值

$$I_p = \frac{U_p}{|Z + Z_L|} = \frac{220}{\sqrt{(190+6)^2 + (98+2)^2}} = 1(A)$$

线电流有效值 $I_L = I_P = 1A$

负载相电压有效值 $U'_P = I_P|Z| = 1 \times \sqrt{190^2 + 98^2} = 213.8(V)$

线电压有效值 $U'_L = \sqrt{3}U'_P = 213.8\sqrt{3} = 370(V)$

【例 4.4】 图 4.13 所示电路中，电源电压对称，相电压 $U_P = 220V$；负载电阻分别为 $R_U = 15\Omega$，$R_V = 30\Omega$，$R_W = 30\Omega$。试求：(1)负载相电压、相电流及中线电流的有效值；(2) U 相负载被短路时各相负载的相电压有效值；(3) U 相负载被短路且中线又断开时各相负载的相电压有效值；(4) V 相负载断线且中线也断开时各相负载的相电压有效值。

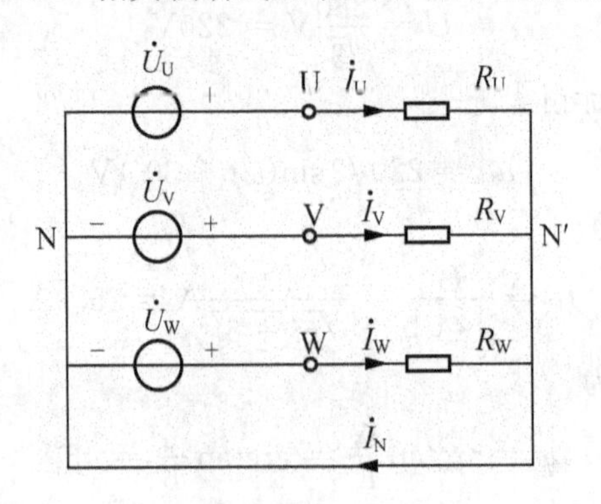

图 4.13 例 4.4 的图

解： (1)三相四线制时，负载相电压等于对应电源相电压。

相电流有效值

$$I_U = \frac{U_P}{R_U} = \frac{220}{15} = 14.7(A),\ I_V = \frac{U_P}{R_V} = \frac{220}{30} = 7.3(A),\ I_W = \frac{U_P}{R_W} = \frac{220}{30} = 7.3(A)$$

中线电流

$$\dot{I}_N = \dot{I}_U + \dot{I}_V + \dot{I}_W = 14.7\angle 0° + 7.3\angle -120° + 7.3\angle 120° = 7.4\angle 0°(A)$$

$$I_N = 7.4A$$

(2) U 相负载短路时，该相相电压为 0，由于中线的存在，其他负载的相电压保持不变，即等于电源相电压，$U_V = U_W = U_P = 220V$。

(3) U 相负载短路且中线也断开时，其他两相负载的相电压等于对应的电源线电压，其有效值 $U_V = U_W = U_P = 380V$。

(4) V 相负载断开且中线也断开时，负载相电压不对称，即

$$U_{UN'} = \frac{R_U}{R_U + R_W} U_{UW} = \frac{15}{15+30} \times 380V = 126.67V$$

$$U_{WN'} = \frac{R_W}{R_U + R_W} U_{WU} = \frac{30}{15+30} \times 380V = 253.33V$$

4.3.2 负载三角形连结的三相电路计算

负载三角形连接电路如图 4.14 所示，电压和电流的参考方向已在图中标出。

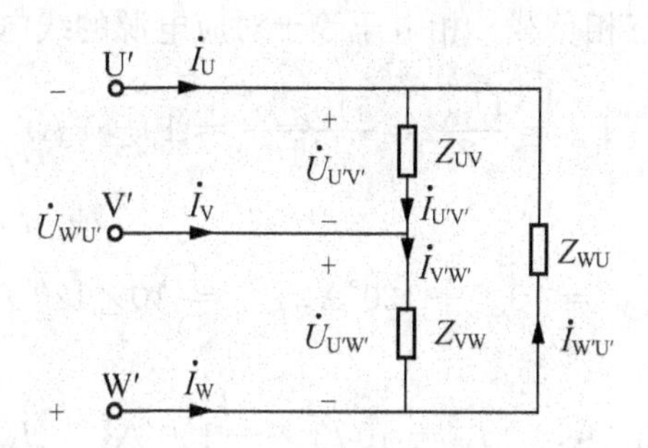

图 4.14 负载三角形连接电路

因为各相负载都直接接在电源的线电压上，所以负载的相电压与电源的线电压相等。因为三相电源的线电压对称，所以无论负载是否对称，其相电压总是对称的，即

$$U_{U'V'} = U_{V'W'} = U_{W'U'} = U_L = U$$

负载三角形连接时，相电流和线电流是不一样的。各相负载的相电流的有效值分别为

$$I_{U'V'} = \frac{U_{U'V'}}{|Z_{UV}|},\quad I_{V'W'} = \frac{U_{V'W'}}{|Z_{VW}|},\quad I_{W'U'} = \frac{U_{W'U'}}{|Z_{WU}|} \tag{4.12}$$

各相负载的电压与电流之间的相位差分别是

$$\varphi_{U'V'} = \arctan\frac{X_{UV}}{R_{UV}},\ \varphi_{V'W'} = \arctan\frac{X_{VW}}{R_{VW}},\ \varphi_{W'U'} = \arctan\frac{X_{WU}}{R_{WU}} \tag{4.13}$$

负载的线电流为

$$
\begin{aligned}
\dot{I}_{U} &= \dot{I}_{U'V'} - \dot{I}_{W'U'} \\
\dot{I}_{V} &= \dot{I}_{V'W'} - \dot{I}_{U'V'} \\
\dot{I}_{W} &= \dot{I}_{W'U'} - \dot{I}_{V'W'}
\end{aligned}
\tag{4.14}
$$

如果负载对称，即

$$|Z_{UV}| = |Z_{VW}| = |Z_{WU}| = |Z|, \varphi_{U'V'} = \varphi_{V'W'} = \varphi_{W'U'} = \varphi$$

则负载的相电流也是对称的，即

$$I_{U'V'} = I_{V'W'_1} = I_{W'U'} = I_{P} = \frac{U_{P}}{|Z|}$$

$$\varphi_{U'V'} = \varphi_{V'W'} = \varphi_{W'U'} = \varphi = \arctan\frac{X}{R}$$

负载对称时，线电流也是对称的，在相位上比相应的相电流滞后 30°。

线电流的有效值是相电流有效值的 $\sqrt{3}$ 倍，即

$$I_{L} = \sqrt{3} I_{P} \tag{4.15}$$

【例 4.5】 三角形连接的对称三相负载每相阻抗 $Z = 11\Omega$，线电压 $\dot{U}_{UV} = 110\angle 0°\text{V}$。试计算各相负载的相电流及所有的线电流并画出它们的相量图。

解： 三角形连接对称三相负载，相电压等于对应电源的线电压，负载相电流

$$\dot{I}_{UV} = \frac{\dot{U}_{UV}}{Z} = \frac{110\angle 0°}{11} = 10\angle 0°\text{A}$$

根据对称性得

$$\dot{I}_{VW} = 10\angle -120°\text{A}, \dot{I}_{WU} = 10\angle 120°\text{A}$$

线电流

$$\dot{I}_{U} = 10\sqrt{3}\angle -30°\text{A}, \quad \dot{I}_{V} = 10\sqrt{3}\angle -150°\text{A}, \quad \dot{I}_{W} = 10\sqrt{3}\angle 90°\text{A}$$

相量图如图 4.15 所示。

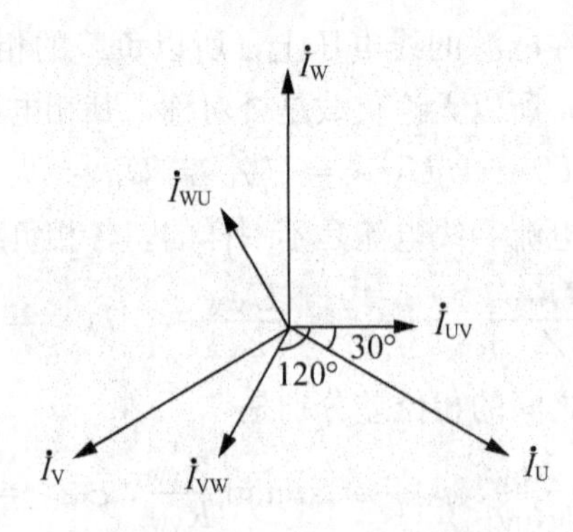

图 4.15 例 4.5 的相量图

【例 4.6】 图 4.16(a)所示对称三相电路中，对称三相电源线电压 $u_{UV} = 380\sin(\omega t + 30°)\text{V}$，对称三相负载每相阻抗 $Z = (19.2 + \text{j}14.4)\Omega$，线路阻抗 $Z_l = (3 + \text{j}4)\Omega$。求负载端

的线电流、线电压和相电流。

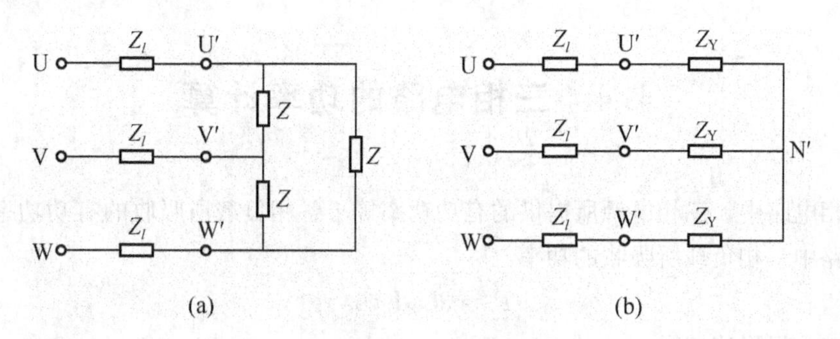

图 4.16 例 4.6 的图

解：将三角形连接的三相负载等效变换为星形连接，如图 4.16(b)所示，其中

$$Z_Y=\frac{Z}{3}=\frac{19.2+j14.4}{3}=6.4+j4.8=8\angle 36.87°(\Omega)$$

电源相电压 $\dot{U}_U=220\angle 0°V$。

线电流等于星形连接负载对应的相电流，即

$$\dot{I}_U=\frac{\dot{U}_U}{Z_Y+Z_l}=\frac{220\angle 0°}{6.4+j4.8+3+j4}=\frac{220\angle 0°}{12.88\angle 43.11°}=17.1\angle -43.11°(A)$$

根据对称性得

$$\dot{I}_V=17.1\angle -163.11°A,\quad \dot{I}_W=17.1\angle 76.89°A$$

根据负载三角形连接时相电流与线电流的关系，可得负载的相电流为

$$\dot{I}_{U'V'}=\frac{\sqrt{3}}{3}\dot{I}_U\angle 30°=9.9\angle -13.11°A$$

$$\dot{I}_{V'W'}=\frac{\sqrt{3}}{3}\dot{I}_V\angle 30°=9.9\angle -133.11°A$$

$$\dot{I}_{W'U'}=\frac{\sqrt{3}}{3}\dot{I}_W\angle 30°=9.9\angle 106.89°A$$

星形连接负载相电压

$$\dot{U}_{UN'}=\dot{I}_U Z_Y=17.1\angle -43.11°\times 8\angle 36.87°=136.8\angle -6.24°V$$

三角形连接负载线电压为

$$\dot{U}_{U'V'}=136.8\sqrt{3}\angle -6.24+30°=236.9\angle 23.76°V$$

$$\dot{U}_{V'W'}=236.9\angle -96.24°V,\dot{U}_{W'U'}=236.9\angle 143.76°V$$

练习与思考

1. 电路如图 4.13 所示，电源电压 $u_{UV}=200\sqrt{2}\sin(\omega t+45°)V$，$R_U=12\Omega$，$R_V=25\Omega$，$R_W=18\Omega$，试求各相负载的线电流和中性线电流。

2. 有一组三相对称负载，每相的阻抗为 $Z=(15+j20)\Omega$，三角形接法，电源线电压有

效值为 380V，试求负载的相电流、线电流。

4.4 三相电路的功率计算

在三相电路中，三相电源所提供的有功功率等于各相负载所吸收的有功功率之和。对称三相电路中三相负载所吸收的功率

$$P = 3U_P I_P \cos\varphi \tag{4.16}$$

当负载为星形连接时

$$U_L = \sqrt{3}U_P, \quad I_L = I_P$$

当负载为三角形连接时

$$U_L = U_P, \quad I_L = \sqrt{3} I_P$$

无论负载为星形连接还是三角形连接，代入式可得

$$P = \sqrt{3}U_L I_L \cos\varphi \tag{4.17}$$

三相无功功率和视在功率为

$$Q = 3U_P I_P \sin\varphi = \sqrt{3}U_L I_L \sin\varphi \tag{4.18}$$

$$S = 3U_P I_P = \sqrt{3}U_L I_L \tag{4.19}$$

式中：U_P 是负载相电压有效值；I_P 是负载相电流有效值；U_L 是线电压有效值；I_L 是线电流有效值；φ 是负载相电压与相电流的相位差。

【例 4.7】 如图 4.17 所示三相电路，已知电源线电压 $U_L = 380\text{V}$，三角形连接负载每相阻抗 $Z_\triangle = 30\angle 30°\Omega$，星形连接负载每相阻抗 $Z_Y = 20\angle 0°\Omega$，求：(1)负载的相电流；(2)电源的线电流；(3)电源提供的三相有功功率。

解：(1) 设 $\dot{U}_{UV} = 380\angle 0°\text{V}, \dot{U}_U = 220\angle -30°\text{V}$

三角形连接负载相电流

$$\dot{I}_{UV} = \frac{\dot{U}_{UV}}{Z_\triangle} = \frac{380\angle 0°}{30\angle 30°} = 12.67\angle -30°(\text{A})$$

$$\dot{I}_{VW} = 12.67\angle -150°\text{A} \quad \dot{I}_{WU} = 12.67\angle 90°\text{A}$$

线电流

$$\dot{I}_{U\triangle} = 12.67 \times \sqrt{3}\angle(-30° - 30°) = 21.94\angle -60°(\text{A})$$

星形连接负载相电流

$$\dot{I}_{UY} = \frac{\dot{U}_U}{Z_Y} = \frac{220\angle -30°}{20\angle 0°} = 11\angle -30°(\text{A}), \dot{I}_{VY} = 11\angle -150°\text{A}, \dot{I}_{WY} = 11\angle 90°\text{A}$$

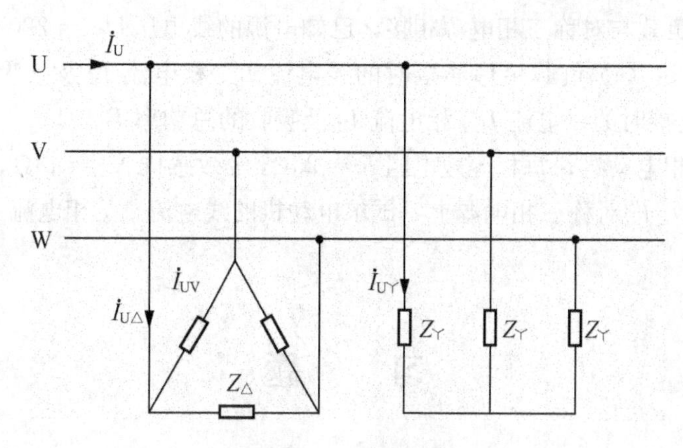

图 4.17　例 4.7 的图

(2) 电源线电流

$$\dot{I}_U = \dot{I}_{U\triangle} + \dot{I}_{UY} = 21.94\angle -60° + 11\angle -30° = 26.3\angle -38.8°(A)$$

$$\dot{I}_V = 26.3\angle -158.8°A \qquad \dot{I}_W = 26.3\angle 81.2°A$$

(3) 电源提供的三相有功功率

$$P = \sqrt{3}U_L I_L \cos\varphi = \sqrt{3} \times 380 \times 26.3 \times \cos 38.8° = 13.49(kW)$$

【例 4.8】 对称三相负载与三相电源相接，已知电源的线电压 $U_L = 380V$，每相负载阻抗 $Z = (30 + j40)\Omega$。求：(1) 负载星形连接时的线电流 I_L、相电流 I_P 及其吸收的总功率 P。(2) 负载三角形连接时的线电流 I_L、相电流 I_P 及吸收的总功率 P。

解：(1) 负载星形连接时，负载相电压 $U_P = U_L/\sqrt{3} = 220V$

$$I_P = \frac{U_P}{|Z|} = \frac{220}{\sqrt{30^2 + 40^2}} = 4.4(A),\ I_L = I_P = 4.4A$$

三相功率　$P = 3U_P I_P \cos\varphi = 3 \times 220 \times 4.4 \times \frac{30}{\sqrt{30^2 + 40^2}} = 1742.4(W)$

(2) 负载三角形连接时，负载相电压 $U_P = U_L = 380V$，相电流为

$$I_P = \frac{U_P}{|Z|} = \frac{380}{\sqrt{30^2 + 40^2}} = 7.6(A)$$

线电流为

$$I_L = \sqrt{3}I_P = 13.2A$$

三相功率　$P = 3U_P I_P \cos\varphi = 3 \times 380 \times 7.6 \times \frac{30}{\sqrt{30^2 + 40^2}} = 5198.4(W)$

练习与思考

1. 试写出对称三相电路中三相负载的有功功率、无功功率和视在功率的公式。

2. 今有一台三相电阻炉，其每相电阻 $R = 100\Omega$。试问：在 380V 线电压下，接成三角形和星形时各从电网取用多少功率？

3. 对称三相负载与对称三相电源相接，已知电源的线电压 $U_L = 220V$，每相负载阻抗 $Z = (6 + j8)\Omega$。求：(1) 负载星形连接时的线电流 I_L、相电流 I_p 及其吸收的总功率 P。(2) 负载三角形连接时的线电流 I_L、相电流 I_P 及吸收的总功率 P。

4. 有一台三相电动机，每相等效电阻 $R = 25\Omega$，等效感抗 $X_L = 18\Omega$。绕组为三角形连接，接于线电压 U_L 的对称三相电源上，试求电动机的线电流 I_L、相电流 I_P 及其吸收的总功率 P。

习　题

1. 星形连接的对称三相电源 $u_U = 380\sin(314t - 60°)V$，相序为 U、V、W，试写出相电压 u_V、u_W，线电压 u_{UV}、u_{VW}、u_{WU} 的表达式以及它们的相量形式。

2. 有一次某三层楼电灯发生故障，第一层和第三层的电灯突然变暗，而第二层的电灯没有任何变化，试分析出现此情况的原因。

3. 某计算机机房安装一台三相发电机，其绕组连接成星形结构，每相额定电压为 220V。用电压表量得相电压 $U_U = U_V = U_W = 220V$，而线电压为 $U_{UV} = U_{VW} = 220V$，$U_{WU} = 380V$，试分析出现此情况的原因。

4. 对称三相电路如图 4.18 所示，已知负载阻抗 $Z = (18 + j15)\Omega$，线路阻抗 $Z_l = (4 + j5)\Omega$，电源线电压为 380V。求负载端的线电压、线电流及相电流的有效值。

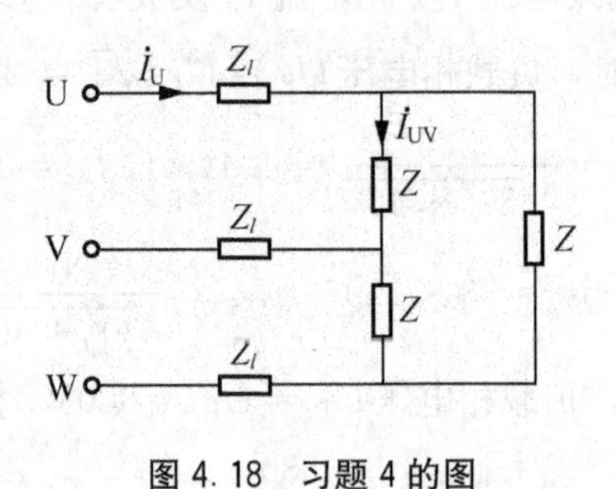

图 4.18　习题 4 的图

5. 电路如图 4.17 所示，若三角形连接为电动机负载(对称负载)，其额定电压为 380V，输入功率为 4kW，功率因数为 0.6；三角形连接为照明负载，共接有 15 只日光灯，分三相均匀地接入三相电源，已知每只日光灯的额定电压为 220V，额定功率为 60W，功率因数为 0.8，试求电源供给的线电流。

6. 电路如图 4.19 所示，对称感性负载为三角形接线，已知电源电压 $U_L = 380V$，各电流表读数 $I_L = 23A$，三相功率 $P = 4.5kW$，试求：(1)负载的功率因数；(2)各相负载的电阻值和感抗值。

7. 已知对称三相电源线电压 $U_L = 380V$，对称三相负载每相阻抗 $Z = (12 + j18)\Omega$，试求将负载分别接成星形和三角形时，负载的相电压、相电流及线电流的有效值。

8. 电路如图 4.20 所示，两组三相负载均为纯电阻且对称，单项负载也为电阻性。试计算各电流表的读数和电路的有功功率。

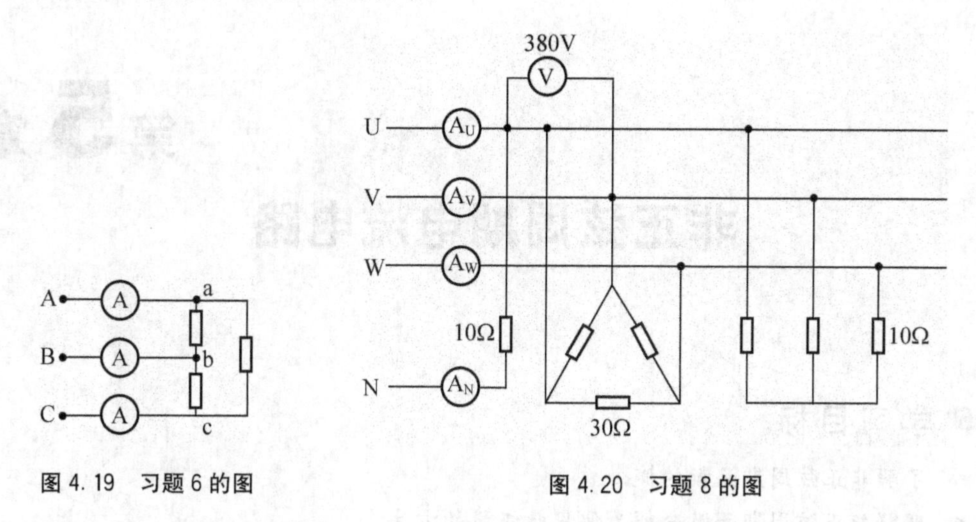

图 4.19　习题 6 的图

图 4.20　习题 8 的图

9. 三相四线制照明电路如图 4.21 所示，各相负载电阻不等，如果中性线在 A 处断开，会发生什么情况？

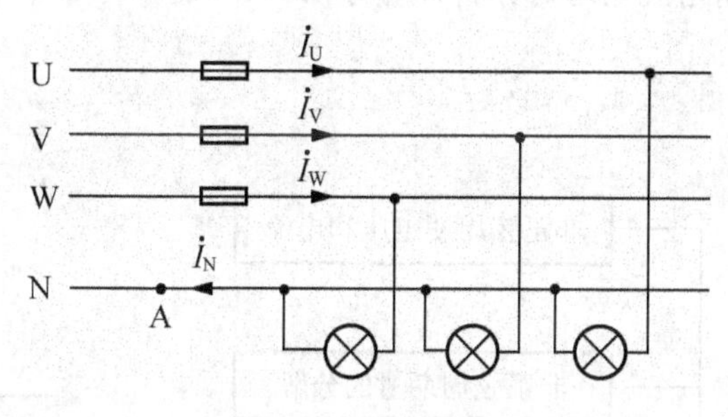

图 4.21　习题 9 的图

10. 某幢楼房有三层，计划在每层安装 15 只 220V、40W 的白炽灯，用 380V 的三相四线制电源供电。(1)画出合理的电路图。(2)若所有的白炽灯同时点亮，求线电流和和中性线电流。(3)若只有第一层和第二层点亮，求中性线电流。

第5章

非正弦周期电流电路

学习目标

- ☞ 了解非正弦周期函数的概念
- ☞ 理解非正弦周期函数分解为傅里叶级数的方法
- ☞ 掌握非正弦周期量的有效值、平均值和平均功率的计算方法
- ☞ 掌握非正弦周期电流电路的分析计算方法

知识结构

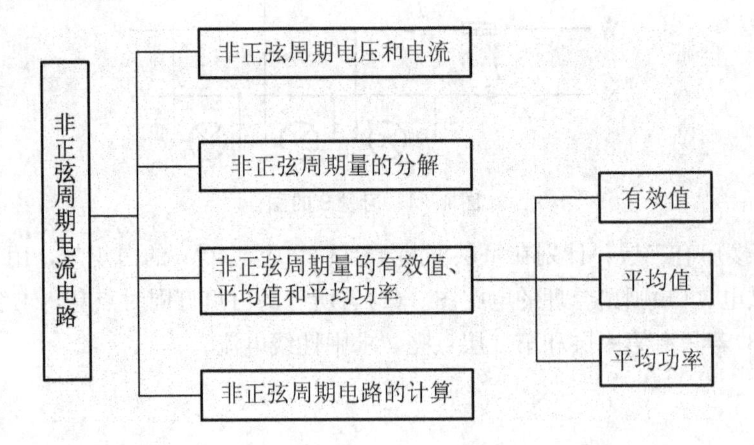

引例

在工程实际中经常会遇到电压、电流不按正弦规律变化的非正弦交流电路。如：常用的晶体管交流放大电路的输出端信号；实验室中常用的电子示波器的扫描电压是锯齿波；收音机或电视机所收到的信号电压或电流的波形是显著的非正弦波；在自动控制、电子计算机等领域内大量用到的脉冲电路中，电压和电流的波形也都是非正弦的，常见的非正弦波形如图 5.1 所示。

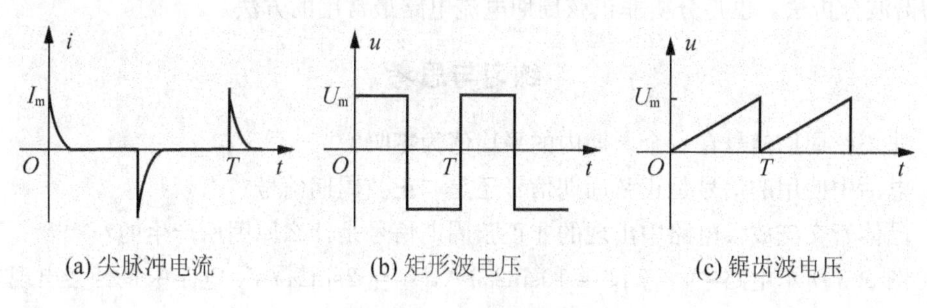

图 5.1　非正弦周期量

5.1　非正弦周期电压和电流

在实际生产中，除了正弦电压和电流外，还有很多信号虽然是周期性变化的，但不是正弦量，其在电子技术、自动控制、计算机和无线电技术等方面有很多应用。

非正弦周期电压和电流(non-sinusoidal periodic voltage and current)信号产生的原因有以下几个方面。

(1) 电路中有非线性元件。即使激励是正弦量，电路中的响应也可能是非正弦周期函数。如图 5.2 所示的半波整流电路，输入的是正弦电压，经过非线性元件二极管后，输出端输出非正弦周期电压。

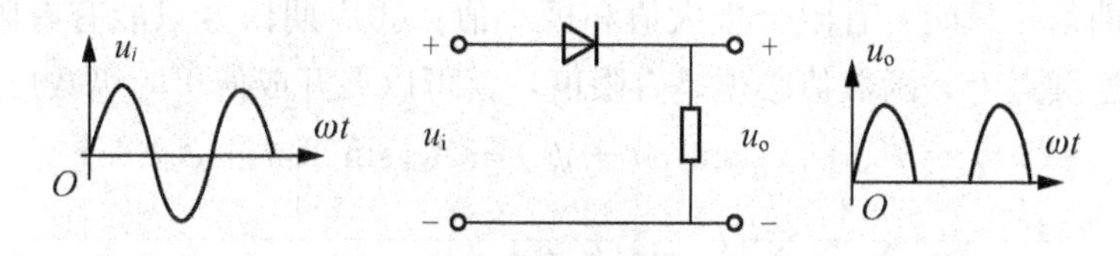

图 5.2　半波整流电路

(2) 电源本身是非正弦的。例如，实验设备中的信号发生器，其中的方波和三角波，它们在电路中产生的电压和电流不再是正弦量。

(3) 电路中有不同频率的电源共同作用，电路中的响应一般不再是正弦量。例如晶体管放大电路，它工作时既有为静态工作点提供能量的直流电源，又有需要传输和放大的正弦输入信号，在它们的共同作用下，放大电路中的电压和电流既不是直流，也不是正弦交

流，而是二者叠加以后形成的非正弦波。

分析非正弦周期电流电路，仍然要应用前述的电路基本定律，但和正弦交流电路的分析计算也有不同之处。首先，要应用傅里叶级数展开方法，将非正弦周期激励电压和电流信号分解为一系列不同频率(频率为周期函数频率的正整数倍)的正弦量之和；之后，根据线性电路的叠加定理，分别计算在每一频率的正弦量单独作用下所产生的正弦电压和电流分量；最后，把所得分量叠加，就可得到电路在非正弦周期信号下的电流和电压。这种方法称为谐波分析法，也是分析非正弦周期电流电路最常用的方法。

练习与思考

1. 非正弦周期信号在一个周期内的平均值为零吗？
2. 电话中使用的信号是正弦周期信号还是非正弦周期信号？
3. 晶体管交流放大电路中出现的非正弦周期信号是什么原因所产生的？
4. 图 5.3 所示电路中，若 $I_S = 10\sin 2\omega t\,\mathrm{A}, U_S = 2\sin 2\omega t\,\mathrm{V}$，电路中是否会出现非正弦周期信号？

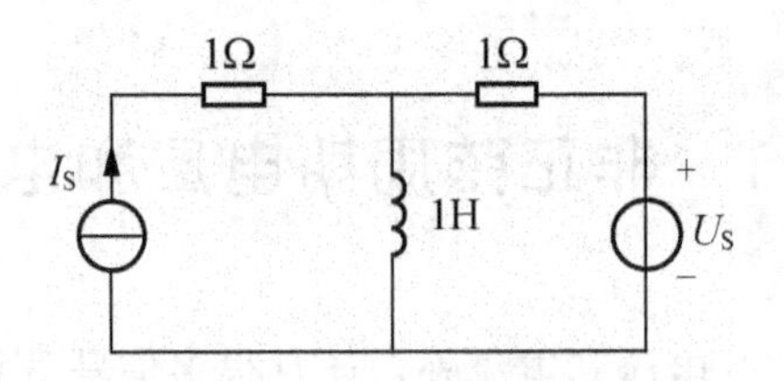

图 5.3　练习与思考 4 的图

5.2　非正弦周期量的分解

一个非正弦周期函数，只要满足狄里赫利条件，即在一个周期内：①周期信号必须绝对可积；②周期信号只能有有限个极大值和极小值；③周期信号只能有有限个不连续点，而且在这些不连续点上，函数值必须是有限值，就可以展开成傅里叶级数形式，即

$$\begin{aligned} f(\omega t) &= A_0 + A_{1m}\sin(\omega t + \psi_1) + A_{2m}\sin(2\omega t + \psi_2) + \cdots \\ &= A_0 + \sum_{k=1}^{\infty} A_{km}\sin(k\omega t + \psi_k) \end{aligned} \tag{5.1}$$

式中：A_0 是常数，称为恒定分量或直流分量；第二项 $A_{1m}\sin(\omega t + \psi_1)$ 是频率与非正弦周期函数频率相同的正弦量，称为基波或一次谐波；其他如 $k = 2,3,\cdots$ 的各项，分别称为二次谐波、三次谐波……，统称为高次谐波。

对各次谐波分量，要注意电容和电感对各次谐波所表现出来的感抗和容抗是不同的，对于 k 次谐波有

$$X_{kL}=k\omega L$$

$$X_{kC}=\frac{1}{k\omega C}$$

工程中常用到的几个典型的非正弦周期函数如图 5.4 所示。

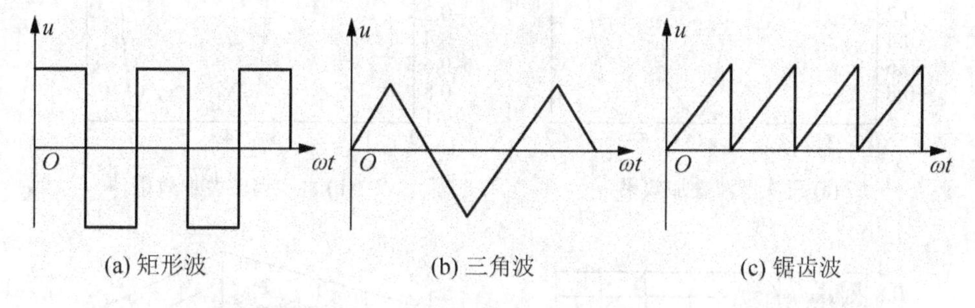

图 5.4　常用的非正弦周期函数

其傅里叶级数如下。

(1) 矩形波电压，按照公式(5.1)，其傅里叶级数展开式为

$$u(t)=\frac{4U_{\mathrm{m}}}{\pi}\left(\sin\omega t+\frac{1}{3}\sin 3\omega t+\frac{1}{5}\sin 5\omega t+\cdots+\frac{1}{k}\sin k\omega t+\cdots\right)(k\text{ 为奇数})$$

(2) 三角波电压为

$$u(t)=\frac{8U_{\mathrm{m}}}{\pi^{2}}(\sin\omega t-\frac{1}{9}\sin 3\omega t+\frac{1}{25}\sin 5\omega t-\cdots)$$

(3) 锯齿波电压为

$$u(t)=U_{\mathrm{m}}\left(\frac{1}{2}-\frac{1}{\pi}\sin\omega t-\frac{1}{2\pi}\sin 2\omega t-\frac{1}{3\pi}\sin 3\omega t-\cdots\right)$$

【例 5.1】 一个以原点为奇对称中心的矩形波可以用奇次正弦波的叠加来逼近，即

$$y(t)=\sin t+\frac{1}{3}\sin 3t+\frac{1}{5}\sin 5t+\cdots+\frac{1}{2k-1}\sin(2k-1)t$$

矩形波的宽度为 π，周期为 2π。叠加三次谐波的逼近程度如图 5.5(a)所示。

用 1、3、5、7、9 次谐波叠加的逼近程度如图 5.5(b)所示。各次谐波合成的二维曲线如图 5.5(c)所示。通过 MATLAB 简便的绘图功能，还可以绘制出各次谐波合成的三维曲面如图 5.5(d)所示。

练习与思考

1. 非正弦周期函数满足什么条件才能将其展开成傅里叶级数？

2. 若三次谐波的感抗和容抗分别为 $X_{L3}=18\Omega$ 和 $X_{C3}=12\Omega$，则基波的感抗和容抗分别为多少？

3. 若 RC 串联电路对三次谐波的阻抗为 $(3-\mathrm{j}6)\Omega$，则对基波的阻抗为多少？

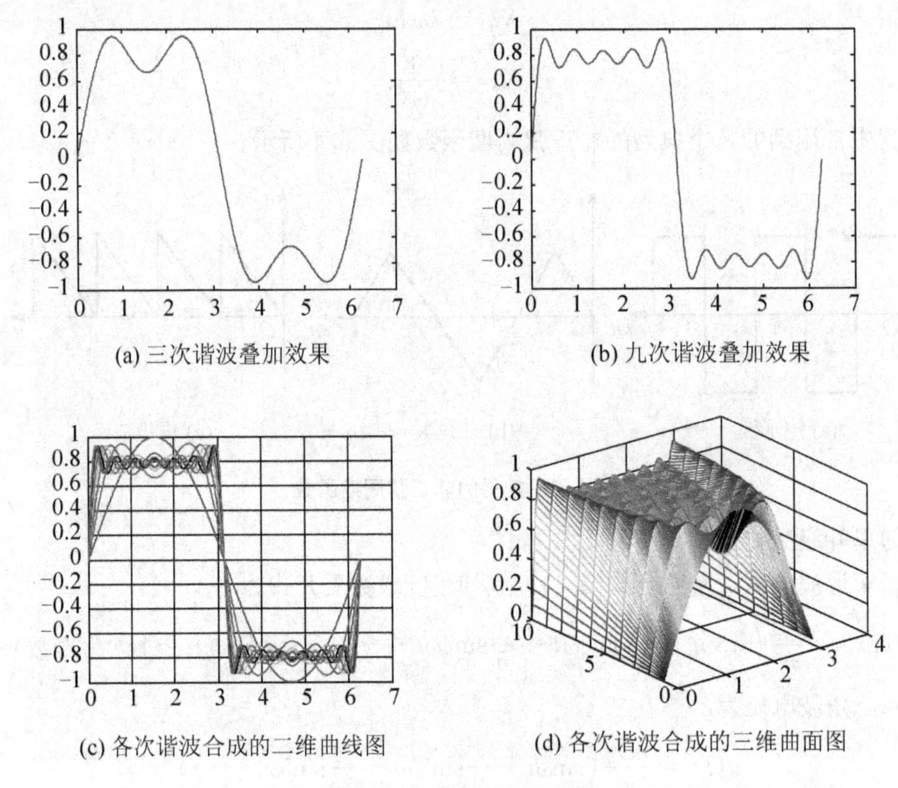

(a) 三次谐波叠加效果

(b) 九次谐波叠加效果

(c) 各次谐波合成的二维曲线图

(d) 各次谐波合成的三维曲面图

图 5.5 各次谐波叠加效果

5.3 非正弦周期量的有效值、平均值和平均功率

5.3.1 有效值

以非正弦周期电流 i 为例，其傅里叶级数为

$$i = I_0 + \sum_{k=1}^{\infty} I_{\mathrm{km}} \sin(k\omega t + \psi_k) \tag{5.2}$$

根据有效值(effective value)的定义有

$$\begin{aligned} I &= \sqrt{\frac{1}{T}\int_0^T i^2 \mathrm{d}t} I = \sqrt{\frac{1}{T}\int_0^T \left[I_0 + \sum_{k=1}^{\infty} I_{km}\sin(k\omega t + \psi_k)\right]^2 \mathrm{d}t} \\ &= \sqrt{I_0^2 + \sum_{k=1}^{\infty} I_k^2} = \sqrt{I_0^2 + I_1^2 + I_2^2 + \cdots + I_k^2 + \cdots} \end{aligned} \tag{5.3}$$

式中：$I_k = \dfrac{I_{km}}{\sqrt{2}}$ 为各次谐波的有效值。

同理，非正弦周期电流 u 的有效值为

$$u=\sqrt{U_0^2+\sum_{k=1}^{\infty}U_k^2}=\sqrt{U_0^2+U_1^2+U_2^2+\cdots+U_k^2+\cdots}$$

由此得出结论：非正弦周期函数的有效值为直流分量及各次谐波分量有效值平方和的方根。

5.3.2　平均值

以非正弦周期电流 i 为例，其傅里叶级数如公式(5.2)，其平均值(average value)的定义为

$$I_{\mathrm{AV}}=\frac{1}{T}\int_0^T|i|\,\mathrm{d}t$$

即：非正弦周期电流的平均值等于此电流绝对值的平均值。按上式可得正弦电流的平均值为

$$\begin{aligned}I_{\mathrm{AV}}&=\frac{1}{T}\int_0^T|i|\,\mathrm{d}t=\frac{1}{T}\int_0^T|I_{\mathrm{m}}\sin\omega t|\,\mathrm{d}t\\&=\frac{2}{T}\int_0^{\frac{T}{2}}|I_{\mathrm{m}}\sin\omega t|\,\mathrm{d}t=\frac{2I_{\mathrm{m}}}{\pi}\\&=0.637I_{\mathrm{m}}=0.898I\end{aligned}$$

非正弦周期量的平均值和有效值没有固定的比例关系，它们随着波形不同而不同，而且对于同一个非正弦周期信号，当用不同类型的仪表进行测量时，会有不同的结果。用磁电式仪表(即直流仪表)测量，所得结果是非正弦周期量的直流分量；用电磁式仪表测量所得的结果为非正弦周期量的有效值；用全波整流仪表测量所得的结果是平均值。因此，在测量非正弦周期电流和电压时，一定要注意根据实际情况选择合适的仪表。

5.3.3　平均功率

任意二端网络如图5.6所示，在非正弦周期电压 u 的作用下产生非正弦周期电流 i。

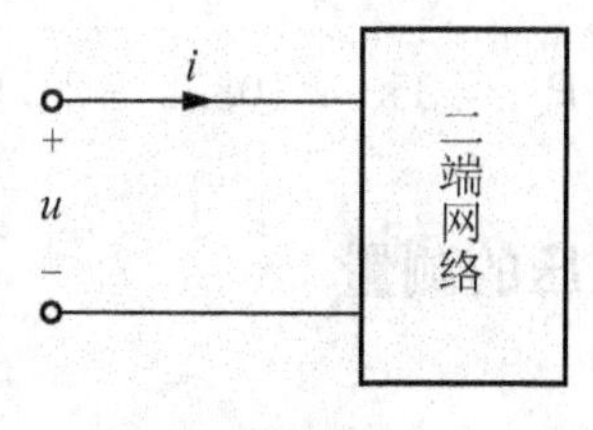

图5.6　二端网络

将非正弦周期电压 u 和电流 i 分解为傅里叶级数：

$$u = U_{o} + \sum_{k=1}^{\infty} U_{km}\sin(k\omega t + \psi_{uk})$$
$$i = I_{o} + \sum_{k=1}^{\infty} I_{km}\sin(k\omega t + \psi_{ik}) \tag{5.4}$$

则此二端网络的平均功率(average power)为

$$P = \frac{1}{T}\int_{0}^{T} p\mathrm{d}t = \frac{1}{T}\int_{0}^{T} ui\,\mathrm{d}t$$

将式(5.4)代入式(5.3)得

$$\begin{aligned} P &= \frac{1}{T}\int_{0}^{T} ui\,\mathrm{d}t = U_0 I_0 + \sum_{k=1}^{\infty} U_k I_k \cos\varphi_k = P_0 + \sum_{k=1}^{\infty} P_k \\ &= P_0 + P_1 + P_2 + \cdots + P_k + \cdots \end{aligned} \tag{5.5}$$

式中：$\varphi_k = \psi_{uk} - \psi_{ik}$，即电压和电流二者的相位差。

由此得出结论：非正弦周期电流电路的平均功率=直流分量的功率+各次谐波的平均功率。

注意：只有同频率的谐波电压和电流才能构成平均功率，不同频率的谐波电压和电流不能构成平均功率，也不等于端口电压有效值与端口电流有效值的乘积。

【例 5.2】 图 5.6 所示二端网络的电压和电流分别为

$$u = [100\sin(\omega t + 30^\circ) + 50\sin(3\omega t + 60^\circ) + 25\sin 5\omega t]\ \mathrm{V}$$
$$i = [10\sin(\omega t - 30^\circ) + 5\sin(3\omega t + 30^\circ) + 2\sin(5\omega t - 30^\circ)]\ \mathrm{A}$$

求此二端网络吸收的功率。

解：各次谐波的功率为

$$P_1 = U_1 I_1 \cos\varphi_1 = \frac{100}{\sqrt{2}} \times \frac{10}{\sqrt{2}} \cos 60^\circ = 250(\mathrm{W})$$

$$P_3 = U_3 I_3 \cos\varphi_3 = \frac{50}{\sqrt{2}} \times \frac{5}{\sqrt{2}} \cos 30^\circ = 108.2(\mathrm{W})$$

$$P_5 = U_5 I_5 \cos\varphi_5 = \frac{25}{\sqrt{2}} \times \frac{2}{\sqrt{2}} \cos 30^\circ = 21.6(\mathrm{W})$$

因此，总的平均功率为

$$P = P_1 + P_3 + P_5 = 250 + 108.2 + 21.6 = 379.8(\mathrm{W})$$

5.3.4 非正弦周期电流与电压的测量

1. *磁电式仪表*

磁电式仪表的指针偏转角正比于周期函数的平均值，用它测出的是电流或电压的直流分量。

2. 整流式仪表

整流式仪表的指针偏转角正比于周期函数绝对值的平均值，但在制造仪表时已经把它的刻度校准为正弦波的有效值(即全部刻度都扩大了1.11倍)，故用它测出的是电流或电压的有效值。

3. 电磁式仪表、电动式仪表

电磁式仪表或电动式仪表的指针偏转角正比于周期函数的有效值，故用它测出的是电流或电压的有效值。这两种仪表既可以测量交流也可以测量直流。

练习与思考

1. 非正弦周期量的有效值和正弦周期量的有效值在概念上是否一致？非正弦周期量的有效值与其最大值之间是否也存在着$\sqrt{2}$倍的关系？

2. 不同频率的谐波电压和电流能否构成平均功率？为什么？

3. 在非正弦周期电路中，电压的有效值U为(　　)。

A. $U=\sqrt{U_0^2+U_1^2+U_2^2+\cdots}$　　B. $U=U_0+\sqrt{U_1^2+U_2^2+\cdots}$

C. $U=\frac{1}{\sqrt{2}}U_{\mathrm{m}}$　　D. $U=U_0+U_1+U_2+\cdots$

4. 已知非正弦周期性电压$u(t)=(400\sin\omega t+20\sin 3\omega t)\mathrm{V}$，则它的有效值$U=$(　　)。

A. $\sqrt{2000}\,\mathrm{V}$　　B. $40\mathrm{V}$　　C. $\sqrt{1200}\,\mathrm{V}$　　D. $\sqrt{1000}\,\mathrm{V}$

5. 已知某无源二端网络的端口电压和电流分别为

$$u(t)=\left[141\sin\left(\omega t-\frac{\pi}{4}\right)+84.6\sin 2\omega t+56.4\sin\left(3\omega t+\frac{\pi}{4}\right)\right]\mathrm{V}$$

$$i(t)=\left[10+56.4\sin\left(\omega t+\frac{\pi}{4}\right)+30.5\sin\left(3\omega t+\frac{\pi}{4}\right)\right]\mathrm{A}$$

试求：(1) 电压、电流的有效值；(2) 网络消耗的平均功率。

5.4 非正弦周期电路的计算

分析非正弦周期交流电路的方法称为谐波分析法，实质上就是通过应用数学中傅里叶级数的展开方法，将非正弦周期信号分解为一系列不同频率的正弦量之和，再根据线性电路的叠加定理，分别计算在各个正弦量单独作用下电路中产生的同频率正弦电流分量和电压分量，最后把所得分量按时域形式叠加得到电路在非正弦周期信号激励下的稳态电流和电压。

谐波分析法的具体步骤如下。

(1) 把给定的非正弦周期信号分解为傅里叶级数，并视精度的具体要求看高次谐波取到哪一项为止。

(2) 分别计算电源电压(或电流)的直流分量及各次谐波分量单独作用时的响应。对直流分量，求解时把电容看作开路、电感看作短路；对各次谐波分量，可以用相量法求解，但要注意电容和电感对各次谐波表现出来的容抗和感抗的不同，对于 k 次谐波有

$$X_{kL} = k\omega L$$

$$X_{kC} = \frac{1}{k\omega C}$$

最后把计算结果转换为时域形式。

(3) 应用线性电路的叠加原理，将步骤(2)的计算结果进行叠加，从而求得所需响应。此处应注意的是，把表示不同频率的正弦电流或电压相量直接相加是没有意义的。

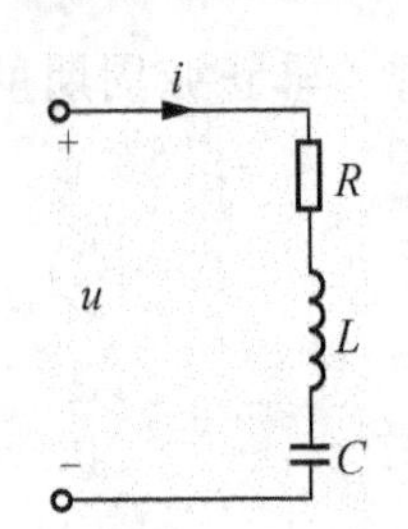

图 5.7　例 5.3 的图

【例 5.3】 RLC 串联电路如图 5.7 所示，电源电压为 $u = 50 + \frac{200}{\pi}(\cos\omega t - \frac{1}{3}\cos 3\omega t + \cdots)\mathrm{V}$，其中 $\omega = 2\pi \times 10^3\,\mathrm{rad/s}$，电阻 $R = 10\Omega$，电感 $L = 10\mathrm{mH}$，电容 $C = 5\mu\mathrm{F}$，求电路中的电流 i。

解：(1) 当直流分量 $U_0 = 50\mathrm{V}$ 单独作用时，电感相当于短路，电容相当于开路，故 $I_0 = 0\mathrm{A}$。

(2) 当基波分量 $u_1 = \frac{200}{\pi}\cos\omega t$ 单独作用时，

$$u_1 = \frac{200}{\pi}\cos\omega t = 63.7\sin(\omega t + 90°)\mathrm{V}$$

$$\dot{U}_{1\mathrm{m}} = 63.7\angle 90°\mathrm{V}$$

$$Z_1 = R + \mathrm{j}\left(\omega L - \frac{1}{\omega C}\right) = 10 + \mathrm{j}\left(2\pi \times 10^3 \times 10 \times 10^{-3} - \frac{10^6}{2\pi \times 10^3 \times 5}\right)$$

$$= 10 + \mathrm{j}(62.8 - 31.8) = 10 + \mathrm{j}31 = 32.6\angle 72.1°(\Omega)$$

$$\dot{I}_{1\mathrm{m}} = \frac{\dot{U}_{1\mathrm{m}}}{Z_1} = \frac{63.7\angle 90°}{32.6\angle 72.1°} = 1.95\angle 17.9°(\mathrm{A})$$

$$i_1 = 1.95\sin(\omega t + 17.9°) = 1.95\cos(\omega t - 72.1°)(\mathrm{A})$$

(3) 三次谐波分量 $u_3 = -\frac{200}{3\pi}\cos 3\omega t$ 单独作用时，

$$u_3 = -\frac{200}{3\pi}\cos 3\omega t = 21.2\sin(3\omega t - 90°)\mathrm{V}$$

$$\dot{U}_{3\mathrm{m}} = 21.2\angle -90°\mathrm{V}$$

$$Z_3 = R + \mathrm{j}\left(3\omega L - \frac{1}{3\omega C}\right)$$

$$= 10 + \mathrm{j}\left(3 \times 2\pi \times 10^3 \times 10 \times 10^{-3} - \frac{10^6}{3 \times 2\pi \times 10^3 \times 5}\right)$$

$$= 10 + \mathrm{j}177.8 = 178.1\angle 86.8°(\Omega)$$

$$I_{3m}=\frac{\dot{U}_{3m}}{Z_3}=\frac{21.2\angle-90^\circ}{178.1\angle 86.8^\circ}=0.12\angle-176.8^\circ(\text{A})$$

$$i_3=0.12\cos(3\omega t+93.2^\circ)\text{A}$$

(4) 将各次谐波分量的时域形式叠加得

$$i=I_0+i_1+i_3+\cdots=[1.95\cos(\omega t-72.1^\circ)+0.12\cos(3\omega t+93.2^\circ)+\cdots]\text{A}$$

【例 5.4】 电路如图 5.8 所示，已知：$u_{s1}=10\text{V}$，$u_{s2}=10\sqrt{2}(\sin 10t)\text{V}$，$i_s=(5+20\sqrt{2}\sin 20t)\text{A}$，求电流源两端电压及其发出的平均功率。

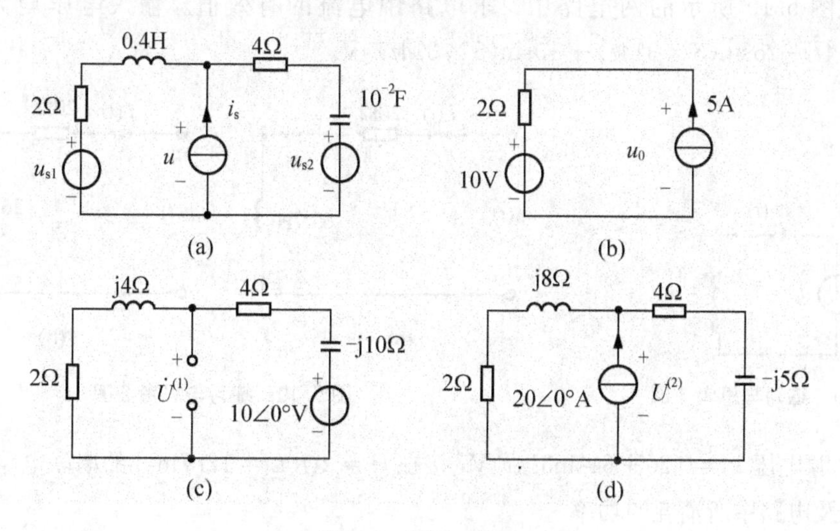

图 5.8 例 5.4 的图

解：当直流分量作用时，其等效电路如图 5.8(b)所示，此时电感相当于短路，电容相当于开路。

$$U_0=2\times5+10=20\text{V}$$

当 u_{S2} 单独作用时，其等效电路如图 5.8(c)所示，可得

$$\dot{U}^{(1)}=\frac{2+\text{j}4}{6-\text{j}6}10\angle0^\circ=5.27\angle108.43^\circ(\text{V})$$

$$u^{(1)}(t)=5.27\sqrt{2}\sin(10t+108.43^\circ)\text{V}$$

当电流源的二次谐波分量单独作用时，其等效电路如图 5.8(d)所示，可得

$$\dot{U}^{(2)}=\frac{(2+\text{j}8)(4-\text{j}5)}{2+4+\text{j}8-\text{j}5}20\angle0^\circ=157.5\angle-1.95^\circ(\text{V})$$

$$u^{(2)}(t)=157.5\sqrt{2}\sin(20t-1.95^\circ)\text{V}$$

因此

$$u(t)=U_0+u^{(1)}(t)+u^{(2)}(t)=[20+5.27\sqrt{2}\sin(10t+108.43^\circ)+157.5\sqrt{2}\sin(20t-1.95^\circ)]\text{V}$$

电源发出的平均功率为

$$P=P_0+P_1+P_2=20\times5+0+157.5\times20\cos(-1.95^\circ)=100+3148.19=3248.19\,(\text{W})$$

练习与思考

1. 图 5.9 所示电路中，已知 $L=0.2\text{H}$，$u_s=(5\sin 50t+10\sin 100t)\text{V}$，则 $i(t)$ 为(　　)

A. $[0.5\sin(50t-90°)+0.5\sin(100t-90°)]\text{A}$

B. $[0.5\sin(50t-90°)+\sin(100t-90°)]\text{A}$

C. $(0.5\sin 50t+0.5\sin 100t)\text{A}$

D. $(0.5\sin 50t+\sin 100t)\text{A}$

2. 在图 5.10 所示的两电路中，求电路中电流的有效值。输入电压均为 $u(t)=[100\sin 314t+25\sin(3\times 314t)+10\sin(5\times 314t)]\text{V}$。

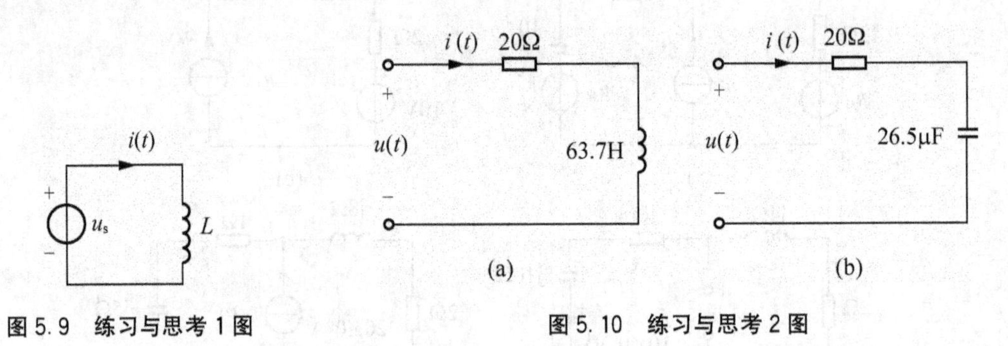

图 5.9　练习与思考 1 图　　　　图 5.10　练习与思考 2 图

3. 电源电压 $u_s=(20+60\sin 314t)\text{V}$，接在 $R=2\Omega$、$L=12.7\text{mH}$ 的串联电路上，求电流有效值及电路中所消耗的功率。

习　　题

1. 下列 4 个表达式中，是非正弦周期电流的为(　　)。

A. $i_1(t)=[6+5\sin 2t+3\sin(3\pi t)]\text{A}$

B. $i_2(t)=\left[2\sin t+3\sin\frac{1}{3}t+6\sin\frac{1}{7}t\right]\text{A}$

C. $i_3(t)=[6+4\sin t+3\sin 2t+\sin 3t]\text{A}$

D. $i_4(t)=[7\sin t+2\sin(2\pi t)+\sin(\omega t)]\text{A}$

2. 已知某非正弦周期波的周期为 10ms，则该非正弦周期波的基波频率为多少？三次谐波的频率又为多少？

3. 非正弦周期电压 u 的波形如图 5.11 所示，计算该电压的最大值和有效值。

4. 在图 5.12 所示的电路中，已知 $u_s=\sqrt{2}\sin(100t)\text{V}$，$i_s=[3+4\sqrt{2}\sin(100t-60°)]\text{A}$，求 u_s 发出的平均功率。

5. 已知某电路的电压、电流分别为

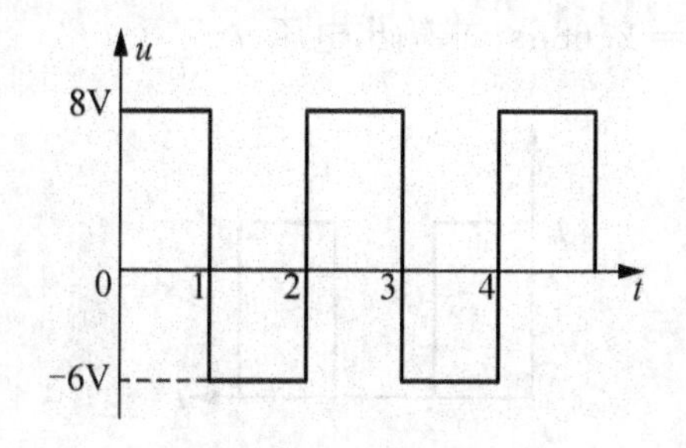

图 5.11　习题 3 的图

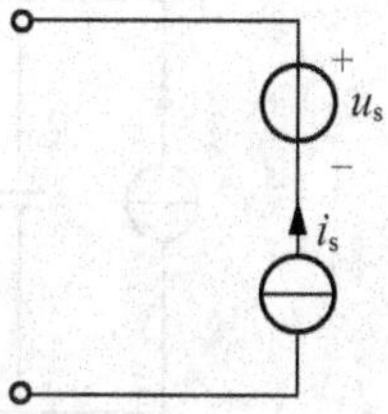

图 5.12　习题 4 的图

$$u(t)=[10+20\sin(100\pi t-30^\circ)+8(300\pi t-30^\circ)]\text{V}$$

$$i(t)=[3+6\sin(100\pi t+30^\circ)+2\sin 500\pi t]\text{A}$$

求该电路电压、电流的有效值和平均功率。

6. 在图 5.13 所示电路中，已知 $u(t)=[100+30\sin\omega t+10\sin 2\omega t+5\sin 3\omega t]\text{V}$，$R=25\Omega$，$L=40\text{mH}$，$\omega=314\text{rad/s}$，求电路中的电流和平均功率。

7. 图 5.14 所示电路中，正弦电压源 $u_s(t)=4\sqrt{2}\sin t\text{V}$，直流电流源为 6A，求电流 $i_1(t)$、$i_2(t)$、$i_3(t)$。

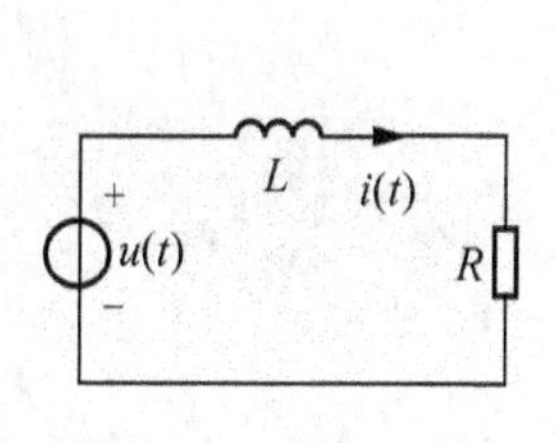

图 5.13　习题 6 的图

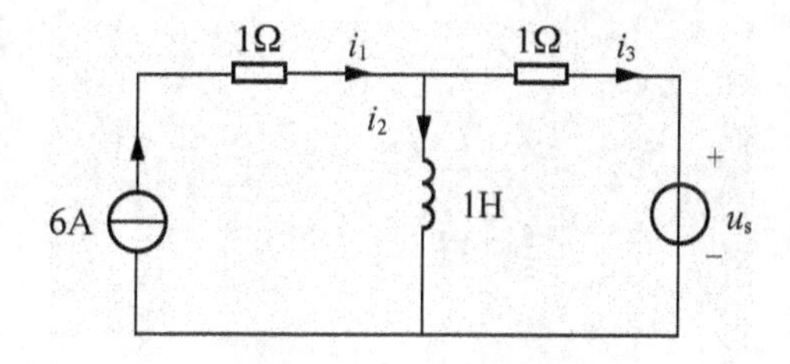

图 5.14　习题 7 的图

8. 图 5.15 所示电路中，已知 $u_1(t)=6\sqrt{2}\sin 100t\text{V}$，$u_2(t)=8\sqrt{2}\sin(50t+30^\circ)\text{V}$，$L=0.01\text{H}$，$C=0.02\text{F}$，求电流表的读数。

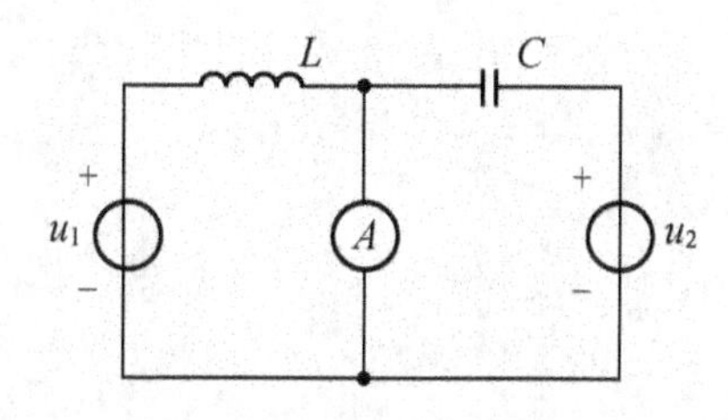

图 5.15　习题 8 的图

9. 已知 RLC 串联电路端口的电压和电流分别为

$$u(t)=[100\sin(314t)+50\sin(942t-30^\circ)]\text{V}$$

$$i(t)=[10\sin(314t)+1.755\sin(942t+\theta)]\text{A}$$

试求：(1) R、L、C 的值；(2)θ 的值；(3) 电路消耗的功率。

10. 电路如图 5.16(a)所示，电流源为图 5.16(b)所示的方波信号。已知 $R=20\Omega$，

$L = 1\text{mH}$，$C = 1000\text{pF}$，$I_{\text{m}} = 157\mu\text{A}$，$T = 2.68\mu\text{s}$，求输出电压 u。

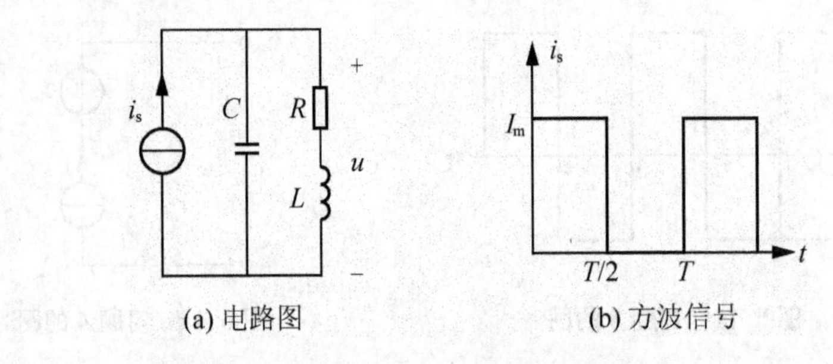

(a) 电路图　　(b) 方波信号

图 5.16　习题 10 的图

第6章

电路的暂态分析

学习目标

- ☞ 理解暂态过程产生的原因及研究暂态过程的意义
- ☞ 掌握换路定则及初始值的计算方法
- ☞ 理解一阶电路零输入响应、零状态响应、全响应的概念及推导过程，以及时间常数的物理意义
- ☞ 掌握一阶电路分析的三要素法
- ☞ 理解微分电路和积分电路的原理及意义

知识结构

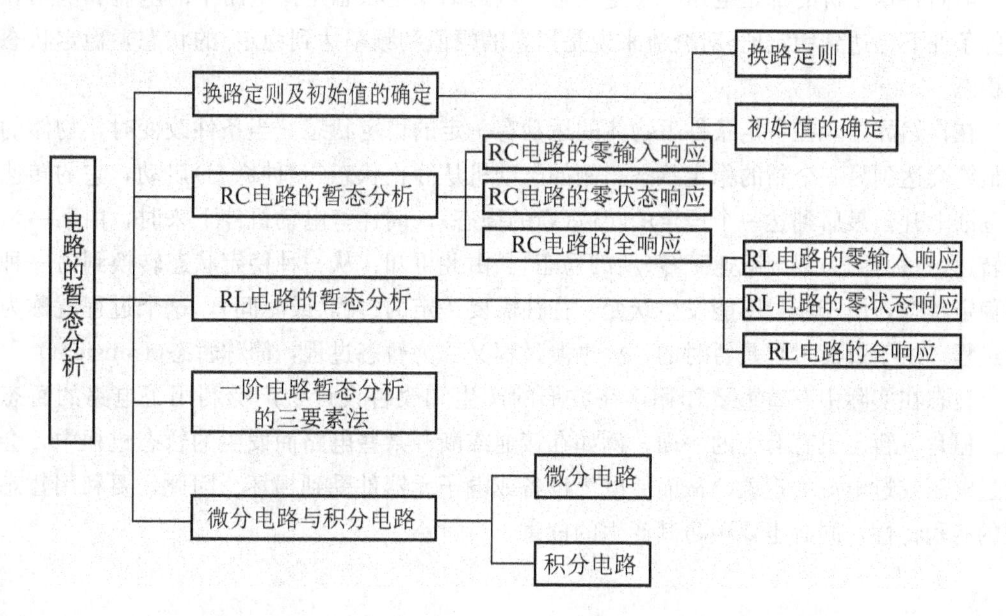

引例

日常用的日光灯电路，当闭合开关时(即发生换路)，电路中实际上就有暂态产生(即日光灯从不亮到亮这一短暂的过程)。日光灯电路之所以会产生暂态过程，究其原因是含有镇流器这一储能元件。由于能量守恒，所以它只能从一种形式转换成另一种形式，并且在转换过程中能量的衰减或积累都需要一定的时间，不可能发生突变。

一切暂态过程的产生都和能量有着密切的联系。由前述章节已知，电感元件和电容元件均为储能元件(电感元件储存磁场能量，电容元件储存电场能量)，其实物电路图如图 6.1 所示。由于能量不能发生突变，所以当电路发生换路后，电路中出现的暂态过程是由于储能元件中储存的能量不能发生突变所引起的。所以，当电路中有储能元件存在且发生换路后又有能量的变化时，那么电路就一定会产生暂态过程。

(a) 电感元件实物图

(b) 电容元件实物图

图 6.1　储能元件实物图

前面各章分析的都是电路的稳定状态。电路的稳定状态是指电路中的电流和电压在给定的条件下已达到稳定值(对交流来说是指它的幅值和频率达到稳定)的状态，稳定状态简称稳态。

在自然界中，在一定条件下物体的运动有一定的稳定状态。当条件改变时，物体的运动最终会达到另一个新的稳定状态。例如电动机从静止状态(一种稳态)启动，它的转速从零逐渐上升，最后到达一个恒定的转速(新的稳态)；同样，电动机停下来时，由某一恒定的转速(一种稳态)逐渐减速到零(新的稳态)。由此可知：从一种稳定状态转换到另一种新的稳定状态，由于能量不能发生跃变，往往需要一定的过程(或时间)，这个过程就称为过渡过程。由于过渡过程是暂时的，故过渡过程又称为暂态过程，简称暂态(transient)。

暂态在实际中有着重要作用，在波形的产生和改善设计中广泛利用了电路的暂态过程。但是，暂态也有有害的一面，例如在接通或断开某些电路而发生的暂态过程中，会产生过电压或过电流的现象，从而使电气设备或电子元器件受到损坏。因此，要利用暂态过程的有利特性，同时也要预防其产生的危害。

6.1　换路定则及初始值的确定

6.1.1　换路定则

暂态过程的发生归根到底是能量不能发生跃变。因为，在电路条件发生变化时，电路中储存的能量不能发生跃变，就可能发生暂态过程。在电感元件中储存的磁能为$\frac{1}{2}Li_L^2$，由于能量不能跃变，因此，换路时磁场能不能发生跃变，则表现为电感元件中的电流不能跃变。对于电容元件，其储存的电场能是$\frac{1}{2}Cu_C^2$，在换路时，电场能不能发生跃变，表现为电容元件两端的电压u_C不能跃变。由于电阻元件不能储存能量，所以在换路时电阻两端的电压和流过电阻的电流会发生跃变。由此可见，电路的暂态过程是由于储能元件(电容或电感)中的能量不能发生跃变而产生的。

电路的突然接通、断开、电源电压的升高或降低以及电路参数的突然变化等统称为换路。在含有电感、电容的电路中，换路后由于电感、电容中能量的积累和释放都需要一定的时间，所以就会出现从原稳态向新稳态过渡的暂态过程。可见，电路的暂态过程是由于储能元件的能量不能跃变而产生的。

设$t=0$为换路瞬间，定为计时起点，而以$t=0_-$表示换路前的终了瞬间，$t=0_+$表示换路后的初始瞬间，即初始值(initial value)。从$t=0_-$到$t=0_+$瞬间，由于储能元件的能量不能跃变，即电容电压值和电感电流值不能跃变，这一规律称为换路定则(switching law)，此定则仅适用于换路瞬间。若用公式表示，则为

$$\left.\begin{aligned}u_C(0_+)&=u_C(0_-)\\ i_L(0_+)&=i_L(0_-)\end{aligned}\right\}\tag{6.1}$$

公式(6.1)说明：在换路瞬间，电容两端的电压值不变，电容相当于一个电压源；电感中的电流值不变，电感相当于一个电流源。

6.1.2　初始值的确定

$u_C(0_+)$和$i_L(0_+)$称为独立初始值，可通过换路定则来求取。其中，在0_-时刻换路以前(原电路)，由于电路处于稳态，电容两端的电压和流经电感的电流恒定，电容可视为开路，电感可视为短路。此时，在原电路中求出$u_C(0_-)$和$i_L(0_-)$，根据换路定则即可求出$u_C(0_+)$和$i_L(0_+)$。

电路中除独立初始值外的所有初始值统称为非独立初始值。求取非独立初始值的方法就是画0_+时刻的等效电路图。在0_+时刻的等效电路图中，由于在换路瞬间能量不能跃

变，所以电容相当于一个值为 $u_C(0_+)$ 的电压源、电感相当于一个值为 $i_L(0_+)$ 的电流源，在此电路图中可求出非独立初始值。

【例 6.1】 图 6.2(a)所示电路中，已知开关闭合前电感元件和电容元件均未储能，求图 6.2(a)所示电路中各电流和电压的初始值。

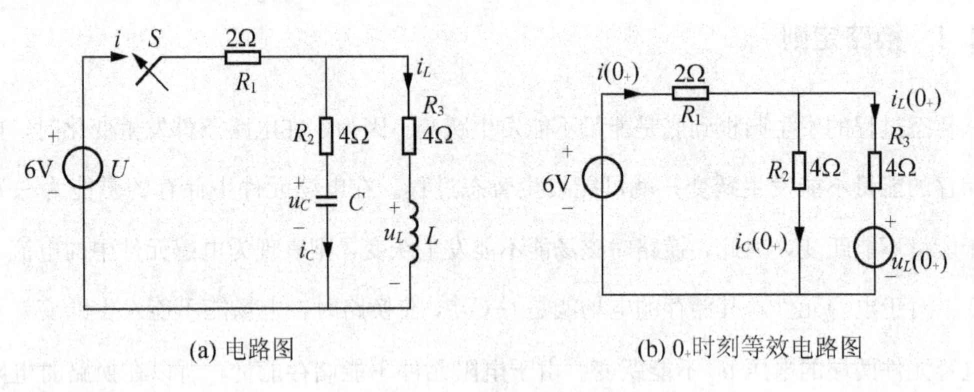

图 6.2　例 6.1 的图

解： 由已知得

$$u_C(0_-)=0\text{V},\ i_L(0_-)=0\text{A}$$

根据换路定则得 $u_C(0_+)=u_C(0_-)=0\text{V},\ i_L(0_+)=i_L(0_-)=0\text{A}$

画出 $t=0_+$ 时刻的等效电路图，如图 6.2(b)所示：

$$i(0_+)=i_C(0_+)=\frac{U}{R_1+R_2}=\frac{6}{2+4}=1\text{A}$$

$$u_L(0_+)=R_2 i_C(0_+)=4\times1=4\text{V}$$

【例 6.2】 求图 6.3(a)所示电路的初始值 $u_C(0_+)$、$i_L(0_+)$、$i_R(0_+)$、$\left.\frac{\mathrm{d}i_L}{\mathrm{d}t}\right|_{0_+}$。开关 S 打开前电路已处于稳态。

解： 换路前

$$i_L(0_-)=2.5\text{A},\ u_C(0_-)=5\times2.5=12.5\text{V}$$

根据换路定则可得

$$i_L(0_+)=2.5\text{A},\ u_C(0_+)=12.5\text{V}$$

$t=0_+$ 时刻的等效电路图如图 6.3(b)所示，此时电容相当于恒压源、电感相当于恒流源，列网孔电流方程可得

$$12.5+5(i(0_+)-2.5)+5(i(0_+)-5)=0$$

$$10i(0_+)=25$$

$$i(0_+)=2.5\text{A}$$

$$\therefore i_R(0_+)=i(0_+)-i_L(0_+)=0$$

$$\left.\frac{\mathrm{d}i_L}{\mathrm{d}t}\right|_{0_+}=\frac{u_L(0_+)}{L}=\frac{i_R(0_+)\times5}{L}=0$$

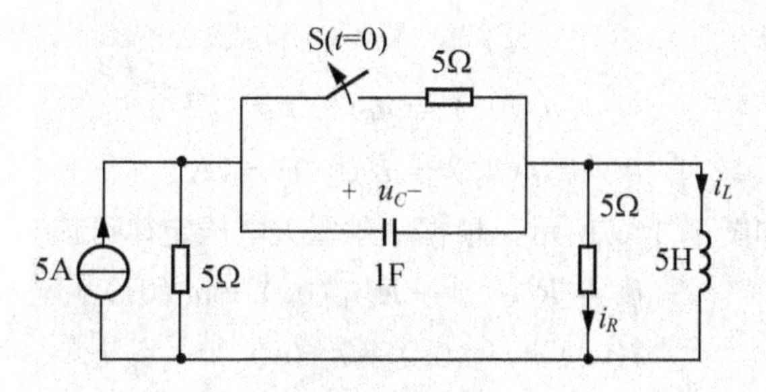

(a) 电路图

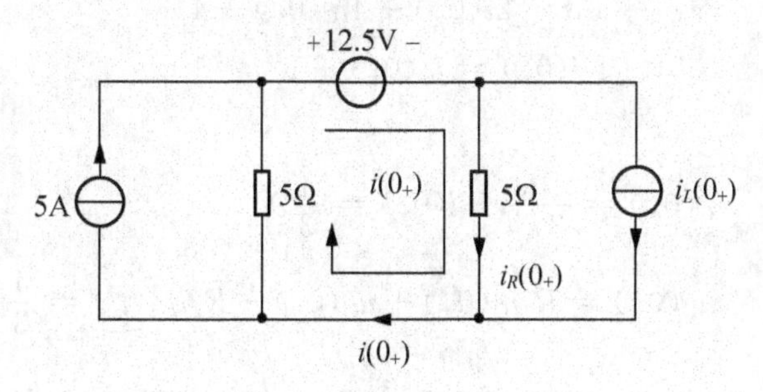

(b) 0+时刻等效电路图

图 6.3　例 6.2 的图

【例 6.3】 求图 6.4(a)所示电路中各个电压和电流的初始值(设换路前电路处于稳态)。

解：$t=0_-$ 时的电路如图 6.4(b)所示。

$$i_L(0_-)=\frac{R_1}{R_1+R_3}\times\frac{U}{R+R_1//R_3}=1\text{A}$$

$$u_C(0_-)=R_3 i_L(0_-)=4\text{V}$$

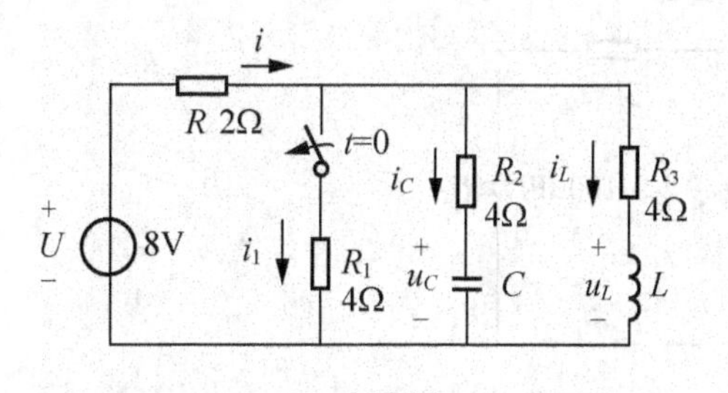

(a) 电路图

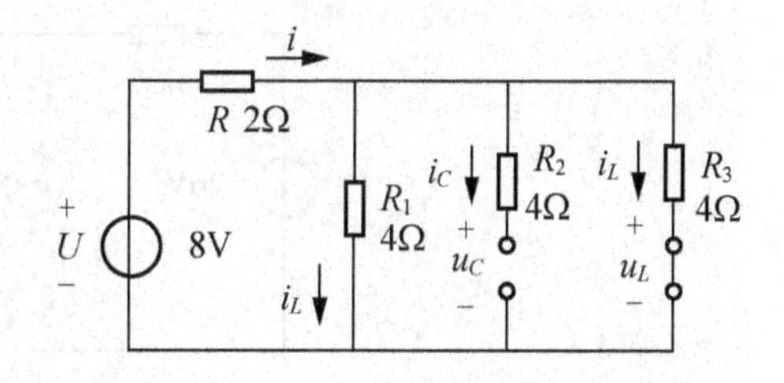

(b) $t=0_-$ 电路图

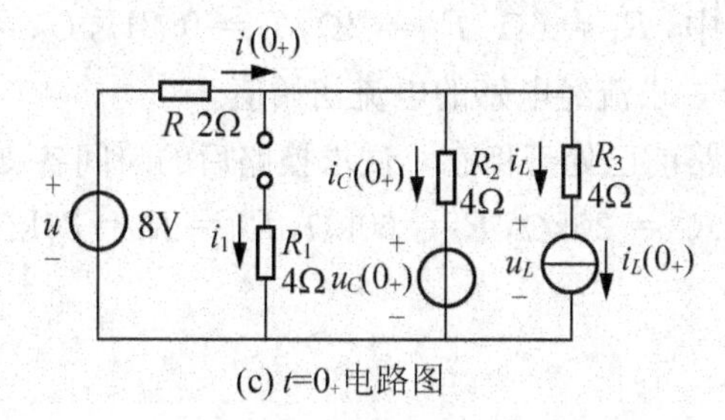

(c) $t=0_+$ 电路图

图 6.4　例 6.3 的图

根据换路定则，有

$$u_C(0_+) = u_C(0_-) = 4\text{V}$$
$$i_L(0_+) = i_L(0_-) = 1\text{A}$$

$t=0_+$ 时的电路如图 6.4(c)所示，根据基尔霍夫电压定律可得

$$U = Ri(0_+) + R_2 i_C(0_+) + u_C(0_+)$$
$$i(0_+) = i_C(0_+) + i_L(0_+)$$

代入参数得

$$8 = 2i(0_+) + 4i_C(0_+) + 4$$
$$i(0_+) = i_C(0_+) + 1$$

解方程组得

$$i_C(0_+) = \frac{1}{3}\text{A},\quad i(0_+) = \frac{4}{3}\text{A}$$

$$u_L(0_+) = R_2 i_C(0_+) + u_C(0_+) - R_3 i_L(0_+) = \frac{4}{3}\text{V}$$

练习与思考

1. 什么是换路？试举例说明。

2. 换路定则适用于暂态电路中的电阻元件吗？为什么？

3. 什么是暂态？什么是稳态？举出实际生活中存在的过渡过程现象。

4. 在暂态电路分析中，什么情况下电感相当于短路、电容相当于开路？又在什么情况下电感相当于一个恒流源、电容相当于一个恒压源？

5. 图示 6.5 所示电路在 $t=0$ 时闭合开关 S，闭合开关之前电路已达稳态，求 $u_C(0_+)$。

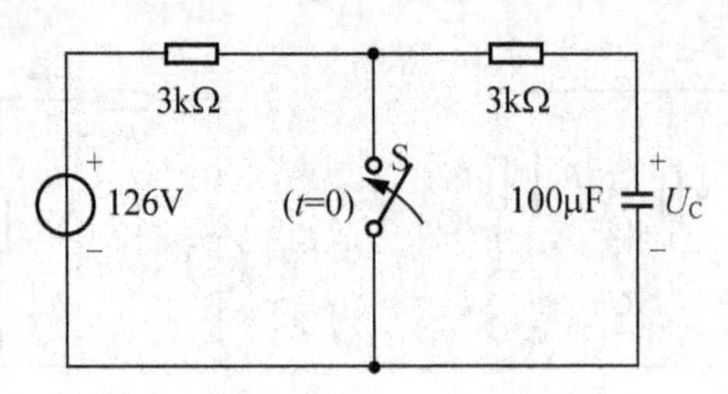

图 6.5　练习与思考 5 的图

6. 在图 6.6 所示电路中，$R_1=6\Omega$，$R_2=2\Omega$，$L=0.2\text{H}$，$U_S=12\text{V}$，换路前电路已达稳态。$t=0$ 时开关 S 闭合，求流经电感的电流初始值。

7. 图 6.7 所示电路换路前已处于稳态，试求换路后的瞬间各支路中的电流和各元件上的电压。已知 $U_S=16\text{V}$，$R_1=20\text{k}\Omega$，$R_2=60\text{k}\Omega$，$R_3=R_4=30\text{k}\Omega$，$C=1\mu\text{F}$，$L=1.5\text{H}$。

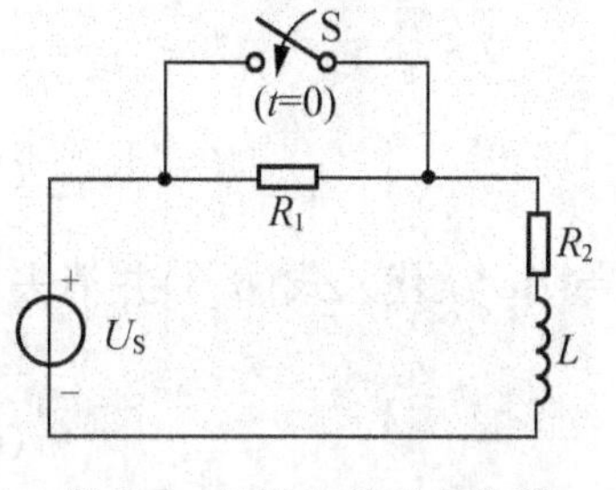

图 6.6 练习与思考 6 的图

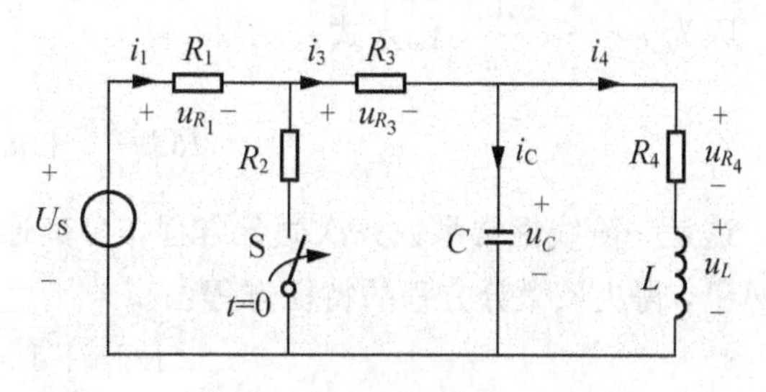

图 6.7 练习与思考 7 的图

6.2 RC 电路的暂态分析

分析 RC 电路的暂态过程，就是根据激励，通过求解电路的微分方程来得出电路中的响应。对一阶电路进行暂态分析时，可将储能元件单独分离出来，而将电路的其余部分看成是一个有源二端网络 N，之后根据戴维宁定理，将这个有源二端网络 N 简化成一个电压值为 U_S、内阻为 R_S 的串联等效电路。

6.2.1 RC 电路的零输入响应

一阶电路(只含有一个电感或一个电容)中无电源激励，仅由储能元件(电感或电容)的初始状态所产生的响应称为零输入响应(zero-input response)，指的是储能元件的放电过程。

电路如图 6.8(a)所示，开关 S 原来合在位置 1 上，直流电源 U_S 经内阻 R_S 对电容进行充电，且该电路已达稳态，此时 $u_C(0_-)=U_S$。

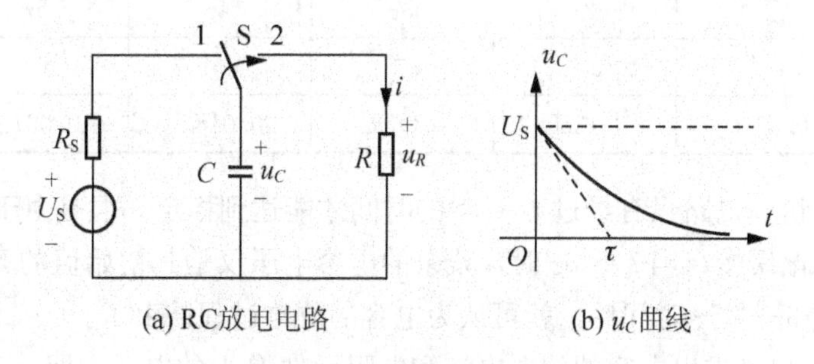

(a) RC放电电路　　(b) u_C曲线

图 6.8 RC 放电电路

在 $t=0$ 时刻突然将开关 S 合到位置 2，此时右侧 RC 电路中无外施激励，但电容元件已储有能量，其上电压的初始值 $u_C(0_+)=U_S$，于是电容元件经过电阻 R 开始放电。

$t\geqslant 0$ 时根据基尔霍夫电压定律有

$$u_R-u_C=0 \tag{6.2}$$

因为 $i=-C\dfrac{du}{dt}$，代入式(6.2)得

$$RC\frac{du_C}{dt}+u_C=0 \tag{6.3}$$

这是一阶线性常系数齐次微分方程，令其通解为 $u_C=Ae^{pt}$，代入式(6.3)并消去公因子 Ae^{pt}，得出该微分方程的特征方程：

$$RCp+1=0 \tag{6.4}$$

其根为

$$P=-\frac{1}{RC} \tag{6.5}$$

于是，式(6.3)的通解为

$$u_C(t)=Ae^{-\frac{t}{RC}} \tag{6.6}$$

为确定积分常数 A，将初始条件 $u_C(0_+)=u_C(0_-)=U_S$ 代入式(6.6)，得 $A=U_S$，故可求得电容放电时电容电压的变化规律为

$$u_C(t)=U_Se^{-\frac{t}{RC}}=u_C(0_+)e^{-\frac{t}{\tau}} \tag{6.7}$$

式(6.7)中，$\tau=RC$ 称为RC电路的时间常数，如果电阻 R 的单位为Ω，电容 C 的单位为F，则 τ 的单位为s(秒)。时间常数 τ 决定电路暂态过程变化的快慢，τ 越大，暂态过程变化越慢，放电持续时间越长；τ 越小，暂态过程变化越快，放电持续时间越短。

u_C 的变化曲线如图6.8(b)所示。

当 $t=\tau$ 时，

$$u_C(\tau)=U_Se^{-1}=(36.8\%)U_S$$

可见时间常数 τ 等于电容元件两端电压 u_C 衰减到初始值的36.8%所需的时间。分别取 $t=\tau$ 的整数倍计算对应的 u_C，其随时间衰减的情况见表6-1。

表6-1　电容电压随时间衰减

t	τ	2τ	3τ	4τ	5τ	6τ
$e^{\frac{t}{\tau}}$	e^{-1}	e^{-2}	e^{-3}	e^{-4}	e^{-5}	e^{-6}
u_C	$0.368U$	$0.135U$	$0.050U$	$0.018U$	$0.007U$	$0.002U$

从理论上来讲，电路只有经过 $t\to\infty$ 的时间才能达到稳定。但是由于指数曲线开始变化较快，而后逐渐缓慢，当 $t=3\tau$ 时，残余的电容电压仅是其初始值的5%。所以在工程实践中，当经过 $3\tau\sim5\tau$ 时间后，就可认为电容的放电过程结束了。

根据 $u_C(t)$，也可求出电容的放电电流和电阻元件 R 上的电压，即

$$i=-C\frac{du_C}{dt}=\frac{U_S}{R}e^{-\frac{t}{\tau}}$$

$$u_R=u_C=U_Se^{-\frac{t}{\tau}}$$

【例6.4】 图6.9所示电路换路前已达稳态。在 $t=0$ 时将开关闭合，求 $t\geqslant0$ 时的 $u_C(t)$。

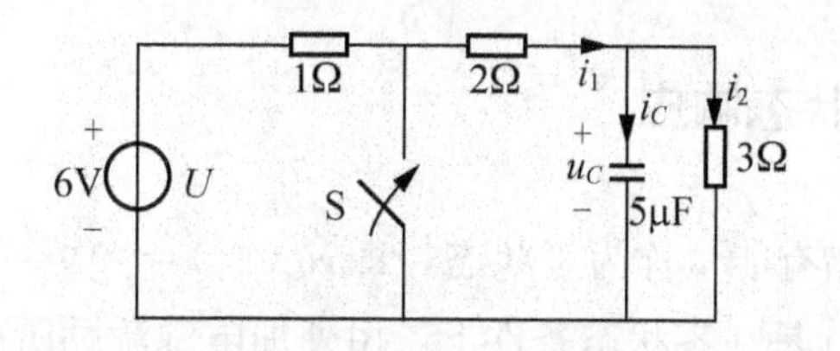

图 6.9　例 6.4 的图

解：开关 S 闭合后，由于开关 S 所在支路短路，所以右侧电路相当于是电容放电电路，为 RC 电路的零输入响应。

由于换路前电路已达稳态，求得

$$u_C(0_-)=\frac{6}{1+2+3}\times 3=3\text{V}$$

根据换路定则得 $u_C(0_+)=u_C(0_-)=3\text{V}$

换路后，右侧 RC 电路中的等效电阻 $R=2//3\Omega=\frac{5}{6}\Omega$，根据零输入响应公式得

$$u_C(t)=u_C(0_+)\text{e}^{-\frac{t}{\tau}}=3\text{e}^{-2.4\times 10^5 t}\text{V}$$

【例 6.5】　电路如图 6.10 所示，一个高压电容器原先已充电，其电压为 10kV，从电路中断开后，经过 15min 它的电压降低为 3.2kV，问：(1) 再过 15min 电压将降为多少？(2) 如果电容 $C=15\mu\text{F}$，那么它的放电电阻是多少？(3) 需经过多少时间，可使电压降至 30V 以下？

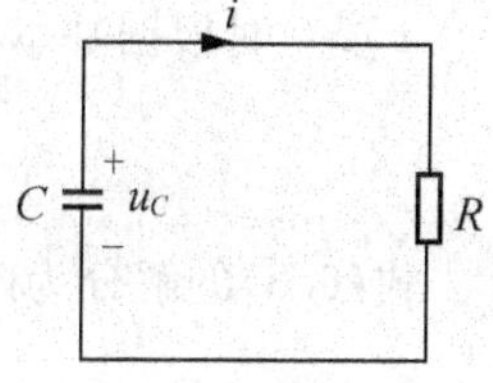

图 6.10　例 6.5 的图

解：根据题意，高压电容器的电路模型如图 6.10 所示，且 $u_C(0_+)=10\text{kV}$，$t>0$ 时

$$u_C(t)=u_C(0_+)\text{e}^{-\frac{t}{\tau}}\text{kV}$$

由于经过 t=15min，$u_C(t)$=3.2kV，所以

$$3.2=10\text{e}^{-\frac{15\times 60}{\tau}}$$

从中可解得

$$\tau=RC=\frac{15\times 60}{\ln\frac{3.2}{10}}=789.866(\text{s})$$

(1) 再过 15min，即 $t=(15+15)\times 60\text{s}$ 时

$$u_C(t)=u_C(0_+)\text{e}^{-\frac{t}{\tau}}\text{kV}=10\times\text{e}^{-\frac{30\times 60}{789.866}}\text{kV}=1.024\text{kV}$$

(2) 根据 $\tau=RC$，可得放电电阻

$$R=\frac{\tau}{C}=\frac{789.866}{15\times 10^{-6}}=52.658(\text{M}\Omega)$$

(3) 当 u_C 降至 30V 时，有

$$30=10\times 10^3\text{e}^{-\frac{t}{789.866}}$$

从中解得放电时间 t 为

$$t=\tau\ln\frac{1000}{3}=789.866\times\ln\frac{1000}{3}=4588.44(\text{s})=76.474\text{min}$$

6.2.2 RC 电路的零状态响应

换路前电容元件未储有能量称为零状态，即 $u_C(0_-)=0\text{V}$。所谓 RC 电路的零状态响应(zero-state response)，是在零状态条件下，由外加电源激励所产生的响应，指的是储能元件的充电过程。

电路如图 6.11(a)所示，换路前电容元件无初始储能。在 $t=0$ 时刻将开关 S 闭合，恒定电压为 U 的电压源，开始对电容元件充电。

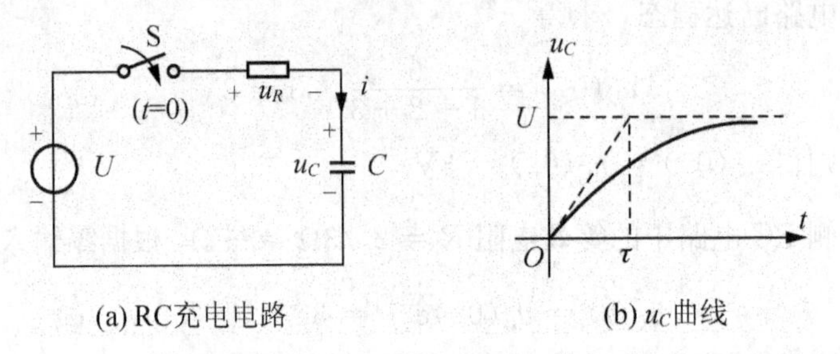

图 6.11 RC 充电电路

$t\geqslant 0$ 时根据基尔霍夫电压定律有

$$RC\frac{\mathrm{d}u_C}{\mathrm{d}t}+u_C=U_\mathrm{S} \tag{6.8}$$

式(6.8)的解分为两部分：一个是特解 u'_C，一个是通解 u''_C，即

$$u_C=u'_C+u''_C=U+A\mathrm{e}^{-\frac{t}{RC}}$$

由于 $u_C(0_+)=u_C(0_-)=0\text{V}$，则 $A=-U$。电容元件两端的电压为

$$u_C=U-U\mathrm{e}^{-\frac{t}{RC}}=U(1-\mathrm{e}^{-\frac{t}{\tau}})=u_C(\infty)(1-\mathrm{e}^{-\frac{t}{\tau}}) \tag{6.9}$$

u_C 的变化曲线如图 6.11(b)所示。

$$i=C\frac{\mathrm{d}u_C}{\mathrm{d}t}=\frac{U}{R}\mathrm{e}^{-\frac{t}{\tau}} \tag{6.10}$$

$$u_R=R\cdot i=U\mathrm{e}^{-\frac{t}{\tau}} \tag{6.11}$$

由式(6.9)可知，电压 u_C 按指数规律随时间增长而趋于稳态值 U，到达该值后，电压和电流不再变化，所以电容相当于开路，电流为零。特解 u'_C（$u'_C=u_C(\infty)$）称为稳态分量，即到达稳定状态时的电压 U，也是新电路经过无穷大时间后的值(此时电容元件充电完毕，相当于开路)；通解 u''_C 称为暂态分量，按指数规律衰减，大小与电源电压有关。

【例 6.6】 如图 6.12 所示电路中，已知 $U_\mathrm{S}=12\text{V}, R_1=3\text{k}\Omega, R_2=6\text{k}\Omega, R_3=2\text{k}\Omega$，$C=5\mu\text{F}$，求 u_C、i_1、i_2 的变化规律。换路前电路已达稳态。

解： 由于换路前电路已达稳态，即

$$u_C(0_+)=u_C(0_-)=0$$

开关闭合后，电源 U_S 对电容元件进行充电，为零状态响应。

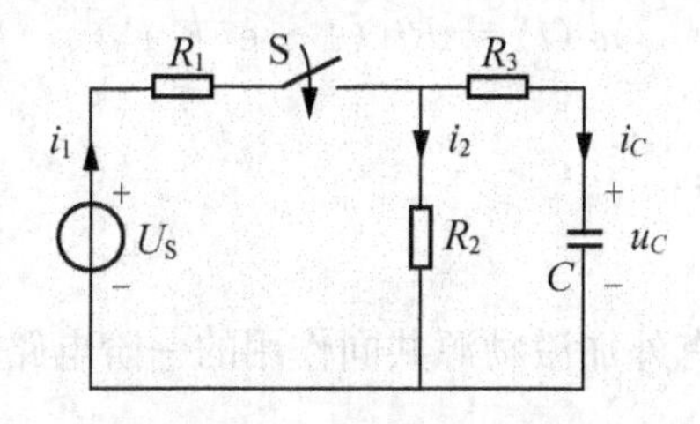

图 6.12 例 6.6 的图

$$u_C(\infty)=\frac{R_2}{R_1+R_2}\times U_S=\frac{6}{3+6}\times 12=8\text{V}$$

S闭合后，将电压源短路，从C两端看去的等效电阻为

$$R=R_3+\frac{R_1R_2}{R_1+R_2}=2+\frac{3\times 6}{3+6}=4(\text{k}\Omega)$$

$$\tau=RC=4\times 10^3\times 5\times 10^{-6}=2\times 10^{-2}(\text{s})$$

根据式(6.9)得

$$u_C=u_C(\infty)(1-\text{e}^{-\frac{t}{\tau}})=8(1-\text{e}^{-50t})\text{V}$$

$$i_C=C\frac{\text{d}u_C}{\text{d}t}=5\times 10^{-6}\times 400\times \text{e}^{-50t}=2\text{e}^{-50t}\text{mA}$$

$$i_2=\frac{R_3\times i_C+u_C}{R_2}=\left(\frac{4}{3}-\frac{2}{3}\text{e}^{-50t}\right)\text{mA}$$

$$i_1=i_C+i_2=\left(\frac{4}{3}+\frac{4}{3}\text{e}^{-50t}\right)\text{mA}$$

【例 6.7】 图 6.13(a)所示电路中，若 $t=0$ 时开关S打开，求 u_C。

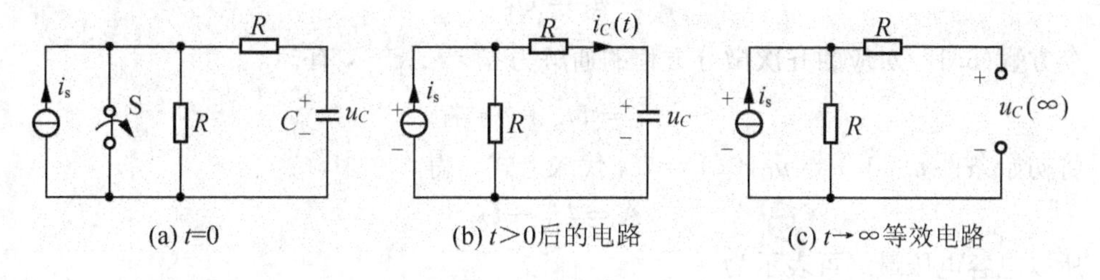

图 6.13 例 6.7 的图

解: $t<0$ 时，由于电流源被短路，所以可得电容C的初始值为

$$u_C(0_+)=u_C(0_-)=0$$

$t>0$ 后的电路如图 6.13(b)所示，这是一个求零状态响应的问题。

根据式(6.9)得

$$u_C(t)=u_C(\infty)(1-\text{e}^{-\frac{t}{\tau}})$$

当 $t\to\infty$ 时，电容相当于开路，如图 6.13(c)所示，则 $u_C(\infty)=Ri_s$

时间常数 τ 为 $\tau=R_0C=(R+R)C=2RC$

所以有

$$u_C(t) = Ri_s(1 - e^{-\frac{t}{2RC}})\text{V}$$

6.2.3 RC电路的全响应

既有非零初始状态，又有外加激励源共同作用的一阶电路的响应，称为一阶电路的全响应(full response)。

电路如图6.14所示，将开关S闭合前，电容电压$u_c(0_-) = U_0$，在$t = 0$时将开关S闭合，直流电压源U_S作用于一阶RC电路。

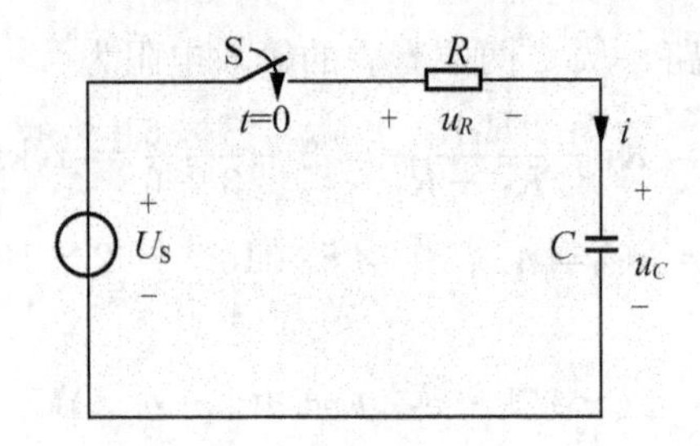

图6.14 一阶RC电路的全响应

根据KVL，此时电路方程可表示为

$$RC\frac{\mathrm{d}u_C}{\mathrm{d}t} + u_C = U_S \tag{6.12}$$

方程的通解为$u_C = u_C' + u_C''$，与一阶RC电路的零状态响应类似，取换路后的稳定状态为方程的特解，即

$$u_C' = U_S$$

令方程(6.12)对应的齐次微分方程的通解为$u_C'' = Ae^{-\frac{t}{\tau}}$，有

$$u_C = U_S + Ae^{-\frac{t}{\tau}}$$

将初始条件$u_C(0_+) = u_C(0_-) = U_0$代入上式，得

$$A = U_0 - U_S$$

所以电容电压最终可表示为

$$u_c = U_S + (U_0 - U_S)e^{-\frac{t}{\tau}} \tag{6.13}$$

电容充电电流为

$$i = C\frac{\mathrm{d}u_C}{\mathrm{d}t} = \frac{U_S - U_0}{R}\ e^{-\frac{t}{\tau}}$$

将式(6.13)进行适当变换，得

$$u_C = U_0e^{-\frac{t}{\tau}} + U_S(1 - e^{-\frac{t}{\tau}})$$

从上式可以看出，右端第1项正是电路的零输入响应，第2项则是电路的零状态响应。显然，RC电路的全响应是零输入响应与零状态响应的叠加，即

全响应=零输入响应+零状态响应

进一步分析式(6.13)可以看出右端第1项是电路微分方程的特解，其变化规律与电路

外加激励源相同，因此被称之为强制分量；式(6.13)右端第2项对应于微分方程的通解，其变化规律与外加激励源无关，仅由电路参数决定，称为自由分量。所以，全响应又可表示为强制分量与自由分量的叠加，即

全响应＝强制分量＋自由分量

从能量衰减角度来看，式(6.13)中右端第1项随时间推移不衰减，而第2项呈指数衰减。显然，第2项分量在 $t\rightarrow\infty$ 时趋于零，最后只剩下第1项不衰减的部分，所以将第2项分量称为暂态分量，第1项不衰减的部分称为稳态分量，即

全响应＝稳态分量＋暂态分量

练习与思考

1. 什么是一阶动态电路？零输入与零状态响应的区别是什么？

2. 一阶电路的时间常数 τ 由什么决定？与电路中的激励有关吗？

3. 在一阶电路中，当 $t\rightarrow\infty$ 时，电感元件与电容元件如何处理？

4. 关于RC电路的过渡过程，下列叙述不正确的是(　　)。

A. RC串联电路的零输入响应就是电容器的放电过程

B. RC串联电路的零状态响应就是电容器的充电过程

C. 初始条件不为0，同时又有电源作用的情况下RC电路的响应称为全响应

D. RC串联电路的全响应不可以利用叠加定理进行分析

5. 求图6.15中电容两端的电压 $u_C(t)$。

6. 图6.16所示电路中，$U=30\text{V}$，$R_1=R_3=10\text{k}\Omega$，$R_2=20\text{k}\Omega$，$C=10\mu\text{F}$，开关 S 在“1”位置时电路已处于稳定状态。当 $t=0$ 时，将开关S由“1”换到“2”，试求 $u_C(t)$ 及 $i(t)$。

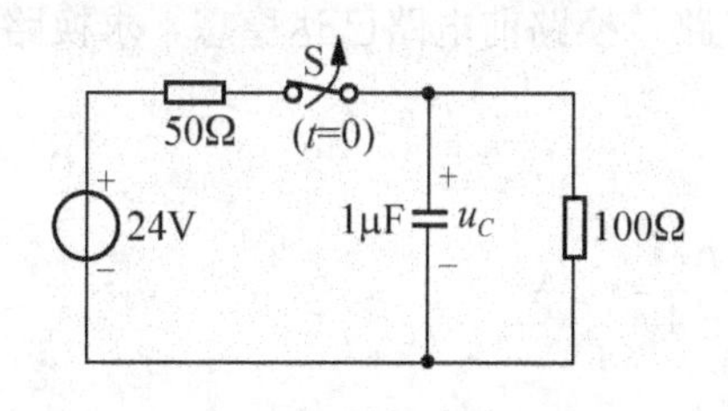

图6.15　练习与思考5的图

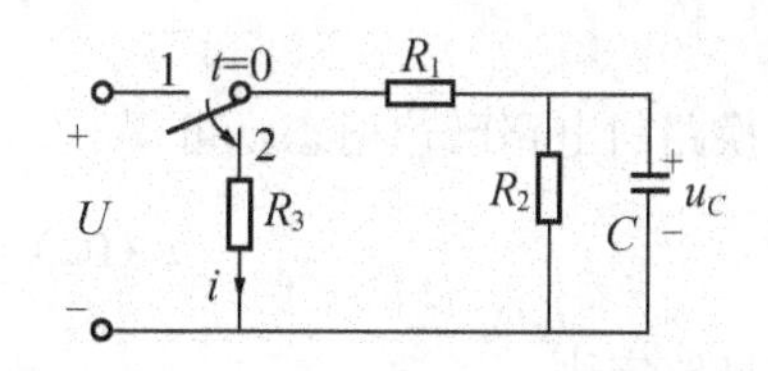

图6.16　练习与思考6的图

6.3　RL电路的暂态分析

6.3.1　RL电路的零输入响应

图6.17是一RL串联电路。当开关S在位置1时，电路接通电源，电流 $i=I_0$。当 $t=0$ 时开关S从位置1合到位置2，使 RL 串联电路与电源断开，此时一阶电路的响应称为零

输入响应。若换路前电路已达稳态，则 $i(0_+)=i(0_-)=I_0=\dfrac{U}{R}$（稳态时，电感元件相当于短路）。

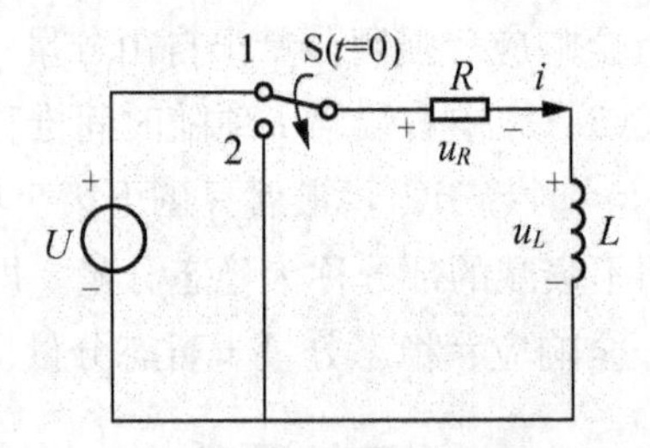

图 6.17 一阶 RL 电路的零输入响应

$t\geqslant 0$ 时电路的微分方程为

$$Ri+L\frac{\mathrm{d}i}{\mathrm{d}t}=0$$

其通解为

$$i=I_0\mathrm{e}^{-\frac{R}{L}t}=I_0\mathrm{e}^{-\frac{t}{\tau}}=\frac{U}{R}\mathrm{e}^{-\frac{t}{\tau}}=i(0_+)\mathrm{e}^{-\frac{t}{\tau}} \tag{6.14}$$

式中 $\tau=\dfrac{L}{R}$，也具有时间的量纲。

由式(6.14)可得电感与电阻元件上的电压分别为

$$u_L=L\frac{\mathrm{d}i}{\mathrm{d}t}=-U\mathrm{e}^{-\frac{t}{\tau}} \tag{6.15}$$

$$u_R=R\cdot i=U\mathrm{e}^{-\frac{t}{\tau}} \tag{6.16}$$

【例 6.8】 图 6.18 中开关 S 在 $t=0$ 时换路，换路前电路已达稳态，求换路后的 $i(t)$ 和 $u_L(t)$。

解： 换路前电路已达稳态，可得

$$i_L(0_-)=\frac{10}{1+4}=2\mathrm{A}$$

根据换路定则：

$$i_L(0_+)=i_L(0_-)=2\mathrm{A}$$

换路后电路为一个一阶 RL 零输入电路。其时间常数为

$$\tau=\frac{L}{R}=\frac{1}{4+4}=\frac{1}{8}\mathrm{s}$$

故电感电流和电压分别为

$$i(t)=i_L(t)=i_L(0_+)\mathrm{e}^{-\frac{t}{\tau}}=2\mathrm{e}^{-8t}\mathrm{A}$$

$$u_L(t)=L\frac{\mathrm{d}i_L}{\mathrm{d}t}=1\times 2\mathrm{e}^{-8t}\times(-8)=-16\mathrm{e}^{-8t}(\mathrm{V})$$

也可利用 KVL 计算 $u_L(t)$，即

$$u_L(t)=-(4+4)i_L(t)=-16\mathrm{e}^{-8t}\mathrm{V}$$

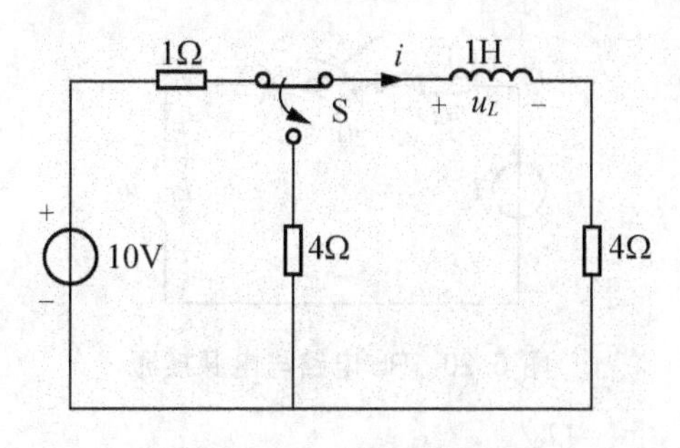

图 6.18　例 6.8 的图

【例 6.9】 如图 6.19 所示电路，已知开关 S 在 $t=0$ 时闭合，换路前电路已处于稳态，求电感电压 u_L。

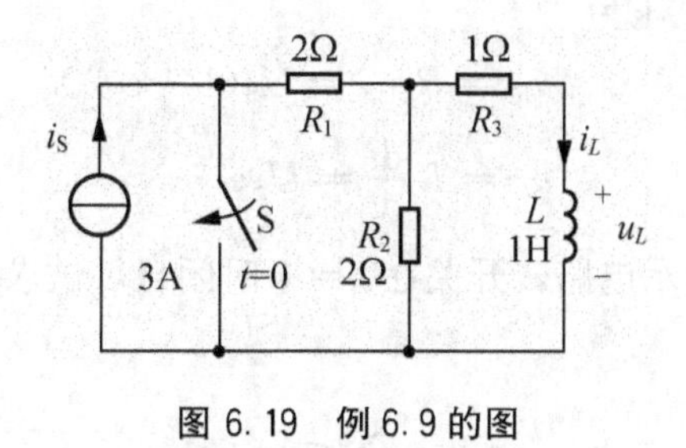

图 6.19　例 6.9 的图

解：开关闭合前，电路处于稳态，此时

$$i_L(0_+)=i_L(0_-)=\frac{2}{2+1}\times 3=2(\mathrm{A})$$

开关闭合后，电流源被短路，电路中的响应为零输入响应。

电感 L 两端的等效电阻为

$$R=1+\frac{2\times 2}{2+2}=2(\Omega)$$

$$\tau=\frac{L}{R}=\frac{1}{2}=0.5(\mathrm{s})$$

$$i_L=i_L(0_+)\mathrm{e}^{-\frac{t}{\tau}}=2\mathrm{e}^{-2t}\,\mathrm{A}$$

$$u_L=L\frac{\mathrm{d}i}{\mathrm{d}t}=-4\mathrm{e}^{-2t}\,\mathrm{V}$$

6.3.2　RL 电路的零状态响应

图 6.20 所示电路中，换路前电感元件未储有能量，即 $i(0_+)=i(0_-)=0\mathrm{A}$。电路在 $t=0$ 时闭合开关，根据基尔霍夫电压定律，电路的微分方程为

$$Ri+L\frac{\mathrm{d}i}{\mathrm{d}t}=U_S \tag{6.17}$$

参考 6.2.2 节，可知其通解为

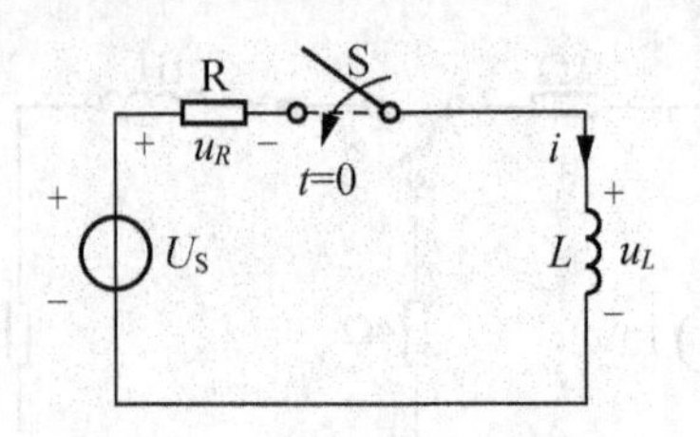

图 6.20　RL 电路与电源接通

$$i = \frac{U_S}{R}(1 - e^{-\frac{t}{\tau}}) = i(\infty)(1 - e^{-\frac{t}{\tau}}) \tag{6.18}$$

式中 $\tau = \frac{L}{R}$。

电阻与电感元件上的电压为

$$u_R = R \cdot i = U_S(1 - e^{-\frac{t}{\tau}})$$

$$u_L = L\frac{di}{dt} = U_S e^{-\frac{t}{\tau}}$$

【例 6.10】　图 6.21 所示电路，开关在 $t=0$ 时闭合，试求 $t \geqslant 0$ 时各支路电流。开关闭合前电路已达稳态。

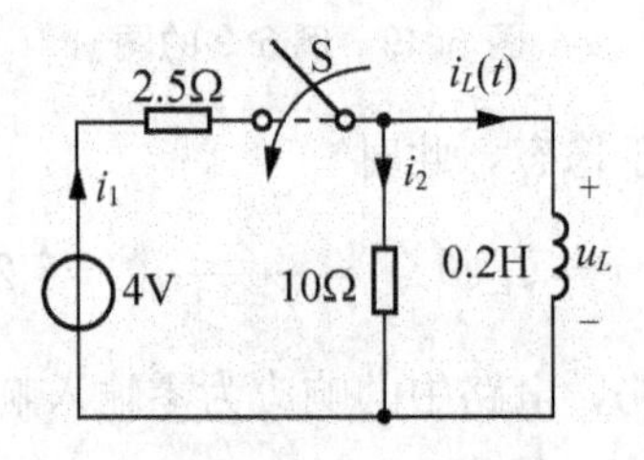

图 6.21　例 6.10 的图

解：由于开关闭合前电路已达稳态，所以

$$i_L(0_+) = i_L(0_-) = 0\text{A}$$

换路后，电感元件中无初始储能，由 4V 电源对其进行充电，为零状态响应。

电感 L 两端的等效电阻为

$$R = 2.5//10 = \frac{2.5 \times 10}{2.5 + 10} = 2(\Omega)$$

$$\tau = \frac{L}{R} = \frac{0.2}{2} = 0.1(\text{s})$$

$$i_L(\infty) = \frac{4}{2.5} = 1.6(\text{A})$$

由公式(6.18)得

$$i_L = i_L(\infty)(1 - e^{-\frac{t}{\tau}}) = 1.6(1 - e^{-10t})\text{A}$$

$$u_L = L\frac{di}{dt} = 3.2e^{-10t}\text{V}$$

$$i_2 = \frac{u_L}{10} = 0.32\mathrm{e}^{-10t}\mathrm{A}$$

$$i_1 = i_2 + i_L = (1.6 - 1.28\mathrm{e}^{-10t})\mathrm{A}$$

【例 6.11】 图 6.22(a)所示电路中，开关 S 打开前已处于稳定状态。$t=0$ 开关 S 打开，求 $t \geqslant 0$ 时的 $u_L(t)$。

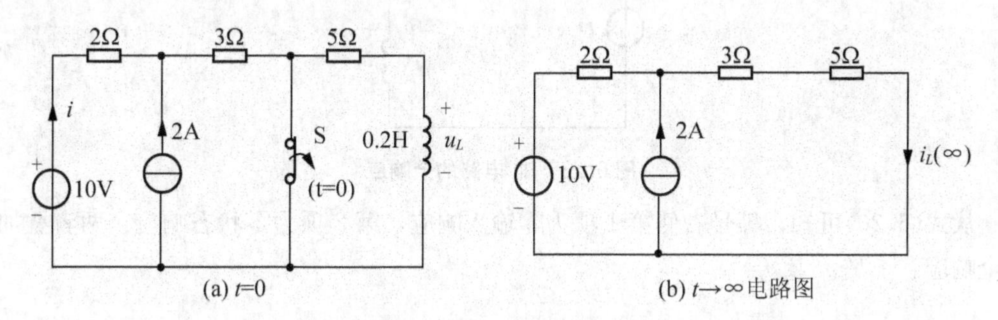

图 6.22　例 6.11 的图

解： 由图可知，换路前电感支路被短路，故有 $i_L(0_+) = i_L(0_-) = 0$。当 $t \to \infty$ 时，电感看作短路，电路如图 6.22(b)所示。应用叠加定理可求得 $i_L(\infty)$ 为

$$i_L(\infty) = \frac{10}{2+3+5} + \frac{2\times 2}{2+3+5} = 1.4(\mathrm{A})$$

从电感两端电路看去的等效电阻为

$$R_0 = 2+3+5 = 10(\Omega)$$

则时间常数

$$\tau = \frac{L}{R_0} = \frac{0.2}{10} = \frac{1}{50}(\mathrm{s})$$

所以 $t > 0$ 后的电感电流为

$$i_L(t) = i_L(\infty)(1 - \mathrm{e}^{-\frac{t}{\tau}}) = 1.4(1 - \mathrm{e}^{-50t})\mathrm{A}$$

电感电压为

$$u_L = L\frac{\mathrm{d}i_L}{\mathrm{d}t} = 14\mathrm{e}^{-50t}\mathrm{V}$$

6.3.3　RL 电路的全响应

在图 6.23 所示电路中，$i(0_-) = I_0 = \dfrac{U}{R_0 + R}\mathrm{A}$。当开关闭合时，电路同图 6.20 所示。

$t \geqslant 0$ 时电路的微分方程同式(6.17)，可知其解为

$$i = \frac{U}{R} + \left(I_0 - \frac{U}{R}\right)\mathrm{e}^{-\frac{t}{\tau}} \tag{6.19}$$

将上式改写后得

$$i = I_0\mathrm{e}^{-\frac{t}{\tau}} + \frac{U}{R}(1 - \mathrm{e}^{-\frac{t}{\tau}}) \tag{6.20}$$

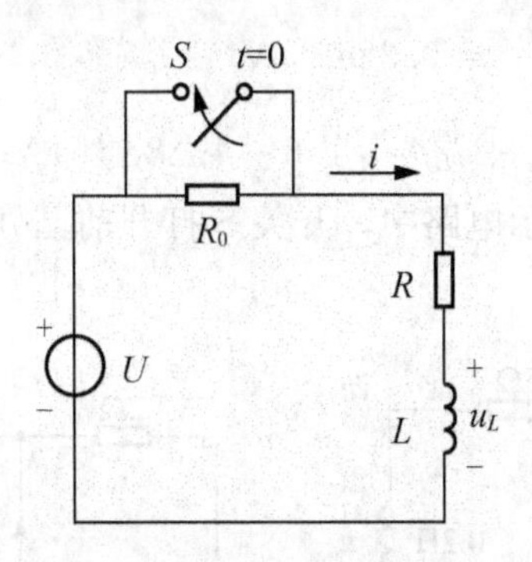

图 6.23 RL 电路的全响应

从式(6.20)可知，等号右侧第 1 项为零输入响应，第 2 项为零状态响应，两者叠加即为全响应。

练习与思考

1. 在一阶 RL 电路中，当 R 值保持不变而 L 值增大为原来的一倍时，其时间常数变为原来的多少？

2. 换路瞬间，电感元件两端的电压能否发生跃变？

3. 在图 6.24 所示电路中，开关闭合前电路已达稳态。求 $t\geqslant 0$ 闭合开关后电感元件两端的电压和电流各为多少？

4. 如图 6.25 所示电路，已知 $U=220\text{V}$，$R=200\Omega$，$C=1\mu\text{F}$，电容事先未充电，在 $t=0$ 时合上开关 S。求：u_C、u_R 的表达式。

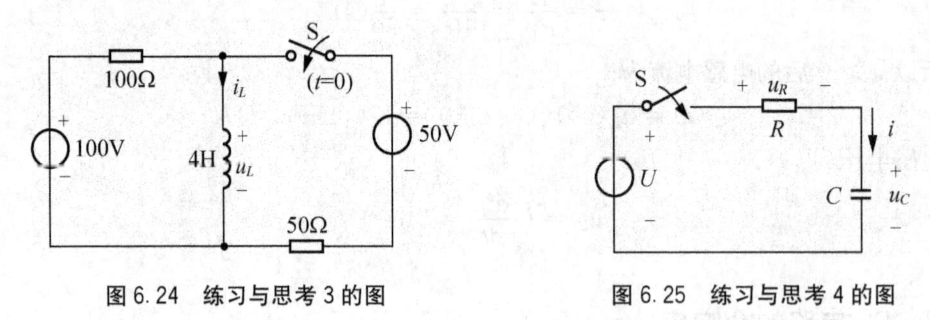

图 6.24 练习与思考 3 的图

图 6.25 练习与思考 4 的图

5. 电路如图 6.26 所示，若 $t=0$ 时开关闭合，求 $t\geqslant 0$ 时的电流 i。

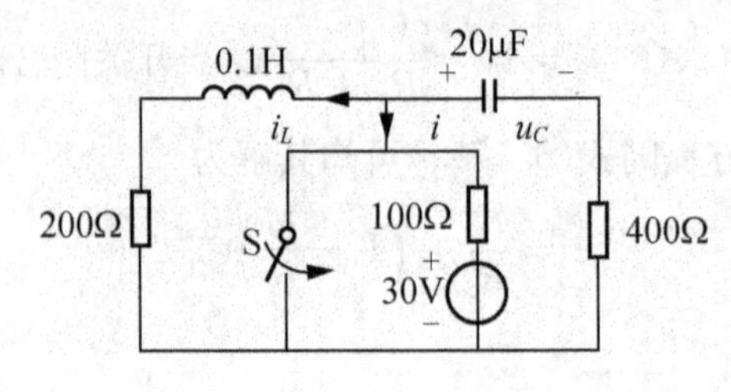

图 6.26 练习与思考 5 的图

6.4　一阶电路暂态分析的三要素法

一阶电路(first order circuit)只含有一个动态元件(电容或电感元件)，其他支路可能由许多的电阻、电源等元件构成。如果将动态元件独立开来，其他部分可以看成是一个端口的电阻电路，根据戴维宁定理或诺顿定理可将复杂的一端口网络化成图 6.27 所示的简单电路。

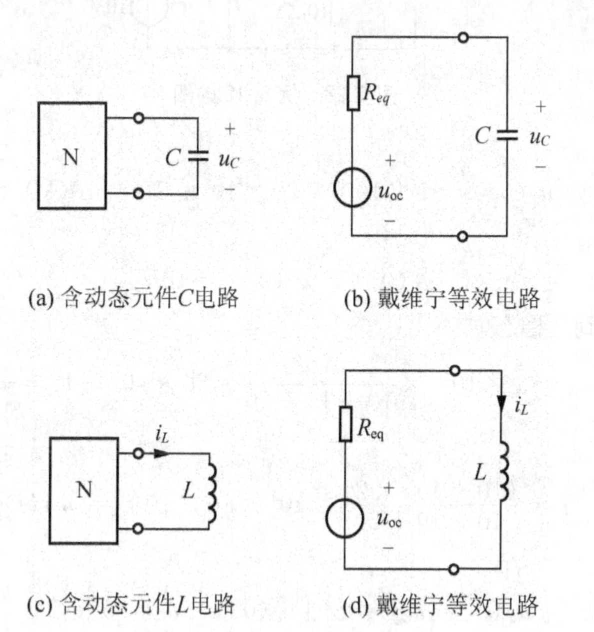

(a) 含动态元件C电路　　(b) 戴维宁等效电路

(c) 含动态元件L电路　　(d) 戴维宁等效电路

图 6.27　动态元件简化电路

如前所述，图 6.27(b)中一阶 RC 电路的全响应公式为

$$u_C = u_{oc} + [u_c(0_+) - u_{oc}]e^{-\frac{t}{\tau}}$$

其中 $\tau = R_{eq}C$, u_{oc} 是一端口网络 N 的开路电压，由于 $u_{oc} = u_c(\infty)$，所以上式可以改写成为

$$u_C(t) = u_C(\infty) + [u_C(0_+) - u_C(\infty)]e^{-\frac{t}{\tau}} \tag{6.21}$$

同理，图 6.27(d)中一阶 RL 电路的全响应公式为

$$i_L(t) = i_L(\infty) + [i_L(0_+) - i_L(\infty)]e^{-\frac{t}{\tau}} \tag{6.22}$$

其中 $\tau = \frac{L}{R_{eq}}$, $i_L(\infty) = \frac{u_{oc}}{R_{eq}}$ 为 i_L 的稳态分量。零输入响应和零状态响应可看成是全响应的特例。

将式(6.21)和式(6.22)写成一般通式，则为

$$f(t) = f(\infty) + [f(0_+) - f(\infty)]e^{-\frac{t}{\tau}} \tag{6.23}$$

式中：$f(t)$ 是响应电流或电压；$f(0_+)$ 为换路后新电路的初始值；$f(\infty)$ 为新电路的稳态

值，τ 为时间常数。即一阶动态电路的全响应是由初始值、稳态值和时间常数 3 个要素来决定的，只要求得 $f(0_+)$、$f(\infty)$ 和 τ 这 3 个要素，就能直接求出电路的响应，称之为三要素法(three-element method)。

【例 6.12】 电路如图 6.28 所示，换路前已处于稳态，试求换路后($t \geqslant 0$)的 u_C。

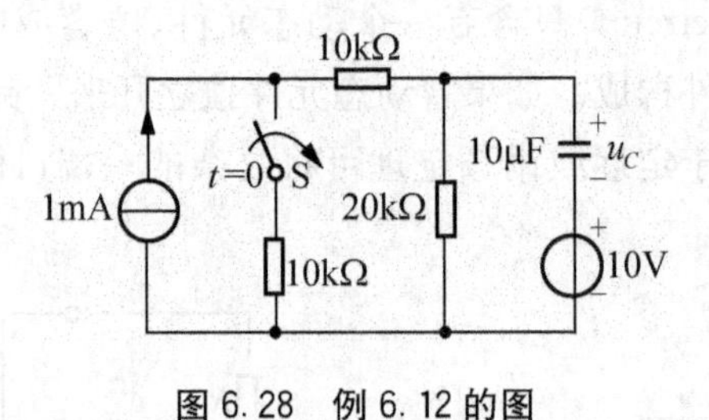

图 6.28　例 6.12 的图

解：换路前

$$u_C(0_-) = 1 \times 10^{-3} \times 20 \times 10^3 - 10 = 10(\text{V})$$

换路后

$$u_C(0_+) = u_C(0_-) = 10\text{V}$$

换路后的电路到达稳态时：

$$u_C(\infty) = 1 \times 10^{-3} \times \frac{10}{10+10+20} \times 20 \times 10^3 - 10 = -5(\text{V})$$

时间常数

$$\tau = \frac{(10+10) \times 20}{10+10+20} \times 10^3 \times 10 \times 10^{-6} = 0.1(\text{s})$$

于是

$$\begin{aligned} u_C(t) &= u_C(\infty) + [u_C(0_+) - u_C(\infty)]\text{e}^{-\frac{t}{\tau}} \\ &= -5 + [10 - (-5)]\text{e}^{-\frac{t}{0.1}} \\ &= (-5 + 15\text{e}^{-10t})(\text{V}) \end{aligned}$$

【例 6.13】 电路如图 6.29 所示，$t=0$ 时将开关 S 打开，求换路后的电流 i。开关 S 断开前电路已处于稳态。

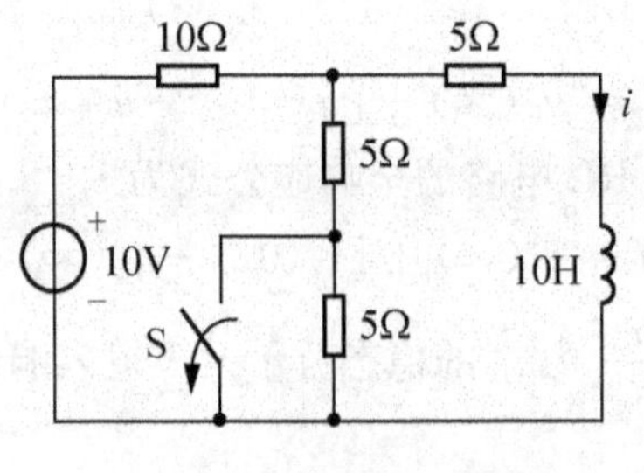

图 6.29　例 6.13 的图

解：根据换路定则得

$$i(0_+) = i(0_-) = \frac{10}{10 + 5//5} \times \frac{5}{5+5} = 0.4(\text{A})$$

其稳态值为

$$i(\infty)=\frac{10}{10+5//(5+5)}\times\frac{(5+5)}{(5+5)+5}=0.5(\mathrm{A})$$

时间常数

$$\tau=\frac{L}{R}=\frac{10}{5+10//(5+5)}=1(\mathrm{s})$$

$$i(t)=i(\infty)+[i(0_+)-i(\infty)]\mathrm{e}^{-\frac{t}{\tau}}=(0.5-0.1\mathrm{e}^{-t})\mathrm{A}$$

【例 6.14】 图 6.30(a)所示电路中，开关打开以前电路已达稳态，$t=0$ 时开关打开。求 $t\geqslant0$ 时的 $i_C(t)$，并求 $t=2\mathrm{ms}$ 时电容的能量。

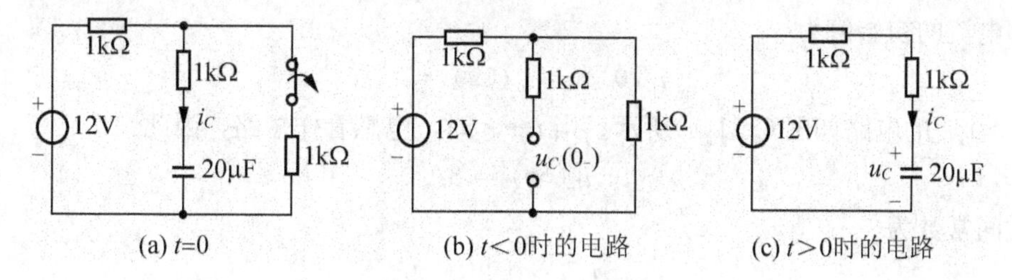

图 6.30　例 6.14 的图

解：$t<0$ 时的电路如图 6.30(b)所示。由图 6.30(b)知

$$u_C(0_-)=\frac{12\times1}{1+1}=6(\mathrm{V})$$

则初始值

$$u_C(0_+)=u_C(0_-)=6\mathrm{V}$$

$t>0$ 的电路如图 6.30(c)所示。当 $t\to\infty$ 时，电容看作开路，有

$$u_C(\infty)=12\mathrm{V}$$

时间常数为

$$\tau=R_0C=(1+1)\times10^3\times20\times10^{-6}=0.04(\mathrm{s})$$

利用三要素公式得

$$u_C(t)=12+(6-12)\mathrm{e}^{-\frac{t}{0.04}}=(12-6\mathrm{e}^{-25t})(\mathrm{V})\quad(t>0)$$

$$i_C(t)=C\frac{\mathrm{d}u_C}{\mathrm{d}t}=3\times\mathrm{e}^{-25t}\mathrm{mA}$$

当 $t=2\mathrm{ms}$ 时，有

$$u_C(2\mathrm{ms})=12-6\mathrm{e}^{-25\times2\times10^{-3}}=12-6\mathrm{e}^{-0.05}=6.293(\mathrm{V})$$

电容的储能为

$$W_C(2\mathrm{ms})=\frac{1}{2}Cu_C^2(2\mathrm{ms})=\frac{1}{2}\times20\times10^{-6}\times6.293^2=396\times10^{-6}(\mathrm{J})$$

【例 6.15】 图 6.31(a)所示电路中 $t=0$ 时开关 S_1 打开，S_2 闭合，在开关动作前，电路已达稳态。试求 $t\geqslant0$ 时的 $u_L(t)$。

解：$t<0$ 时，电路处于稳态，电路如图 6.31(b)所示。由图 6.31(b)知

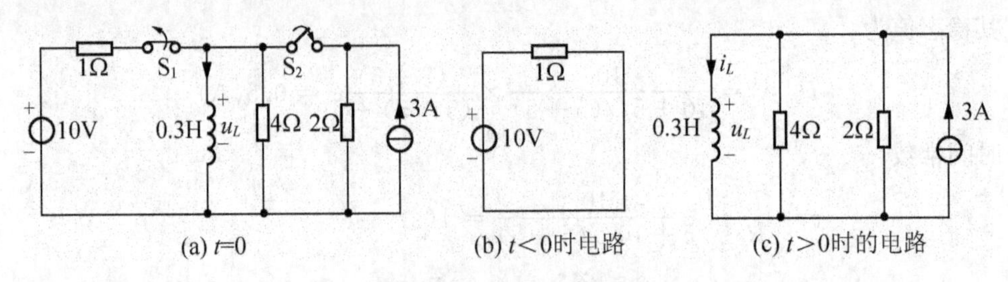

图 6.31　例 6.15 的图

$$i_L(0_-)=\frac{10}{1}=10(\mathrm{A})$$

故电感电流的初始值为

$$i_L(0_+)=i_L(0_-)=10\mathrm{A}$$

$t>0$ 后的电路如图 6.31(c)所示。当 $t\to\infty$时，电感看作短路，因此

$$i_L(\infty)=3\mathrm{A}$$

时间常数为

$$\tau=\frac{L}{R_0}=\frac{0.3}{4/\!/2}=\frac{9}{40}(\mathrm{s})$$

根据三要素公式：

$$i_L(t)=3+(10-3)\mathrm{e}^{-\frac{40t}{9}}=3+7\mathrm{e}^{-\frac{40t}{9}}(\mathrm{A})$$

则电感电压

$$u_L(t)=L\frac{\mathrm{d}i_L}{\mathrm{d}t}=0.3\times7\mathrm{e}^{-\frac{40}{9}t}\times\left(-\frac{40}{9}\right)=-\frac{28}{3}\mathrm{e}^{-\frac{40}{9}t}(\mathrm{V})$$

练习与思考

1. RC 放电电路经过 1.5s 后，电容两端电压降为原来的 36.8%，则其时间常数 τ 为(　　)。

A. 1s　　B. 1.5s　　C. 0.5s　　D. 3s

2. 如图 6.32 所示电路中，$t=0$ 时开关 S 闭合，试求换路后各电路的时间常数。

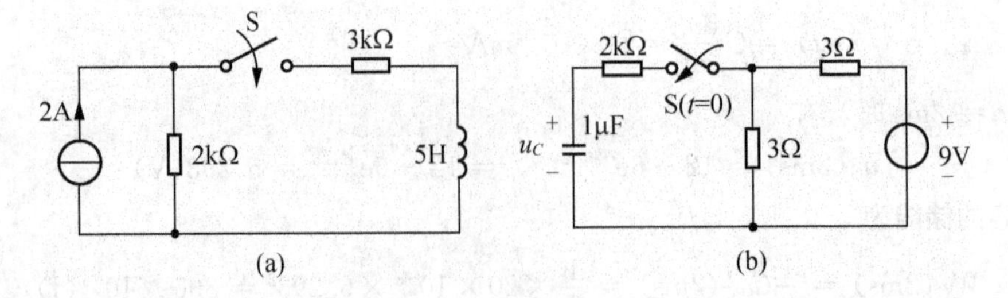

图 6.32　练习与思考 2 图

3. 如图 6.33 所示电路，$t<0$ 时电路已处于稳态，$t=0$ 时开关 S 闭合。求使 $i_L(0.03)=0.005\mathrm{A}$ 的电源电压 U_S 的值。

4. 图 6.34 所示电路在 $t=0$ 时闭合开关(开关闭合前电路已达稳态)，求换路后电路的时间常数、流经电感电流 i_L 的初始值及稳态值。

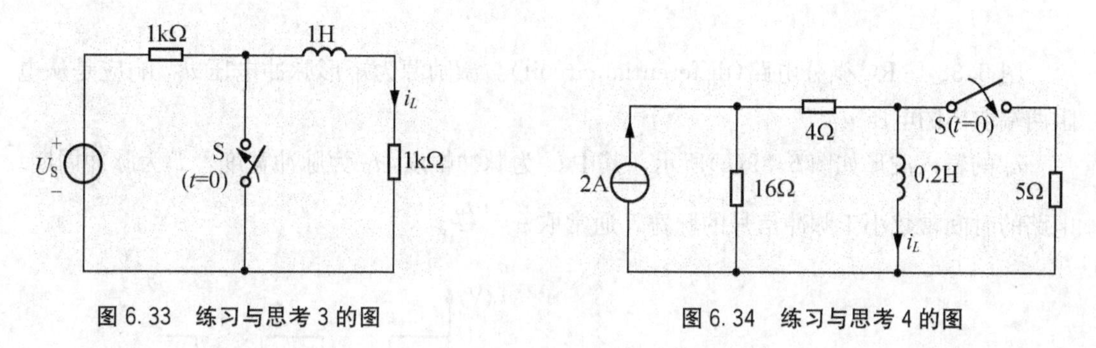

图 6.33　练习与思考 3 的图　　图 6.34　练习与思考 4 的图

5. 图 6.35 所示电路在开关闭合前已处于稳态。已知 $E=24\text{V}$，$R=6\Omega$，$L=0.3\text{H}$，求：开关 S 闭合后的响应 i_L。

6. 图 6.36 所示电路原已处于稳定状态，试用三要素法求 S 闭合后的 u_C 及 i_C。

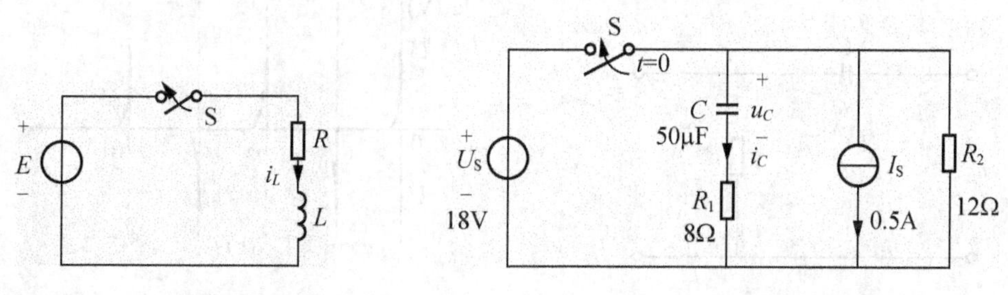

图 6.35　练习与思考 5 的图　　图 6.36　练习与思考 6 的图

7. 图 6.37 所示电路中，求 $t\geqslant 0$ 时的 u 和 i。已知换路前电路已达稳定状态。

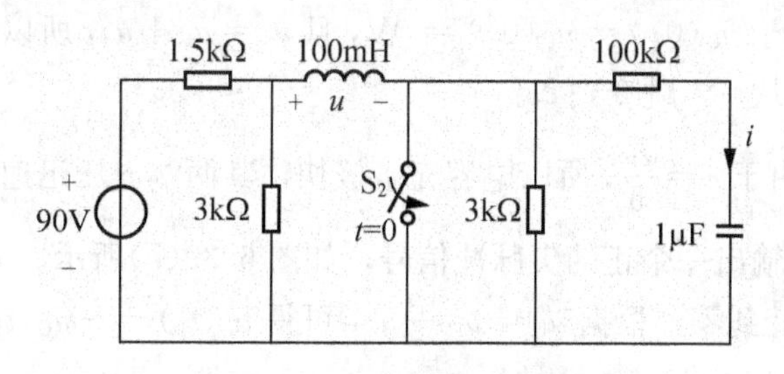

图 6.37　练习与思考 7 的图

6.5　微分电路与积分电路

微分电路与积分电路，指的是在矩形脉冲激励下电容元件充放电的 RC 电路。若选取不同的时间常数，可构成输出电压波形与输入电压波形之间的特定(微分或积分)关系。

6.5.1 微分电路

图 6.38 是 RC 微分电路(differential circuit)。激励源为矩形脉冲电压 u_i，响应是从电阻两端取出的电压 u_o。

u_i 的输入波形如图 6.39(a)所示，其中 U 为脉冲幅度，t_P 为脉冲宽度，T 为脉冲周期。电路的时间常数小于脉冲信号的脉宽，通常取 $\tau=\frac{t_P}{5}$。

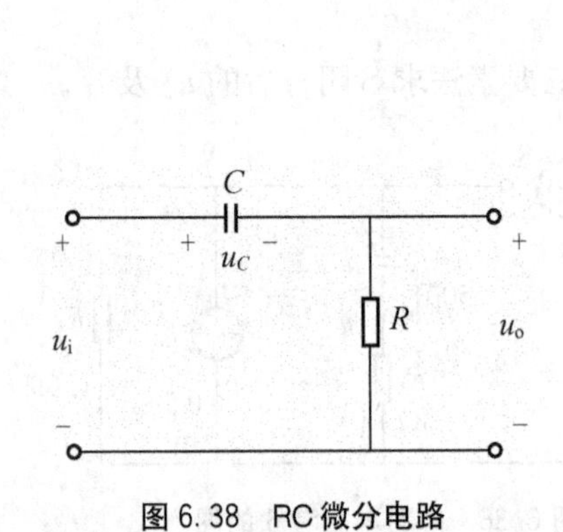

图 6.38 RC 微分电路

图 6.39 微分电路输入电压与输出电压波形

$t<0$ 时，$u_C(0_-)=0\text{V}$；在 $t=0$ 时，电路相当于接入一个恒压源，变成了 RC 串联电路的零状态响应。由于 $u_C(0_+)=u_C(0_-)=0\text{V}$，且 $u_i=u_C+u_o$，所以 $u_o(0_+)=U$，即：输出电压产生了突变，从 0V 跳变到 U。

$0<t<t_1$ 时，由于 $\tau=\frac{t_P}{5}$，所以电容充电极快，其两端电压迅速达到 U，反之电阻两端电压迅速减小，即输出一个正的尖脉冲信号，如图 6.39(b)所示。

$t=t_1$ 时，u_i 突变到零，根据 $u_i=u_C+u_o$，可得 $u_o(t_1)=-u_C(t_1)=-U$。

$t_1<t<t_2$ 时，$u_i=0\text{V}$，这就是 RC 串联电路的零输入响应。由于 $\tau=\frac{t_P}{5}$，所以电容放电过程极快，电阻两端输出一个负的尖脉冲信号，如图 6.39(b)所示。

由于输入 u_i 为周期性的矩形脉冲信号，则输出 u_o 也就为同一周期正负尖脉冲信号，如图 6.39(b)所示。这种输出的尖脉冲反映了输入矩形脉冲的跃变部分，是对矩形脉冲微分的结果，故称这种电路为微分电路。

微分电路应满足两个条件：①从电阻两端输出；②电路时间常数远小于脉冲信号脉宽，即 $\tau\ll t_P$。

在电子技术中，常用微分电路把矩形波变换成尖脉冲，作为触发器的触发信号，或用

来触发可控硅(晶闸管)，用途非常广泛。

6.5.2 积分电路

如果将微分电路的条件变为：①从电容两端输出；②电路时间常数远大于脉冲信号脉宽，即$\tau \gg t_P$，那么电路就转化为积分电路(integral circuit)，如图 6.40(a)所示。图 6.40(b)所示是积分电路输入电压 u_i 和输出电压 u_o 的波形。

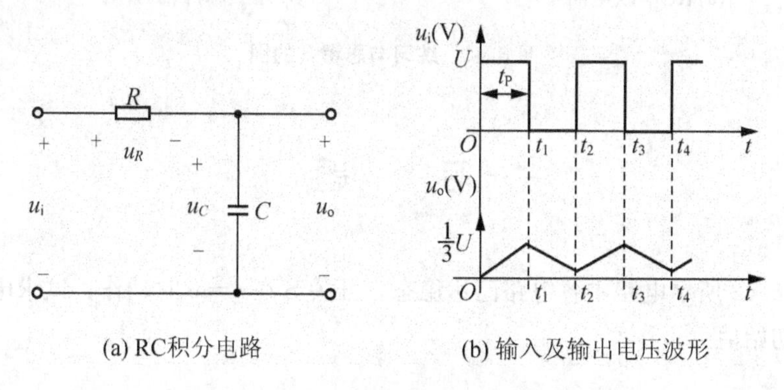

(a) RC积分电路　　(b) 输入及输出电压波形

图 6.40　RC 积分电路和输入及输出电压波形

在 $t=0_-$ 时刻，$u_C(0_-)=0\text{V}$；$t=0$ 时刻输入信号 u_i 从零突然上升到 U，$u_C(0_+)=u_C(0_-)=0\text{V}$。

$0<t<t_1$ 时，$u_i=U$，此时为 RC 串联电路的零状态响应，对电容进行充电。取 $\tau=5t_P$，所以电容充电极慢。

$t=t_1$ 时，$u_o(t_1)=\frac{1}{3}U$，此时电容尚未充电至稳态，输入信号突然从 U 下降到 0V。

$t_1<t<t_2$ 时，$u_i=0\text{V}$，此时为 RC 串联电路的零输入响应。由于 $u_o(t_1)=\frac{1}{3}U$，所以电容从 $\frac{1}{3}U$ 处开始放电。由于 $\tau=5t_P$，放电过程进行得极慢。当电容电压还未衰减到 0V 时，输入信号 u_i 又发生突变并周而复始地进行。由此在输出端就得到一个锯齿波信号。时间常数 τ 越大，充放电越是缓慢，输出端锯齿波电压的线性就越好。

从图 6.40(b)波形可以看出，u_o 是对 u_i 积分的结果，因此这种电路称为积分电路。

在脉冲电路中，可应用积分电路把矩形脉冲转化为锯齿波电压，使其在示波器、显示器等电子设备中作扫描电压。

练习与思考

1. 什么是微分电路？微分电路的作用是什么？
2. 什么是积分电路？积分电路的作用是什么？
3. 将图 6.41(b)所示的矩形脉冲信号加在电压初始值为零的 RC 串联电路上

[图 6.41(a)]，则电容及电阻两端的电压各为多少？画出二者的波形图。

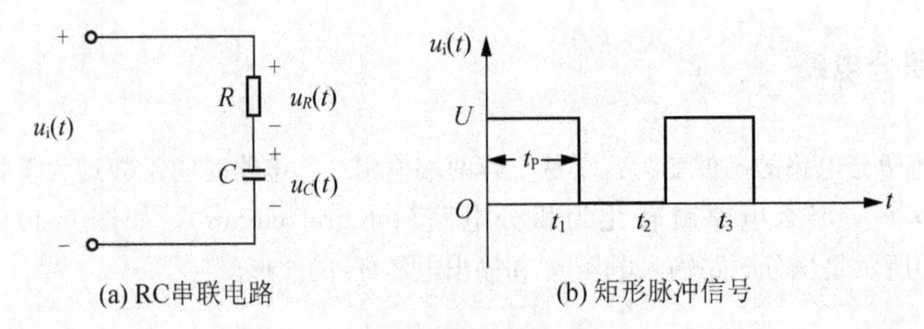

(a) RC串联电路　　(b) 矩形脉冲信号

图 6.41　练习与思考 3 的图

习　题

1. 如图 6.42 所示电路中各电路已达稳态，开关 S 在 $t=0$ 时动作，试求电路中各元件两端电压的初始值。

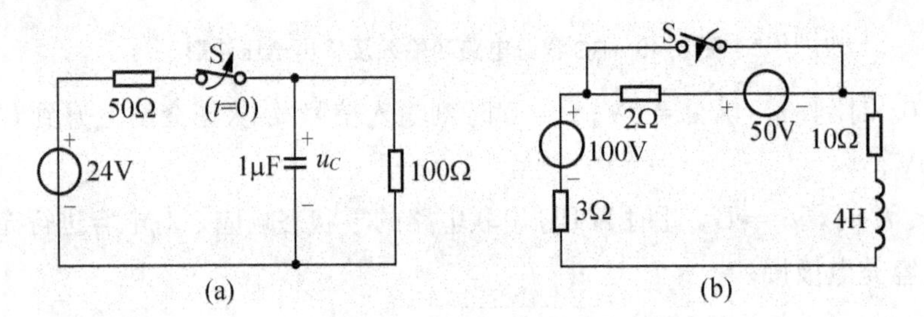

(a)　　(b)

图 6.42　习题 1 的图

2. 求图 6.43 所示各电路换路后的时间常数。

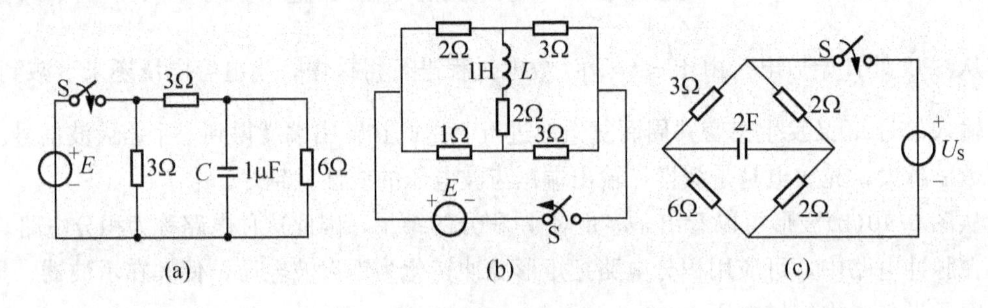

(a)　　(b)　　(c)

图 6.43　习题 2 的图

3. 如图 6.44 所示电路在 $t=0$ 时闭合开关 S，求 $u_C(t)$。在闭合开关之前电路已达稳态。

4. 如图 6.45 所示电路，换路前电路处于稳态，求 $t\geqslant 0$ 时的 i_1、i_2 及 i_L。

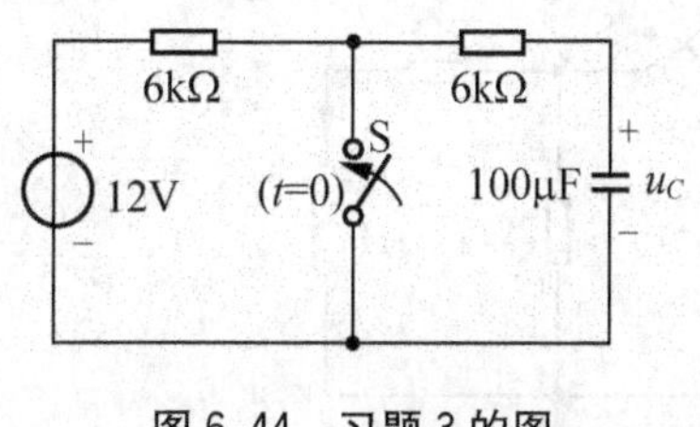

图 6.44　习题 3 的图

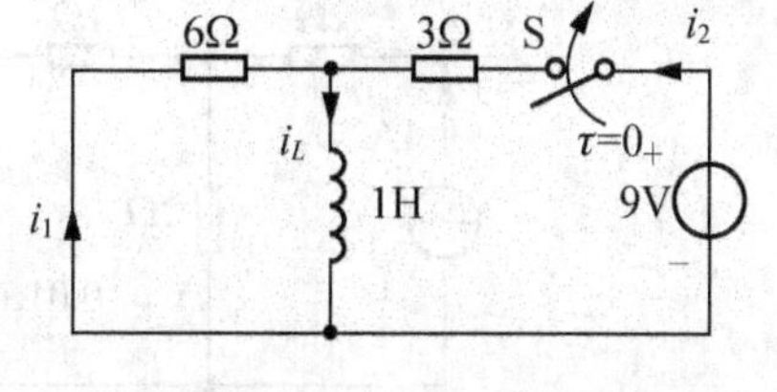

图 6.45　习题 4 的图

5. 如图 6.46 所示电路中，开关 S 在 $t=0$ 时由“1”端合向“2”端，其中 $R_1=4\text{k}\Omega$，$R_2=4\text{k}\Omega$，$C=5\mu\text{F}$，求 $t\geqslant 0$ 时的 $u_C(t)$ 及 $i_C(t)$。

6. 如图 6.47 所示电路，当开关 S 断开时电路已处于稳态，试求开关 S 闭合后的电流 i。

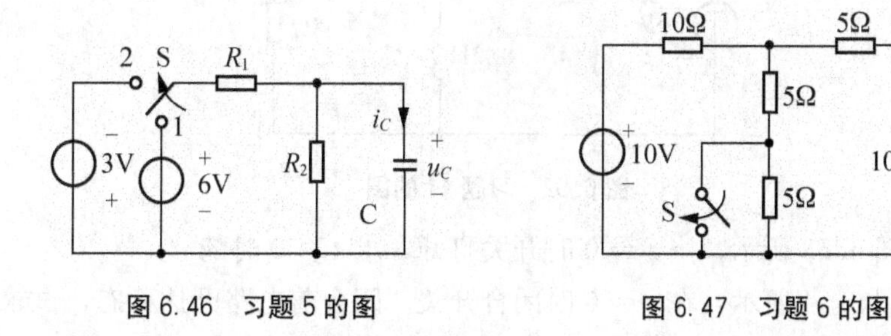

图 6.46　习题 5 的图　　图 6.47　习题 6 的图

7. 电路如图 6.48 所示，S 闭合前电路已处于稳态。当 $t=0$ 时 S 闭合，求 $t\geqslant 0$ 时的 u_C。

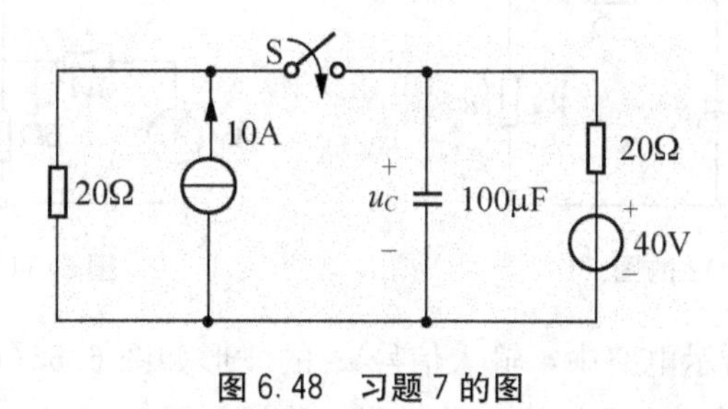

图 6.48　习题 7 的图

8. 图 6.49 所示电路，已知 $i_L(0_-)=0$，在 $t=0$ 时开关 S 打开，试求换路后的 i_L。

9. 用三要素法求解图 6.50 所示电路中的电压 u 和电流 i。

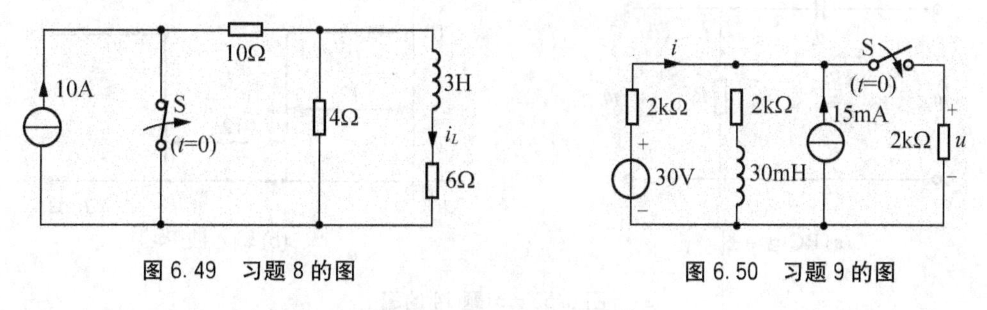

图 6.49　习题 8 的图　　图 6.50　习题 9 的图

10. 电路如图 6.51 所示，求开关 S 断开后的 u_C 和 i_L。

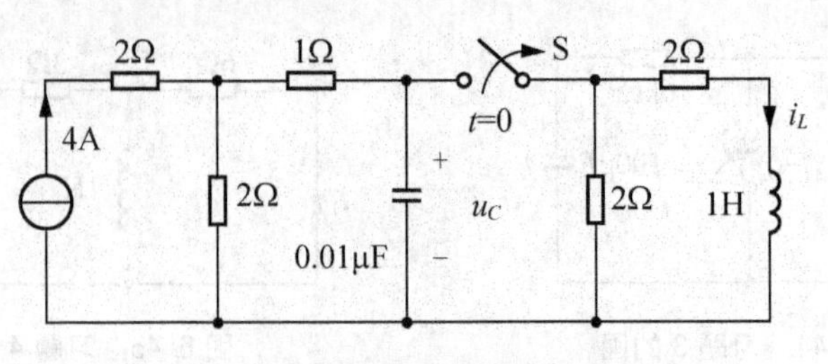

图 6.51　习题 10 的图

11. 电路如图 6.52 所示，$t=0$ 时开关断开，求 $t\geqslant 0$ 时流经 8Ω 电阻的电流 i。

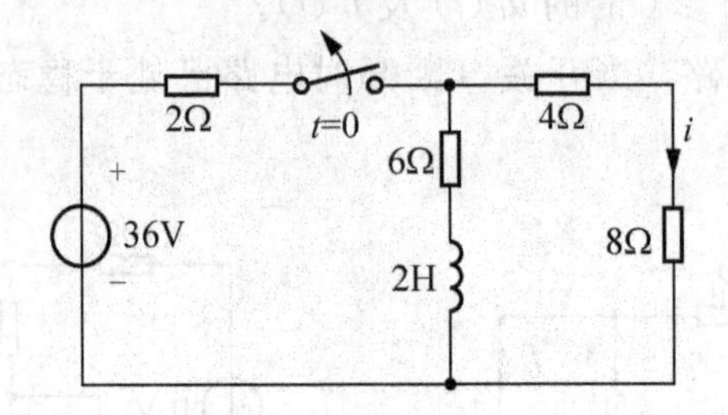

图 6.52　习题 11 的图

12. 电路如图 6.53 所示，当 $t=0$ 时开关打开，求 $t\geqslant 0$ 时的 u。

13. 电路如图 6.54 所示，在 $t=0$ 时闭合开关。闭合前电路已达稳态，试求 $t\geqslant 0$ 时的 i。

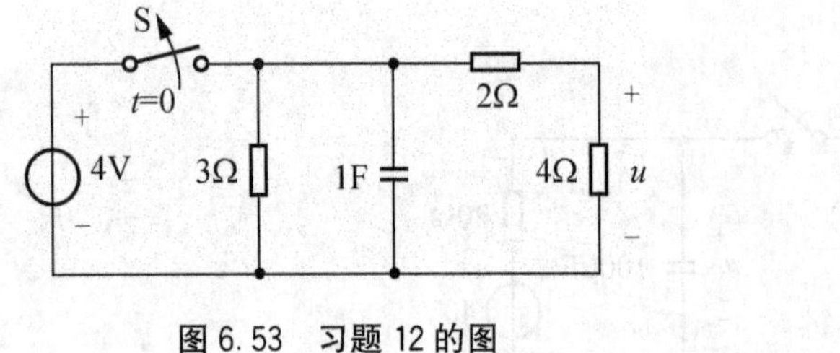

图 6.53　习题 12 的图

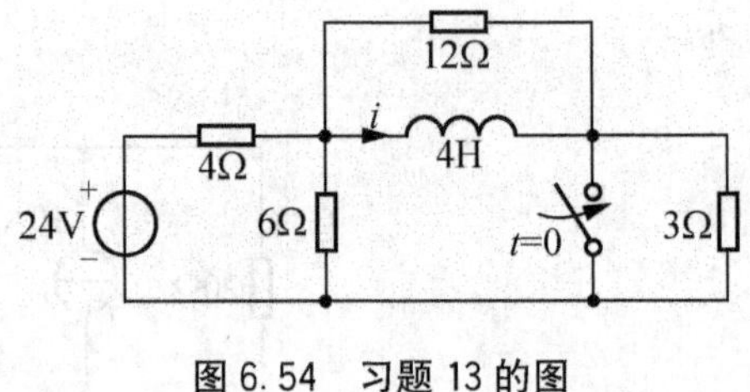

图 6.54　习题 13 的图

14. 在图 6.55(a)所示电路中，输入信号 u_i 的波形如图 6.55(b)所示。试画出当 $C=300\text{pF}$、$R=10\text{k}\Omega$ 时的输出电压波形，并说明电路的作用。

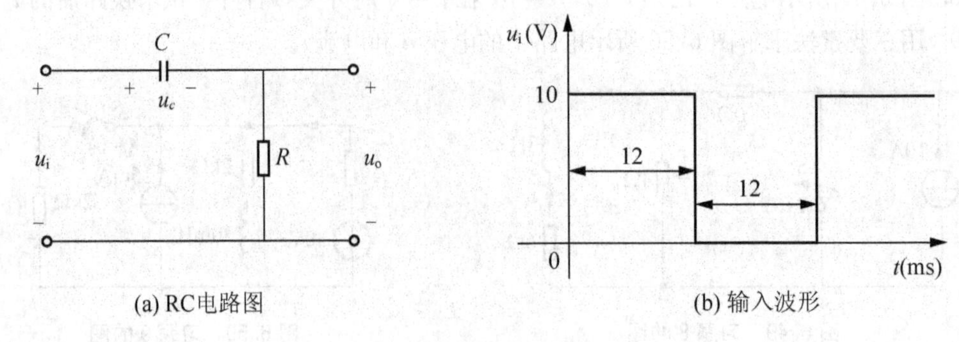

(a) RC电路图　　(b) 输入波形

图 6.55　习题 14 的图

第7章

磁路和变压器

学习目标

- 理解磁场的基本物理量的意义，了解磁性材料的基本知识及磁路的基本定律，会分析计算交流铁心线圈电路
- 了解电磁铁的基本工作原理及其应用知识
- 了解变压器的基本结构、工作原理、运行特性和绕组同极性端，理解变压器额定值的意义
- 掌握变压器电压、电流和阻抗变换作用
- 了解三相电压的变换方法和原、副绕组常用的连接方式

知识结构

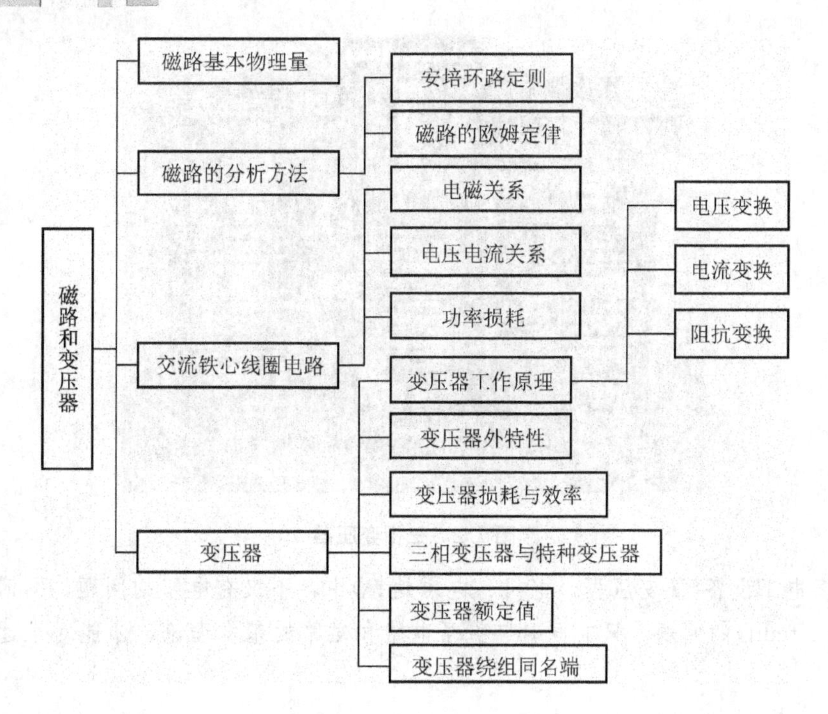

引例

工程应用实际中，大量的电气设备都含有线圈和铁心。当绕在铁心上的线圈通电后，铁心就会被磁化而形成铁心磁路，磁路又会影响线圈的电路。这部分内容在实际生产生活中应用较多，如车间中的自动永磁起重器，多用于一些大型钢板的起吊，如图7.1所示。通过主钩的升降控制起重器磁路开关状态，磁路处于“关”状态时起重器对外没有磁性，为卸料状态；磁路处于“开”状态时起重器吸力面表现为强磁，为吸料状态。

图7.1　自动永磁起重器

电力系统中大型变压器的安全运行具有十分重要的现实意义。随着我国电力事业的飞速发展、工矿企业电气化和用电量不断提高，各种变压器得到日益广泛的应用。在电器设备和无线电路中，常用作升降电压、匹配阻抗、安全隔离等。图7.2所示为三相变压器实物图。

图7.2　三相变压器

在很多电工设备(像变压器、电机、电磁铁等)中，不仅有电路的问题，同时还有磁路(magnetic circuit)的问题。只有同时掌握了电路和磁路的基本理论，才能对上述各种电工设备作全面分析。

本章主要介绍磁路的概念及其基本定律、磁性材料、交流铁心线圈工作原理及其特性，在此基础上，重点介绍了单相变压器的基本结构、工作原理和外特性，最后还介绍了三相变压器和几种常用的特种变压器。

7.1　磁路及其基本定律

在上述的电工设备中常用磁性材料做成一定形状的铁心。铁心的磁导率比周围空气或其他物质的磁导率高得多，因此铁心线路中电流产生的磁通绝大部分经过铁心而闭合。这种人为造成的磁通的闭合路径，称为磁路。图7.3和图7.4分别表示四极直流电机和交流接触器的磁路。磁通经过铁心(磁路的主要部分)和空气隙(有的磁路中没有空气隙)而闭合。

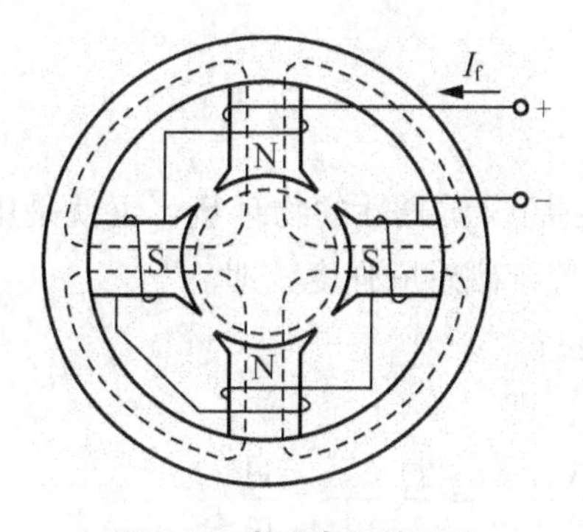

图7.3　直流电机的磁路

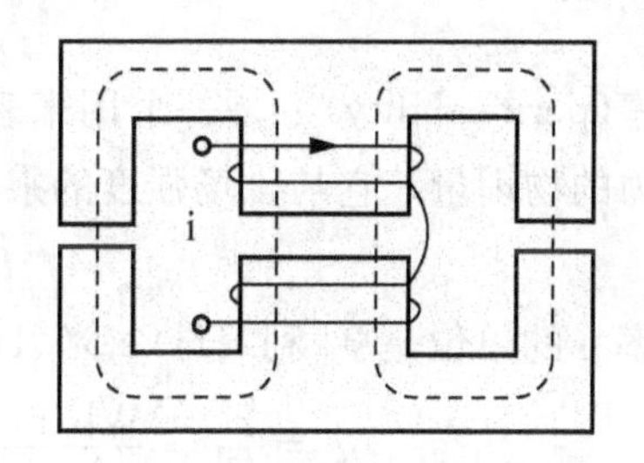

图7.4　交流接触器的磁路

7.1.1　磁路的基本物理量

磁路问题也是局限于一定路径内的磁场问题。磁场的特性可用下列几个基本物理量来表示。

1. *磁感应强度*

磁感应强度(flux density)B是表示磁场内某点的磁场强弱和方向的物理量，是一个矢量，它与电流(电流产生磁场)之间的方向关系可用右螺旋定则来确定。

如果磁场内各点的磁感应强度的大小相等，方向相同，这样的磁场则称为均匀磁场。

2. *磁通*

磁感应强度B(如果不是均匀磁场，则取B的平均值)与垂直于磁场方向的面积S的乘积，称为通过该面积的磁通(flux)Φ，即

$$\Phi = BS \quad 或 \quad B = \frac{\Phi}{S} \tag{7.1}$$

由式(7.1)可见，磁感应强度在数值上可以看成为与磁场方向相垂直的单位面积所通过的磁通，故又称为磁通密度。

根据电磁感应定律的公式

$$e = -N\frac{\mathrm{d}\Phi}{\mathrm{d}t} \tag{7.2}$$

可知，磁通的单位是伏·秒(V·s)，通常称为韦[伯]（Wb）。

磁感应强度的SI单位是特[斯拉](T)，特[斯拉]也就是韦[伯]每平方米(Wb/m^2)。

3. 磁场强度

磁场强度(magnetic field intensity)H是计算磁场时所引用的一个物理量，也是矢量，通过它来确定磁场与电流之间的关系。

磁场强度的单位是安[培]每米(A/m)。

4. 磁导率

磁导率(permeability)μ是一个用来表示磁场媒质磁性的物理量，也就是用来衡量物质导磁能力的物理量，它与磁场强度的乘积就等于磁感应强度，即

$$B = \mu H \tag{7.3}$$

磁导率μ的单位是亨[利](H)每米(H/m)。即

$$\mu = \frac{B}{H} = \frac{\mathrm{Wb/m^2}}{\mathrm{A/m}} = \frac{\mathrm{V \cdot s}}{\mathrm{A \cdot m}} = \frac{\Omega \cdot \mathrm{s}}{\mathrm{m}} = \frac{\mathrm{H}}{\mathrm{m}} \tag{7.4}$$

式中：欧·秒(Ω·s)又称亨[利]（H），是电感的单位。

由实验测出，真空的磁导率(magnetic constant)

$$\mu_0 = 4\pi \times 10^{-7}\ \mathrm{H/m}$$

因为这是一个常数，所以将其他物质的磁导率和它去比较是很方便的。

任意一种物质的磁导率μ和真空的磁导率μ_0的比值，称为该物质的相对磁导率(relative permeability)μ_r，即

$$\mu_r = \frac{\mu}{\mu_0} \tag{7.5}$$

7.1.2 磁性材料的磁性能

分析磁路，首先要了解磁性材料的磁性能。根据导磁性能的不同，自然界的物质可分为两大类：一类称为非铁磁材料，如铝、铜、纸、空气等，这类材料的导磁性能差，磁导率很低；另一类为铁磁材料，如铁、钢、镍、钴及其合金和铁氧体等材料，这类材料的导磁性能好，磁导率很高，它们被广泛地应用于电工设备中，主要介绍下列磁性能。

1. 高导磁性

在铁磁材料的内部存在许多磁化小区，称为磁畴(magnetic domain)，每个磁畴就像一块小磁铁。在无外磁场作用时，各个磁畴排列混乱，对外不显示磁性。随着外磁场的增强，磁畴逐渐转向外磁场的方向，呈有规则的排列，显示出很强的磁性，这就是铁磁材料的磁化现象，如图 7.5 所示。由于高导磁性，在具有铁心的线圈中通入不大的励磁电流，便可产生足够大的磁通和磁感应强度。这就解决了既要磁通大，又要励磁电流小的矛盾。利用优质的磁性材料可使同一容量的电机的重量、体积大大减轻和减小。

非磁性材料没有磁畴的结构，所以不具有被磁化的特性。

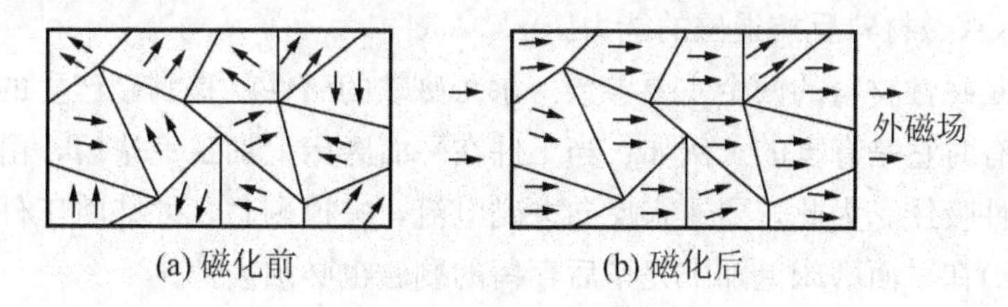

图 7.5　铁磁材料的磁化

2. 磁饱和性

当外磁场(或励磁电流)增大到一定值时，其内部所有的磁畴已基本上均转向与外磁场方向一致的方向上，因而再增大励磁电流，其磁性也不能继续增强，这就是铁磁材料的磁饱和性(magnetic saturation)。

铁磁材料的磁化特性可用磁化曲线即 $B=f(H)$ 曲线来表示。铁磁材料的磁化曲线(magnetization curve)如图 7.6 中的曲线①所示，它不是直线。在 Oa 段，B 随 H 线性增大；在 ab 段，B 增大缓慢，开始进入饱和；b 点以后，B 基本不变，为饱和状态。铁磁性材料的 μ 不是常数，如图 7.6 中的曲线②所示。非磁性材料的磁化曲线是通过坐标原点的直线，如图 7.6 中的曲线③所示。

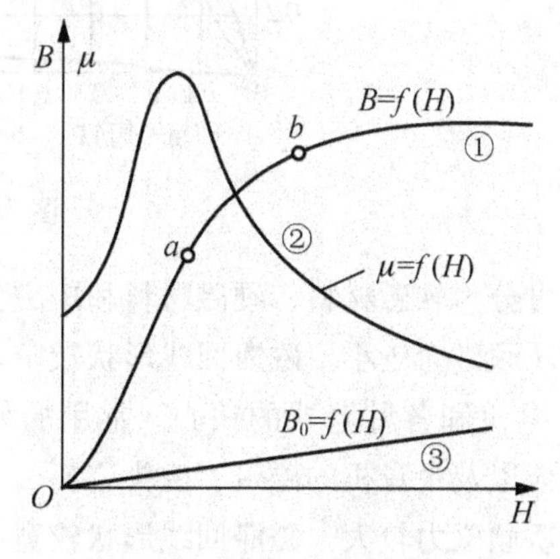

图 7.6　铁磁材料的磁化曲线

设计电机和变压器时，通常其磁感应强度都设计在接近磁饱和的拐点 b 附近，既能使主磁路内得到较大的磁通量，又不会过分增大励磁电流，导致设备损坏。

3. 磁滞性

实际工作时，如果铁磁材料在交变的磁场中反复磁化，则磁感应强度 B 的变化总是滞后于磁场强度 H 的变化，这种现象称为铁磁材料的磁滞(hysteresis)现象，磁滞回线(hysteresis loop)如图 7.7 所示。由图可见，当 H 减小时，B 也随之减小，但当 $H=0$ 时，B 并未回到零值，而是 $B=B_r$，B_r 称为剩磁感应强度，简称剩磁(remanence)。若要使 $B=0$，则应使铁磁材料反向磁化，即使磁场强度为 $-H_c$。H_c 称为矫顽磁力(coercive force)，它表示铁磁材料反抗退磁的能力。

B_r 和 H_c 是磁性材料的两个主要参数。永久磁铁的磁性就是剩磁产生的。但对剩磁也要一分为二，有时它是有害的。例如：当工件在平面磨床上加工完毕后，由于电磁吸盘有剩磁，会将工件吸住。为此，要通入反向去磁电流，去掉剩磁，才能将工件取下。再如有些工件(如轴承)在平面磨床上加工完毕后存留的剩磁也必须去掉。

磁性物质不同，其磁滞回线和磁化曲线也不同(由实验得出)。图 7.8 中示出了几种磁性材料的磁化曲线。

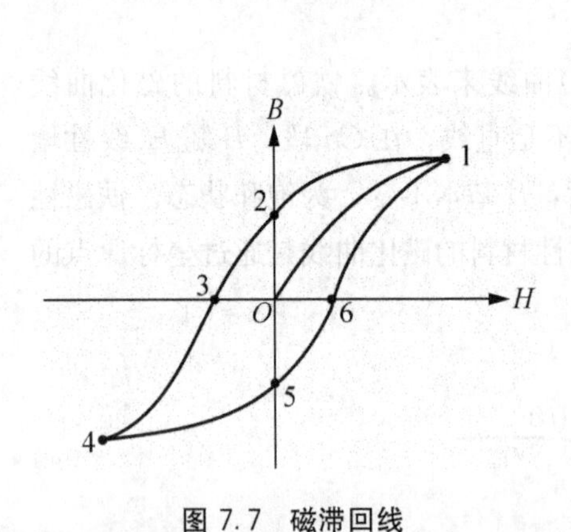

图 7.7　磁滞回线

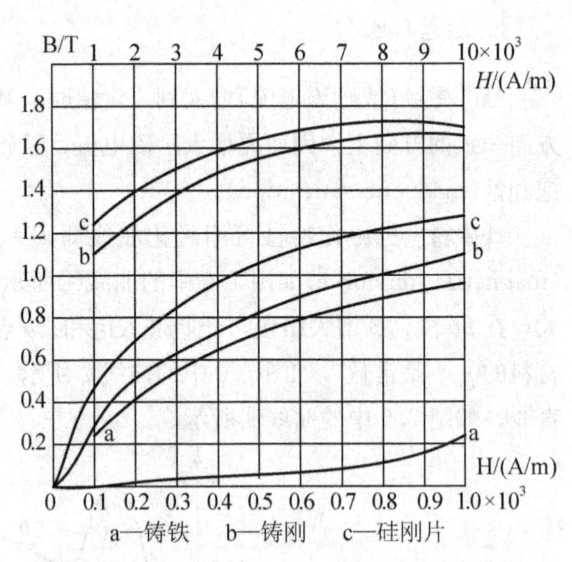

图 7.8　磁化曲线

铁磁材料按其磁性能又可分为软磁材料、硬磁材料和矩磁材料 3 种类型。

(1) 软磁材料。剩磁和矫顽磁力较小，磁滞回线形状较窄，但磁化曲线较陡，即磁导率较高，适用于做变压器、电机和各种电器的铁心。常用的如纯铁、硅钢片、坡莫合金等，可作计算机的磁芯、磁鼓以及录音机的磁带、磁头。

(2) 永磁材料。剩磁和矫顽磁力较大，磁滞回线形状较宽，适用于制作永久磁铁。常用的有碳钢、钴钢及铁镍铝钴合金等。

(3) 矩磁材料。磁滞回线近似于矩形，剩磁很大，接近饱和磁感应强度，但矫顽磁力较小，易于迅速翻转，常在计算机和控制系统中用作记忆元件。常用的有镁锰铁氧体及某些铁镍合金等。

常用的几种磁性材料的最大相对磁导率、剩磁及矫顽磁力列在表 7-1 中。

表 7-1　常用磁性材料的最大相对磁导率、剩磁及矫顽磁力

材料名称	μ_{max}	B_r/T	H_c(A/m)
铸铁	200	0.475～0.500	880～1040
硅钢片	8000～10000	0.800～1.200	32～64
坡莫合金(78.5%Ni)	20000～200000	1.100～1.400	4～24
碳钢(0.45%C)		0.800～1.100	2400～3200
铁镍铝钴合金		1.100～1.350	40000～52000
稀土钴		0.600～1.000	320000～690000
稀土钕铁硼		1.100～1.300	600000～900000

7.1.3　磁路的基本定律

磁路定律是对磁路进行分析和计算的基本依据，下面介绍常用的磁路定律。

1. 安培环路定律

沿着任何一条闭合回线 l，磁场强度 H 的线积分恰好等于该闭合回线所包围的总电流值，这就是安培环路定律(Ampere's circuit law)。用公式表示为

$$\oint H\mathrm{d}l = \sum I \tag{7.6}$$

例如，图 7.9 所示为一个无分支闭合铁心磁路，铁心上绕有 N 匝线圈，励磁电流为 I，铁心磁路的平均长度为 l，设沿中心线上各点磁场强度矢量大小相等，其方向与积分路径一致，漏磁通忽略不计。则有

$$Hl = NI \tag{7.7}$$

其中 NI 称为磁通势，用字母 F 代表，即

$$F = NI \tag{7.8}$$

磁通就是由它产生的。它的单位是安[培](A)。

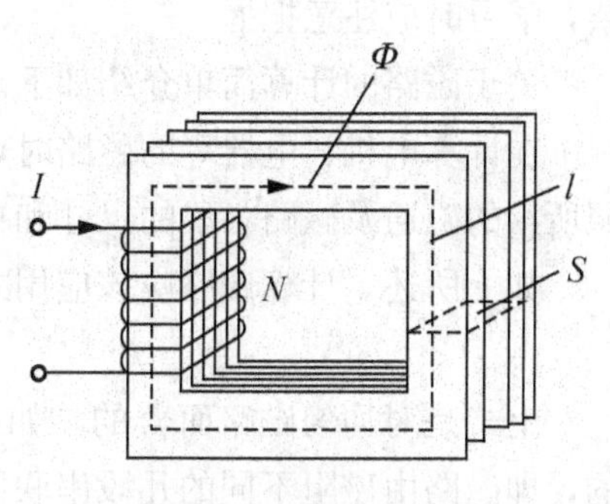

图 7.9　闭合铁心磁路

2. 磁路的欧姆定律

将 $H = B/\mu$ 和 $B = \Phi/A$ 代入式(7.7)中，得

$$\Phi = \frac{NI}{\frac{l}{\mu A}} = \frac{F}{R_m} \tag{7.9}$$

式中：$R_m = l/\mu S$ 称为磁路的磁阻，单位为 1/H(1/亨)；A 为磁路的截面积。式(7.9)与电路的欧姆定律在形式上相似，所以称为磁路的欧姆定律。

磁路的欧姆定律与电路的欧姆定律有很多的相似之处，可用表 7-2 对磁路、电路的有关物理量进行类比，以利于学习与记忆。

表 7-2　电路与磁路的物理量对比

电　　路	磁　　路
电流 I	磁通 Φ
电动势 E	磁通势 F
电阻 $R=\rho L/S$	磁阻 $R_m=\frac{l}{\mu S}$
电阻率 ρ	磁导率 μ
电路的欧姆定律 $I=E/R=\frac{E}{\rho L/S}$	磁路的欧姆定律 $\Phi=\frac{F}{R_m}=\frac{NI}{l/\mu S}$

磁路和电路有很多相似之处，但分析与处理磁路比电路难得很多，具体如下。

(1) 在处理电路时一般不涉及电场问题，而在处理磁路时离不开磁场的概念。例如在讨论电机时，常常要分析电机磁路的气隙中磁感应强度的分布情况。

(2) 在处理电路时一般不考虑漏电流(因为导体的电导率比周围介质的电导率大得很多)，但在处理磁路时一般都要考虑漏磁通(因为磁路材料的磁导率比周围介质的磁导率大得不太多)。

(3) 磁路的欧姆定律与电路的欧姆定律只是在形式上相似(表 7-2)。由于 μ 不是常数，它随着励磁电流而变(图 7.6)，所以不能直接应用磁路的欧姆定律来计算，它只能用于定性分析。

(4) 在电路中，当 $E=0$ 时，$I=0$；但在磁路中，由于有剩磁，当 $F=0$ 时，$\Phi\neq0$。

(5) 磁路几个基本物理量(磁感应强度、磁通、磁场强度、磁导率等)的单位也较复杂，学习时应注意把握。

关于磁路的计算简单介绍如下。

在计算电机、电器等的磁路时，往往预先给定铁心中的磁通(或磁感应强度)，而后按照所给的磁通及磁路各段的尺寸和材料去求产生预定磁通所需的磁通势 $F=NI$。

如上所述，计算磁路应该应用式(7.7)，即

$$Hl=NI$$

上式是对均匀磁路而言的。如果磁路是由不同材料或不同长度和截面积的几段组成的，即磁路由磁阻不同的几段串联而成，则

$$NI = \sum Hl = H_1 l_1 + H_2 l_2 + \cdots + H_n l_n \tag{7.10}$$

这是计算磁路的基本公式。式中 H_1l_1，H_2l_2，…也常称为磁路各段的磁压降。

图 7.10 所示继电器的磁路是由三段串联(其中一段是空气隙)而成的。如已知磁通和各段的材料及尺寸，则可按下面表示的步骤去求磁通势。

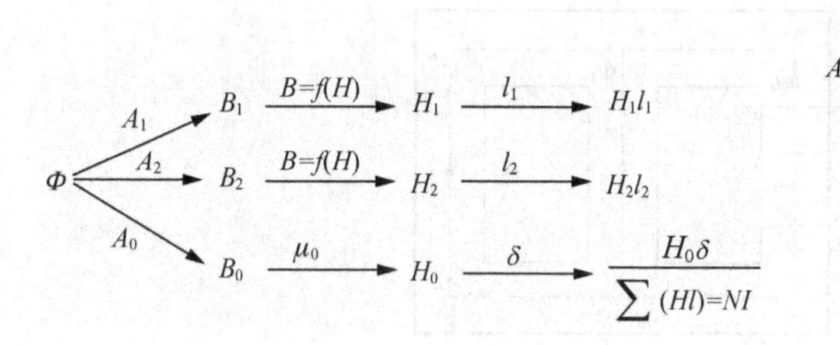

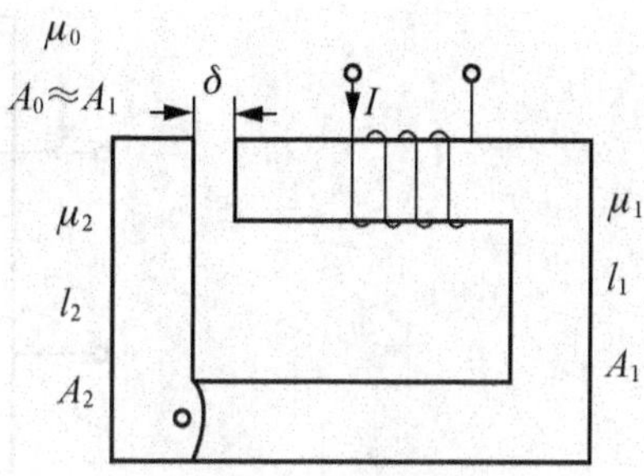

图 7.10　继电器的磁路

(1) 由于各段磁路的截面积不同，但其中又通过同一磁通，因此各段磁通的磁感应强度也就不同，可分别按下列各式计算[式(7.1)]：

$$B_1=\frac{\Phi}{A_1},\ B_2=\frac{\Phi}{A_2},\cdots$$

(2) 根据各段磁路材料的磁化曲线 $B=f(H)$，找出与上述 B_1，B_2，…相对应的磁场强度 H_1，H_2，…。各段磁路的 H 也是不同的。

计算空气隙或其他非磁性材料的磁场强度 H_0 时，可直接应用式(7.4)，有

$$H_0=\frac{B_0}{\mu_0}=\frac{B_0}{4\pi\times10^{-7}}\ \text{A/m}$$

式中：B_0 是用特[斯拉]计量的，如果以高斯为单位，则

$$H_0=\frac{B_0}{4\pi\times10^{-7}}=80B_0\,\text{A/m}=0.8B_0\ \text{A/cm}$$

(3) 计算各段磁路的磁压降 Hl。

(4) 应用式(7.10)求出磁通势 NI。

【例 7.1】 一空心环形螺旋线圈，其平均长度为 30cm，横截面积为 10cm^2，匝数等于 10^3，线圈中的电流为 10A，求线圈的磁阻、磁势及磁通。

解：磁阻为

$$R_\text{m}=\frac{l}{\mu_0S}=\frac{0.3}{4\pi\times10^{-7}\times10\times10^{-4}}\approx2.39\times10^{-8}(\text{H}^{-1})$$

磁通势为　$F=NI=10^3\times10=10^4(\text{A})$

磁通为　$\Phi=\dfrac{F}{Rm}=\dfrac{10^4}{2.39\times10^8}\approx4.3\times10^{-4}(\text{Wb})$

在图 7.11 的磁路中，设磁动势产生的磁通为 Φ，则 $\Phi=\Phi_1+\Phi_2$，即两条支路的磁通和等于总磁通。实际上磁通势产生的总磁通等于各支路的磁通之和，即

$$\Phi=\sum_{i=1}^{n}\Phi_i$$

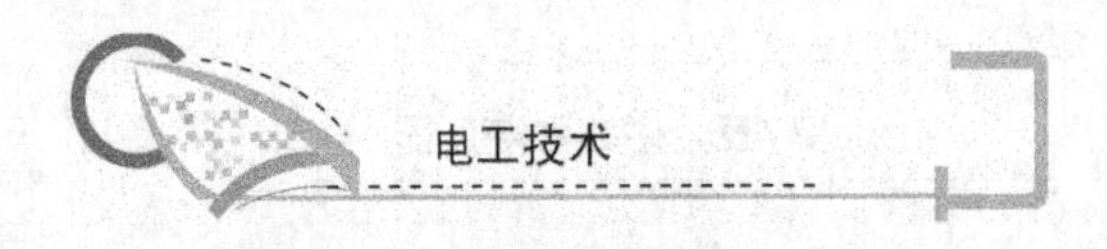

式中，n 为磁路的支路数。

这里所讲的支路指的是磁路的分支。在图 7.11 中，$\Phi=8\times10^{-3}\,\mathrm{Wb}$，$\Phi_1=6\times10^{-3}\,\mathrm{Wb}$，则 $\Phi_2=\Phi-\Phi_1=2\times10^{-3}\,\mathrm{Wb}$。

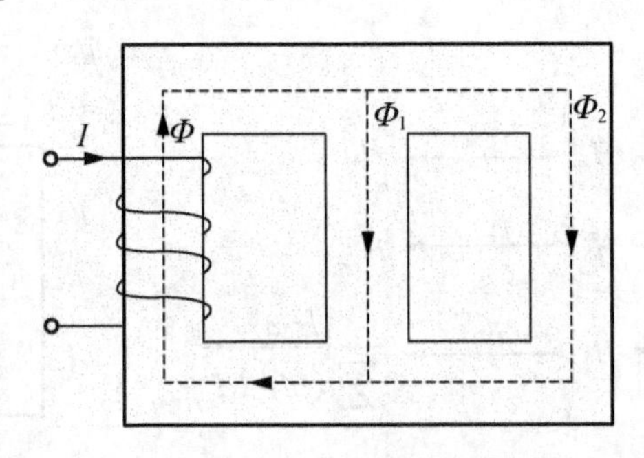

图 7.11　有分支的磁路

【例 7.2】　有一环形铁心线圈，其内径为 10cm，外径为 15cm，铁心材料为铸钢。磁路中含有一空气隙，其长度等于 0.2cm。设线圈中通有 1A 的电流，如果得到 0.9T 的磁感应强度，试求线圈匝数。

解：磁路的平均长度为

$$l=\frac{10+15}{2}\pi=39.2(\mathrm{cm})$$

从图 7.8 中所示的铸钢的磁化曲线查出，当 $B=0.9\mathrm{T}$ 时，$H_1=500\mathrm{A/m}$，于是

$$H_1l_1=500\times(39.2-0.2)\times10^{-2}\mathrm{A}=195\mathrm{A}$$

空气隙中的磁场强度为

$$H_0=\frac{B_0}{4\pi\times10^{-7}}=\frac{0.9}{4\pi\times10^{-7}}\mathrm{A/m}=7.2\times10^5\mathrm{A/m}$$

于是

$$H_0\delta=7.2\times10^5\times0.2\times10^{-2}=1440(\mathrm{A})$$

总磁通势为

$$NI=\sum(HL)=H_1l_1+H_0\delta=195+1440=1635(\mathrm{A})$$

线圈匝数为

$$N=\frac{NI}{I}=\frac{1635}{1}=1635$$

可见，当磁路中含有空气隙时，由于其磁阻较大，磁通势差不多都用在空气隙上面。

由以上分析可以得出下面几个实际结论。

(1) 如果要得到相等的磁感应强度，采用磁导率高的铁心材料，可使线圈的用铜量大为降低。

(2) 如果线圈中通有同样大小的励磁电流，要得到相等的磁通，采用磁导率高的铁心材料，可使铁心的用铁量大为降低。

(3) 当磁路中含有空气隙时，由于其磁阻较大，要得到相等的磁感应强度，必须增大

励磁电流(设线圈匝数一定)。

练习与思考

1. 磁路中有哪些基本物理量和基本定律？如何应用？
2. 试叙述磁滞回线各段曲线意义。
3. 试叙述磁路与电路的异同之处。

7.2　交流铁心线圈电路

铁心分为两种。直流铁心线圈通直流电来励磁(如直流电机的励磁线圈、电磁吸盘及各种直流电器的线圈)，交流铁心线圈通交流电来励磁(如交流电机、变压器及各种交流电器线圈)。分析直流铁心线圈比较简单些。因为励磁电流是直流，产生的磁通是恒定的，在线圈和铁心中不会感应出电动势来；在一定电压U下，线圈中的电流I只和线圈本身的电阻R有关；功率损耗也只有RI^2。而交流铁心线圈在电磁关系、电压电流关系及功率损耗等几个方面和直流铁心就有所不同。

7.2.1　电磁关系

图7.12所示的交流线圈是具有铁心的，先来讨论其中的电磁关系。磁通势N_i产生的磁通绝大部分通过铁心而闭合，这部分磁通称为主磁通或工作磁通Φ。此外还有很少的一部分磁通主要经过空气或其他非导磁媒介质而闭合，这部分磁通称为漏磁通Φ_σ。这两个磁通在线圈中产生两个感应电动势：主磁电动势e和漏磁电动势e_σ，它们的参考方向与对应磁通的参考方向符合右手螺旋定则，则这个电磁关系表述如下：

$$u \to i(N_i) \begin{cases} \Phi \to e = -N\dfrac{\mathrm{d}\Phi}{\mathrm{d}t} \\ \Phi_\sigma \to e_\sigma = -N\dfrac{\mathrm{d}\Phi_\sigma}{\mathrm{d}t} = -L_\sigma\dfrac{\mathrm{d}i}{\mathrm{d}t} \end{cases}$$

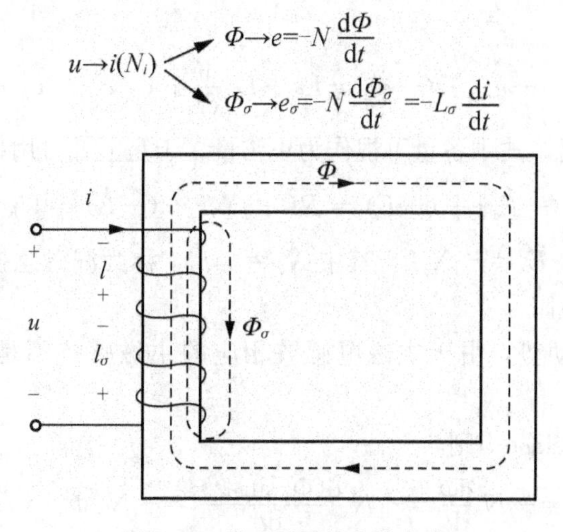

图7.12　铁心线圈的交流电路

首先分析e_σ，它是由漏磁通Φ_σ产生的，称为漏磁感应电动势或漏磁感电动势，由于空气的磁阻比铁心的磁阻大得多，漏磁通Φ_σ的大小和性质主要由空气的磁阻来决定，由磁路欧姆定律可知，Φ_σ与电流i之间呈线性关系。根据电感的定义可得

$$L_\sigma = \frac{N\Phi_\sigma}{i} = \text{常数}$$

L_σ称为漏磁电感或漏感，它是一个常数。

主磁电动势e是由主磁通Φ产生的，主磁通通过铁心，铁心内B与H的关系是非线性的，而$\Phi = BS$，$Hl = Ni$，所以i与Φ之间不是线性关系，因此对应的电感系数L也是非线性的，如图7.13所示。

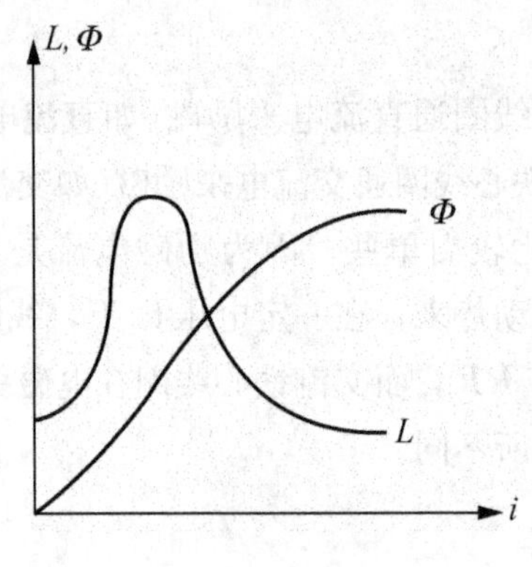

图7.13　Φ，L与i的关系

7.2.2　电压电流关系

铁心线圈交流电路(图7.11)的电压和电流之间的关系也可由基尔霍夫电压定律得出，即

$$u + e + e_\sigma = Ri$$

或

$$u = Ri + (-e_\sigma) + (-e) = Ri + L_\sigma \frac{\mathrm{d}i}{\mathrm{d}t} + (-e) = u_R + u_\sigma + u' \qquad (7.11)$$

当u是正弦电压时，式中各量可视作为正弦量，于是上式可用相量表示：

$$\dot{U} = R\dot{I} + (-\dot{E}_\sigma) + (-\dot{E}) = R\dot{I} + \mathrm{j}X_\sigma\dot{I} + (-\dot{E}) = \dot{U}_R + \dot{U}_\sigma + \dot{U}' \qquad (7.12)$$

式中：漏磁感应电动势$\dot{E}_\sigma = -\mathrm{j}X_\sigma\dot{I}$，其中$X_\sigma = \omega L_\sigma$，称为漏磁感抗，它是由漏磁通引起的；$R$是铁心线圈的电阻。

至于主磁感应电动势，由于主磁电感或相应的主磁感抗不是常数，应按下述方法计算。

设主磁通$\Phi = \Phi_\mathrm{m}\sin\omega t$，则

$$e = -N\frac{\mathrm{d}\Phi}{\mathrm{d}t} = -N\frac{\mathrm{d}(\Phi_\mathrm{m}\sin\omega t)}{\mathrm{d}t} = -N\omega\Phi_\mathrm{m}\cos\omega t$$

$$= 2\pi f N\Phi_m \sin(\omega t - 90^\circ) = E_m \sin(\omega t - 90^\circ) \tag{7.13}$$

上式中 $E_m = 2\pi f N\Phi_m$，主磁电动势 e 的幅值，而其有效值则为

$$E = \frac{E_m}{\sqrt{2}} = \frac{2\pi f N\Phi_m}{\sqrt{2}} = 4.44 f N\Phi_m \tag{7.14}$$

上式是常用的公式，应特别注意。

由式(7.11)或式(7.12)可知，电源电压 u 可分为3个分量：$u_R = Ri$，是电阻上的电压降；$u_\sigma = -e_\sigma$，是平衡漏磁电动势的电压分量；$u' = -e$，是与主磁电动势相平衡的电压分量。根据楞次定律，感应电动势具有阻碍电流变化的物理性质，所以电源电压必须有一部分来平衡它们。

通常由于线圈的电阻 R 和感抗 $X_\sigma(\Phi_\sigma)$ 较小，因为它们上边的电压降也较小，与主磁电动势比较起来，可以忽略不计。于是

$$\dot{U} \approx -\dot{E}$$

$$U \approx E = 4.44 f N\Phi_m$$

$$= 4.44 f N B_m S\ (\mathrm{V}) \tag{7.15}$$

式中：B_m 是铁心中磁感应强度的最大值，单位用特[斯拉]；S 是铁心截面积，单位用 m^2。若 B_m 的单位用高斯，S 的单位用 cm^2，则上式为

$$U \approx E = 4.44 f N B_m S \times 10^8\ (\mathrm{V}) \tag{7.16}$$

式(7.16)表明，当线圈匝数 N 及电源频率 f 一定时，主磁通 Φ_m 的大小只取决于外施电压的有效值 U 的大小。这个结论对分析变压器、交流电机、交流接触器等交流电磁器件是很重要的。

7.2.3　功率损耗

在交流铁心线圈中，除线圈电阻 R 上有功率耗损 RI^2（所谓铜损 ΔP_{cu}）外，处于交变磁化下的铁心中也有功率损耗(所谓铁损 ΔP_{Fe})，铁损是由磁滞和涡流产生的。

由磁滞所产生的铁损称为磁滞损耗 ΔP_h(hysterics loss)。可以证明，交变磁化一周在铁心的单位体积内所生产的磁滞损耗能量与磁滞回线所包围的面积成正比。

磁滞损耗要引起铁心发热。硅钢就是变压器和电机中常用的铁心材料，其磁滞损耗较小。由涡流所产生的铁损称为涡流损耗 ΔP_e(eddy-current loss)。

在图7.14中，当线圈中通有交流时，它所产生的磁通也是交变的。因此，不仅要在线圈中产生感应电动势，而且在铁心内也要产生感应电动势和感应电流。这种感应电流称为涡流，它在垂直于磁通方向的平面内环流着。

涡流损耗也会引起铁心发热，为了减小涡流损耗，在磁场方向铁心可用彼此绝缘的钢片叠成，这样就可以限制涡流只能在较小的截面内流通。此外，通常所用的硅钢中含有少量的硅(0.8%～4.8%)，电阻率较大，因而也可以使涡流减小。

涡流有有害的一面，但在另外一些场合下也有有利的一面。对其有害的一面尽可能地

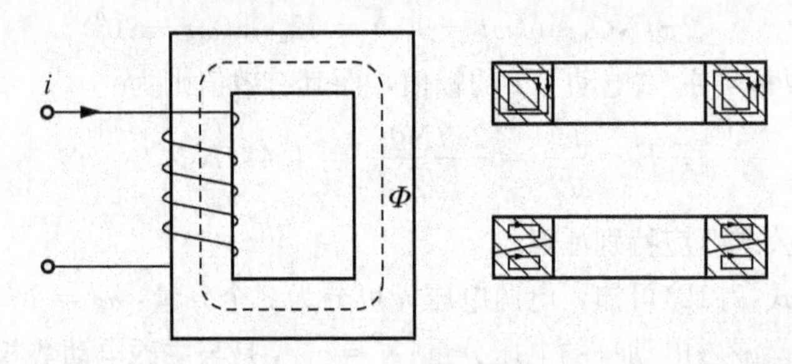

图 7.14　铁心中的涡流

加以限制，而对其有利的一面则应充分加以利用。例如，利用涡流的热效应来冶炼金属，利用涡流和磁场相互作用而产生电磁力的原理来制造感应式仪器、滑差电机及涡流测距器等。

在交变磁通的作用下，铁心内的这两种损耗合称铁损 ΔP_{Fe}。铁损差不多与铁心内磁感应强度的最大值 B_m 的平方成正比，故 B_m 不宜选得过大，一般取 0.8～1.2T。

从上述可知，铁心线圈交流电路的有功功率为

$$P = UI\cos\varphi = RI^2 + \Delta P_{Fe} \tag{7.17}$$

【例 7.3】 有一交流铁心线圈，电源电压 U=220V，电路中电流 I=4A，功率表读数 P=100W，频率 f=50Hz，漏磁通和线圈电阻上的电压降可忽略不计，试求：(1)铁心线圈的功率因数；(2)铁心线圈的等效电阻和感抗。

解：(1) $\cos\varphi=\dfrac{P}{UI}=\dfrac{1000}{220\times4}=0.114$

(2) 铁心线圈的等效阻抗模为

$$|Z'| = \frac{U}{I} = \frac{220}{4} = 55(\Omega)$$

等效电阻和等效感抗分别为

$$R' = R + R_0 = \frac{P}{I^2} = \frac{100}{4} = 6.25(\Omega) \approx R_0$$

$$X' = X_\sigma + X_0 = \sqrt{|Z'|^2 - R'^2} = \sqrt{5.5^2 - 6.25^2} = 6.25(\Omega) \approx X_0$$

【例 7.4】 要绕制一个铁心线圈，已知电源电压 U=220V，频率 f=50Hz，量得铁心截面为 30.2cm²，铁心由硅钢片叠成，设叠片间隙系数为 0.91(一般取 0.9～0.93)。(1)如取 B_m=1.2T，问线圈匝数应为多少？(2)如磁路平均长度为 60cm，问励磁电流应多大？

解：铁心的有效面积为

$$S = 30.2 \times 0.91 = 27.5\,(\text{cm}^2)$$

(1) 线圈匝数可根据式(7.15)求出，即

$$N = \frac{U}{4.44 f B_m S} = \frac{220}{4.44 \times 50 \times 1.2 \times 27.5 \times 10^{-4}} = 27.5\,(\text{cm}^2)$$

(2) 可查，当 B_m=1.2T 时，H_m=700A/m，所以

$$I = \frac{H_m l}{\sqrt{2} N} = \frac{700 \times 60 \times 10^{-2}}{\sqrt{2} \times 300} = 1\,(\text{A})$$

练习与思考

1. 将一个空心线圈先后接到直流电源和交流电源上，然后在这个线圈中插入铁心，再接到上述的直流电源和交流电源上。如果交流电源电压的有效值和直流电源电压相等，在上述4种情况下，试比较通过线圈的电流和功率的大小，并说明其理由。

2. 如果线圈的铁心用彼此绝缘的钢片在垂直磁场方向叠成，是否可以？

3. 空心线圈的电感是常数，而铁心线圈的电感不是常数，为什么？如果线圈的尺寸、形状的匝数相同，有铁心和没有铁心时，哪个电感大？铁心线圈的铁心在达到磁饱和与尚未达到磁饱和状态时，哪个电感大？

4. 分别举例说明剩磁和涡流的有利一面和有害一面。

7.3 变 压 器

变压器(transformer)是根据电磁感应原理制成的一种电气设备，它具有变压、变流和变阻抗的作用，因而在各个工程领域获得广泛应用。在电力系统中进行远距离输电时，线路损耗 P_l 与电流的平方 I^2 和线路电阻 R_l 的乘积成正比。当输送的电功率一定时，电压越高，电流就越小，输电线路上的损耗就越小，这样不仅可以减小输电导线截面，节省材料，而且还可以减少功率损耗。因此，电力系统中均采用高电压进行电能的远距离输送，如35kV、110kV、220kV、330kV和500kV等。若发电机的电压为6.3～10.5kV，用升压变压器将电压升高到35～500kV进行远距离输电。当电能送到用电地区后，再用降压变压器将电压降低到较低的配电电压(一般为10kV)，分配到各工厂、用户。最后再用配电变压器将电压降低到用户所需的电压等级(如380V/220V)，供用户使用。

在电子线路中，变压器可以使负载获得适当电压等级的电源，还可用来传递信号和实现阻抗匹配。变压器的种类很多，用途也各不同，但其工作原理是相同的。本章首先以单相变压器为例，介绍变压器的结构、工作原理及运行特性，然后重点介绍三相变压器。最后介绍工程实际中几种常见的特殊变压器。

7.3.1　变压器的结构和分类

变压器由铁心(iron core)和绕组(winding)两个基本部分组成，另外还有油箱等辅助设备，现分别介绍如下。

1. 铁心

铁心构成变压器的磁路部分。变压器的铁心大多用0.35～0.5mm厚的硅钢片交错叠装而成，叠装之前，硅钢片上还需涂一层绝缘漆。交错叠装即将每层硅钢片的接缝错开，这样可以减小铁心中的磁滞和涡流损耗。

2. 绕组

绕组构成变压器的电路部分。绕组通常用绝缘的铜线或铝线绕制，其中与电源相连的绕组称为原绕组(primary winding)(又称原边或初级)；与负载相连的绕组称为副绕组(secondary winding)(又称副边或次级)。

一般小容量变压器的绕组用高强度漆包线绕制而成，大容量变压器可用绝缘扁铜线或铝线绕制。一般低压绕组在里面，高压绕组在外面，这样排列可降低绕组对铁心的绝缘要求。

按铁心结构，变压器可分为心式变压器和壳式变压器两类：心式变压器特点是绕组包围着铁心，如图 7.15(a)所示，其用铁量较少，构造简单，绕组的安装和绝缘比较容易，电力变压器常采用心式变压器。壳式变压器的特点是铁心包围着绕组的顶面、低面和侧面，如图 7.15(b)所示，其用铜量较少，机械强度较好，多用于低压、大电流的变压器或小容量电讯变压器。

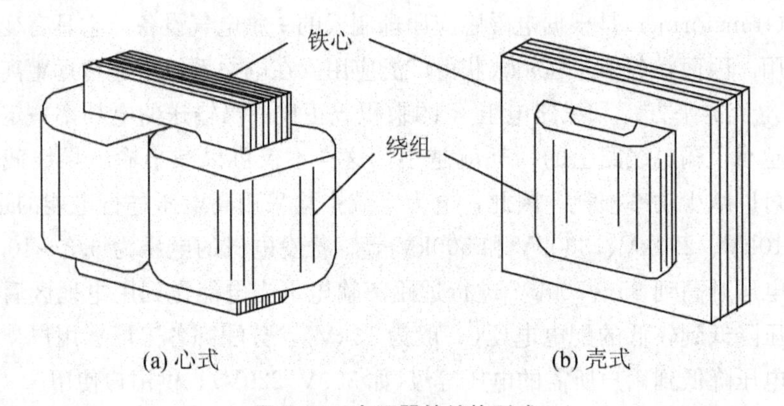

图 7.15　变压器的结构形式

按交流电的相数不同，分为单相变压器、三相变压器和多相变压器；按用途分为输配电用的电力变压器，调节电压用的自耦变压器，测量电路用的仪用互感器以及电子设备中常用的电源变压器、耦合变压器、脉冲变压器等。

7.3.2　变压器的工作原理

图 7.16 是一台单相变压器的工作原理图和电路符号。它有两个绕组，为了分析方便，将原绕组和副绕组分别画在两边，其中原绕组的匝数为 N_1，副绕组的匝数为 N_2。

1. 电磁特性

当一次绕组接入交流电压 u_1 时，绕组中便有交流电流 i_1 通过，在磁动势 N_1i_1 作用下产生交变磁通 Φ 和 $\Phi_{\sigma1}$，其中漏磁通 $\Phi_{\sigma1}$ 仅和一次绕组交链，产生漏磁感应电动势 $e_{\sigma1}$。主磁

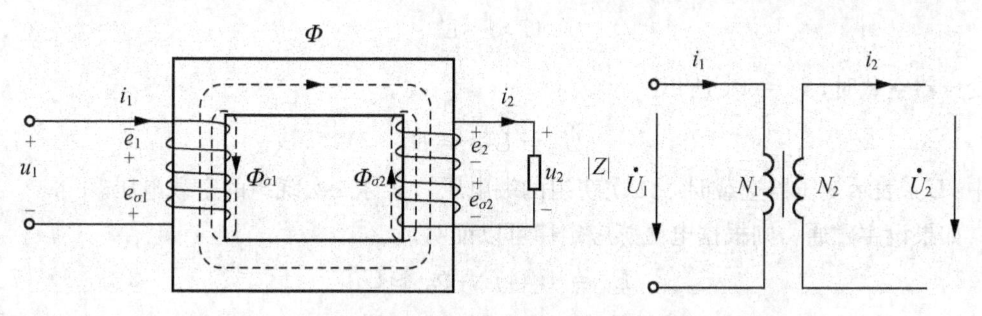

图 7.16　变压器的工作原理图及电路符号

通 Φ 通过铁心闭合，同时与一次绕组、二次绕组相交链，产生主磁感应电动势 e_1 和 e_2。如果二次绕组接有负载，便有负载电流 i_2 产生并流过负载，并向负载输出电功率。同时 i_2 也产生两种磁通，绝大部分在铁心中闭合的主磁通和仅与二次绕组交链的漏磁通 $\Phi_{\sigma2}$。可见，变压器在带负载时，铁心中的主磁通是由一次绕组电流 i_1 和二次绕组电流 i_2 共同产生的。它们的关系可表示如下：

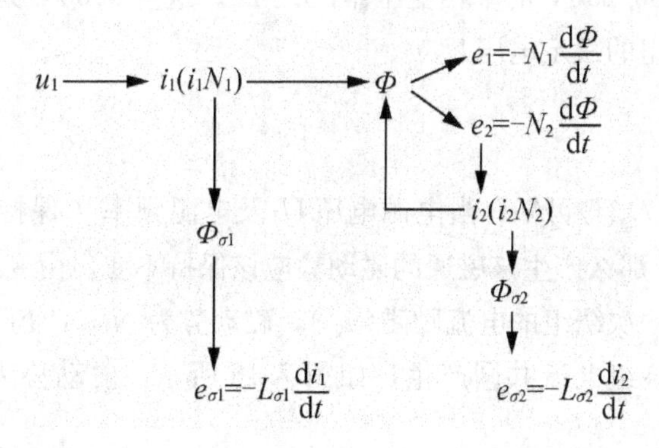

2. 电压变换

如图 7.16 所示各物理量参考方向，由基尔霍夫电压定律可列出一、二次回路的电压与电流关系方程为

$$u_1=-e_1+R_1i_1+L_{\sigma1}\frac{di_1}{dt} \tag{7.18}$$

$$u_2=-e_2+e_{\sigma2}-R_2i_2 \tag{7.19}$$

写成相量形式为

$$\dot{U}_1=-\dot{E}_1+R_1\dot{I}_1+jX_{\sigma1}\dot{I}_1=-\dot{E}_1+Z_1\dot{I}_1 \tag{7.20}$$

$$\dot{U}_2=\dot{E}_2-R_2\dot{I}_2-jX_{\sigma2}\dot{I}_2=\dot{E}_2-Z_2\dot{I}_2 \tag{7.21}$$

式中：R_1、R_2 及 $X_{\sigma1}=\omega L_{\sigma1}$、$X_{\sigma2}=\omega L_{\sigma2}$ 分别为一、二次绕组的电阻和漏磁感抗；$Z_1=R_1+jX_{\sigma1}$、$Z_2=R_2+jX_{\sigma2}$ 称为一、二次绕组的阻抗。

对于一次绕组而言，阻抗压降很小，约占 U_1 的 0.01%～0.25%，可以忽略不计，所以

$$\dot{U} \approx -\dot{E} \tag{7.22}$$

当变压器空载时，$\dot{I}_2=0$，所以

$$\dot{U}_2=\dot{U}_{20}=E_2 \tag{7.23}$$

式中：U_{20} 表示变压器空载时，二次绕组的端电压，又称二次绕组的空载电压。

如果设主磁通，则根据电磁感应定律可以证明

$$E_1=4.44fN_1\Phi_m \approx U_1 \tag{7.24}$$

$$E_2=4.44fN_2\Phi_m \approx U_2 \tag{7.25}$$

所以，变压器空载运行时，一、二次绕组电压有效值之比为

$$\frac{U_1}{U_{20}} \approx \frac{E_1}{E_2}=\frac{N_1}{N_2}=k \tag{7.26}$$

式中：k 称为变压器的匝数比(turns ratio)，简称变比。

变比是变压器的一个重要参数，可由铭牌数据求得，数值上约等于一、二次绕组的额定电压之比。例如 6000/230V 的单相变压器，k=26。这里 6000V 为一次绕组的额定电压 U_{1N}，230V 为 二次绕组的额定电压 U_{2N}。

3. 电流变换

由式(7.22)和式(7.24)可知，当电源电压 U_1 及电源频率 f 保持不变时，铁心中主磁通 Φ_m 大小基本不变，那么产生该磁通的磁动势应该保持不变。由变压器的电磁特性可知，空载时，$i_2=0$，只有一次绕组的电流励磁(i_0)，磁动势为 N_1i_0，变压器负载运行时，铁心中的磁通由一、二次绕组电流共同产生，如图 7.16 所示，磁动势为 $N_1i_1+N_2i_2$。所以，磁动势平衡方程式为

$$N_1i_1+N_2i_2 \approx N_1i_0 \tag{7.27}$$

如用相量表示，则为

$$N_1\dot{I}_1+N_2\dot{I}_2 \approx N_1\dot{I}_0 \tag{7.28}$$

可见，空载时一次绕组的电流 i_0 主要是用来产生主磁通 Φ_m 的。负载时，二次绕组电流 i_2 产生的磁动势有改变主磁通 Φ_m 的作用，为了保持铁心中主磁通 Φ_m 基本不变，一次绕组电流 i_1 必须相应变化，以抵消负载电流 i_2 对主磁通 Φ_m 的影响。在这个过程中，能量得到传送。

由于变压器的铁心磁导率很高，理论和实践都证明，空载电流 I_0 很小(约为 I_{1N} 的 1%～3%)。因此变压器负载工作时(I_2 较大)，常将 $\dot{I}_0N_1$ 忽略不计，从而有

$$N_1\dot{I}_1 \approx -N_2\dot{I}_2 \tag{7.29}$$

显然，一次绕组的磁动势与二次绕组产生的磁动势大小近似相等，方向相反。也就是说，i_2 产生的主磁通与 i_1 产生的主磁通实际方向是相反的，二次绕组的磁动势对一次绕组的磁动势有去磁作用。当二次绕组电流 I_2 随负载增加而增加时，一次绕组的电流 I_1 必须

相应增加，才能抵消二次绕组的去磁作用，以保证铁心中主磁通 Φ_m 基本不变，只考虑电流大小时

$$\frac{I_1}{I_2} \approx \frac{N_2}{N_1} = \frac{1}{k} \tag{7.30}$$

上式表明变压器原、副绕组的电流之比近似等于它们的匝数比的倒数，这就是变压器电流变换的特性。

4. 阻抗变换

上面讲过变压器能起变换电压和变换电流的作用。此外，它还有变换负载阻抗(impedance transformation)的作用，以实现“匹配”。

如图 7.17 所示，负载阻抗模 $|Z|$ 接在变压器副边，而图中的虚线框部分可以用一个阻抗模 $|Z'|$ 来等效代替。所谓等效就是输入电路的电压、电流和功率不变。两者的关系可通过下面计算得出。根据式(7.26)和式(7.30)可得出下式：

$$\frac{U_1}{I_1} = \frac{\dfrac{N_1}{N_2}U_2}{\dfrac{N_2}{N_1}I_2} = \left(\frac{N_1}{N_2}\right)^2 \frac{U_2}{I_2}$$

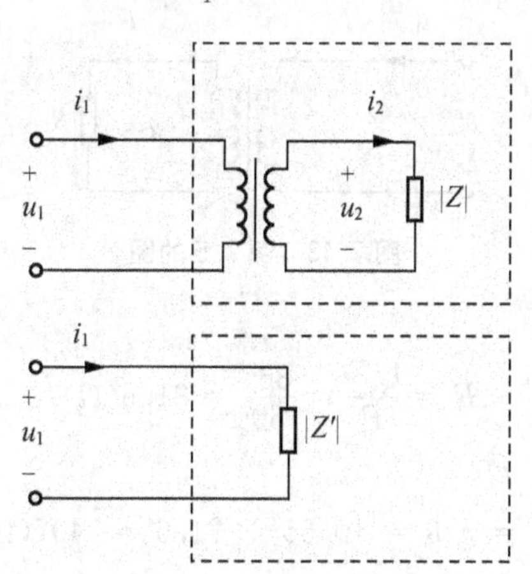

图 7.17　负载阻抗的等效变换

由图 7.17 可知

$$\frac{U_1}{I_1} = |Z'|, \quad \frac{U_2}{I_2} = |Z|$$

则得

$$|Z'| = \left(\frac{N_1}{N_2}\right)^2 |Z| = k^2 |Z| \tag{7.31}$$

匝数比不同，负载阻抗模 $|Z|$ 折算到原边的等效阻抗模 $|Z'|$ 也不同。可以采用不同的匝数比，把负载阻抗模变换为所需要的、比较合适的数值。这种做法通常称为阻抗匹配(impedance match)。

在电子设备中，为了获得较大的输出功率，往往对负载的阻抗有一定要求，但实际的负载阻抗都是给定的，不能随便改变，采用变压器的阻抗变换特性可实现负载与电源之间的匹配。

【例 7.5】 有一台降压变压器，一次侧电压 $U_1=380\text{V}$，二次侧电压 $U_2=36\text{V}$，如果接入一个 36V、60W 的灯泡，求：(1) 一、二次绕组的电流分别是多少？(2) 一次侧的等效电阻是多少？

解：(1) 画等效电路如图 7.18 所示，灯泡可看作是纯电阻，功率因数 $\cos\varphi=1$，因此二次绕组电流为

$$I_2=\frac{P}{U_2}=\frac{60}{36}=1.67(\text{A})$$

变压器变比

$$k=\frac{U_1}{U_2}=\frac{380}{36}=10.56$$

所以一次绕组的电流为

$$I_1=\frac{I_2}{k}=\frac{1.67}{10.56}=0.158(\text{A})$$

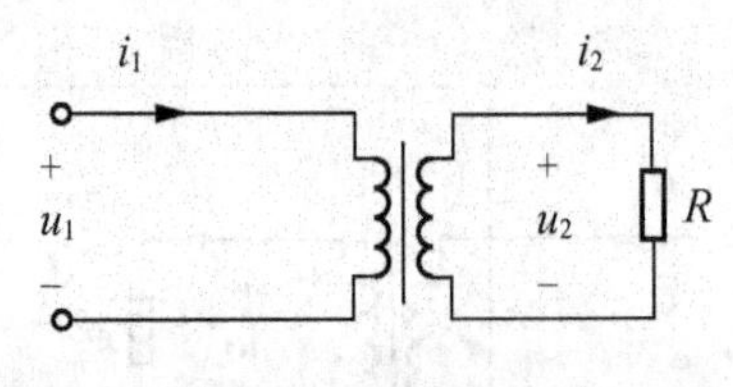

图 7.18 例 7.5 的图

(2) 灯泡的电阻

$$R=\frac{{U_2}^2}{P}=\frac{36^2}{60}=21.6(\Omega)$$

则 次侧的等效电阻为

$$R'=k^2R=10.56^2\times 21.6=2407(\Omega)$$

或

$$R'=\frac{U_1}{I_1}=\frac{380}{0.158}=2407(\Omega)$$

【例 7.6】 如图 7.19 所示，交流信号源的电动势 $E=120\text{V}$，内阻 $R_0=800\Omega$，负载电阻 $R_L=8\Omega$。求：(1) 当 R_L 折算到一次侧的等效电阻 $R_L'=R_0$ 时，求变压器的匝数比和信号源输出的功率。(2) 当将负载直接与信号源连接时，信号源输出多大功率？

解：(1) 变压器的匝数比为

$$\frac{N_1}{N_2}=\sqrt{\frac{R_L{}'}{R_L}}=\sqrt{\frac{800}{8}}=10$$

一次侧等效电路如图 7.19(b)所示，所以信号源的输出功率为

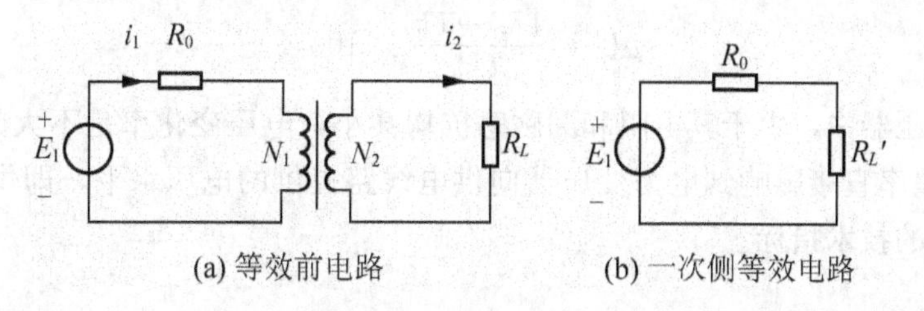

图 7.19　例 7.6 的图

$$P=\left(\frac{E}{R_0+R_L'}\right)^2R_L'=\left(\frac{120}{800+800}\right)^2\times 800=4.5(\mathrm{W})$$

(2) 当将负载直接接在信号源时

$$P=\left(\frac{120}{800+8}\right)^2\times 8=0.176(\mathrm{W})$$

可见，利用变压器的阻抗变换特性，适当调节变压器的变比，可使同一负载从电源处获得最大功率。

7.3.3　变压器的外特性

根据变压器一、二次回路的电压与电流关系方程

$$\dot{U}_1=-\dot{E}_1+R_1\dot{I}_1+\mathrm{j}X_{\sigma1}\dot{I}_1=-\dot{E}_1+Z_1\dot{I}_1$$

$$\dot{U}_2=\dot{E}_2-R_2\dot{I}_2-\mathrm{j}X_{\sigma2}\dot{I}_2=\dot{E}_2-Z_2\dot{I}_2$$

分析可知，当变压器负载增加时，一、二次绕组中的电流以及它们的内部阻抗压降都要增加，因而二次绕组的端电压 U_2 会有所变化。

在电源电压 U_1 和负载的功率因数不变的情况下，二次绕组端电压 U_2 随电流 I_2 的变化关系为 $U_2=f(I_2)$，称为变压器的外特性(external characteristic)。如果将 $U_2=f(I_2)$ 用曲线表示，称为外特性曲线。如图 7.20 所示，对电阻性和电感性负载而言，电压 U_2 随电流 I_2 的增加而下降。

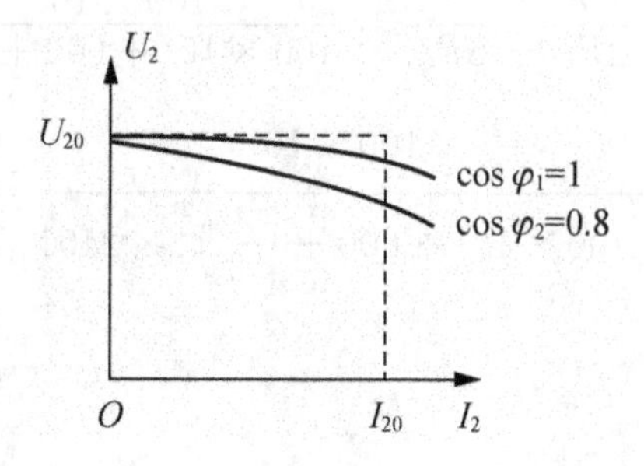

图 7.20　变压器的外特性曲线

通常希望电压 U_2 的变动愈小愈好。从空载到额定负载，副绕组电压的变化程度用电压变化率 ΔU 表示，即

$$\Delta U = \frac{U_{20} - U_2}{U_{20}} \times 100\% \tag{7.32}$$

在一般变压器中，由于其电阻和漏磁感抗均甚小，电压变化率是不大的，约为2%～3%。电压调整率直接影响到电力变压器向供电线路提供的电压水平，即供电质量，所以它是一个重要的技术指标。

7.3.4 变压器的损耗与效率

和交流铁心线圈一样，变压器的功率损耗包括铁心中的铁损 ΔP_{Fe}(copper losses)和绕组上的铜损 ΔP_{cu} (iron losses)两部分。铁损的大小与铁心内磁感应强度的最大值 B_m 有关，与负载大小无关，而铜损则与负载大小(正比于电流平方)有关。

变压器的效率(efficiency)常用下式确定：

$$\eta = \frac{P_2}{P_1} = \frac{P_2}{P_2 + \Delta P_{Fe} + \Delta P_{Cu}} \tag{7.33}$$

式中：P_2 为变压器的输出功率；P_1 为输入功率。

变压器的功率损耗很小，所以效率很高，通常在95%以上。在一般电力变压器中，当负载为额定负载的50%～75%时，效率达到最大值。

【例7.7】 有一带电阻负载的三相变压器，其额定数据如下：$S_N = 100\text{kV}\cdot\text{A}, U_{1N} = 6000\text{V}, U_{2N} = U_{20} = 400\text{V}, f = 50\text{Hz}$。绕组连接 Y/Y_0。由试验测得：$\Delta P_{Fe} = 600\text{W}$，额定负载时的 $\Delta P_{Cu} = 2400\text{W}$。试求：(1)变压器的额定电流；(2)满载和半载时的效率。

解：(1)求额定电流

$$I_{2N} = \frac{S_N}{\sqrt{3}U_{2N}} = \frac{100 \times 10^2}{\sqrt{3} \times 400} = 144(\text{A})$$

$$I_{1N} = \frac{S_N}{\sqrt{3}U_{1N}} = \frac{100 \times 10^2}{\sqrt{3} \times 6000} = 9.62(\text{A})$$

(2) 满载时和半载时的效率分别为

$$\eta_1 = \frac{P_2}{P_2 + \Delta P_{Fe} + \Delta P_{Cu}} = \frac{100 \times 10^2}{100 \times 10^3 + 600 + 2400} = 97.1\%$$

$$\eta_{\frac{1}{2}} = \frac{\frac{1}{2} \times 100 \times 10^3}{\frac{1}{2} \times 100 \times 10^3 + 600 + \left(\frac{1}{2}\right)^2 \times 2400} = 97.6\%$$

7.3.5 三相变压器

目前电力系统均采用三相制，因而三相变压器(three-phase transformer)的应用极为广泛。按照铁心结构，三相变压器可分为三相变压器和三相心式变压器两类。

三相变压器组由三台单相变压器组合而成，在电路上高、低压绕组分别相连，磁路彼

此独立。对于大型或超大型变压器，为了便于制造和运输，往往采用三相变压器组。图 7.21 所示为三相心式变压器的工作原理图。图中，各相高压绕组的首端和末端分别用 A、B、C 和 X、Y、Z 表示，低压绕组则分别用 a、b、c 和 x、y、z 表示。与三相变压器组比较，三相心式变压器的耗材少，价格便宜，占地面积也小，维护比较简单。

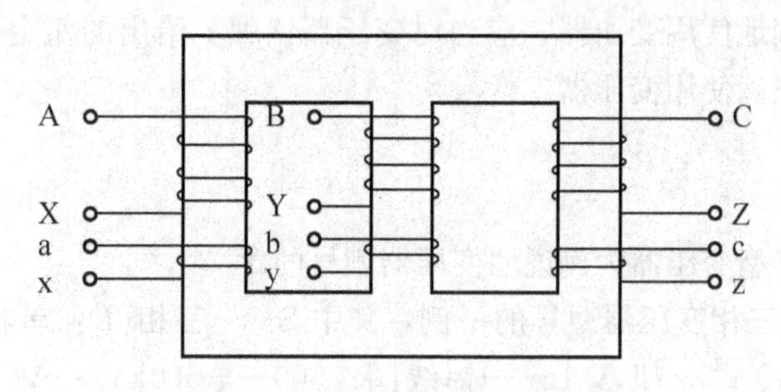

图 7.21　三相心式变压器原理图

三相变压器一、二次绕组常用的连接方法有两种：①星形连接，用“Y”或“y”表示；②三角形连接，用“D”或“d”表示。

为了制造和使用方便，国产电力变压器规定了 5 种标准连接方式，目前常用的有 Yyn、Yd、YNd 三种连接方式，前面的大写字母表示高压绕组的连接法，后面的小写字母表示低压绕组的连接法，N 或 n 表示有中性线引出的情况。

Yyn 接法用于容量不大的三相配电变压器，供动力和照明混合负载使用，其低压为 400V，高压不超过 30kV，最大容量为 1800kV・A；Yd 接法用于低压为 3～10kV，高压不超过 60kV 的线路中，最大容量为 5600kV・A；YNd 主要用于高压或超高压且容量很大的变压器中。空载时，一、二次绕组相电压之比等于一、二次每相绕组的匝数比，但一、二次线电压之比与绕组的连接方式有关。

图 7.22 示出了 Yyn 和 Yd 两种接法及一、二次绕组线电压和相电压的关系。图中 U_1、U_2 均指线电压。

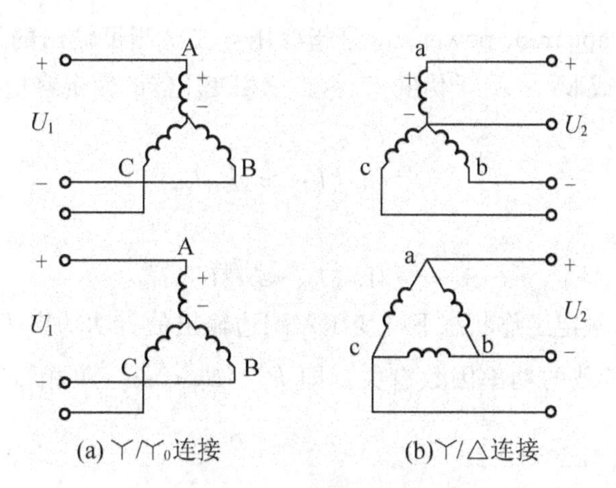

图 7.22　三相变压器的连接法举例

三相变压器在对称负载下运行时，一次侧或二次侧的各相电压、相电流有效值相等，

相位互差120度。其每相的工作原理与单相变压器相同。

7.3.6 变压器的铭牌与额定值

为了正确、合理地使用变压器，应当对变压器铭牌上给出的额定值的含义有所了解，并能根据其额定值正确使用变压器。

1. 型号

以SJL-1000/10型变压器为例说明变压器型号的含义。

SJL-1000/10是三相变压器型号的一例，其中S——三相(D：单相)；J——油浸自冷式冷却方式(F：风冷式冷却)；L——铝线圈；500——500kV·A(变压器额定容量)；10——高压侧电压10kV(高压绕组的额定电压)。

2. 额定电压

一次绕组的额定电压(rated voltage)U_{1N}是指在其绝缘材料的绝缘强度和温度规定值下的工作电压。二次绕组的额定电压U_{2N}是指一次侧加额定电压U_{1N}时，二次侧的空载电压，即$U_{2N}=U_{20}$。额定电压用V(伏)或kV(千伏)表示。三相变压器的额定电压指线电压。

3. 额定电流

额定电流(rated current)是变压器满载运行时，各绕组允许长期通过的最大工作电流，也可根据额定容量和额定电压算出。额定电流用A(安)或kA(千安)表示。三相变压器的额定电流指的是线电流。

4. 额定容量

额定容量(rated apparent power)S_N是指变压器二次侧可输出的最大有功功率。额定容量用V·A(伏安)或kV·A(千伏安)表示。三相变压器的额定容量指三相容量之和，即

单相变压器

$$S_N = U_{2N} I_{2N} \approx U_{1N} I_{1N} \tag{7.34}$$

三相变压器

$$S_N = \sqrt{3} U_{2N} I_{2N} \approx \sqrt{3} U_{1N} I_{1N} \tag{7.35}$$

需要注意的是，额定工作状态下，变压器副边输出的有功功率P_2不一定等于额定容量S，因为P_2还与负载的功率因数有关，即$P_2 = S_N \cos\varphi_2$(单相)，或$P_2=\sqrt{3} S_N \cos\varphi_2$(三相)。

5. 额定频率

额定频率(rated frequency)f_N指电源的工作频率。我国的工业标准频率是50Hz，欧

美国家为60Hz。

【例7.8】 某三相电力变压器，额定容量为30kV·A，额定电压为10000/400V，Yyn接法。(1) 求一、二次额定电流；(2) 求变压器的变比k；(3) 在$\cos\varphi_2=0.9$的感性负载供电且满载时，测得二次侧线电压为380V，求变压器的输出功率。

解：(1) 根据三相变压器容量计算公式$S_N=\sqrt{3}U_{2N}I_{2N}\approx\sqrt{3}U_{1N}I_{1N}$，得

$$I_{1N}=\frac{S_N}{\sqrt{3}U_{1N}}=\frac{30\times10^3}{\sqrt{3}\times10000}=1.71(\mathrm{A})$$

$$I_{2N}=\frac{S_N}{\sqrt{3}U_{2N}}=\frac{30\times10^3}{\sqrt{3}\times400}=43.3(\mathrm{A})$$

(2) 三相变压器的变比等于空载时一、二次绕组相电压之比，即

$$k=\frac{U_{P1}}{U_{P2}}=\frac{U_{1N}/\sqrt{3}}{U_{2N}/\sqrt{3}}=\frac{10000}{400}=25$$

(3) 满载时$I_2=I_{2N}$，所以变压器的输出功率为

$$P_2=\sqrt{3}\,U_2I_{2N}\cos\varphi_2=\sqrt{3}\times380\times43.3\times0.9=25.6(\mathrm{kW})$$

【例7.9】 一台三相变压器，一次绕组每相匝数$N_1=2050$匝，二次绕组每相匝数$N_2=82$匝，如果一次绕组加额定电压$U_{N1}=6000\mathrm{V}$。求：(1) 在Yyn连接时，二次绕组的线电压和相电压；(2) 在Yd连接时，二次绕组的线电压和相电压(变压器内阻抗忽略不计)。

解：变压器的变比为

$$k=\frac{N_1}{N_2}=\frac{2050}{82}=25$$

(1) Yyn连接时，一次绕组相电压为

$$U_{P1}=\frac{U_{l1}}{\sqrt{3}}=\frac{6000}{\sqrt{3}}=3464(\mathrm{V})$$

二次绕组相电压为

$$U_{P2}=\frac{U_{P1}}{k}=\frac{3464}{\sqrt{3}}=138(\mathrm{V})$$

二次绕组线电压为

$$U_{l2}=\sqrt{3}U_{P2}=\sqrt{3}\times138=240(\mathrm{V})$$

或

$$U_{l2}=\frac{U_{l1}}{k}=\frac{6000}{25}=240(\mathrm{V})$$

(2) Yd连接时，一次绕组的相电压为

$$U_{P1}=\frac{U_{l1}}{\sqrt{3}}=\frac{6000}{\sqrt{3}}=3464(\mathrm{V})$$

二次绕组的相电压为

$$U_{P2}=\frac{U_{P1}}{k}=\frac{3464}{\sqrt{3}}=138(\mathrm{V})$$

二次绕组的线电压为

$$U_{l2}=U_{P2}=138\mathrm{V}$$

【例 7.10】 有一带电阻性负载的三相变压器，额定容量 $S_N=100\mathrm{kV}\cdot\mathrm{A}$，额定电压为 6000/400V，Yyn 接法，由试验测得 $\Delta P_{Fe}=600\mathrm{W}$，额定负载时 $\Delta P_{Cu}=2400\mathrm{W}$。试求变压器在满载和半载时的效率。

解：负载为电阻性负载，$\cos\varphi_2=1$，满载时 $P_2=S_N$，效率为

$$\eta=\frac{P_2}{P_2+\Delta P_{Fe}+\Delta P_{Cu}}=\frac{100\times10^3}{100\times10^3+600+2400}=97.1\%$$

半载时，铁损 ΔP_{Fe} 不变，铜损 $\Delta P'_{Cu}=\left(\frac{1}{2}\right)^2\Delta P_{Cu}$，效率为

$$\eta'=\frac{P'_2}{P'_2+\Delta P'_{Fe}+\Delta P'_{Cu}}=\frac{\frac{1}{2}\times100\times10^3}{\frac{1}{2}\times100\times10^3+600+\left(\frac{1}{2}\right)^2\times2400}=97.6\%$$

7.3.7 特种变压器

1. 自耦变压器

图 7.23 是自耦变压器(autotransformer)的原理图。这种变压器只有一个绕组，二次绕组是一次绕组的一部分，因此它的特点是：一、二次绕组之间不仅有磁的联系，电的方面也是连通的。其工作原理与双绕组变压器相同，一、二次绕组电压之比及电流之比也是

$$\frac{U_1}{U_2}\approx\frac{N_1}{N_2}=k,\quad \frac{I_1}{I_2}\approx\frac{N_2}{N_1}=\frac{1}{k}$$

自耦变压器分可调式和固定抽头式两种。实验室中常用的是可调式自耦变压器，其二次侧匝数可通过分接头调节，分接头做成通过手柄操作能自由滑动的触头，从而可平滑地调节二次电压，所以这种变压器又称自耦调压器。

2. 电压互感器

在高电压、大电流的电力系统中，为了能够测量线路上的电压和电流，并使测量回路与高压线路隔离，保证工作人员的安全，需要用电压互感器(potential transformer)和电流互感器(current transformer)，二者统称为仪用变压器(instrument transformer)。

图 7.24 是电压互感器的接线图，它的一次绕组接到被测的高压线路上，二次绕组接电压表。电压互感器一次绕组的匝数很多，二次绕组匝数很少。由于电压表的阻抗很大，所以互感器工作时，相当于一台降压变压器的空载运行。忽略漏磁阻抗压降，则有

$$\frac{U_1}{U_2}=\frac{N_1}{N_2}=k_u$$

式中：k_u 称为电压互感器的电压变换系数。

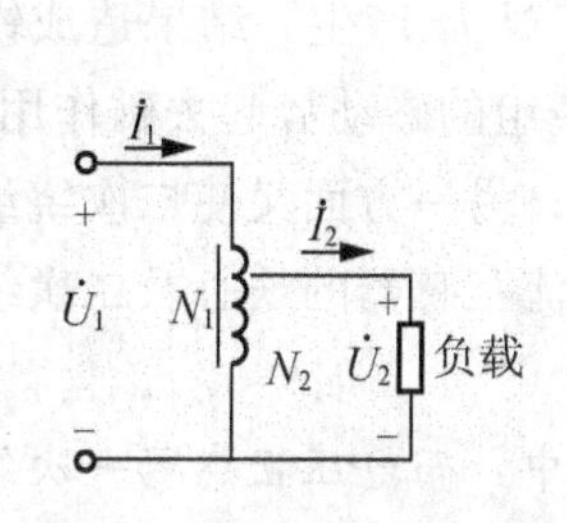

图 7.23 自耦变压器原理图

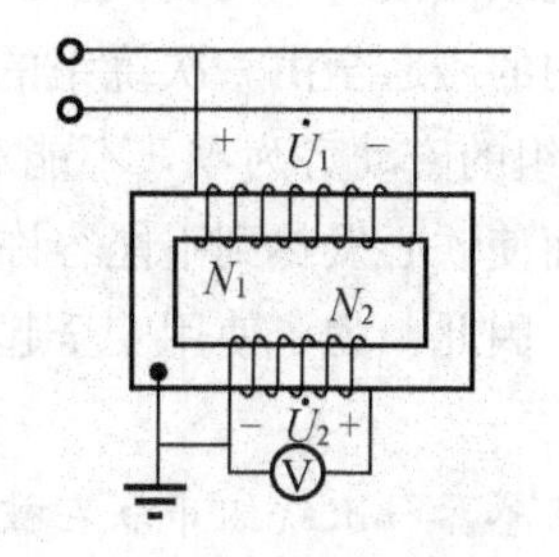

图 7.24 电压互感器原理图

通过选择适当的一、二次匝数比，就可以把高电压降为低电压来测量。通常二次侧的额定电压设计为 100V。

对于专用互感器，为便于读数，电压表的刻度可以直接按一次侧的高电压值标出。为确保安全，电压互感器的铁心和二次绕组的一端应可靠接地，以防高压侧绝缘损坏时在低压侧出现高电压。另外，使用中的电压互感器不允许短路，否则很大的短路电流会烧坏绕组。

3. 电流互感器

电流互感器是根据变压器的电流变换特性制成的，其原理图及电路符号如图 7.25 所示，其中一次绕组的匝数很少，有时只有一匝，串联在被测电路中。二次绕组匝数很多，它与电流表或其他仪表及继电器的电流线圈相串联。根据变压器的电流变换特性可得

$$I_1=\frac{N_2}{N_1}I_2=K_iI_2$$

式中：K_i是电流互感器的变换系数。

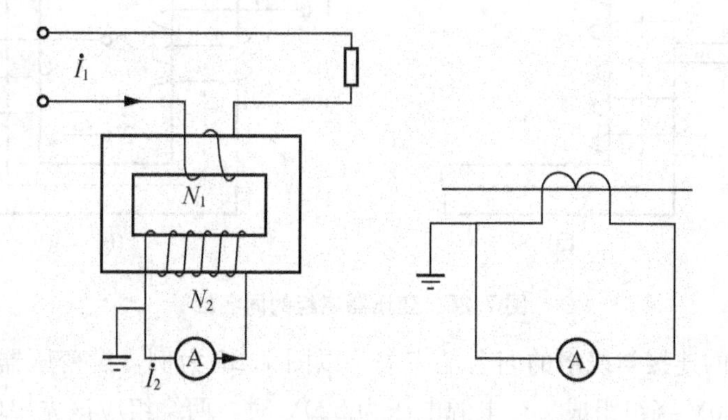

图 7.25 电流互感器的接线图及其符号

已知 K_i，测出 I_2 就知道 I_1 了。电流互感器二次绕组的额定电流设计为 5A 或 1A。需要指出的是，为了人身安全，使用电流互感器时，二次绕组的电路是不允许断开的，这点

是和普通变压器不一样的。这是因为它的一次绕组是与负载串联的，其中电流 I_1 的大小是决定于负载的大小，不是决定于二次绕组电流。所以当二次绕组电路断开时(譬如在拆下仪表时未将二次绕组短接)，二次绕组的电流和磁动势立即消失，但是一次绕组的电流 I_1 未变。这时铁心内的磁通全由一次绕组的磁动势 N_1I_1 产生，结果造成铁心内很大的磁通(因为这时二次绕组的磁动势为零，不能对一次绕组的磁动势起去磁作用了)。这会使铁损耗大大增加，从而使铁心发热到不能容许的程度；另一方面又使二次绕组的感应电动势增高到危险的程度。因此，为了使用安全起见，电流互感器的铁心及二次绕组的一端必须可靠接地。

注意： 电流互感器一次绕组串联在被测电路中，而电压互感器一次绕组并联在被测电路中。电压互感器和电流互感器常分别简称为TV和TA。

7.3.8 变压器绕组的同名端

铁心上有两个或两个以上绕组时，为了能正确接线，绕组上都标有称为同名端(polarity terminals)的记号，例如“.”或“*”等。

所谓同名端是指当铁心中的磁通变化时，两个绕组中感应电动势的同极性端所对应的端子。或者说当电流同时从两个绕组的同名端流入(或流出)时，在铁心中产生的磁通方向相同，磁场相互加强。

如图 7.26 所示，两个绕组绕在同一铁心上，则图 7.26(a)中，端子 1 和 2、1′和 2′是同名端。图 7.26 (b)中，端子 1 和 2′、1′和 2 是同名端。显然，同名端与绕组的绕法及其相对位置有关。需要说明的是，对于两个以上的绕组，同名端应该两两绕组标记。

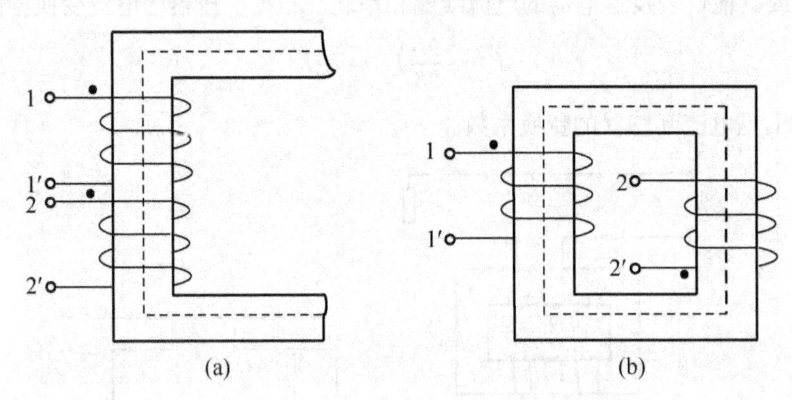

图 7.26 变压器绕组的同名端

变压器绕组的连接与绕组的同名端有关。以图 7.27 为例，设变压器的一次绕组由两个额定电压为 110V 绕组组成。当电源电压为 220V 时，两绕组应该先串联再与电源相接，如图 7.27(a)所示(异名端相连)，此时两绕组所产生的磁场方向相同，是相互加强的。

反之，若将两绕组如图 7.27(b)连接(同名端相连)，此时，虽然两绕组仍然串联，但它们所产生的磁场方向相反，是相互抵消的，如果两绕组匝数相等，则铁心中磁通为零，

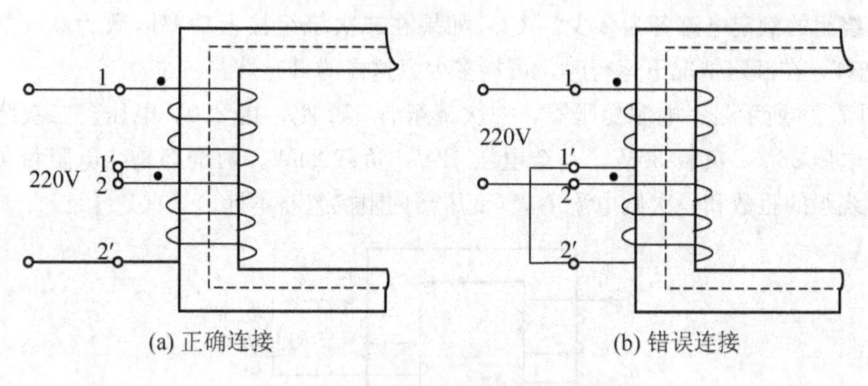

(a) 正确连接　　(b) 错误连接

图 7.27　变压器一次绕组的不同连接

线圈中将没有感应电动势产生，这时一次绕组中的电流将会很大，变压器绕组有可能被烧毁，这是绝对不允许的。同理，当电源电压为 110V 时，两绕组应先将同名端并联后，再与电源相连。

练习与思考

1. 如何理解变压器的空载运行、负载运行及满载运行？

2. 如果变压器的铁心有空隙，它对励磁电流有什么影响？如果不要铁心能不能变压？为什么？

3. 如果变压器一次绕组的匝数增加一倍，而所加电压不变，试问励磁电流将有什么变化？

4. 某变压器额定频率为 50Hz，用于 60Hz 的交流电路中，能否正常工作？

5. 有一台电压为 220/110V 的变压器，$N_1 = 2000$ 匝，$N_2 = 1000$ 匝。如想省些铜线，是否可以将匝数减为 400 和 200？

6. 变压器一次绕组的电流 i_1 是由什么来决定的？当变压器输出端发生短路时，对一次绕组中的电流 i_1 有没有影响和危害？

7. 单相变压器和三相变压器的额定电压指的是什么电压？它们与变比的关系如何？

8. 有一空载变压器，一次侧加额定电压 220V，并测得一次绕组电阻 $R_1 = 10\,\Omega$，试问一次电流是否等于 22A？

9. 一台 220/46V 的变压器能否用来将 440V 的电压降至 72V 或把 72V 的电压升至 440V？若将该变压器接到 220V 的直流电源上后果如何？

习　　题

1. 有一单相照明变压器，容量为 10kV·A，电压为 3300/220V。今预在二次绕组接上 60W、220V 的白炽灯，要求变压器在额定情况下运行，问：(1) 这种电灯可接多少个？

一、二次绕组的额定电流各为多少？（2）如果在二次绕组接上功率因数为 0.6 的 220V、60W 日光灯，在额定情况下运行时，可接多少只这样的日光灯？

2. 图 7.28 所示是一电源变压器，一次绕组有 550 匝，接 220V 电压。二次绕组有两个：一个电压 36V，负载 36W；一个电压 12V，负载 24W。两个都是纯电阻负载。试求两个二次绕组的匝数和一次侧电流 I_1。（变压器内阻抗忽略不计。）

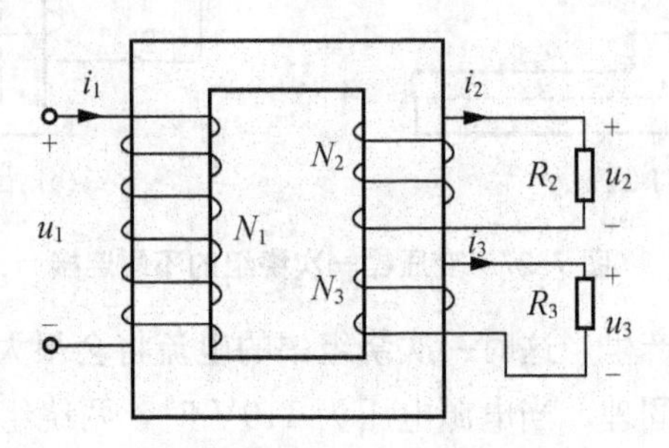

图 7.28　习题 2 的图

3. 在图 7.29 中，将 $R_L=8\Omega$ 的扬声器接在变压器的二次绕组上，已知 $N_1=300$ 匝，$N_2=100$ 匝，信号源电动势 $E=6\mathrm{V}$，内阻 $R_0=100\Omega$，试求信号源输出的功率。

4. 如图 7.30 所示，输出变压器的副绕组中有抽头以便接 8Ω 和 3.5Ω 的扬声器，两者都能达到阻抗匹配。试求二次绕组两部分匝数之比 N_2/N_2。

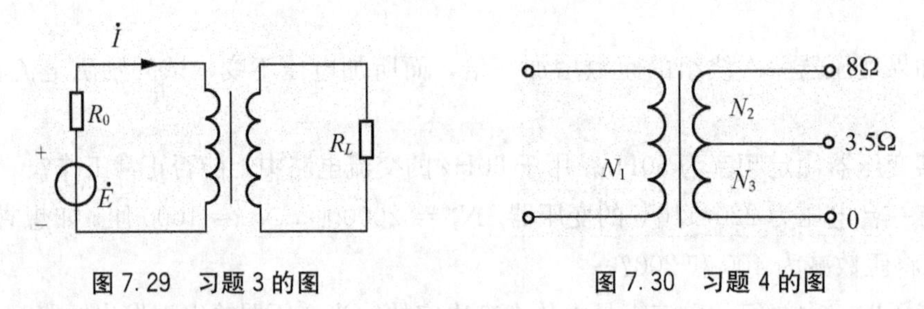

图 7.29　习题 3 的图　　　图 7.30　习题 4 的图

5. 已知某变压器的额定容量 100kV·A，额定电压为 10kV/230V，向负载 $Z_L=(0.412+\mathrm{j}0.309)\Omega$ 供电时正好满载。求变压器一、二次绕组的额定电流和电压调整率。

6. 某电力变压器的额定容量为 50kV·A，额定电压为 6kV/230V，满载时的铜损为 900W，铁损为 300W。满载时向功率因数为 $\cos\varphi_2=0.82$ 的负载供电，负载端电压为 220V。求该变压器的电压调整率和效率。

7. 有一台三相变压器，如图 7.31 所示，额定容量 5000kV·A，额定电压为 10kV/6.3V，Yd 连接，试求：（1）一、二次侧的额定电流；（2）一、二次侧的额定相电压和相电流；（3）变压器的变比。

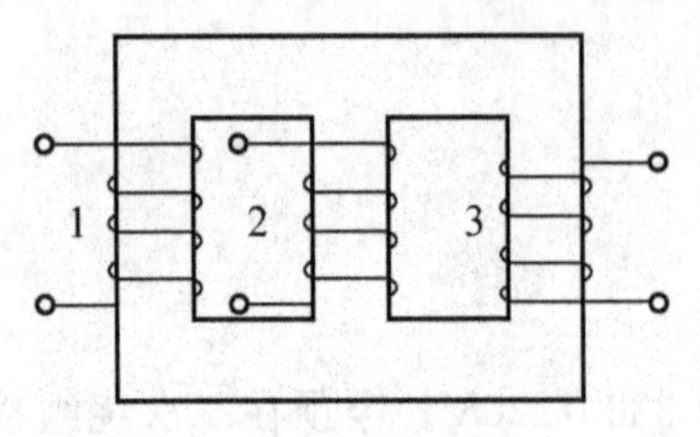

图 7.31　习题 7 的图

8. 某三相变压器的铭牌数据如下：$S_N=180\mathrm{kV\cdot A}$，$U_{1N}/U_{2N}=10\mathrm{kV}/400\mathrm{V}$，$f=50\mathrm{Hz}$，Yyn 连接。已知每匝线圈感应电动势为 5.133V，铁心截面积为 160cm²。

试求：(1) 一、二次绕组每相匝数；(2) 变比 k；(3) 铁心中的磁感应强度 B_m；(4) 一、二次侧的额定相电压和相电流。

9. 某三相变压器，一次绕组每相匝数 $N_1=2080$ 匝，二次绕组每相匝数 $N_2=80$ 匝，如果一次绕组端加线电压 $U_{l1}=6000\text{V}$。求：(1) 在 Yyn 连接时，二次绕组端的线电压和相电压；(2) 在 Yd 连接时，二次绕组端的线电压和相电压。

10. 一台容量为 100kV·A 的三相配电变压器，一次侧额定电压 $U_{1N}=10\text{kV}$，二次侧额定电压 $U_{2N}=400\text{V}$，Yyn 接法。

(1) 这台变压器一、二次侧的额定电流 I_{1N} 和 I_{1N} 各为多少？

(2) 如果负载是 220V、100W 的白炽灯，这台变压器在额定情况下运行时可接入多少只这样的灯？

(3) 如果负载是 220V、100W，$\cos\varphi=0.5$ 的日光灯，这台变压器在额定情况下运行时可接入多少只这样的日光灯？

11. 当闭合开关 S 时(图 7.32)，画出两回路中电流的实际方向。

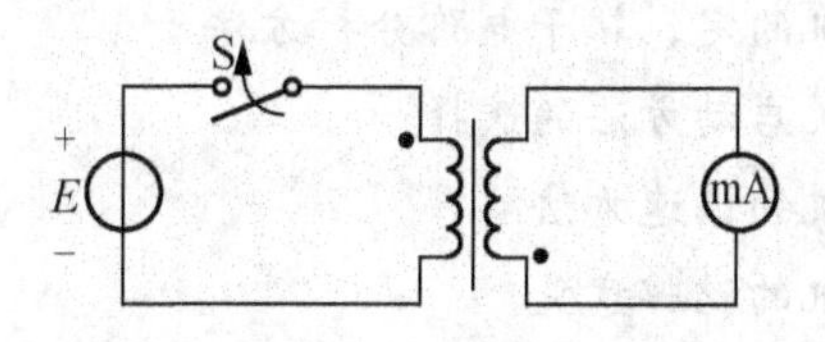

图 7.32　习题 11 的图

12. 某电流互感器电流比为 400A/5A。问：

(1) 若二次绕组电流为 3.5A，一次绕组电流为多少？

(2) 若一次绕组电流为 350A，二次绕组电流为多少？

13. 为什么变压器的额度容量要用视在功率 S_N 表示，而其他电气设备的额度容量一般用有功功率 P_N 表示？

第8章

异步电动机

学习目标

- 掌握三相异步电动机的结构、工作原理
- 掌握三相异步电动机的定、转子电路分析方法
- 掌握三相异步电动机启动方法的选择
- 掌握三相异步电动机的调速方法
- 了解三相异步电动机的铭牌意义
- 了解单相异步电动机的脉动磁场、转矩

知识结构

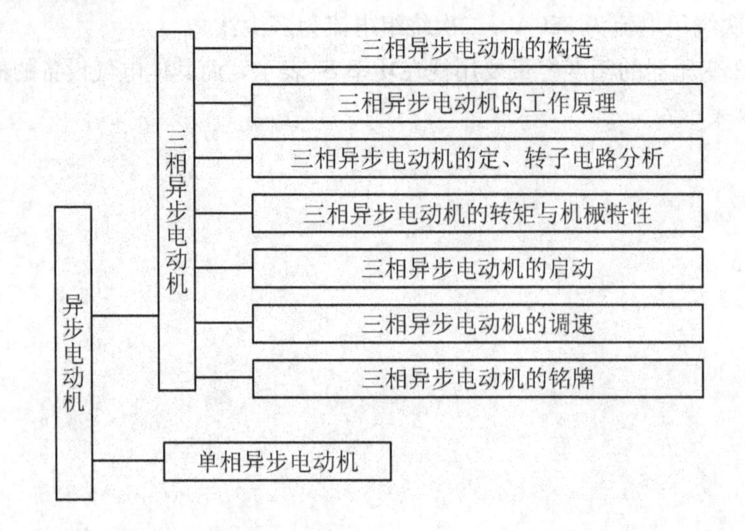

引例

实现电能与机械能相互转换的电工设备总称为电机。交流电机是利用电磁感应原理实现机械能和交流电能相互转换的机械。由于交流电力系统的巨大发展，交流电机已成为最常用的电机。交流电机与直流电机相比，由于没有换向器，因此结构简单，制造方便，比较牢固，容易做成高转速、高电压、大电流、大容量的电机。交流电机功率的覆盖范围很广，从几瓦到几十万千瓦，甚至到上百万千瓦。20 世纪 80 年代初，最大的汽轮发电机已达 150 万千瓦。交流电机按其功能通常分为交流发电机、交流电动机和同步调相机几大类。由于电机工作状态的可逆性，同一台电机既可作发电机又可作电动机。

异步电动机是工业、农业、国防、日常生活和医疗器械中应用最广泛的一种电动机，它的主要作用是驱动生产机械和生活用具。随着电气化和自动化程度的不断提高，异步电动机将占有越来越重要的地位。据统计，在供电系统的动力负载中，约有 70%是异步电动机，可见它在工农业生产乃至日常生活中的重要性。

在生产上主要用的是交流电动机，特别三相异步电动机[图 8.1(a)]，因为它具有结构简单、坚固耐用、运行可靠、价格低廉、维护方便等优点，被广泛地用来驱动各种金属切削机床、起重机、锻压机、传送带、铸造机械、功率不大的通风机及水泵等。单相异步电动机[图 8.1(b)]常用于功率不大的电动工具和某些家用电器中。

(a) 三相异步电动机

(b) 单相异步电动机

图 8.1　异步电动机

电机的种类很多，分类的方法也很多。如按运动方式可分为直线电机和旋转电机，大多数电机为旋转电机；按其功能可分为发电机(generator)和电动机(motor)；按产生和消耗电能的形式可分直流电机(direct-current machine)和交流电机(alternating-current machine)；交流电机按其运行速度与电源频率之间的关系又可分为异步电机与同步电机；直流电机按其励磁方式的不同，可分为他励和自励两种。此外，还有进行信号的传递与转换，在控制系统中作为执行、检测和解算元件的微特电机，这类电机交直流均有，统称为控制电机。

8.1 三相异步电动机的构造

异步电动机主要由固定不动的定子(stator)和旋转的转子(rotor)两部分组成，定、转子之间有一个非常小的空气隙将转子和定子隔离开，根据电动机的容量不同，气隙可在0.4～4mm的范围内。三相异步电动机的构造如图8.2所示。

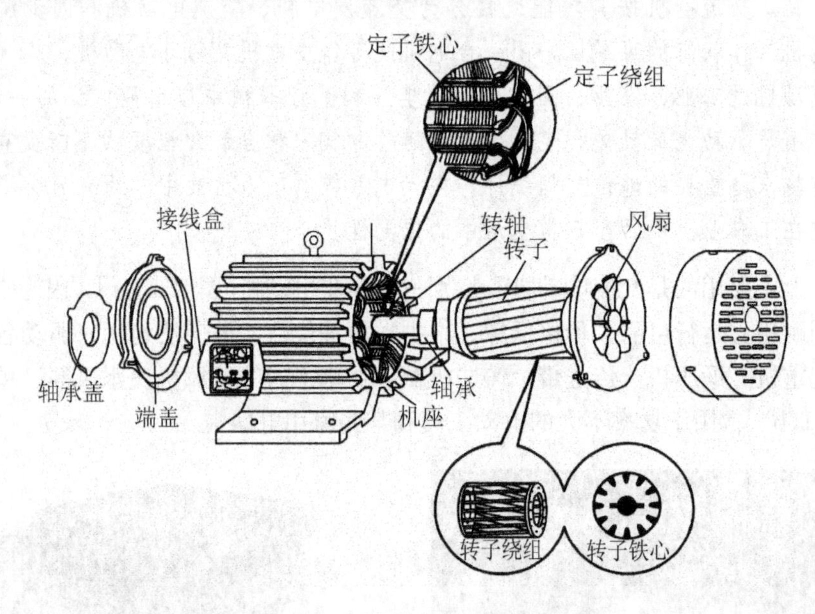

图8.2 三相异步电动机的构造

三相异步电动机的定子由机座和装在机座内的圆筒形铁心以及其中的三相定子绕组组成，如图8.3(a)所示。机座是用铸铁或铸钢制成的，铁心是由互相绝缘的硅钢片叠成的。铁心的内圆周表面冲有槽，用以放置对称三相对称绕组。大、中容量的高压电动机的定子绕组常连接成星形，只引出3根线，而中、小容量的低压电动机常把三相绕组的6个出线头都引到接线盒中，可以根据需要连接成星形和三角形。定子绕组是构成电路的部分，其作用是感应电动势、流过电流、实现机电能量转换。

电动机转子根据构造上的不同可分为两种型式：笼型和绕线型。转子由转子铁心、转子绕组和转轴组成，如图8.3(b)所示。转子铁心是圆柱形，用硅钢片叠加而成，表面有

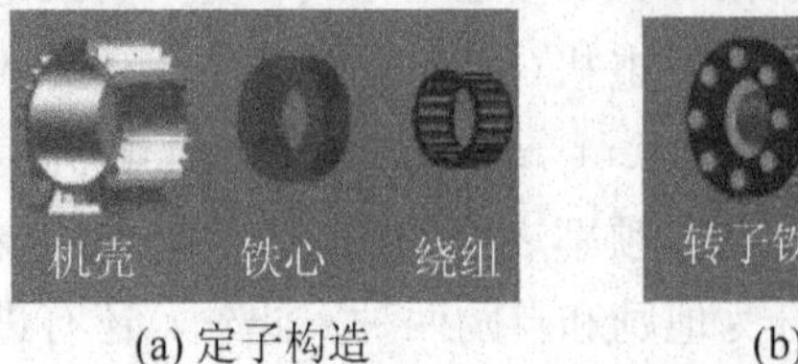

(a) 定子构造　　(b) 转子子构造

图8.3 定子和转子构造

冲槽，用于安放转子绕组。转子铁心也是磁路的一部分，转子、气隙和定子铁心构成了一个电动机的完整磁路。

笼型转子(squirrel-cage rotor)绕组做成鼠笼状，就是在转子铁心的槽中放铜条，再将全部铜条两端焊在两个铜端环上，以构成闭合回路，如图 8.4 所示。或者是在槽中浇针铸铝液，铸成一鼠笼，这样便可以用比较便宜的铝来代替铜，同时制造也快，构造如图 8.5 所示。当前中小型笼型电动机的转子很多是铸铝的。笼型异步电动机的“鼠笼”是它的构造特点，易于识别。

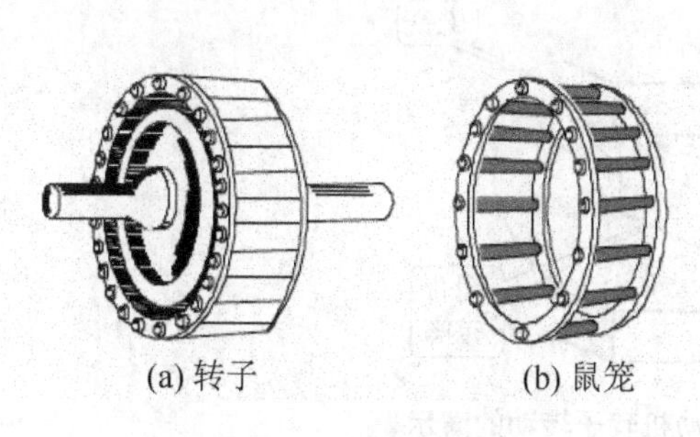

图 8.4　笼型转子

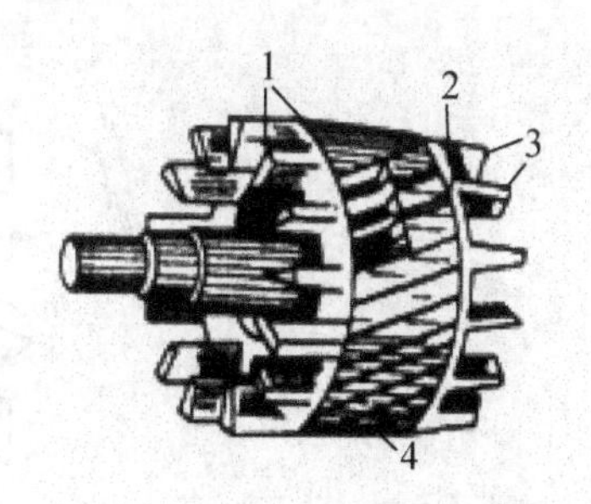

图 8.5　铸铝的笼型转子

1—铝条；2—端环；3—风扇；4—转子铁心

绕线型转子(slip-ring rotor)的构造如图 8.6 所示，它的转子绕组同定子绕组一样，也是三相的，作星形连接。它每相的始端连接在 3 个铜制的滑环上，滑环固定在转轴上。环与环，环与转轴都互相绝缘。在环上用弹簧压着碳质电刷。绕线型转子的特点是在启动和调速时，可以通过滑环电刷在转子回路中接入附加电阻，以改善电动机的启动性能，调节其转速。通常人们就是根据有 3 个滑环的结构特点来辨认绕线型异步电动机。

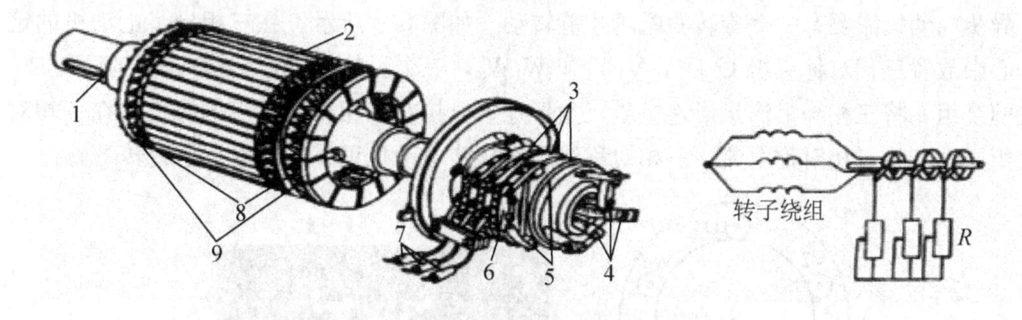

图 8.6　绕线型转子结构

1—转轴；2—转子铁心；3—集电环；4—转子绕组出线头；5—电刷；6—刷架；7—电刷外接线；8—三相转子绕组；9—镀锌钢丝孢

笼型与绕线型只是在转子的构造上不同，它们的工作原理是一样的。笼型电动机由于其构造简单，价格低廉，工作可靠，使用方便，就成为生产上应用得最广泛的一种电动机。

8.2 三相异步电动机的工作原理

三相异步电动机又称交流感应式电动机，它是靠旋转着的定子磁场切割转子导体产生感应电流的，该旋转磁场(rotating magnetic field)又对带电的转子导体作用，产生转矩而带动转子转动，从而实现了机电能量的转换，如图 8.7 所示。

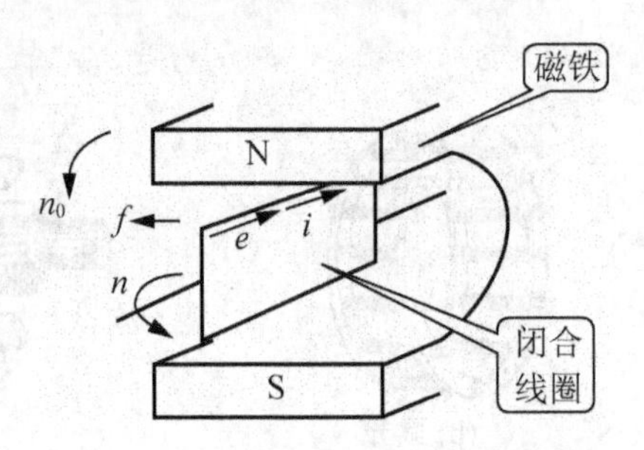

图 8.7 异步电动机转子转动的演示

在蹄形磁铁的两极间放置一个闭合导体，当转动手柄带动蹄形磁铁旋转时，将发现导体也跟着旋转；若改变磁铁的转向，则导体的转向也跟着改变。

当磁铁旋转时，磁铁与闭合的导体发生相对运动，鼠笼式导体切割磁力线而在其内部产生感应电动势和感应电流。感应电流又使导体受到一个电磁力的作用，于是导体就沿磁铁的旋转方向转动起来，这就是异步电动机的基本原理。

转子转动的方向和磁极旋转的方向相同。所以，欲使异步电动机旋转，必须有旋转的磁场和闭合的转子绕组。

异步电动机需要有一个旋转的磁场才能转动。如图 8.8 所示，在三相异步电动机的定子铁心中放置三相对称绕组 U_1U_2，V_1V_2 和 W_1W_2，三个匝数相同，结构一样，互隔 120° 相位的绕组。将三相绕组作星形连接或三角形连接，接在三相正弦交流电源上，在三相对称绕组中会产生三相对称电流，三相对称绕组在异步电动机里就能产生一个旋转磁场。

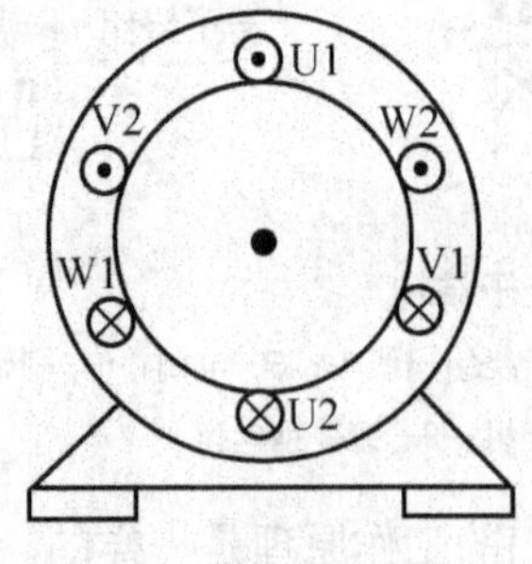

(a) 定子铁心和绕组

(b) 三相对称交流绕组模型

图 8.8 用以产生旋转磁场的定子铁心和绕组示意图

8.2.1　旋转磁场的产生

假设每相绕组只有一个线圈，3 个绕组分别嵌放在定子铁心内圆周内，在空间位置上，互差 120°的规律对称排列在 6 个槽内。U 相组的始端用 U_1来表示，末端用 U_2来表示。V 相和 W 相绕组的末端分别为 V_1V_2和 W_1W_2，并接成星形(图 8.9)与三相电源 U、V、W 相连。

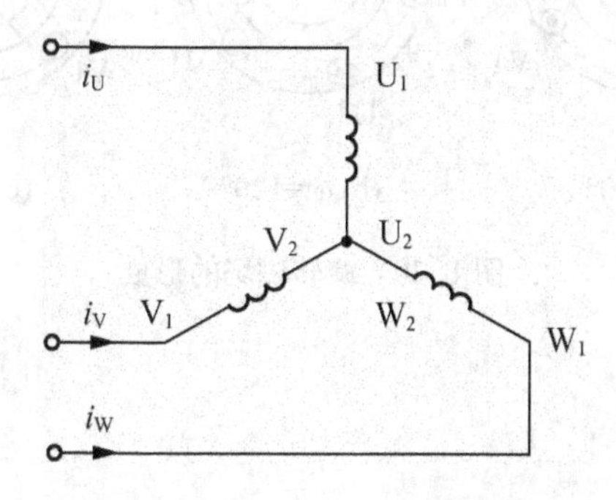

图 8.9　三相异步电动机定子接线

三相定子绕组便通过三相对称电流 i_U、i_V、i_W，随着电流在定子绕组中通过，在三相定子绕组中就会产生旋转磁场。

$$\begin{cases} i_U = I_m \sin\omega t \\ i_V = I_m \sin(\omega t - 120°) \\ i_W = I_m \sin(\omega t + 120°) \end{cases}$$

当 $\omega t = 0°$时，$i_U = 0$，U_1U_2绕组中无电流；i_V 为负，V_1V_2绕组中的电流从 V_2流入 V_1流出；i_W 为正，W_1W_2绕组中的电流从 W_1流入 W_2流出；由右手螺旋定则可得合成磁场的方向如图 8.10(a)所示。

当 $\omega t = 120°$时，$i_V = 0$，V_1V_2绕组中无电流；i_U 为正，U_1U_2绕组中的电流从 U_1流入 U_2流出；i_W 为负，W_1W_2绕组中的电流从 W_2流入 W_1流出；由右手螺旋定则可得合成磁场的方向如图 8.10(b)所示。

当 $\omega t = 240°$时，$i_W = 0$，W_1W_2绕组中无电流；i_U 为负，U_1U_2绕组中的电流从 U_2流入 U_1流出；i_V 为正，V_1V_2绕组中的电流从 V_1流入 V_2流出；由右手螺旋定则可得合成磁场的方向如图 8.10(c)所示。

同理可得，当 $\omega t = 360°$ 时，合成磁场正好转了一周。三相电流产生的合成磁场是一旋转的磁场，即一个电流周期，旋转磁场在空间转过 360°。

可见，当定子绕组中的电流变化一个周期时，合成磁场也按电流的相序方向在空间旋转一周。随着定子绕组中的三相电流不断地作周期性变化，产生的合成磁场也不断地旋转，因此称为旋转磁场。

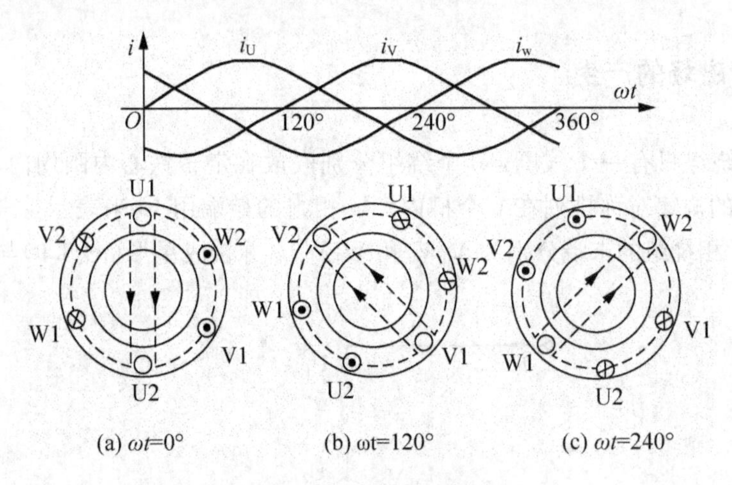

图 8.10　旋转磁场的形成

8.2.2　旋转磁场的方向

旋转磁场的方向是由三相绕组中电流相序决定的，由图 8.10 可知，流入三相定子绕组的电流 i_U、i_V、i_W 是按 U→V→W 的相序达到最大值的；旋转磁场的旋转方向也是从 U 相绕组轴线转向 V 相绕组轴线，再转向 W 相绕组轴线，即按 U→V→W 的顺序旋转，而且当某相电流达到最大值是，合成磁场的适量也正好转到该相绕组的轴线上。因此，在三相定子绕组空间排序不变的条件下，旋转磁场的转向取决于三相电流的相序，即从电流超前相转向电流滞后相，若要改变旋转磁场的方向，只需将三相电源进线中的任意两相对调即可。

8.2.3　三相异步电动机的极数与转速

三相异步电动机的极数就是旋转磁场的极数，旋转磁场的极数和三相绕组的安排有关。在图 8.10 中，当每相绕组只有一个线圈，绕组的始端之间相差 120° 空间角时，产生的旋转磁场具有一对极，即极对数 $p=1$。电流变化一周，磁场也正好在空间旋转一周。电流的频率为 f_1，则每分钟变化 60 f_1 次，旋转磁场的转速(Synchronous Speed，同步转速)为

$$n_0 = 60f_1\,\mathrm{r/min} \tag{8.1}$$

若 f_1 为 50Hz 的工频交流电，则此时旋转磁场的转速为 3000r/min。

在实际应用中，常使用极对数高于 1 的多磁极电动机，而旋转磁场的极对数与定子绕组的安排有关。如果电动机绕组由原来的 3 个绕组增至 6 个绕组，即当每相绕组为两个线圈串联，绕组的始端之间相差 60°空间角，规律排列时，产生的旋转磁场具有两对极，即 $p=2$，如图 8.11 所示。当电流也从 $\omega t=0°$ 到 $\omega t=60°$ 时，磁场在空间仅旋转了 30°。由

此可知，当电流经历了一个周期(360°)，磁场在空间仅能旋转半个周期(180°)，所以，两对磁极的磁场旋转速度比一对磁极的磁场转速慢了一半，即

$$n_0=\frac{60f_1}{2}\text{r/min} \tag{8.2}$$

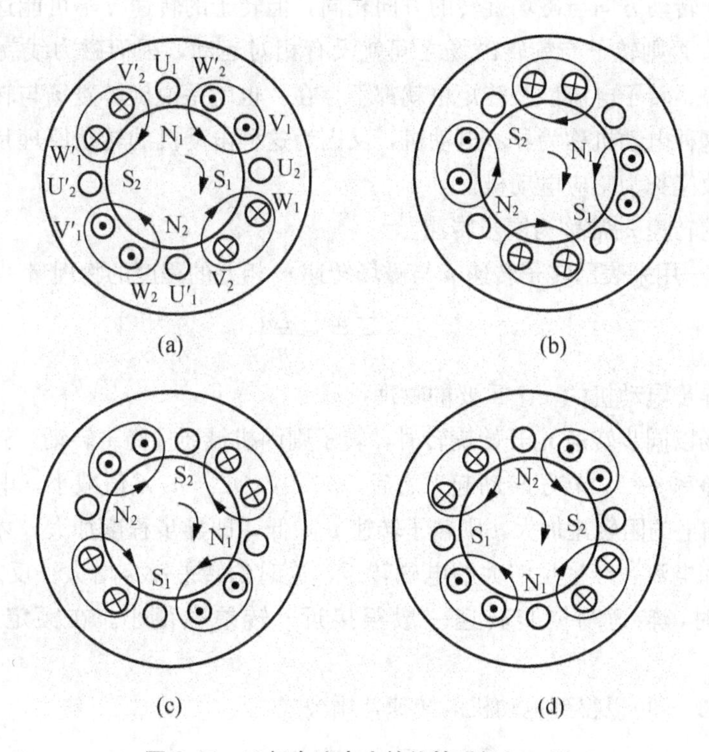

图 8.11　三相电流产生的旋转磁场($p=2$)

同理，如果要产生三对极，即 $p=3$ 的旋转磁场，则每相绕组必须有均匀安排在空间的串联的 3 个线圈，绕组的始端之间相差 40°（120°/p）空间角。极数 p 与绕组的始端之间的空间角 θ 的关系为：$\theta=\frac{120°}{p}$。

由此可知，旋转磁场的转速 n_0 决定于电流频率 f_1 和磁场的极对数 p，而后者又决定于三相绕组的安排情况。对某一异步电动机来讲，f_1 和 p 通常是一定的，所以磁场转速 n_0 是个常数。

在我国，工频 f_1 为 50Hz，于是可以得出对应于不同极对数 p 的旋转磁场转速 n_0 (r/min)，见表 8-1。

表 8-1　对应于不同极对数 p 的旋转磁场转速 n_0 (r/min)

p	1	2	3	4	5	6
n_0	3000	1500	1000	750	600	500

8.2.4 转差率 s

电动机转子转动方向与磁场旋转的方向相同，但转子的转速 n 不可能达到与旋转磁场的转速 n_0 相等，否则转子与旋转磁场之间就没有相对运动，因而磁力线就不切割转子导体，转子电动势、转子电流以及转矩也就都不存在。也就是说旋转磁场与转子之间存在转速差，因此把这种电动机称为异步电动机，又因为这种电动机的转动原理是建立在电磁感应基础上的，故又称为感应电动机。

旋转磁场的转速 n_0 常称为同步转速。

转差率 s——用来表示转子转速 n 与磁场转速 n_0 相差的程度的物理量。即

$$s=\frac{n_0-n}{n_0}=\frac{\Delta n}{n_0} \tag{8.3}$$

转差率是异步电动机的一个重要的物理量。

当旋转磁场以同步转速 n_0 开始旋转时，转子则因机械惯性尚未转动，转子的瞬间转速 $n=0$，这时转差率 $s=1$。转子转动起来之后，$n>0$，(n_0-n)差值减小，电动机的转差率 $s<1$。如果转轴上的阻转矩加大，则转子转速 n 降低，即异步程度加大，才能产生足够大的感受电动势和电流，产生足够大的电磁转矩，这时的转差率 s 增大。反之，s 减小。异步电动机运行时，转速与同步转速一般很接近，转差率很小。在额定工作状态下为 0.015～0.06。

根据式(8.3)，可以得到电动机的转速常用公式：

$$n=(1-s)n_0 \tag{8.4}$$

【例 8.1】 有一台三相异步电动机，其额定转速 $n=975\text{r/min}$，电源频率 $f=50\text{Hz}$，求电动机的极数和额定负载时的转差率 s。

解：由于电动机的额定转速接近而略小于同步转速，而同步转速对应于不同的极对数，有一系列固定的数值。显然，与 975r/min 最相近的同步转速 $n_0=1000\text{r/min}$，与此相应的磁极对数 $p=3$。因此，额定负载时的转差率为

$$s=\frac{n_0-n}{n_0}\times 100\%=\frac{1000-975}{1000}\times 100\%=2.5\%$$

练习与思考

1. 什么是三相电源的相序？就三相异步电动机本身而言，有无相序？

2. 是异步电动机旋转时转子导条的感应电流大，还是电动机刚启动瞬间转子还处于静止时转子导条的感应电流大？什么原因？

3. 为什么异步电动机的转速比它的旋转磁场的转速低？

8.3　三相异步电动机的定、转子电路分析

三相异步电动机中的电磁关系同变压器类似，定子绕组相当于变压器的原绕组，转子绕组(一般是短接的)相当于副绕组。给定子绕组接上三相电源电压，则定子中就有三相电流通过，此三相电流产生旋转磁场，其磁力线通过定子和转子铁心而闭合，这个磁场在转子和定子的每相绕组中都要感应出电动势。所以，这个旋转磁场是由定子绕组和转子绕组产生的合成磁场。

三相异步电动机的等效电路如图 8.12 所示，当定子绕组接上三相电源电压(相电压 u_1)时，则有三相电流(相电流为 i_1)通过。定子三相电流产生旋转磁场，旋转磁场在定子绕组和转子每相绕组中分别感应出电动势 e_1 和 e_2；漏磁通在定子绕组和转子每相绕组中分别感应出漏电动势 $e_{\sigma1}$ 和 $e_{\sigma2}$。

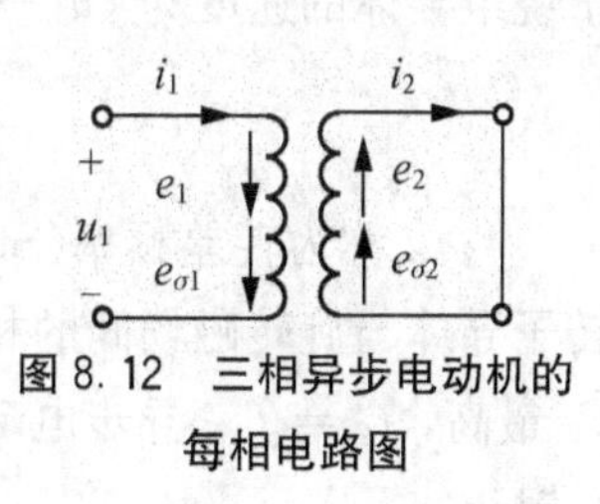

图 8.12　三相异步电动机的每相电路图

8.3.1　定子电路

定子每相电路的电压方程和变压器一次绕组电路的一样，即

$$u_1 = R_1 i_1 + (-e_{\sigma1}) + (-e_1) = R_1 i_1 + L_{\sigma1}\frac{\mathrm{d}i_1}{\mathrm{d}t} + (-e_{\sigma1}) \tag{8.5}$$

如果用相量表示，则为

$$\dot{U}_1 = R_1 I_1 + (-\dot{E}_{\sigma1}) + (-\dot{E}_1) = R_1 I_1 + \mathrm{j}X_1\dot{I}_1 + (-\dot{E}_1) \tag{8.6}$$

式中，R_1和 X_1分别为定子每相绕组的电阻和感抗(漏磁感抗)。

和变压器一样，也可得出

$$\dot{U}_1 = -\dot{E}_1$$

和

$$E_1 = 4.44 f_1 N_1 \Phi_{\mathrm{m}} \tag{8.7}$$

式中：Φ_{m} 为通过每相绕组的磁通最大值，在数值上它等于旋转磁场的每极磁通；f_1 是 e_1 的频率。因为旋转磁场和定子间的相对转速为 n_0，所以，定子感应电动势的频率为

$$f_1 = \frac{pn_0}{60} \tag{8.8}$$

即等于电源或定子电流的频率。

8.3.2　转子电路

转子每相电路的电压方程为

$$e_2 = R_2 i_2 + (-e_{\sigma2}) = R_2 i_2 + L_{\sigma2}\frac{\mathrm{d}i_2}{\mathrm{d}t} \tag{8.9}$$

如用相量表示，则为

$$\dot{E}_2 = R_2\dot{I}_2 + (-\dot{E}_{\sigma 2}) = R_2\dot{I}_2 + jX_2\dot{I}_2 \tag{8.10}$$

式中：R_2和X_2分别为转子每相绕组的电阻和漏磁感抗。

上式中转子电路的各个物理量对电动机的性能都有影响，今分述如下。

1. 转子电路的频率

当电动机旋转时，旋转磁场切割转子绕组导体，在绕组上产生的感应电动势为交流电动势。感应电动势的频率取决于旋转磁场同转子的相对速度和磁极对数。旋转磁场切割转子绕组导体的速度为$(n_0 - n)$，转子绕组中电动势和电流的频率f_2为

$$f_2 = \frac{n_0 - n}{60}p = \frac{n_0 - n}{n_0} \times \frac{n_0 p}{60} = sf_1 \tag{8.11}$$

f_2又称为转差频率(Slip frequency)。当转子不转时，电动机启动瞬间，$n = 0(s = 1)$，转子导体与旋转磁场间的相对速度最大，旋转磁场切割转子导体的速度最快，所以这时的f_2最高，$f_2 = f_1$。异步电动机在额定负载时，$s = 1\% \sim 9\%$，若$f_1 = 50\text{Hz}$，则$f_2 = 0.5 \sim 4.5\text{Hz}$。

2. 转子感应电动势E_2

有效值E_2为

$$E_2 = 4.44f_2N_2\Phi_\text{m} = 4.44sf_1N_2\Phi_\text{m} \tag{8.12}$$

当转速$n=0(s=1)$时，f_2最高，此时E_2最大，记为E_{20}，有

$$E_{20} = 4.44sf_1N_2\Phi_\text{m} \tag{8.13}$$

即

$$E_2 = sE_{20} \tag{8.14}$$

可见，转子感应电动势与转差率s有关。

3. 转子感抗X_2

转子感抗X_2与转子频率f_2有关，即

$$X_2 = 2\pi f_2 L_{\sigma 2} = 2\pi sf_1 L_{\sigma 2} \tag{8.15}$$

当转速$n=0(s=1)$时，f_2最高，$f_2 = f_1$，此时X_2最大，记为X_{20}，有

$$X_{20} = 2\pi f_1 L_{\sigma 2} \tag{8.16}$$

即

$$X_2 = sX_{20} \tag{8.17}$$

可见，转子感抗X_2与转差率s有关。

4. 转子电流I_2

转子每相电路的感应电流由式(8.10)得出，即

$$I_2 = \frac{E_2}{\sqrt{R_2^2 + X_2^2}} = \frac{sE_{20}}{\sqrt{R_2^2 + (sX_{20})^2}} \tag{8.18}$$

可见，转子电流也与转差率 s 有关。当 s 增大，即转速 n 降低时，转子与旋转磁场间的相对转速 $n_0 - n$ 增加，转子导体切割磁场的速度提高，于是 E_2 增加，I_2 也增加。I_2 随 s 变化的关系可用图 8.13 的曲线来表示。当 $s=0$ 即 $n_0 - n = 0$ 时，$I_2 = 0$；当 $s=1$ 时，$R_2 \ll sX_{20}$，有

$$I_2 = I_{2\max} = \frac{E_{20}}{\sqrt{R_{20}^2 + X_{20}^2}} \approx \frac{E_{20}}{X_{20}} = 常数 \tag{8.19}$$

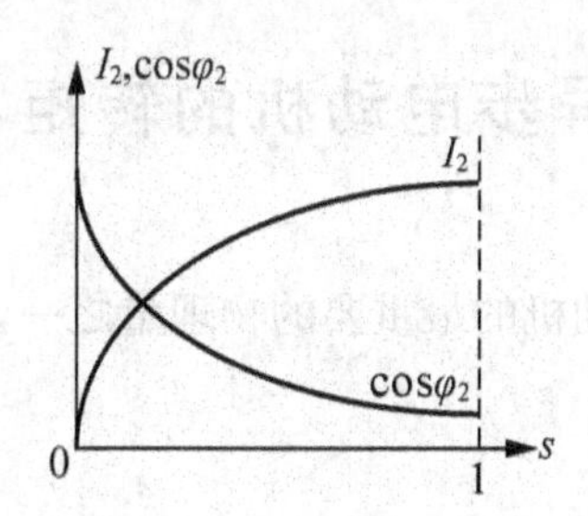

图 8.13　I_2、$\cos\varphi_2$ 随转差率 s 变化曲线

5. 转子电路的功率因数 $\cos\varphi_2$

由于转子漏电感的存在，I_2 滞后 E_2，相位差用 φ_2 来表示，因此转子电路的功率因数为

$$\cos\varphi_2 = \frac{R_2}{\sqrt{R_2^2 + X_2^2}} = \frac{R_2}{\sqrt{R_2^2 + (sX_2^2)^2}} \tag{8.20}$$

可见，功率因数与转差率有关。当 s 增大时，X_2 也增大，φ_2 增大，$\cos\varphi_2$ 随 s 的变化曲线如图 8.13 所示。

s 很小时　　$R_2 \gg sX_{20}$，　$\cos\varphi_2 \approx 1$

s 很大时　　$R_2 \ll sX_{20}$，　$\cos\varphi_2 \approx \frac{R_2}{sX_{20}}$

可见，由于转子是旋转的，转子转速不同时，转子绕组和旋转磁场之间的相对速度不同，所以转子电路中的各个量，如频率、电动势、感抗、电流和功率因数等都与转差率有关，即同电动机的转速有关。

练习与思考

1. 比较变压器的一、二次电路和三相异步电动机的定子、转子电路的各个物理量及电压方程。

2. 在三相异步电动机启动瞬间，即 $s=1$ 时，为什么转子电流 I_2 大，而转子电路的功率因数 $\cos\varphi_2$ 小？请说明原因。

3. 为什么当转子的转速升高时，转子绕组的感应电动势和它的频率都下降了？

4. 某型号三相异步电动机的额定数据如下：90kW，2970r/mim，50Hz。试求额定转差率和转子电流的频率。

5. 有一台 $p=3$ 的三相异步电动机接在频率为 50Hz 的三相交流电源上，电机以额定速度运转时，转子绕组感应电动势的频率为 2.5Hz，求该电机的转差率和转子的转速。

6. 频率为 60Hz 的三相异步电动机，若接在 50Hz 的电源上使用，将会发生何种现象？

7. 若将三相异步电动机的转子抽掉，而在定子绕组上加三相额定电压，这会产生什么后果？

8.4　三相异步电动机的转矩与机械特性

电磁转矩 T 是三相异步电动机的最重要的物理量之一，机械特性是它的主要特性。对电动机的分析离不开二者。

8.4.1　电磁转矩

三相异步电动机运行时，定子从电源吸收电能并通过率和转磁场将电能传递给转子，使转子旋转并将电能转换成机械能。由于转子吸收电能是电磁感应作用，因此转子电路吸收的电功率称为电磁功率，电磁功率 P_φ 可以由等效电路计算。

$$P_\varphi = m_1 I_2^2 (R_2 + \frac{1-s}{s} R_2) = m_1 I_2^2 \frac{R_2}{s} = m_1 E_2 I_2 \cos\varphi_2 \tag{8.21}$$

式中：m_1 为定子绕组的相数。

由于电磁功率最终转换成输出的机械功率，而转子机械功率应等于作用在转子上的转矩与它的机械角速度的乘积，作用于转子的转矩是电磁感应作用产生的，称为电磁转矩 T，其角速度等于旋转磁场的角速度 Ω_0，有

$$\Omega_0(\mathrm{rad/s}) = 2\pi\left(\frac{n_0}{60}\right)(\mathrm{rad/s}) = \frac{2\pi f_1}{p}(\mathrm{rad/s})$$

$$\begin{aligned} T &= \frac{P_\varphi}{\Omega_0} = \frac{m_1 E_2 I_2 \cos\varphi_2}{2\pi f_1/p} = \frac{m_1(4.44 s f_1 N_2 \Phi_\mathrm{m}) I_2 \cos\varphi_2}{2\pi f_1/p} \\ &= K_T \Phi_\mathrm{m} I_2 \cos\varphi_2 \end{aligned} \tag{8.22}$$

式中：K_T 称为转矩常数，是一个只与电机结构参数及电源频率有关的常数，$\cos\varphi_2$ 为转子电路的功率因数。上式反映了电磁转矩与主磁通、转子电流、转子功率因数这 3 个物理量的关系，表明电磁转矩是转子导体的有功电流切割主磁场产生的。上式称为电磁转矩的物理表达式。

由式(8.7)、式(8.13)、式(8.18)、式(8.20)可知，

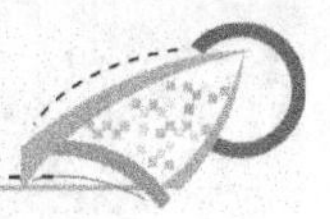

$$\Phi_m = \frac{E_1}{4.44 f_1 N_1} \approx \frac{U_1}{4.44 f_1 N_1} \propto U_1$$

$$I_2 = \frac{sE_{20}}{\sqrt{R_2^2 + (sX_{20})^2}} = \frac{s(4.44 f_1 N_2 \Phi_m)}{\sqrt{R_2^2 + (sX_{20})^2}}$$

$$\cos\varphi_2 = \frac{R_2}{\sqrt{R_2^2 + (sX_{20})^2}}$$

由于 I_2 和 $\cos\varphi_2$ 与转差率 s 有关，所以转矩 T 也与 s 有关。

如果将上列三式代入式(8.22)，则得出转矩的另一个表达式：

$$T = K \frac{sR_2 U_1^2}{R_2^2 + (sX_{20})^2} \tag{8.23}$$

式中：K 是一常数。

由上式可见，转矩 T 还与定子每相电压 U_1 的平方成比例，所以当电源电压有所变动时，对转矩的影响很大，使用电动机时应加以重视。此外，转矩 T 还受转子电阻 R_2 的影响。

8.4.2　机械特性曲线

在一定的电源电压 U_1 和转子电阻 R_2 之下，转矩与转差率的关系曲线 $T=f(s)$ 或转速与转矩的关系曲线 $n=f(T)$，称为电动机的机械特性曲线。根据式(8.23)，以 T 为函数，以 s 为变量可做出如图 8.14(a)所示的 $T=f(s)$ 曲线；若将 $T=f(s)$ 曲线按顺时针方向旋转 90°，再将 T 轴下移，就可得到 $n=f(T)$ 的关系曲线，即机械特性曲线，如图 8.14(b)所示。

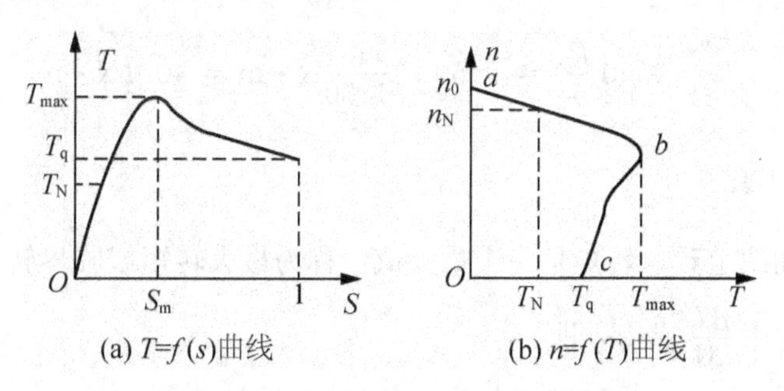

(a) $T=f(s)$曲线　　(b) $n=f(T)$曲线

图 8.14　三相异步电动机的特性曲线

在图 8.14(b)里，在机械特性 bc 段，负载增大使转带减小时，电磁转矩沿机械特性减小，使转速进一步减小直至 $n=0$，因此，异步电动机在 bc 段不能稳定运行。在机械特性 ab 段中，负载转矩增大使转速减小时，电磁转矩沿机械特性相应增大，直至电磁转矩与负载转矩重新平衡，异步电动机以较低的转速重新稳定运行，因此 ab 段称为稳定运行段。在稳定运行段，转速随负载变化而变化不大，此类机械特性被称为硬特性。

当定子绕组外加的电源电压和频率为额定值、不改变电动机本身的参数并按规定连接时，电动机的机械特性称为固有特性。固有特性上有几个特殊点，分别如下。

1. 额定转矩 T_N

在等速转动时，电动机的转矩 T 必须与阻转矩 T_C 相平衡，即

$$T = T_C$$

阻转矩主要是机械负载转矩 T_2。此外，还包括空载损耗转矩(主要是机械损耗转矩) T_0。由于 T_0 很小，常可忽略，所以

$$T = T_2 + T_0 \approx T_2 \tag{8.24}$$

并由此得

$$T \approx T_2 = \frac{P_2}{\frac{2\pi n}{60}}$$

式中：P_2 是电动机轴上输出的机械功率。上式中转矩的单位是牛·米(N·m)；功率的单位是瓦(W)；转速的单位是转每分(r/min)。功率如用千瓦为单位，则得出

$$T = 9550\frac{P_2}{n} \tag{8.25}$$

额定转矩是电动机在额定负载时的转矩，它可从电动机铭牌上的额定功率(输出机械功率)和额定转速应用式(8.25)求得。

【例 8.2】 有两台额定功率为 $P_N = 6\text{kW}$ 的三相异步电动机，一台 $U_N = 380\text{V}$，$n_N = 970\text{r/min}$，另一台 $U_N = 380\text{V}$，$n_N = 1430\text{r/min}$，求两台电动机的额定转矩。

解： 第一台 $\quad T = 9550\frac{P_N}{n_N} = 9550 \times \frac{6}{970}\text{N}\cdot\text{m} = 59\text{N}\cdot\text{m}$

第二台 $\quad T = 9550\frac{P_N}{n_N} = 9550 \times \frac{6}{1430}\text{N}\cdot\text{m} = 40.1\text{N}\cdot\text{m}$

2. 最大转矩 T_{max}

从机械特性曲线上看，转矩是一个最大值，称为最大转矩或临界转矩。对应于最大转矩的转差率 s_m，它由 $\frac{dT}{ds}$ 求得，即

$$s_m = \frac{R_2}{X_{20}} \tag{8.26}$$

再将 s_m 代入式(8.23)，可得出

$$T_m = K\frac{U_1^2}{2X_{20}} \tag{8.27}$$

由上列两式可见，T_{max} 与 U_1^2 成正比，而与转子电阻 R_2 无关；s_m 与 R_2 有关，R_2 越大，s_m 越大。

上述关系表示在图 8.15、图 8.16 中。

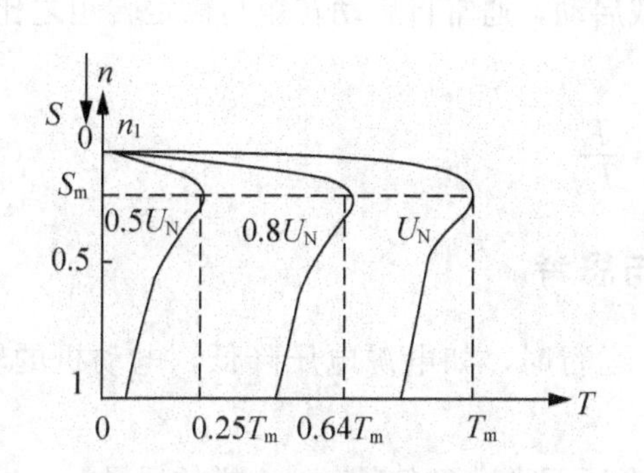

图 8.15 对应于不同电源电压 U_1 的 $n=f(T)$ 曲线(R_2=常数)

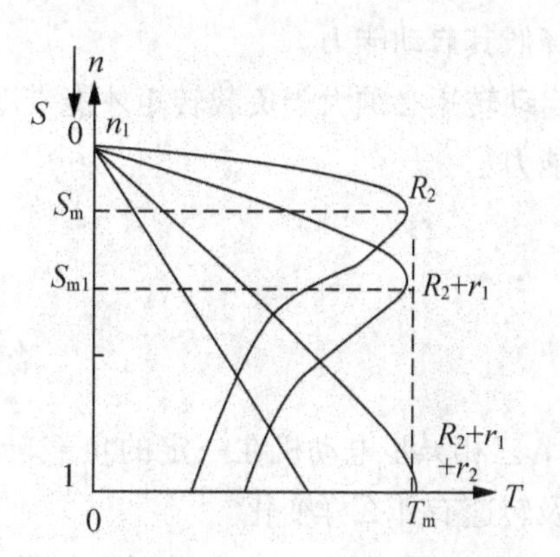

图 8.16 对应于不同转子电阻 R_2 的 $n=f(T)$ 曲线(U_1=常数)

当负载转矩超过最大转矩时，电动机就带不动负载了，发生所谓闷车现象。闷车后，电动机的电流会升高六七倍，电动机严重过热，以致烧坏。

另外，也说明电动机的最大过载可以接近最大转矩。如果过载时间较短，电动机不至于立即过热，是容许的。因此，最大转矩也表示电动机短时间内容许过载能力。电动机的额定转矩 T_N 比 T_{max} 要小，两者之比称为过载系数 λ，即

$$\lambda=\frac{T_{max}}{T_N} \tag{8.28}$$

一般三相异步电动机的过载系数为 1.8～2.2。

在选用电动机时，必须考虑可能出现的最大负载转矩，而后根据所选电动机的过载系数算出电动机的最大转矩，它必须大于最大负载转矩。否则，就要重选电动机。

3. *启动转矩* T_q

电动机刚启动时($n=0$，$s=1$)的转矩称为启动转矩，用 T_q 表示。启动转矩 T_q 是电动机运行性能的重要指标。因为启动转矩的大小将直接影响到电机拖动系统的加速度的大小和加速时间的长短，如果启动转矩小，电机的启动变得十分困难，有时甚至难以启动。

在电动机启动时，$n=0$，$s=1$，将 $s=1$ 带入式(8.23)可得

$$\mathrm{T}_q=K\frac{R_2U_1^2}{R_2^2+X_{20}^2} \tag{8.29}$$

上式结合图 8.16，当转子电阻 R_2 适当加大时，最大转矩 T_{max} 不变，但启动转矩 T_q 会加大，这是因为转子电路电阻增加后，转子回路的功率因数提高，转子电流的有功分量增大，因而启动转矩增大。由式(8.26)、式(8.27)、式(8.29)可以推出，当 $R_2=X_{20}$ 时，$T_q=T_{max}$，$s_m=1$，但继续增大 R_2 时，T_q 就要逐渐减小。

由式(8.29)还可以看出，异步电动机的启动转矩同电源电压 U_1 的平方成正比，再参看图 8.15，当 U_1 降低时，启动转矩 T_q 明显降低。所以，异步电动机对电源电压的波动十分敏感，运行时，如果电源电压降得太多，不仅会大大降低异步电动机的过载能力，还会

大大降低其启动能力。

启动转矩必须大于负载转矩才能带动负载启动，通常将启动转矩与额定转矩之比称为启动能力：

$$K_q = \frac{T_q}{T_{\mathrm{N}}} \tag{8.30}$$

练习与思考

1. 三相异步电动机在一定的负载转矩下运行时，如电源电压降低，电动机的转矩、电流及转速有什么样变化?

2. 异步电动机带额定负载时，如果电源电压下降过多会产生什么样的后果?

3. 三相异步电动机在正常运行时，如果转子突然被卡住不能转动，这时电动机的电流会产生什么样的变化? 对电动机有什么影响?

4. 为什么三相异步电动机不在最大转矩 $T_{\max}$ 处或接近最大转矩处运行?

5. 某异步电动机的额定转速为 1440r/min，当负载转矩只为额定转矩的 $\frac{2}{3}$ 时，电动机的转速大概为多少?

8.5 三相异步电动机的启动

8.5.1 启动特点

异步电动机由静止状态过渡到稳定运行状态的过程称为异步电动机的启动(starting of induction motor)，启动是异步电动机应用中物理过程之一。

当异步电动机直接投入电网启动时，其特点是启动电流大(4～7 倍的额定电流)，而启动转矩并不大。原因是：当异步电动机启动时，由于电动机转子处于静止状态，旋转磁场与转子绕组之间的相对速度最快，转子绕组的感应电动势是最高的，因而产生的感应电流也是最大的，电动机定子绕组的电流也非常大。同时启动时的磁通较正常工作时小，故启动转矩不大。

对于异步电动机，启动性能的要求，主要有以下两点。

1. 启动电流要小，以减小对电网的冲击

如果在额定的电压下异步电动机直接启动时，普通异步电动机的启动电流较大，一般异步电动机启动过程时间很短，短时间过大的电流，从发热的角度来看，电动机本身是可以承受的。但是，对于启动频繁的异步电动机，过大的启动电流会使电动机内部过热，导致电动机的温升过高，降低绝缘寿命。另外，直接启动的异步电动机需要供电变压器提供较大的启动电流，这样会使供电变压器输出电压下降，对供电电网产生影响。如果变压器额定容量相对不够大时，电动机较大的启动电流会使变压器输出电压短时间下降幅度过大，超过了正常规定值，会影响到由同一台变压器供电的其他负载，使其他运行的异步电动机过载甚至堵转。所以，当供电变压器额定容量相对电动机额定功率不是足够大时，三相异步电动机不允许在额定电压下直接启动，需要采取措施，减小启动电流。

2. *启动转矩足够大，以加速启动过程，缩短启动时间*

电动机采用直接启动时，一方面较大的启动电流引起电压下降，另一方面电动机的启动转矩也不大，对于轻载或空载的情况下启动，一般没什么影响，当负载较重时，电动机可能启动不了。一般要求 $T_q \geqslant (1.0 \sim 2.2) T_N$，$T_q$ 越大于 T_N，启动的过程所需要的时间越短。因此，直接启动一般只在小容量的笼型电动机中使用。如果电网容量很大，也可允许容量较大的笼型电动机直接启动。

异步电动机在启动时，电网对异步电动机的要求与负载对它的要求往往是矛盾的。电网从减小它承受的冲击电流出发，要求异步电动机启动电流尽可能小，但太小的启动电流所产生的启动转矩又不足以启动负载；而负载要求启动转矩要尽可能地大，以缩短启动时间，但大的启动转矩伴随着大的启动电流又会对电网的电压有影响。

8.5.2 启动方法

三相异步电动机的启动方法主要有直接启动、传统减压启动和软启动 3 种启动方法。下面就分别做详细介绍。

1. *直接启动*

直接启动，也叫全压启动。启动时通过一些直接启动设备，将全部电源电压(即全压)直接加到异步电动机的定子绕组，使电动机在额定电压下进行启动。一般情况下，直接启动时启动电流为额定电流的 4～7 倍，启动转矩为额定转矩的 1～2 倍。根据对国产电动机实际测量，某些笼型异步电动机启动电流甚至可以达到 8～12 倍。

直接启动的启动线路是最简单的，如图 8.17 所示。

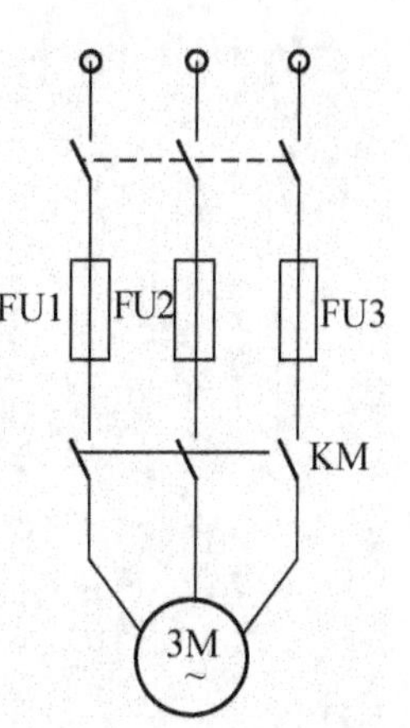

图 8.17 直接启动原理图

一般情况下，异步电动机的功率小于 7.5kW 时允许直接启动。如果功率大于 7.5kW，而电源总容量较大，能符合下式要求的话，电动机也可允许直接启动。

$$K_I = \frac{I_q}{I_N} \leqslant \frac{1}{4}\left[3 + \frac{\text{电源总容量(kV·A)}}{\text{启动电动总功率(kW)}}\right]$$

如果不能满足上式的要求，则必须采用减压启动的方法，通过减压，把启动电流 Iq

限制到允许的数值。

2. 传统减压启动

减压启动是在启动时先降低定子绕组上的电压，待启动后，再把电压恢复到额定值。减压启动虽然可以减小启动电流，但是同时启动转矩也会减小。因此，减压启动方法一般只适用于轻载或空载情况。传统减压启动的具体方法很多，这里介绍以下 3 种减压启动的方法。

1）定子串接电阻或电抗启动

定子绕组串电阻或电抗相当于降低定子绕组的外加电压。由三相异步电动机的等效电路可知：启动电流正比于定子绕组的电压，因而定子绕组串电阻或电抗可以达到减小启动电流的目的。但考虑到启动转矩与定子绕组电压的平方成正比，启动转矩会降低更多。因此，这种启动方法仅仅适用于空载或轻载启动场合。

对于容量较小的异步电动机，一般采用定子绕组串电阻降压；但对于容量较大的异步电动机，考虑到串接电阻会造成铜耗较大，故采用定子绕组串电抗降压启动。

如图 8.18 所示，当启动电机时，合上开关 Q，交流接触器 KM 断开，使电源经电阻或电抗 R 流进电机。当电机启动完成时 KM 吸合，短接电阻或电抗 R。

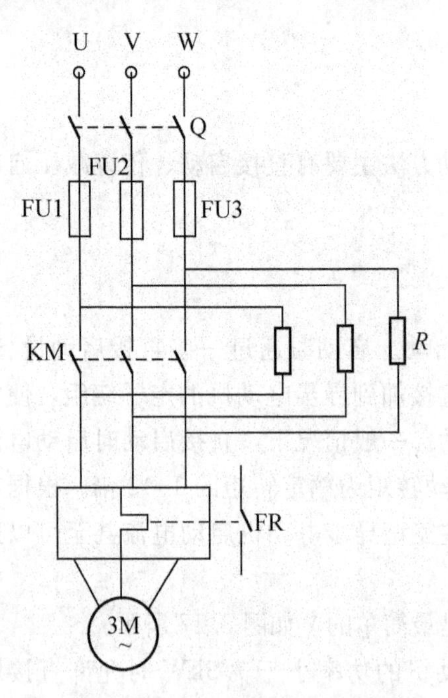

图 8.18　定子串电阻或电抗启动原理图

2）星-三角形(Y－△)启动

星-三角形启动法是电动机启动时，定子绕组为星形(Y)接法，当转速上升至接近额定转速时，将绕组切换为三角形(△)接法，使电动机转为正常运行的一种启动方式。星-三角形启动方法虽然简单，但电动机定子绕组的 6 个出线端都要引出来，略显麻烦。

图 8.19 为星-三角形启动法的原理图。接触器 KM2 和 KM3 互锁，即其中一个闭合时，必须保证另一个断开。KM2 闭合时，定子绕组为星形(Y)接法，使电动机启动。切换至 KM3 闭合，定子绕组改为三角形(△)接法，电动机转为正常运行。由控制电路中的时间继电器 KT 确定星-三角切换的时间。

定子绕组接成星形连接后，每相绕组的相电压为三角形连接(全压)时的 $\frac{1}{\sqrt{3}}$，故星-三角形启动时启动电流及启动转矩均下降为直接启动的 1/3。由于启动转矩小，该方法只适合于轻载启动的场合。

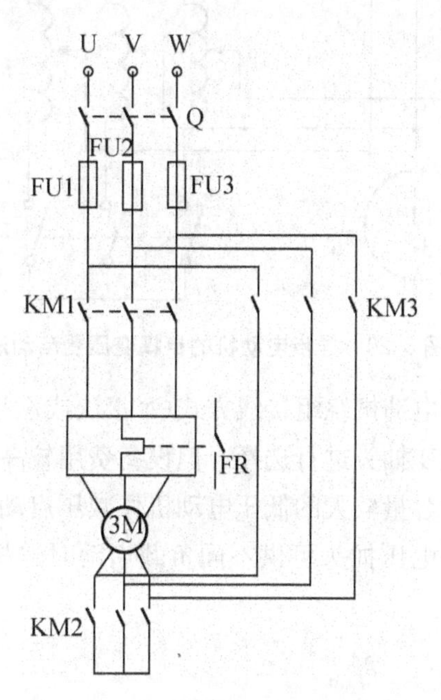

图 8.19　星-三角形启动法的原理图

3) 自耦变压器启动

自耦变压器启动法就是电动机启动时，电源通过自耦变压器降压后接到电动机上，待转速上升至接近额定转速时，将自耦变压器从电源切除，而使电动机直接接到电网上转化为正常运行的一种启动方法。

图 8.20 所示为自耦变压器启动的自动控制主回路。控制过程如下：合上空气开关 Q 接通三相电源。按启动按钮后 KM1 线圈通电吸合并自锁，其主触头闭合，将自耦变压器线圈接成星形，与此同时由于 KM1 辅助常开触点闭合，使得接触器 KM2 线圈通电吸合，KM2 的主触头闭合由自耦变压器的低压抽头(例如 65%)将三相电压的 65%接入电动。当时间继电器 KT 延时完毕闭合后，KM1 线圈断电，使自耦变压器线圈封星端打开；同时 KM2 线圈断电，切断自耦变压器电源，使 KM3 线圈得电吸合，KM3 主触头接通电动机在全压下运行。自耦变压器一般有 65%和 80%额定电压的两组抽头。

若自耦变压器的变比为 k，与直接启动相比，采用自耦变压器启动时，其一次侧启动线电流和启动转矩都降低到直接启动的 $1/k^2$。

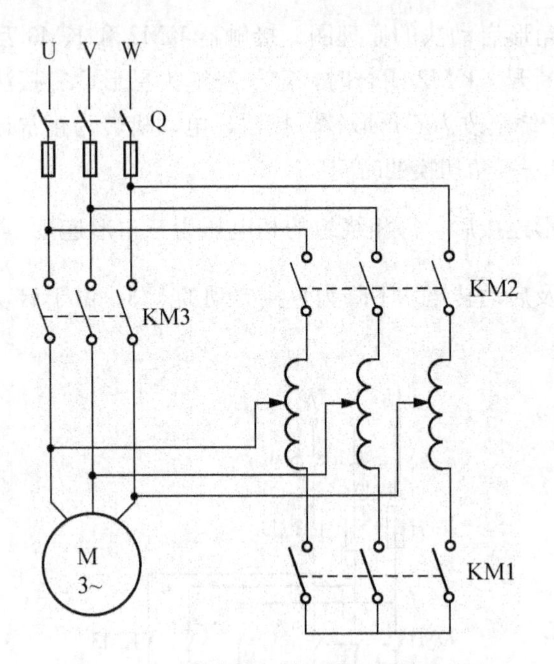

图 8.20　异步电动机的自耦变压器启动法

自耦变压器启动法不受电动机绕组接线方式(丫接法或△接法)的限制，允许的启动电流和所需启动转矩可通过改变抽头进行选择，但设备费用较高。

自耦变压器启动适用于容量较大的低压电动机作减压启动用，应用非常广泛，有手动及自动控制线路。其优点是电压抽头可供不同负载启动时选择；缺点是质量大、体积大、价格高、维护检修费用高。

3. 软启动

软启动可分为有级和无级两类，前者的调节是分档的，后者的调节是连续的。在电动机定子回路中，通过串入限流作用的电力器件实现软启动，叫做降压或者限流软启动。它是软启动中的一个重要类别。按限流器件不同可分为：以电解液限流的液阻软启动；以磁饱和电抗器为限流器件的磁控软启动；以晶闸管为限流器件的晶闸管软启动。

晶闸管软启动产品问世不过 30 年左右的时间，它是当今电力电子器件长足进步的结果。10 年前，电气工程界就有人预言，晶闸管软启动将引发软启动行业的一场革命。目前在低压(380V)内，晶闸管软启动产品价格已经下降到液阻软启动的大约 2 倍，甚至更低。而其主要性能却优于液阻软启动。与液阻软启动相比，它的体积小、结构紧凑，维护量小，功能齐全，菜单丰富，启动重复性好，保护周全，这些都是液阻软启动无法比拟的。

但是，晶闸管软启动产品也有缺点：一来高压产品的价格太高，是液阻软启动产品的 5～10 倍；二来晶闸管引起的高次谐波比较严重。

【例 8.3】　一台丫系列三相笼型异步电动机的技术数据为 $P_N = 90\text{kW}$，$U_N = 380\text{V}$，

$\cos\varphi_N = 0.89$，$\eta_N = 2910\text{r/min}$，三角形连接，启动电流倍数为7，启动能力 $K_q = 1.8$，过载 $\lambda = 2.63$，电网允许的最大启动电流 $I_{qm} = 1000\text{A}$，启动过程中最大负载转矩 $T_{2m} = 220\text{N}\cdot\text{m}$。求：(1)是否能直接启动；(2)能否采用丫－△换接启动；(3)采用自耦降压启动，若取自耦变压器的抽头为0.73，那线路的启动电流与电机的启动转矩为多少，电机能否启动？

解：(1)采用直接启动方法。

电动机的额定电流为

$$I_N = \frac{P_N}{\sqrt{3}U_N\cos\varphi_N\eta_N} = \frac{90\times10^3}{\sqrt{3}\times380\times0.89\times0.925}\text{A} = 166\text{A}$$

直接启动时电网供给的最大启动电流为

$$I_{q\triangle} = I_{KN} = 7\times166\text{A} = 1163\text{A}$$

$I_{q\triangle} > I_{qm} = 1000\text{A}$，不能采用直接启动。

(2)丫－△换接启动的启动电流为

$$I_{q丫} = \frac{1}{3}I_{q\triangle} = \frac{1}{3}\times1163\text{A} = 387.5\text{A}$$

$I_{q丫} < I_{qm} = 1000\text{A}$，满足电网对最大启动电流的限制。

电动机的额定转矩

$$T_N = 9550\frac{P_N}{n_N} = 9550\times\frac{90}{2910}\text{N}\cdot\text{m} = 295.4\text{N}\cdot\text{m}$$

△连接的启动转矩为

$$T_{q\triangle} = K_qT_N = 1.8\times361\text{N}\cdot\text{m} = 531.7\text{N}\cdot\text{m}$$

丫－△换接启动的启动转矩

$$T_{q丫} = \frac{1}{3}T_{q\triangle} = \frac{1}{3}\times531.7\text{N}\cdot\text{m} = 177.2\text{N}\cdot\text{m}$$

$T_{q丫} < T_{2m}$，不能采用丫－△换接启动。

(3) 采用自耦变压器减压启动。

取自耦变压器的抽头为0.73，即 $K = \frac{1}{0.73}$，降压启动时电动机制启动电流 I'_{q2} 为 $I'_{q2} = 0.73I_{q\triangle} = 0.73\times1163\text{A} = 849\text{A}$

设降压启动时线路(即变压器一次绕组)的启动电流为 I'_q。

所以

$$I'_q = 0.73^2\times1163\text{A} = 620\text{A}$$

$I'_q < I_{qm} = 1000\text{A}$，满足电网对最大启动电流的限制。

设降压启动时的启动转矩为 T'_q，则 $\frac{T'_q}{T_{q\triangle}} = 0.73^2$

所以

$$T'_q = 0.73^2\times531.7\text{N}\cdot\text{m} = 283\text{N}\cdot\text{m} > T_{2m} = 220\text{N}\cdot\text{m}$$

结论：采用自耦变压器减压启动，抽头为73%，可以满足启动要求。

练习与思考

1．为什么异步电动机启动时，启动电流非常大，但启动转矩却不大？

2．某三相鼠笼式异步电动机铭牌上标注的额度电压为380/220V，接在380V的交流电网上空载启动，能否采用Y－△降压启动？

3．三相异步电动机在空载和满载下启动时，启动电流和启动转矩是否一样？

8.6 三相异步电动机的调速

调速就是在同一负载下能得到不同的转速，以满足生产过程的要求。例如，各种切削机床主轴运动随着刀具的材料、工件直径、加工工艺的要求及走刀量的大小等的不同，要求有不同的转速，以获得最高的生产率和保证加工质量。如果采用电气调速，就可以大大简化机械变速机构。

在讨论异步电动机的调速时，首先从研究下面公式开始。

$$n=(1-s)n_0=(1-s)\frac{60f_1}{p}$$

此式表明，改变电动机的转速有3种可能方法，即改变电源频率 f_1、极对数 p 及转差率 s。

前两者是笼型电动机的调速方法，后者是绕线型电动机的调速方法。分别讨论如下。

8.6.1 变极调速

由式 $n_0=\frac{60f_1}{p}$ 可知，如果极对数 p 减小一半，则旋转磁场的转速 n_0 便提高一倍，转子转速 n 差不多也提高一倍。因此改变 p 可以得到不同的转速。如何改变极对数，这同定子绕组的接法有关。

改变定子的极对数，通常用改变定子绕组连接法的方法。转子为笼型，则转子的极对数自动随定子的极对数对应。也可以在电动机上安装两组独立的绕组，各个绕组连接法不同则构成极对数的不同。改变极对数 p 都是成倍的变化，转速也是成倍的变化，故为变级调速。

图8.21分别为三相异步电动机变极前后定子绕组的接线图。其中，A_1X_1 代表A相的半相绕组，A_2X_2 代表A相的另一半相绕组。由图8.21可知，只要改变定子半相绕组的电流方向便可以实现极对数的改变。为了确保定子、转子绕组极对数的同时改变以产生有效的电磁转矩，变极调速一般仅适用于鼠笼式异步电动机。对于三相异步电动机，为了确保变极前后转子的转向不变，变极的同时必须改变三相绕组的相序。这主要是极对数的改变

会引起相序发生改变所致。

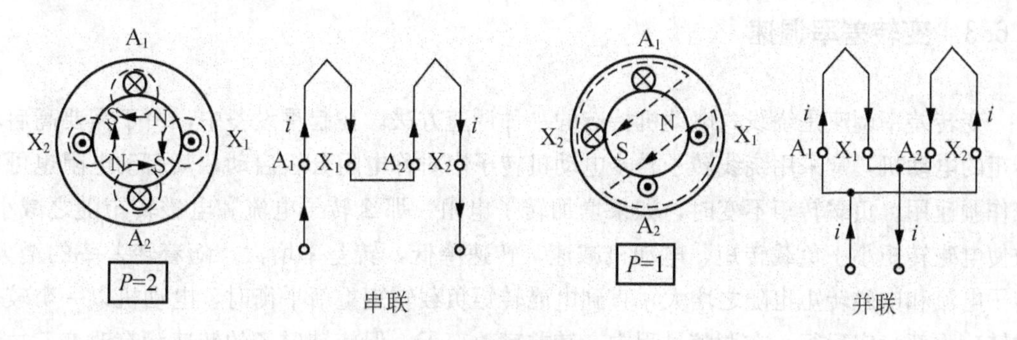

图 8.21　变极调速的方法

8.6.2　变频调速

近年来变频调速技术发展很快，目前主要采用如图 8.22 所示的变频调速装置，它主要由整流器和逆变器两大部分组成。整流器先将频率 f 为 50Hz 的三相交流电变换为直流电，再由逆变器换为频率 f_1 可调、电压有效值 U_1 也可调的三相交流电，供给三相笼型电动机。由此可得到电动机的无级调速，并具有硬的机械特性。

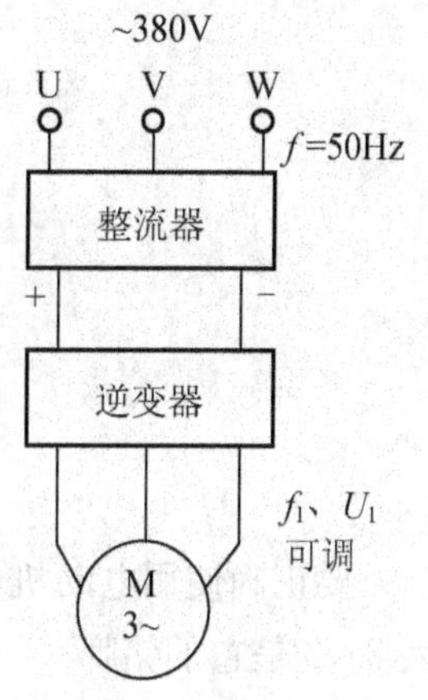

图 8.22　变频调速装置

通常有下列两种变频调速方式。

(1) 在 $f_1 < f_{1N}$，即低于额定转速调速时，应保持 $\frac{U_1}{f_1}$ 的比值近于不变，也就是两者要成比例地同时调节。由 $U_1 \approx 4.44 f_1 N_1 \Phi$ 和 $T = K_T \Phi I_2 \varphi_2$ 两式可知，这时磁通 Φ 和转矩 T 也都近似不变。这是恒转矩调速。

如果把转矩调低时保持 $U_1 \approx U_{1N}$ 不变，在减小 f_1 时磁通 Φ 则将增加。这就会使磁路饱和(电动机磁通一般设计在接近铁心磁饱和点)，从而增加励磁电流和铁损，导致电机过热，这是不允许的。

(2) 在 $f_1 > f_{1N}$，即高于额定转速调速时，应保持 $U_1 \approx U_{1N}$。这时磁通 Φ 和转矩 T 都将减小；转速增大，转矩减小，将使功率近于不变，这是恒功率调速。

如果把转矩调高时，$\frac{U_1}{f_1}$ 的比值不变，在增加 f_1 的同时 U_1 也要增加。U_1 超过额定电压也是不允许的。

频率调节范围一般为 0.5～320Hz。

目前在国内，由于逆变器中开关元件(可关断晶闸管、大功率晶体管和功率场效应管)的制造水平不断提高，笼型电动机的变频调速技术的应用也就日益广泛。

8.6.3 变转差率调速

变转差率调速是绕线式电动机特有的一种调速方法。在起重设备中，由于需要高启动转矩的电动机，常采用绕线转子异步电动机转子串对称电阻分级启动，其启动电阻也可以兼作调速用。负载转矩不变时，如果增加转子电阻，那么转子电流和电磁转矩随之减小，致使电磁转矩小于负载转矩，电动机减速，转速降低，转差率增大。随着转差率的增大，转子电流和电磁转矩也随之增大，直到电磁转矩负载转矩重新平衡时，电动机以一个较低的转速重新稳定运行。在调整过程中，转差率改变了，但旋转磁场的转速没有改变，故称为改变转差率调速。转差率调速的机械特性如图 8.23 所示。

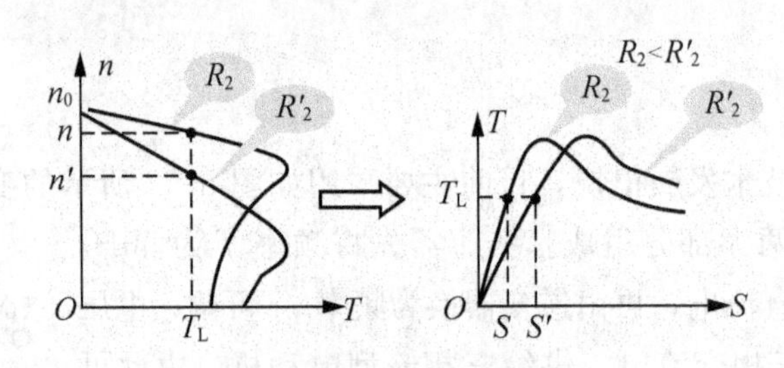

图 8.23 变转差率调整特性的改变

8.7 三相异步电动机的铭牌

要正确使用电动机，必须要看懂铭牌。现以 YN160 M-4 WF 型电动机为例来说明，表 8-2 是它的铭牌。

表 8-2 YN160 M-4 WF 型电动机的铭牌

三相异步电动机					
型号	YB160 M-4 WF	额定功率	4kW	出厂编号	
额定电压	380V	额定电流	8.8A	接法	△
额定转速	1440r/min	绝缘等级	F	防护等级	IP55
防爆等级	EXdⅡC	工作制	S1	重量	45kG
功率因数	0.85	额定频率	50Hz	LW	82dB

1. 型号

为了适应不同用途和不同工作环境的需要，电动机制成不同的系列，每种系列用各种型号表示。例如 YB160 M-4 WF，具体如下：

Y——三相异步电动机，其中三相异步电动机的产品名称代号还有：YR为绕线式异步电动机；YB为防爆型异步电动机；YQ为高启动转距异步电动机。

160——机座中心高(mm)。

M——机座长度代号(M表示中机座，L表示长机座，S表示短机座)。

W——户外。

4——磁极数。

有些电动机型号在机座代号后面还有一位数字，代表铁心号，如Y132S2-2型号中S后面的“2”表示2号铁心长(1为1号铁心长)。

2. 接法

此处是指定子三相绕组的接法。一般鼠笼式电动机的接线盒中有6根引出线，标有U1、V1、W1、U2、V2、W2。其中：U1、U2是第一相绕组的两端；V1、V2是第二相绕组的两端；W1、W2是第三相绕组的两端。

如果U1、V1、W1分别为三相绕组的始端(头)，则U2、V2、W2是相应的末端(尾)。这6个引出线端在接电源之前，相互间必须正确连接。连接方法有星形(Y)连接和三角形(△)连接两种。通常三相异步电动机自3kW以下者，连接成星形；自4kW以上者，连接成三角形。

3. 额定功率 P_N

额定功率 P_N 是指电动机在制造厂所规定的额定情况下运行时，其输出端的机械功率，单位一般为千瓦(kW)。对三相异步电机，其额定功率

$$P_N = U_N I_N \eta_N \cos\varphi_N$$

式中：η_N 和 $\cos\varphi_N$ 分别为额定情况下的效率和功率因数。

4. 额定电压 U_N

额定电压 U_N 是指电动机额定运行时，外加于定子绕组上的线电压，单位为伏(V)。一般规定电动机的工作电压不应高于或低于额定值的5%。当工作电压高于额定值时，磁通将增大，将使励磁电流大大增加，电流大于额定电流，使绕组发热。同时，由于磁通的增大，铁损耗(与磁通平方成正比)也增大，使定子铁心过热；当工作电压低于额定值时，引起输出转矩减小，转速下降，电流增加，也使绕组过热，这对电动机的运行也是不利的。

我国生产的Y系列中、小型异步电动机，其额定功率在3kW以上的，额定电压为380V，绕组为三角形连接。额定功率在3kW及以下的，额定电压为380/220V，绕组为Y/连接(即电源线电压为380V时，电动机绕组为星形连接；电源线电压为220V时，电动机绕组为三角形连接)。表示电动机在额定电压下，定子绕组的连接方式(星形连接和三角形连接)。

当电压不变时，如将星形连接接为三角形连接，线圈的电压为原线圈的$\sqrt{3}$，这样电机线圈的电流过大而发热。如果把三角形连接的电机改为星形连接，电机线圈的电压为原线圈的 $1/\sqrt{3}$，电动机的输出功率就会降低。

5. 额定电流 I_N

额定电流 I_N是指电动机在额定电压和额定输出功率时，定子绕组的线电流，单位为安(A)。当电动机空载时，转子转速接近于旋转磁场的同步转速，两者之间相对转速很小，所以转子电流近似为零，这时定子电流几乎全为建立旋转磁场的励磁电流。当输出功率增大时，转子电流和定子电流都随着相应增大。

6. 额定频率 f_N

我国电力网的频率为 50 Hz，因此除外销产品外，国内用的异步电动机的额定频率为 50 Hz。

7. 额定转速 n_N

额定转速 n_N是指电动机在额定电压、额定频率下，输出端有额定功率输出时，转子的转速，单位为转/分(r/min)。由于生产机械对转速的要求不同，需要生产不同磁极数的异步电动机，因此有不同的转速等级。最常用的是 4 个极的异步电动机(n_0＝1500 r/min)。电机转速与频率的公式为

$$n=60f/p$$

式中，n——电机的转速(r/min)；

60——每分钟(秒)；

f——电源频率(Hz)；

p——电机旋转磁场的极对数。

我国规定标准电源频率为 $f=50$ 周/秒，所以旋转磁场的转速的大小只与磁极对数有关。磁极对数多，旋转磁场的转速就低。

作为电动机的一种，异步机转速事实上同样是由理想空载转速 n_0和转速降 Δn 构成，这是由电动机机械特性的普遍规律所决定的，也是电动机转速的普遍表达形式：

$$S=(n_1-n)/n_1$$

式中：n_1为同步转速，n 为电机转速，s_m为最大转矩对应的转差率。同步转速是指旋转磁场的转速，用 n_0表示。

在变频调速系统中，根据公式 $n=60f/p$ 可知：改变频率 f 就可改变转速。

降低频率 f，转速就变小：即 $60\ f\downarrow/p=n\downarrow$

增加频率 f，转速就加大：即 $60\ f\uparrow/p=n\uparrow$

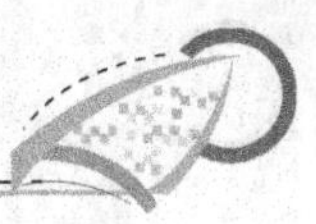

8. 额定效率 η_N

额定效率 η_N 是指电动机在额定情况下运行时的效率，是额定输出功率与额定输入功率的比值。

异步电动机的额定效率 η_N 约为 75%～92%。

9. 额定功率因数 $\cos\varphi_N$

因为电动机是电感性负载，定子相电流比相电压滞后一个角，$\cos\varphi_N$ 就是异步电动机的功率因数。三相异步电动机的功率因数较低，在额定负载时为 0.7～0.9，而在轻载和空载时更低，空载时只有 0.2～0.3。因此，必须正确选择电动机的容量，防止“大马拉小车”，并力求缩短空载的时间。

10. 绝缘等级

绝缘等级是按电动机绕组所用的绝缘材料在使用时容许的极限温度来分级的。绝缘等级是指电机绕组采用的绝缘材料的耐热等级。电动机常用的绝缘材料，按其耐热性分有：A、E、B、F、H 五种等级。每一绝缘等级的绝缘材料都有相应的极限工作允许温度(电机绕组最热点的温度)。电动机运行绕组绝缘最热点的热度不得超过此温度。否则，将加速绕组绝缘老化，缩短电机寿命；如果温度超过允许值很多，绝缘就会老化，导致电动机烧毁。所谓极限温度，是指电动机绝缘结构中最热点的最高容许温度。其技术数据见表 8-3。

表 8-3 电动机绝缘等级及其允许温度

绝缘等级	A	E	F	B	H	C
允许温度	105℃	120℃	130℃	155℃	180℃	180℃以上
允许温升	60℃	75℃	80℃	100℃	125℃	125℃以上

常用的电动机一般是 B 级绝缘，主要是由云母、石棉、玻璃丝经有机胶胶合或浸渍而成的。H 级绝缘主要用在 3300V 的供电系统中。

11. LW 值

LW 值指电动机的总噪声等级。LW 值越小表示电动机运行的噪声越低。噪声单位为 dB。

12. 工作制

工作制即工作方式，指电动机的运行方式。一般分为“连续”(代号为 S1)、“短时”(代号为 S2)、“断续”(代号为 S3)。

工作定额：也是平时所说的工作制，是说明能承受负载的情况。根据电动机的运行情

况，分为多种工作制。连续工作制、短时工作制和断续周期工作制是基本的3种工作制，是用户选择电动机的重要方面。

（1）连续工作制。其代号为S1，是指该电动机在铭牌上规定的额定值条件下，能够长时间连续运行。适用于水泵、鼓风机等恒定负载的设备。

（2）短时工作制。其代号为S2，是指该电动机在名牌上规定的额定值下，能在限定时间内短时运行。规定的标准短时持续时间定额有10分钟、30分钟、60分钟和90分钟4种。适用于转炉倾炉装置及闸门等的驱动。

（3）断续周期工作制。其代号为S3，是指该电动机在铭牌上规定的额定值下，只能断续周期性地运行。一个工作周期时间为电动机恒定负载运行时间加停机和断续时间。规定为10分钟、负载持续率(额定负载持续时间与一个工作周期时间之比，用百分数表示)规定的标准有15%、25%、40%及60%四种，适用于升降机、起重机等负载设备。

13. 防爆等级

1）爆炸性环境

可能发生爆炸的环境(如可燃性气体，粉尘环境，炼油、石化厂，加油站、加气站等)。

爆炸性气体环境大气条件下，气体、蒸汽或雾状的可燃物质与空气构成的混合物，在该混合物中点燃后，燃烧将传遍整个未燃混合物的环境(如CH_4，C_2H_2，C_2H_4，NH_3，CO，C_2H_5OH等)。

2）防爆电气设备

在规定条件下不会引起周围爆炸性环境燃的电气设备。

分为两类：Ⅰ类：煤矿井下电气设备。

Ⅱ类：除煤矿、井下之外的所有其他爆炸性气体环境用电气设备。

Ⅱ类又可分为ⅡA、ⅡB、ⅡC类，标志ⅡB的设备可适用于ⅡA设备的使用条件．ⅡC可适用于ⅡA、ⅡB的使用条件。

说明：ⅡC标志是较高的防爆等级，但并不表示该设备性能最好。

电气设备在规定范围内的最不利运行条件下工作时，可能引起周围爆炸性环境点燃的电气设备任何部件所达到的最高温度。最高表面温度应低于可燃温度。

例如，传感器使用环境的爆炸性气体的点燃温度为100℃，那么传感器在最恶劣的工作状态下，其任何部件的最高表面温度应低于100℃。

温度组别：爆炸性环境用电气设备按其最高表面温度划分为T1-T6组别，见表8-4。

3）危险区域的等级分类

危险场所区域的含义，是对该地区实际存在危险可能性的量度，由此规定其可适用的防爆型式。

国际电工委员会/欧洲电工委员会划分的危险区域的等级分类如下。

表 8-4　电气设备在爆炸环境中的最高表面温度和引燃温度

温度组别	设备最高表面温度	气体或蒸汽的引燃温度
T1	450℃	>450℃
T2	300℃	>300℃
T3	200℃	>200℃
T4	135℃	>135℃
T5	100℃	>100℃
T6	85℃	>85℃

0 区(Zone 0)：易爆气体始终或长时间存在；连续地存在危险性大于 1000 小时/每年的区域。

1 区(Zone 1)：易燃气体在仪表的正当工作过程中有可能发生或存在；断续地存在危险性 10～1000 小时/每年的区域。

2 区(Zone 2)：一般情形下，不存在易燃气体且即使偶尔发生，其存在时间亦很短；事故状态下存在的危险性 0.1～10 小时/每年的区域。

中国划分的有效区域和以上相同。

14. 防护等级

外壳防护等级(IP)代码为(BS EN60529；1992)，作为应用于易爆危险区的仪表，对其外壳的保护等级亦应做出规定，赋予一定的代码，即 IP 等级号。

IEC144 规定的壳体保护等级由一个对应其抗外界物体冲击与穿刺能力及防水能力的代码表示。例如，本安型仪表测量电路板不应从其壳体中取出，否则会违反 IP40 所提出的最低要求。保护等级由两位数字组成，在其前加上 IP 字样，如 IP12。

第一位特征数字防止固定导体异物进入，其相应数字代表意义见表 8-5。

表 8-5　第一位特征数字代表意义

0	无防护
1	固定异物直径大于 50mm
2	固定异物直径大于 12mm
3	固定异物直径大于 2.5mm
4	固定异物直径大于 1.0mm
5	防尘
6	尘密

第二位特征数字防止进水造成有害影响，其相应数字代表意义见表 8-6。

表 8-6 第二位特征数字代表意义

0	无防护
1	垂直滴水
2	倾角 75°～90°滴水
3	淋水
4	溅水
5	喷水
6	猛烈喷水
7	短时间浸水
8	连续浸水

练习与思考

1. 电动机的额定功率是指输出机械功率，还是输入电功率？额定电压是指线电压，还是相电压？额定电流是指定子绕组的线电流，还是相电流？功率因数 $\cos\varphi$ 的 φ 角是指定子相电流与相电压间的相位差，还是线电流与线电压间的相位差？

2. 在电源电压不变的情况下，如果电动机的三角形连接误接成星形连接，或者星形连接误接成三角形连接，后果如何？

3. 三相异步电动机铭牌上标有 380/220V，Y/△ 接法表示什么意思？当根据需要采用 Y 连接或 △ 连接时，电动机的额定值(功率、相电压、相电流、线电压、线电流、功率因数、转速等)有无变化？

8.8 单相异步电动机

单相异步电动机是利用单相交流电源供电的一种小容量交流，功率约在 8～750W 之间。单相异步电动机具有结构简单，成本低廉，维修方便等特点，被广泛应用于功率不大的电动工具(如电钻、搅拌器等)和众多的家用电器(如洗衣机、电冰箱、电风扇、抽油烟机等)。但与同容量的三相异步电动机相比，单相异步电动机的体积较大，运行性能较差，效率较低。

单相电动机的结构与三相感应电动机相似，包括定子和转子两大部分。转子结构都是笼型的，定子铁心由硅钢片叠压而成。定子铁心上嵌有定子绕组，如图 8.24 所示。单相感应电动机正常工作时，一般只需要单相绕组即可，但单相绕组通以单相交流电时产生的磁场是脉动磁场，单相运行的电动机没有启动转矩。为使电动机能自行启动和改善运行性能，除工作绕组(又称主绕组)外，在定子上还安装一个辅助的启动绕组(又称副绕组)。两

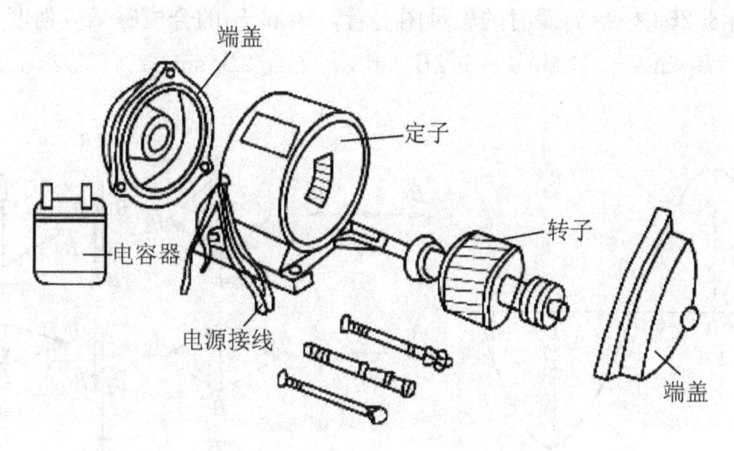

图 8.24　单相异步电动机的结构

个绕组在空间相距 90°或一定的电角度。

8.8.1　单相电动机的脉动磁场

单相绕组通入单相交流电时的情况，将产生脉动磁势，一个脉动磁势可以分解为两个大小相等、转速相同、转向相反的圆形旋转磁势。即当某一瞬间电流为零时，如图 8.25 所示，电机气隙中的磁感应强度也等于零。电流增大时，磁感应强度也随着增强。电流方向相反时，磁场方向也跟着反过来。但是在任何时刻，磁场在空间的轴线并不移动，只是磁场的强弱和方向像正弦电流一样，随时间按正弦规律作周期性变化。

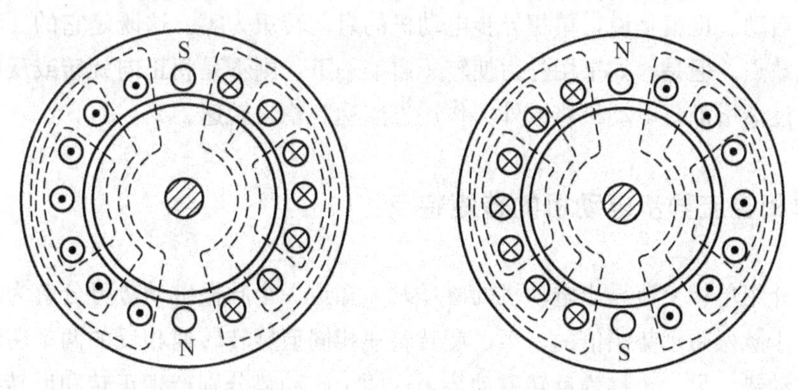

图 8.25　单相异步电动机的脉振磁场

为了便于分析问题，通常可以把这个脉振磁场分解成两个旋转磁场来看待。这两个磁场的旋转速度相等，但旋转方向相反。每个旋转磁场的磁感应强度的幅值等于脉振磁场的磁感应强度幅值的一半。

这样一来，任一瞬间脉振磁场的磁感应强度都等于这两个旋转磁场的磁感应强度的相量和。如图 8.26 所示，在 t_0 瞬时，两个旋转磁场的磁感应强度相量方向相反，所以合成磁感应强度 $B=0$。在 t_1 时，两个旋转磁场的磁感应强度相量都对水平轴线偏转一个角度，

$\alpha = \omega t_1$。从图 8.26 中 $t = t_1$瞬时的矢量图上看，B_1和 B_2的合成磁感应强度

$$B = B_1 \sin\alpha + B_2 \sin\alpha = 1/2 B_m \sin\omega t_1 + 1/2 B_m \sin\omega t_1 = B_m \sin\omega t_1$$

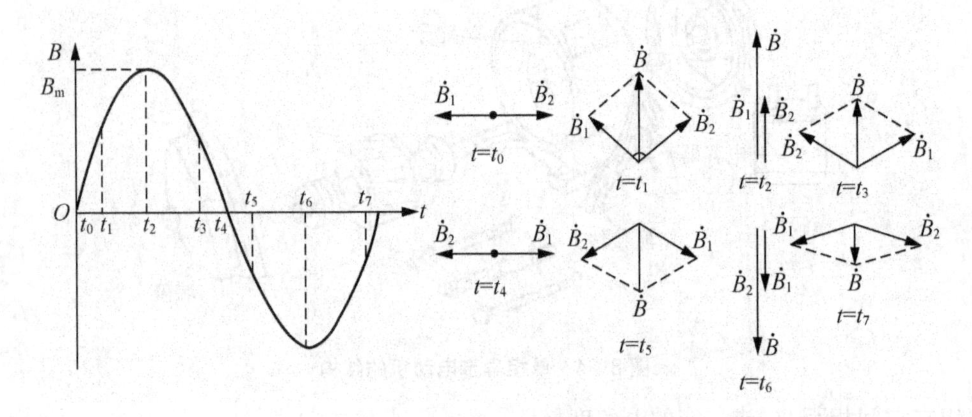

图 8.26　脉振磁场分解为两个旋转磁场

也可以同样证明，在其他任何瞬时，这两个旋转磁场的磁感应强度 B_1和 B_2的合成磁感应强度，就是脉振磁场的磁感应强度的瞬时值。

既然可以把一个单相的脉振磁场分解成两个磁感应强度幅值相等、转向相反的旋转磁场，当然也可以认为，单相异步电动机的电磁转矩也是分别由这两个旋转磁场所产生的转矩合成的结果。下一节再介绍单相异步电动机的力矩特点。当电动机静止时，由于两个旋转磁场的磁感应强度大小相等、转向相反，因而在转子绕组中感应产生的电动势和电流大小相等，方向相反。故两个电磁转矩的大小也相等，方向也相反，于是合成转矩等于零，电动机不能启动。也就是说，单相异步电动机的启动转矩为零。这既是它的一个特点，也是它的一大缺点。但是，如果用外力使转子启动一下，则不是朝正向旋转或反向旋转，电磁转矩都将逐渐增加，电动机将按外力作用方向达到稳定转速。

8.8.2　单相交流异步电动机的转矩特点

上一节介绍单相交流异步电动机的磁场时，知道一个脉振磁动势可分解为两个幅值相等，并且等于脉振磁动势幅值的一半。旋转转速相同但旋转转速相反的两个磁动势，一个称为正转磁动势，另一个称为反转磁动势，这两个磁动势分别产生正转和反转磁场，正反转磁场同时在转子绕组中分别感应产生相应的电动势和电流，从而产生使电动机正转和反转的电磁转矩 T_{em+}和 T_{em-}。正转电磁转矩若为拖动转矩，那么反转电磁转矩为制动转矩，因此对正转旋转磁场而言，电动机的转差率为

$$s_+ = \frac{n_0 - n}{n_0}$$

正转电磁转矩 T_{em+}与正转转差率 s_+的关系 $T_{em+} = f(s_+)$，和三相异步电动机类似，如图 8.27 中的曲线 1 所示。但对反转磁场而言，电动机的转差率应为

$$s_{-}=\frac{n_0-(-)n}{n_0}=\frac{2n_0-(n_0-n)}{n_0}=2-s_{+}$$

反转电磁转矩 T_{em-} 与反转转差率 s_{-} 的关系 $T_{em-}=f(s_{-})=f(2-s_{+})$，它的曲线形状和 $T_{em+}=f(s_{+})$完全一样，不过 T_{em+} 为正值，而 T_{em-} 为负值，并且两转差率之间有 $s_{+}+s_{-}=2$ 的关系，$T_{em-}=f(s_{-})$如图 8.27 中的曲线 2 所示。曲线 1 和曲线 2 分别为正转和反转的 T_{em}-s 曲线，它们相对于原点对称。电动机的合成电磁转矩为 $T_{em}=T_{em+}+T_{em-}$。因此在单相电源供电下，异步电动机或者是单相异步电动机的 T_{em}-s 曲线为 $T_{em+}+T_{em-}=f(s)$，如图 8.27 中的曲线 3 所示。

从图 8.27 所示的 T_{em}-s 曲线可看出，单相异步电动机有两个特性。

(1) 电动机不转时，$n=0$，即 $s_{+}=s_{-}=1$ 时，合成转矩 $T_{em+}+T_{em-}=0$，电动机无启动转矩。

(2) 如果施加外力使电动机向正转或反转方向转动，即 s_{+}或 s_{-}不为“1”时，这样合成电磁转矩不等于零，去掉外力，电动机会被加速到接近同步转速 n_0，换句话说，单相异步电动机虽无启动转矩，但一经启动，就会转动而不停止。

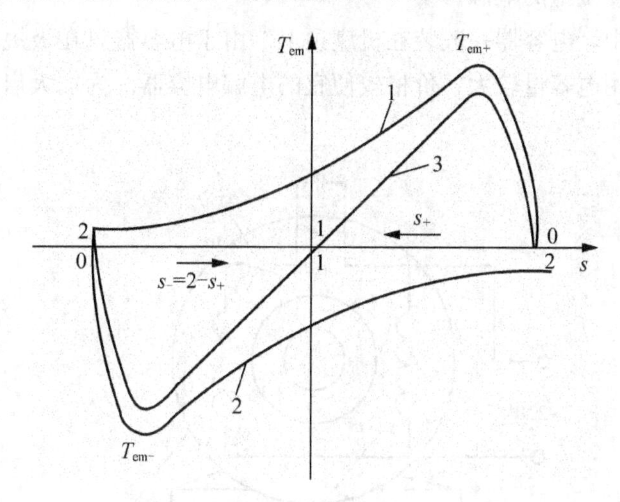

图 8.27　单相异步电动机的 T_{em}-s 曲线

8.8.3　电容式电动机

单相电容式电动机具有 3 种型式，即：电容启动式；电容运转式；电容启动、运转式。电容电动机和同样功率的分相电动机，在外形尺寸、定、转子铁心、绕组、机械结构等都基本相同，只是添加了 1～2 个电容器而已。

从前面所述可知，单相异步电动机中，它的定子有两套绕组，且在空间位置上相隔 90°角度。因此在启动时，接入在时间上具有不同相位的电流后，产生了一个近似两相的旋转磁场，从而使电动机转动。在分相式电动机中，主绕组电阻较小而电抗较大，辅助绕组则电阻较大而电抗较小，也就是利用这个原理。因此辅助绕组中的电流大致与线路电压

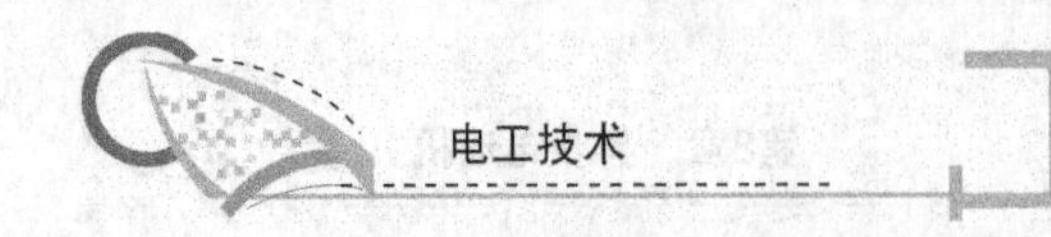

是同相位的。而在实际上，每套绕组的电阻和电抗不可能完全减少为零，所以两套绕组中电流 90°相位差是不可能获得的。从实用出发则只要相位差足够大时，就能产生近似的两相旋转磁场，从而使转子转动起来。

如在电容电动机的辅助绕组中串联一只电容器，它的电流在相位上就将比线路电压超前。将绕组和电容器容量适当设计，两套线圈相互就完全可以达到 90°相位差的最佳状况，这样就改进了电动机的性能。但是实际上，启动时定子中的电流关系还随转子的转速而改变。因此，要使它们在这段时间内仍有 90°的相位差，那么电容器电容量的大小就必须随转速和负载而改变，显然这种办法实际上是做不到的。由于这个原因，根据电动机所拖动的负载特性，而将电动机做适当设计，这样就有了上面所说的 3 种型式的电容电动机。

1. 电容启动式电动机

如图 8.28 所示，电容器经过离心开关接入到启动用辅绕组，主、辅绕组的出线 U_1、U_2、V_1、V_2。接通电源，电动机即行运转。当转速达到额定转速的 70％～80％时，离心开关动作，切断辅助绕组的电源。

在这种电动机中，电容器一般装在机座顶上。由于电容器只在极短的几秒钟启动时间内才工作，故可采用电容量较大，价格较便宜的电解电容器。为加大启动转矩，其电容量可适当选大些。

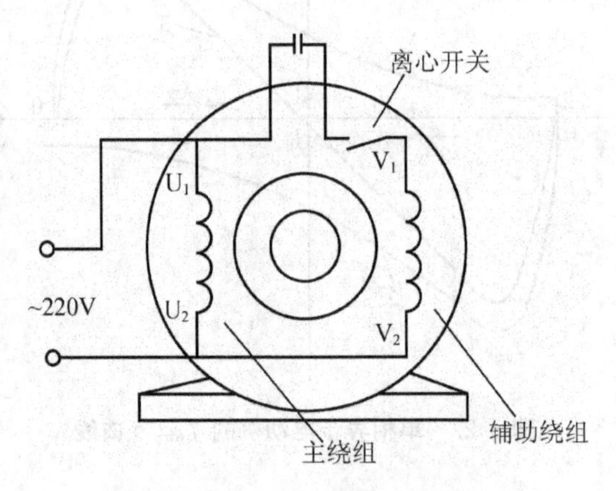

图 8.28　单相电容启动式电动机接线图

2. 电容运转式电动机

如图 8.29 所示，电容器与启动用副绕组中没有串接启动装置，因此电容器与辅助绕组将和主绕组一起长期运行在电源线路上。在这类电动机中，要求电容器能长期耐较高的电压，故必须使用价格较贵的纸介质或油浸纸介质电容器，而绝不能采用电解电容器。

电容运转式电动机省去了启动装置，从而简化了电动机的整体结构，降低了成本，提高了运行可靠性。同时由于辅助绕组也参与运行，这样就实际增加了电动机的输出功率。

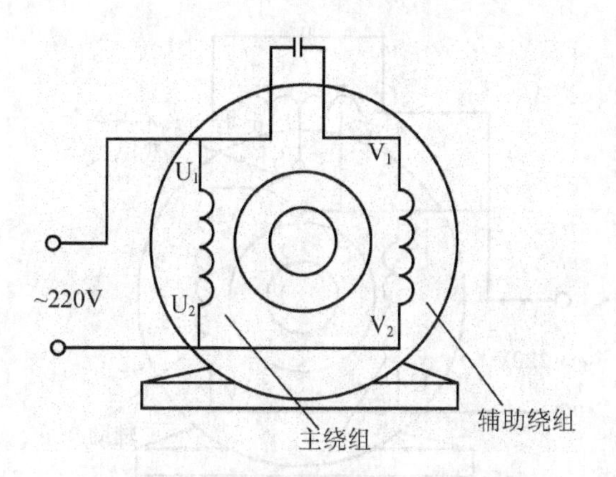

图 8.29 单相电容运转式电动机接线图

3. 电容启动与运转式电动机

如图 8.30 所示，这种电动机兼有电容启动和电容运转两种电动机的特点。启动用辅助绕组经过运行电容 C_1 与电源接通，并经过离心开关与容量较大的启动电容 C_2 并联。接通电源时，电容器 C_1 和 C_2 都串接在启动绕组回路中。这时电动机开始启动，当转速达到额定转速的 70%～80%时，离心开关 S 动作，使将启动电容 C_2 从电源线路切除，而运行电容 C_1 则仍留在电路中运行。

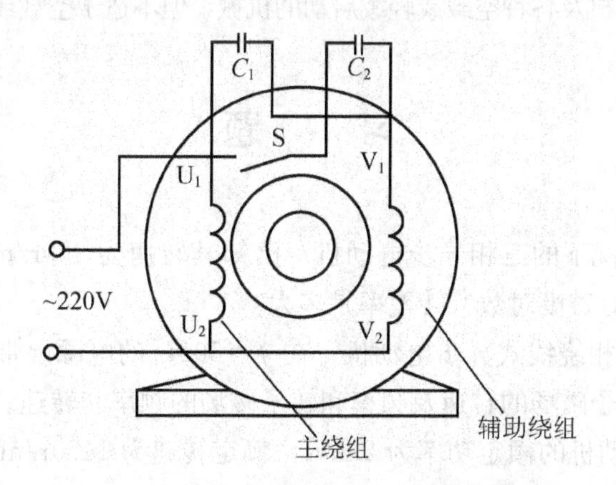

图 8.30 单相电容启动与运转电动机接线图

显然，这种电动机需要使用两个电容器，又要装启动装置，因而结构复杂，并且增加了成本，这是它的缺点。

在电容启动与运转式电动机中，也可以不用两个电容量不同的电容器。而用一只自耦变压器，如图 8.31 所示。启动时跨接电容器两端的电压增高，使电容器的有效容量比运转时大 4～5 倍。这种电动机用的离心开关是双掷式的，电动机启动后，离心开关接至 S 点，降低了电容器的电压和等效电容量，以适应运行的需要。

单相电容电动机 3 种类型的特性及用途如下。

单相电容启动式电动机这种电机具有较高启动转矩，一般达到满载转矩的 3～5 倍，

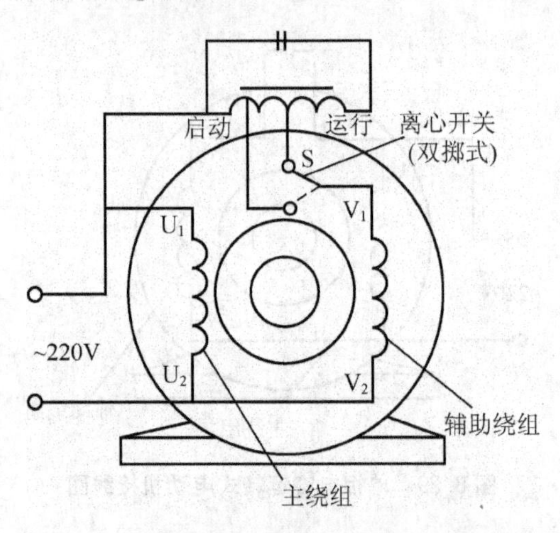

图 8.31 电容器和自耦变压器组合启动接线图

故能适用于满载启动的场合。由于它的电容器和副绕组只在启动时接入电路，所以它的运转都与同样大小并有相同设计的分相式电动机基本相同。单相电容启动式电动机多用于：电冰箱、水泵、小型空气压缩机及其他需要满载启动的电器、机械。

单相电容运转式电动机，这种电机的启动转矩较低，但功率因数和效率均比较高。它体积小、重量轻、运行平稳、振动与噪声小、可反转、能调速，适用于直接与负载连接的场合。如电风扇、通风机、录音机及各种空载或轻载启动的机械，但不适于空载或轻载运行的负载。

习　题

1. 在额定工作情况下的三相异步电动机，已知其转速为 960r/min，试问电动机的同步转速是多少？有几对磁极对数？转差率是多大？

2. 有一台六极三相绕线式异步电动机，在 $f=50\text{Hz}$ 的电源上带额定负载动运行，其转差率为 0.02，求定子磁场的转速及频率和转子磁场的频率和转速。

3. Y180L-4 型电动机的额定功率为 22kW，额定转速为 1470r/min，频率为 50Hz，最大电磁转矩为 314.6N.M。试求电动机的进载系数？

4. 已知 Y180 M-4 型三相异步电动机，其额定数据见表 8－7。

表 8－7　Y180 M-4 型三相异步电动机的额定数据

额定功率 (kW)	额定电压 (V)	满载时			启动电流/额定电流	启动转矩/额定转矩	最大转矩/额定转矩	接法
		转速(r/min)	效率(%)	功率因数				
18.5	380	1470	91	0.86	7.0	2.0	2.2	△

求：(1)额定电流 I_N；(2) 额定转差率 S_N；(3) 额定转矩 T_N，最大转矩 T_M、启动转矩 Tst。

5. Y225-4 型三相异步电动机的技术数据如下：380V、50Hz、△接法、定子输入功率 $P_{1N}=48.75\text{kW}$、定子电流 $I_{1N}=84.2\text{A}$、转差率 $S_N=0.013$，轴上输出转矩 $T_N=290.4\text{N.M}$，求：(1)电动机的转速 n_2；(2)轴上输出的机械功率 P_{2N}；(3)功率因数 $\cos\varphi_N$；(4)效率 η_N。

6. 四极三相异步电动机的额定功率为 30kW，额定电压为 380V，三角形接法，频率为 50Hz。在额定负载下运动时，其转差率为 0.02，效率为 90%，电流为 57.5A，试求：(1)转子旋转磁场对转子的转速；(2)额定转矩；(3)电动机的功率因数。

7. 上题中电动机的 $T_{st}/T_N=1.2$，$I_{st}/I_N=7$，试求：(1)用Y－△降压启动时的启动电流和启动转矩；(2)当负载转矩为额定转矩的 60%和 25%时，电动机能否启动？

8. 我国生产的 C660 车床，其加工 2 件的最大直径为 1250(mm)，用统计分析法计算主轴电动机的功率。

9. 有一带负载启动的短时运行的电动机，折算到轴上的转矩为 130N.M，转速为 730r/min，求电动机的功率。设过载系数为 $\lambda=2.0$。

10. 三相异步电动机断了一根电压线后，为什么不能启动？而在运行时断了一根线，为什么能继续转动？这两种情况对电动机有何影响？

第9章

继电接触器控制系统

学习目标

- ☞ 了解电气设备定义和分类
- ☞ 了解常用低压电器的结构、功能和用途
- ☞ 能读懂简单的控制电气原理图
- ☞ 掌握三相异步电动机直接启动控制的形式和原理
- ☞ 掌握自锁、联锁的作用和方法
- ☞ 掌握过载、短路和失压保护的作用和方法
- ☞ 学会设计一些简单的继电器接触器控制电路

知识结构

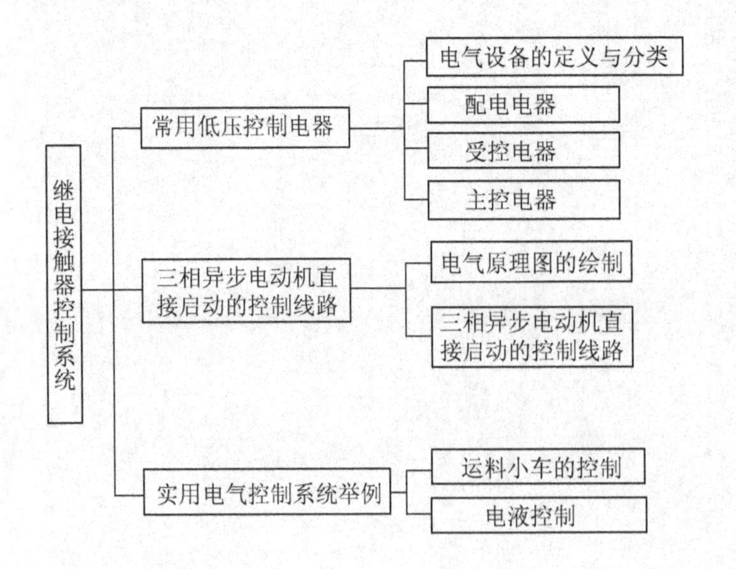

引例

对三相异步电动机的控制，工业领域长期以来广泛采用的是继电器、接触器、按钮等一些有触点的控制电器组成的控制系统，这种控制系统称为继电接触器控制系统。这种控制系统的优点是电路相对简单、操作容易、价格低廉、维修方便，能满足生产机械的一般要求，故多年来被广泛应用。

图9.1所示为某厂伺服驱动数控车床。

图9.1　某厂伺服驱动数控车床

凡是需要进行前后、上下、左右、进退等运动的生产机械，均采用传统的、典型的正、反转继电接触器控制。

本章主要介绍继电接触器控制系统的一些基本电路和基本控制原理。首先介绍常见低压电器控制电器的结构、动作原理和功能。在此基础上，以三相异步电动机为控制对象，介绍几种常见的电气控制电路。

9.1　常用低压控制电器

9.1.1　电气设备的定义与分类

1. 电气设备定义

电器是一种能控制电路的设备，是对电能的生产、输送、分配和应用起控制、调节、检测及保护等作用的工具之总称。如开关、熔断器、变阻器等都属电器。

供配电系统的电气设备是指用于发电、输电、变电、配电和用电的所有设备，包括发电机、变压器、控制电器、保护设备、测量仪表、线路器材和用电设备(如电动机、照明用具)等。

2. 电气设备的分类

1) 按电压等级

高压设备：工作在交流额定电压 1200V 以上，直流额定电压 1500V 以上的设备。

低压设备：工作在交流额定电压 1200V 以下，直流额定电压 1500V 以下的设备。

2) 按设备所属回路

(1) 一次回路及一次设备。

一次回路：供配电系统中用于传输、变换和分配电力电能的主电路。

一次设备或一次电器：设置在一次回路中的电气设备。

(2) 二次回路及二次设备。

二次回路：指用来控制、指示、监测和保护一次回路运行的电路。

二次设备或二次电器：设置在二次回路中的电气设备。

3) 按在一次电路中的功能

变换设备：按电力系统工作的要求变换电压或电流的电气设备，如变压器、互感器等。

控制设备：用于按电力系统的工作要求控制一次电路通、断的电气设备，如高低压断路器、开关等。

保护设备：用来对电力系统进行过电流和过电压等保护的电气设备，如熔断器、避雷器等。

补偿设备：用来补偿电力系统中无功功率以提高功率因数的设备，如并联电容器等。

成套设备(装置)：按一次电路接线方案的要求，将有关的一次设备及其相关的二次设备组合为一体的电气装置，如高低压开关柜、低压配电屏、动力和照明配电箱等。

按照我国现行标准规定，低压电器通常是指在交流额定电压小于 1200V、直流额定电压小于 1500V 的电路中起通断、保护、控制或调节作用的电器。常用的低压电器的分类如图 9.2 所示。

低压电器的使用范围广，数量大。下面将介绍几类常用的低压电器。

9.1.2 配电电器

供配电系统中的低压开关设备种类繁多，常用的有刀开关、刀熔开关、负荷开关、低压断路器等。

1. 低压开关设备

开关电器的主要作用是作不频繁手动接通和分断电路或作隔离电源以保证安全检修之

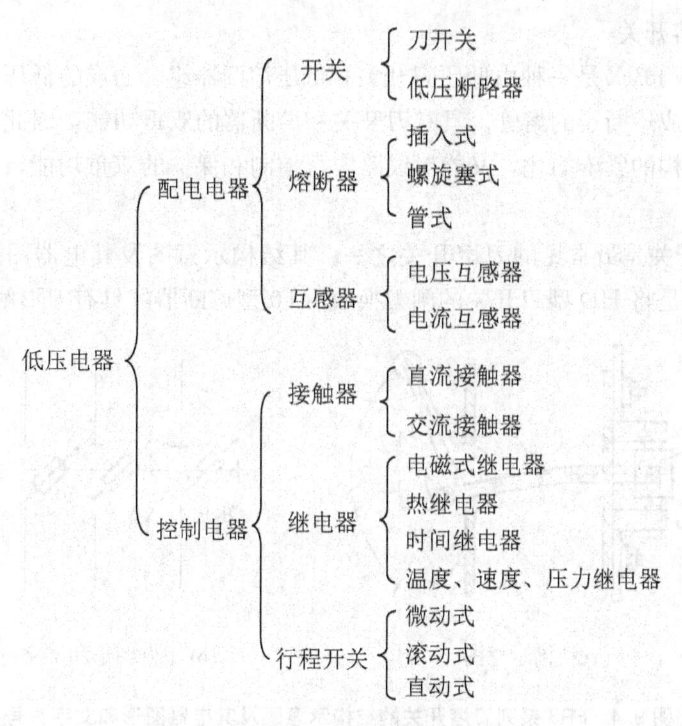

图 9.2　低压电器的分类

用，亦可以作为电源的引入开关，或是直接启动、停止小容量的电动机。一般适用于交流50Hz、额定电压380V，直流440V、额定电流1500A及以下的配电系统中。

1）刀开关

刀开关(knife switch)种类很多。按灭弧结构分为不带灭弧罩刀开关和灭弧罩刀开关；按极数分为单极、双极和三极刀开关；按操作方式分为手柄直接操作式和杠杆传动操作式；按用途分为单头刀开关和双头刀开关。

刀开关由闸刀(动触点)、静插座(静触点)、手柄和绝缘底板等组成。HD13是一种常用的带灭弧罩的单头低压刀开关，其基本结构示意图和刀开关电器图形和文字符号如图9.3所示。

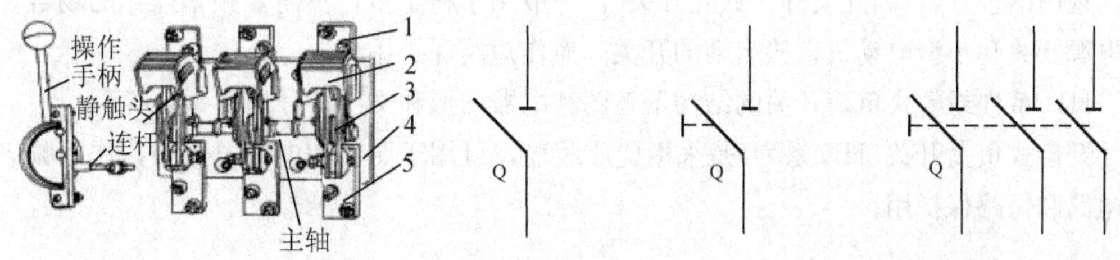

图 9.3　HD13型低压刀开关的结构示意图及其电器图形和文字符号

1—上接线端子；2—钢栅片灭弧罩；3—闸刀；4—底座；5—下接线端子

2）低压刀熔开关

刀熔开关(WTBK)是一种由低压刀开关和低压熔断器组合而成的低压电器，通常是把刀开关的闸刀换成熔断器的熔管。具有刀开关和熔断器的双重功能，因此又称熔断器式刀开关。因为其结构的紧凑简化，又能对线路实行控制和保护的双重功能，被广泛地应用于低压配电网络中。

HR3 刀熔开关是最常见的刀熔开关之一。其结构示意图及其电器图形和文字符号如图 9.4 所示。它是将 HD 型刀开关的闸刀换成 RT0 型熔断器的具有刀形触头的熔管。

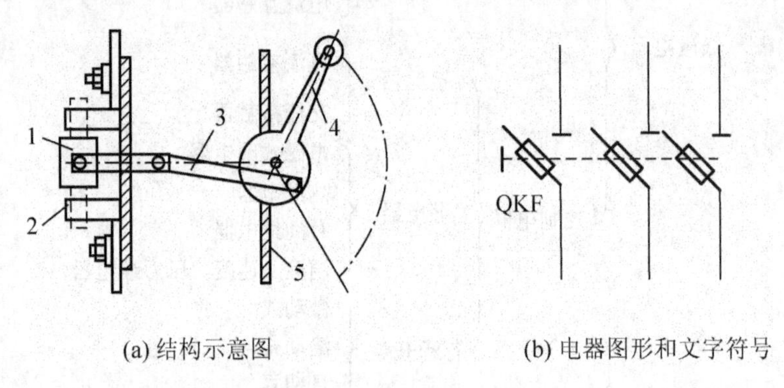

(a) 结构示意图　　(b) 电器图形和文字符号

图 9.4　HR3 系列刀熔开关的结构示意图及其电器图形和文字符号

1—熔体；2—弹性触座；3—连杆；4—操作手柄；5—配电屏面板

3）低压负荷开关

低压负荷开关(low load switches)是由带灭弧装置的刀开关与熔断器串联而成，外装封闭式铁壳或开启式胶盖的开关电器，又称“开关熔断器组”。具有带灭弧罩的刀开关和熔断器的双重功能，既可带负荷操作，也能进行短路保护，但一般不能频繁操作，短路熔断后需重新更换熔体才能恢复正常供电。

根据其结构和使用场合，又有开启式(俗称胶盖瓷底开关)和封闭式(俗称铁盒开关)类型之分。

封闭式负荷开关(HH 系列)将刀开关和熔断器的串联组合安装在金属盒(过去常用铸铁，现用钢板)内，因此又称“铁壳开关”。一般用于粉尘多，不需要频繁操作的场合，作为电源开关和小型电动机直接启动的开关，兼作短路保护用。

HH 系列封闭式负荷开关的结构示意图和电器图形和文字符号如图 9.5 所示。

开启式负荷开关(HK 系列)是采用瓷质胶盖，可用于照明和电热电路中，作不频繁通断电路和短路保护用。

2. 低压断路器

低压断路器(breaker)俗称“低压自动开关”、“自动空气开关”或“空气开关”等。它实际上也是一种手动开关，不仅能带负荷通断电路，而且能在短路、过负荷、欠压或失压的情况下自动跳闸，断开故障电路。即具有短路、过载、过压和欠压保护的功能，其原

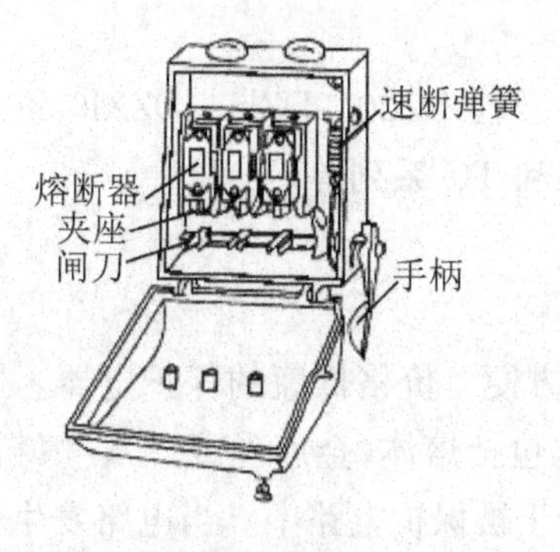

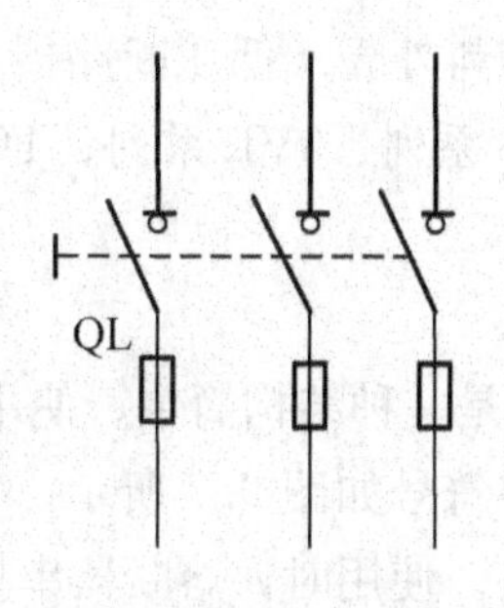

(a) 结构示意图　　(b) 电器图形和文字符号

图 9.5　HH 系列封闭式负荷开关的结构示意图及其电器图形和文字符号

理结构示意图、电器图形和文字符号如图 9.6 所示。

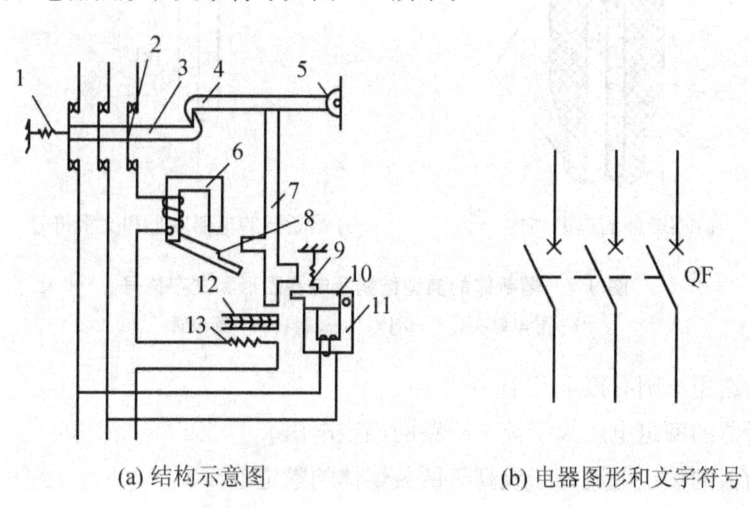

(a) 结构示意图　　(b) 电器图形和文字符号

图 9.6　低压断路器原理结构示意图、电器图形和文字符号

1—主弹簧；2—主触头；3—锁链；4—搭钩；5—轴；6—电磁脱扣器；7—杠杆；8—电磁脱扣器衔铁；
9—弹簧；10—欠压脱扣器衔铁；11—欠压脱扣器；12—双金属片；13—热元件

低压断路器的主触点是靠手动操作或电动合闸的。主触点闭合后，自由脱扣机构将主触点锁在合闸位置上。过电流脱扣器的线圈和热脱扣器的热元件与主电路串联，欠电压脱扣器的线圈和电源并联。当电路发生短路或严重过载时，过电流脱扣器的衔铁吸合，使自由脱扣机构动作，主触点断开主电路。当电路过载时，热脱扣器的热元件发热，使双金属片弯曲，推动自由脱扣机构动作。当电路欠电压时，欠电压脱扣器的衔铁释放，也使自由脱扣机构动作。分励脱扣器则作为远距离控制用，在正常工作时，其线圈是断电的，在需要距离控制时，按下启动按钮，使线圈通电，衔铁带动自由脱扣机构动作，使主触点断开。

由于其结构紧凑，体积小，重量轻，操作简便，封闭式外壳的安全性好，因此，被广泛用作容量较小的配电支线的负荷端开关、不频繁启动的电动机开关、照明控制开关和漏电保护开关等。具有较高的分断能力，外壳的机械强度和电气绝缘性能也较好，而且所带的附件较多。

目前常用的塑料外壳式低压断路器主要有 DZ20、DZl5、DZXl0 系列及引进国外技术生产的 H 系列、S 系列、3VL 系列、TO 和 TG 系列等。

3. 熔断器

熔断器(fuse)是一种结构简单、使用方便、价格低廉的保护电器。熔断体的典型结构及电器图形和文字符号如图 9.7 所示。它包括熔体(金属丝或片)、填料(亦有无填料的)、绝缘管及导电触头。使用时，熔断器串接于被保护电路中。当电路发生短路故障时，熔体被瞬时熔断而分断电路，故熔断器主要用于短路保护。

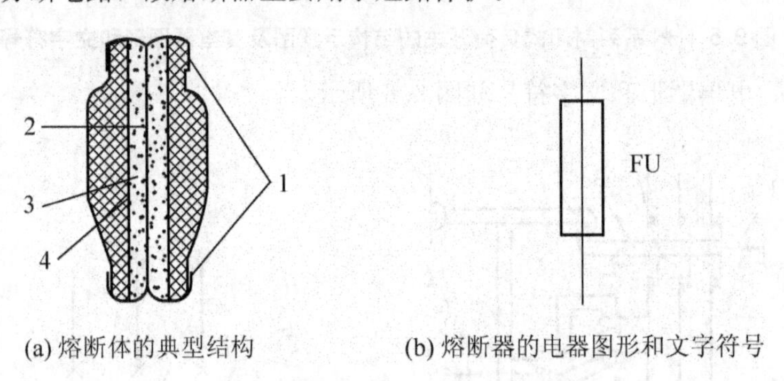

(a) 熔断体的典型结构　　(b) 熔断器的电器图形和文字符号

图 9.7　熔断体的典型结构及电器图形和文字符号

1—导电触头；2—熔体；3—填料；4—绝缘管

熔断器的选用原则有以下几个。

(1) 熔断器的额定电压大于等于线路的额定电压。

(2) 熔断器的额定电流等于或高于所装熔体的额定电流。

(3) 熔断器的额定分断能力不小于线路中可能出现的最大故障电流。

(4) 熔体额定电流：

① 电阻性负载：$I_{fu} \geqslant I$，其中：I_{fu} 为熔体额定电流；I 为电路工作电流。

② 保护单台长期工作电动机：$I_{fu} \geqslant (1.5 \sim 2.5) I_N$，其中，$I_N$ 为电动机额定电流。

③ 保护频繁启动电动机：$I_{fu} \geqslant (3 \sim 5) I_N$。

④ 保护多台电动机：$I_{fu} \geqslant (1.5 \sim 2.5) I_N + \sum I_N$，其中，$I_M$ 为容量最大的电动机的额定电流。

⑤ 降压启动电动机：熔体的额定电流等于或稍高于电动机的额定电流。

9.1.3　受控电器

控制电器主要由受控电器和主控电器组成，受控电器有接触器和继电器，而主控电器包括开关、按钮、行程开关等。

1. 接触器

接触器(magnetic contactor)是继电器控制系统的主要元件之一，是利用电磁吸力的作用，使主触点接通或断开电动机电路或其他负载电路的控制电器。主要用于频繁接通或分段交、直流电路，具有控制容量大，可远距离操作，配合继电器可以实现定时操作，联锁控制、各种定量控制和失压及欠压保护，广泛应用于自动控制电路，其主要控制对象是电动机，也可用于控制其他电力负载，如电热器、照明、电焊机、电容器组等可快速切断交流与直流主回路和可频繁地接通与大电流控制电路的装置，故接触器的应用十分广泛。

1) 接触器的结构及工作原理

接触器有直流接触器和交流接触器两种。交流电磁式接触器包括以下几部分，如图 9.8 所示。

(1) 电磁机构：电磁机构由线圈、动铁心(衔铁)和静铁心组成，其作用是将电磁能转换成机械能，产生电磁吸力带动触点动作。

(2) 触点系统：包括主触点和辅助触点。主触点用于通断主电路，通常为 3 对常开触点。辅助触点用于控制电路，起电气联锁作用，故又称联锁触点，一般常开、常闭各两对。

(3) 灭弧装置：容量在 10A 以上的接触器都有灭弧装置，对于小容量的接触器，常采用双断口触点灭弧、电动力灭弧、相间弧板隔弧及陶土灭弧罩灭弧。对于大容量的接触器采用纵缝灭弧罩及栅片灭弧。

(4) 其他部件：包括反作用弹簧、缓冲弹簧、触点压力弹簧、传动机构及外壳等。

其工作原理为：当接触器线圈通电后，线圈电流会产生磁场，产生的磁场使静铁心产生电磁吸力吸引动铁心，并带动交流接触器点动作，常闭触点断开，常开触点闭合，两者是联动的。当线圈断电时，电磁吸力消失，衔铁在释放弹簧的作用下释放，使触点复原，常开触点断开，常闭触点闭合。直流接触器的工作原理跟温度开关的原理有点相似。

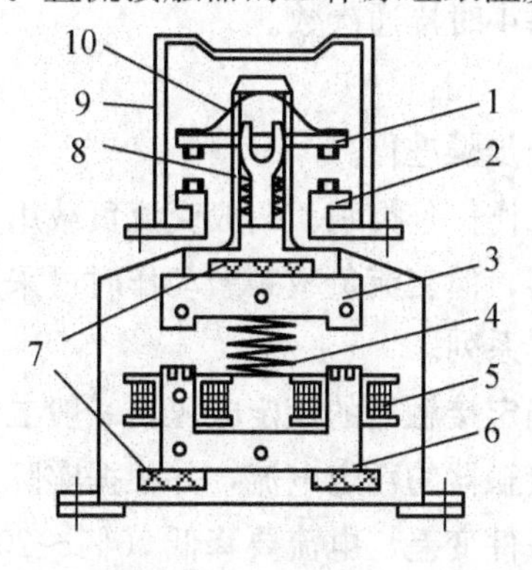

图 9.8　交流电磁式接触器结构示意图

1—动触桥；2—静触点；3—衔铁；4—缓冲弹簧；5—电磁线圈；6—铁心；
7—垫毡；8—触头弹簧；9—灭弧罩；10—触头压力弹簧

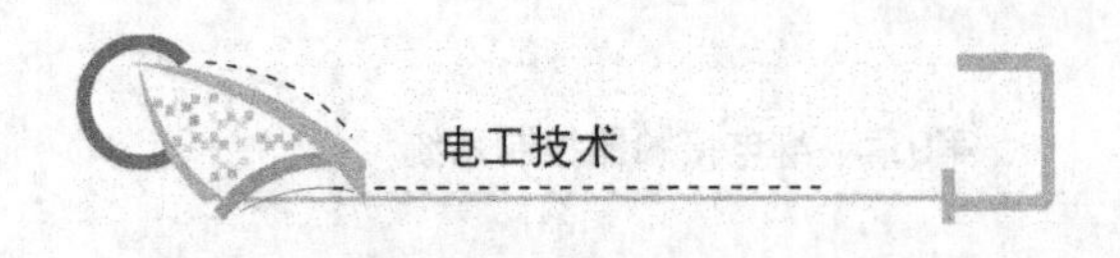

2）接触器的型号

目前我国常用交流接触器主要有：CJ20、CJX1、CFX2、CJ12 和 CJ10 等系列，引进产品应用较多的有：引进德国 BBC 公司制造技术生产的 B 系列；引进德国 SIEMENS 公司的 3TB 系列；引进法国 TE 公司的 LC1 系列；引进罗克韦尔自动化公司的 Bulletin 100-C/104-C 接触器等。

接触器的电器图形和文字符号如图 9.9 所示。

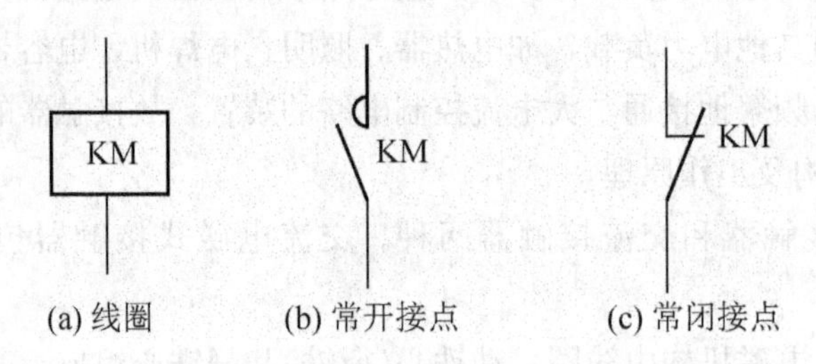

图 9.9　接触器的电器图形和文字符号

3）接触器的主要技术指标

（1）额定电压：接触器铭牌标注的额定电压是指主触点上的额定电压。常见的电压等级有：

直流接触器：220V、440V、660V。

交流接触器：220V、380V、500V。

（2）额定电流：指主触点的额定电流。其中

直流接触器：25A、40A、60A、100A、150A、250A、400A、600A。

交流接触器：5A、10A、20A、40A、60A、100A、150A、250A、400A。

（3）线圈的额定电压：通常的电压等级有

直流线圈：24V、48V、220V、440V。

交流线圈：36V、127V、220V、380V。

（4）额定操作频率：指每小时接通次数。

4）接触器的选用原则

选用接触器可按下列几个步骤进行。

（1）根据负载性质确定工作任务类别。一般交流负载用交流线圈的交流接触器，直流负载用直流线圈的直流接触器，但交流负载频繁动作时可采用直流线圈的交流接触器。

（2）根据类别确定接触器系列。

（3）根据负载额定电压确定接触器的额定电压，一般二者相等。

（4）根据负载电流确定接触器的额定电流，并根据实际条件加以修正。例如，当接触器安装在箱柜内，由于冷却条件变差，电流要降低 70%～20%使用；当接触器工作于长期工作制，通电持续率不超过 40%时，若敞开安装，电流允许提高 10%～25%，若箱柜安装，允许提高 5%～10%。

（5）选定吸引线圈的电压。

(6) 根据负载情况复核操作频率，看是否在额定范围之内。

2. 继电器

继电器(relay)是当输入量(激励量)的变化达到规定要求时，在电气输出电路中使被控量发生预定的阶跃变化的一种电器。它具有控制系统(又称输入回路)和被控制系统(又称输出回路)之间的互动关系。通常应用于自动化的控制电路中，它实际上是用小电流去控制大电流运作的一种“自动开关”。故在电路中起着自动调节、安全保护、转换电路等作用。

一般来说，继电器由承受机构、中间机构和执行机构三部分组成。承受机构反映继电器的输入量，并传递给中间机构，将它与预定的量(即整定值)进行比较，当达到整定值时(过量或欠量)，中间机构就使执行机构产生输出量，从而闭合或分断电路。

继电器按输入信号的性质可分为：电压继电器、电流继电器、速度继电器、舌(干)簧继电器、时间继电器、温度继电器等。按动作原理可分为：电磁式继电器、感应式继电器、热继电器、电动式继电器、电子式继电器等。

这里主要介绍电器控制系统上用的电磁式(电压、电流、中间)继电器、时间继电器、热继电器和速度继电器等。

1) 电磁式继电器

电磁式继电器与接触器类似，是由铁心、衔铁、线圈、释放弹簧和触点等部分组成的。常用的电磁式继电器有电流继电器、电压继电器和中间继电器。

(1) 电流继电器。

电流继电器(current relay)的线圈是电流线圈，它与负载串联以反应负载电流的变化，故它的线圈匝数少而导线粗，这样通过电流时的压降很小，不会影响负载电路的电流，而导线粗电流大仍可获得需要的磁势。

根据实际应用的要求，除一般用的电流继电器外，还有控制与保护用的过电流继电器和欠电流继电器。

过电流继电器在正常工作时衔铁不动作，当电流超过某一整定值时，衔铁动作，于是常开触点闭合，常闭触点断开。一般交流过电流继电器调整在110%～400%I_N动作，直流过电流继电器调整在70%～300%I_N动作。

欠电流继电器是当电流降低到某一个整定值时，继电器释放，所以电路电流正常时，衔铁吸合。

(2) 电压继电器。

电压继电器(voltage relay)的线圈是电压线圈，导线细、电阻大，与负载并联以反映电路电压的变化。电压继电器有过电压、欠电压、零电压继电器等。零电压继电器是电压降低到接近零时衔铁才释放的继电器。一般来说，过电压继电器是在电压为110%～115%U_N以上时动作，对电路进行过电压保护；欠电压继电器是在电压为40%～70%U_N时动作，对电路进行欠电压保护；零电压继电器是当电压降至5%～35%U_N时动作，对电路

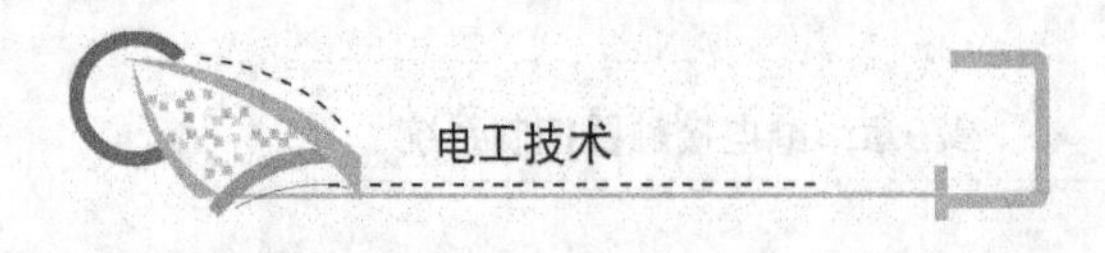

进行零压保护。

(3) 中间继电器。

中间继电器(control relay)实质上也是一个电压线圈的继电器，通常用来传递信号和同时控制多个电路，主要作用是解决触点容量和数量的问题，也可以用它来控制小容量电动机或其他电气执行元件。它的工作原理和交流接触器相同，与接触器主要区别在于：它具有触点多(六对甚至更多)、触点电流小(额定电流为5～10A)、动作灵敏(动作时间小于0.05s)等特点，可以用它来增加控制电路的回路数或放大信号。

电磁式继电器的电器图形和文字符号如图9.10所示。

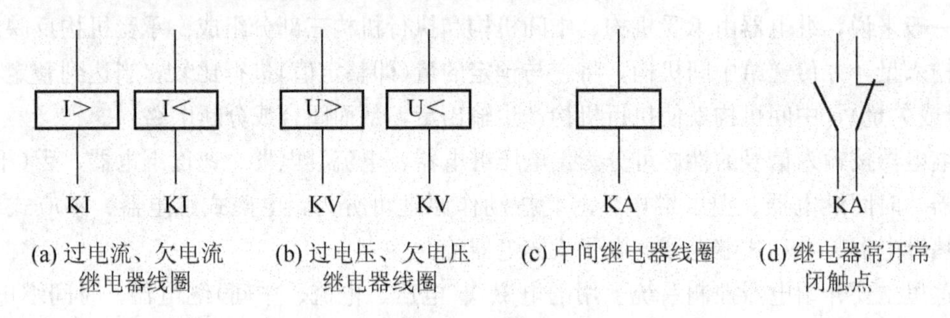

(a) 过电流、欠电流继电器线圈　(b) 过电压、欠电压继电器线圈　(c) 中间继电器线圈　(d) 继电器常开常闭触点

图 9.10　电磁式继电器图形和文字符号

2) 时间继电器

时间继电器(time relay)是在电路中起着动作时间控制作用的继电器，在从得到输入信号起，到产生相应的输出信号(如触点的通断等)，有一个符合一定准确度的延时过程的继电器被称作时间继电器。它在电路中起控制动作时间的作用。时间继电器的延时方式有两种。

通电延时型——接受输入信号后要延迟一段时间，输出信号才发生变化。当输入信号消失后，输出即时复原。

断电延时型——当接受输入信号时，立即产生相应的输出信号；但当输入信号消失后，继电器需经过一定的延时，输出才复原。

时间继电器应用范围很广，从某些简单生产机械到尖端科学部门都需要用到它，特别是电力拖动系统和各种自动控制系统，其程序安排更是大都依靠时间继电器来完成的。

时间继电器的种类很多，从设计原理上分有电磁式、空气阻尼式、电动机式和晶体管式时间继电器。

罗克韦尔自动化公司生产的接触器和继电器大都可以通过加入扩展的定时模块附件直接达到时间继电器的作用。此外，罗克韦尔自动化公司也生产专用的时间继电器，其中Bulletin 700-FE系列是经济型时间继电器，可分为单功能继电器和多功能继电器。单功能继电器具有4种固定功能和4个时间设定范围。多功能继电器具有4种计时功能和4个事件设定范围。4种计时功能是吸合延时、复位延时、瞬间延时、上电接通式交替接通。KOP系列是电子式时间继电器。

时间继电器的电器图形和文字符号如图9.11所示。

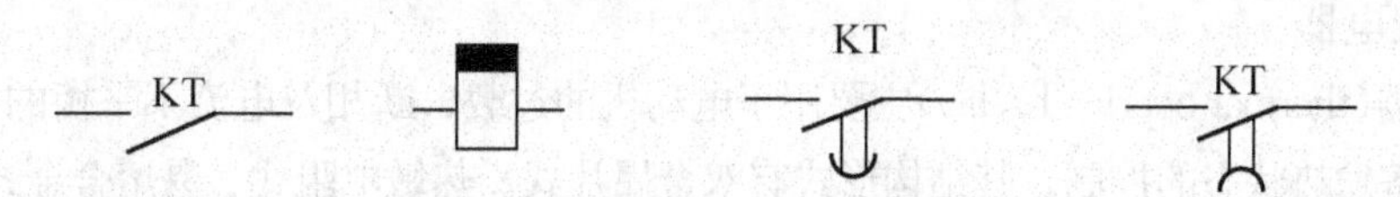

(a) 瞬动常开触点 (b) 断电延时线圈 (c) 延时闭合常开触点 (d) 延时断开常开触点

KT　KT　KT

(e) 瞬动常闭触点 (f) 通电延时线圈 (g) 延时断开常闭触点 (h) 延时闭合常闭触点

图 9.11　时间继电器的电器图形和文字符号

3）速度继电器

速度继电器(speed relay)也称反接制动继电器，它只能反映电动机的转动方向及电动机是否停转，故主要与接触器配合使用，实现鼠笼型异步电动机的反接制动控制。

速度继电器的结构示意图及电器图形和文字符号如图 9.12 所示。速度继电器的轴与电动机的轴同轴连接。当电动机旋转时，速度继电器的转子跟着一起转，永久磁铁产生旋转磁场，定子上的笼型绕组切割磁通而产生感应电势和电流，导体与旋转磁场相互作用产生转矩，使定子跟着转子的转动方向偏摆，转子速度越高，定于导体内产生的电流越大，转矩也就越大。定子偏摆到一定角度时，通过定子柄拨动触点，使继电器相应的动断、动合触点动作。当转子的速度下降到接近零时(约 100r/min)，定子柄在动触点弹簧力的作用下恢复到原来的位置。

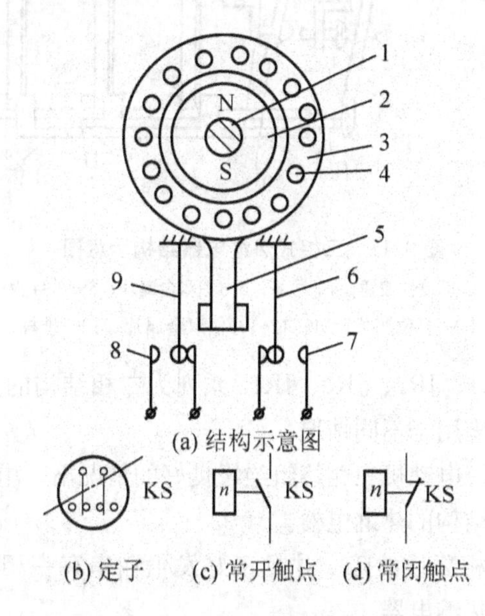

图 9.12　速度继电器结构示意图

1—转轴；2—转子；3—定子；4—绕组；5—摆锤；6—簧片；7—静触点；8—静触点；9—簧片

速度继电器主要根据电动机的额定转速进行选择，还可以通过调节螺钉(图中没有画出)的松紧，调节反力弹簧的反作用力，来改变继电器动作的转速，以适应控制电路要求。

4）热继电器

热继电器(thermal overload relay)主要用于电动机的过载、断相及电流不平衡的保护，以及其他电气设备发热状态的控制。其结构形式有双金属片式、热敏电阻式、易熔合金式。

热继电器分一相式、两相式和三相式共 3 种结构，目前多为三相式结构。

三相式热继电器结构示意图如图 9.13 所示。这种热继电器主要由热元件、双金属片和触点组成。热元件由发热电阻丝做成，双金属片由两种热膨胀系数不同的金属碾压而成，当双金属片受热时，就会出现弯曲变形。使用时，把热元件串接于电动机的主电路中，而常闭触点串接于电动机的控制电路中。当电动机正常运行时，热元件产生的热量不足以使热继电器触点动作；当电动机过载时，双金属片弯曲位移增大，推动推杆使触点动作，从而切断控制电路以起到保护作用。热继电器动作后，经过一段时间的冷却后，能自动复位或手动复位。热继电器动作电流的调节可以通过调节螺钉的位置来实现。

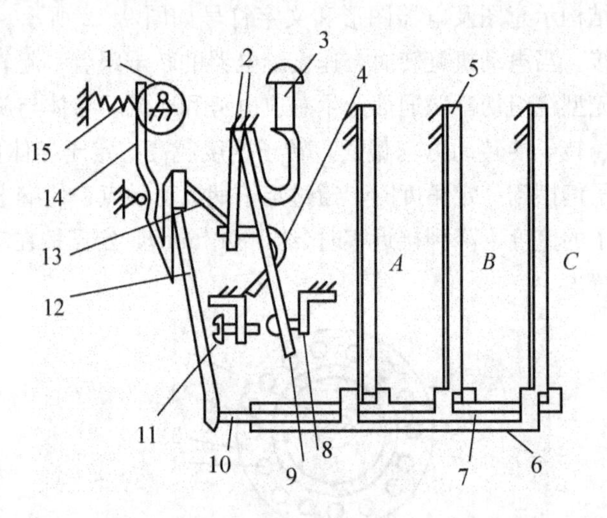

图 9.13　三相式热继电器结构示意图

1—电流调节凸轮；2—簧片；3—手动复位按钮；4　弓簧；5—主双金属片；6—外导板；7—内导板；8—常闭静触点；9—动触点；10—杠杆；11—复位调节螺钉；12—补偿双金属片；13—推杆；14—连杆；15—压簧

常用的热继电器如 JR1、JR2、JR0、JR15 系列为二相结构的热继电器，JR16 系列为断相保护热继电器。它们应用于不同情况。

(1) 在三相电源对称，电动机三相绕组绝缘良好的情况下，电动机的三相线电流是对称的，这时可以采用一相结构的热继电器。

(2) 当电动机出现一相断线故障，并且正好发生在串有一相结构的热继电器这一相时，就需采用两相结构的热继电器。

热继电器接入电动机定子电路方式具体如下。

电动机定子绕组星形接法：带断电保护和不带断电保护的热继电器均可接在线电路中。

电动机定子绕组三角形接法：带断电保护接在线电路中；不带断电保护热继电器的热元件必须串接在电动机每相绕组上。

如图 9.14 所示为热继电器接入电路的方式。

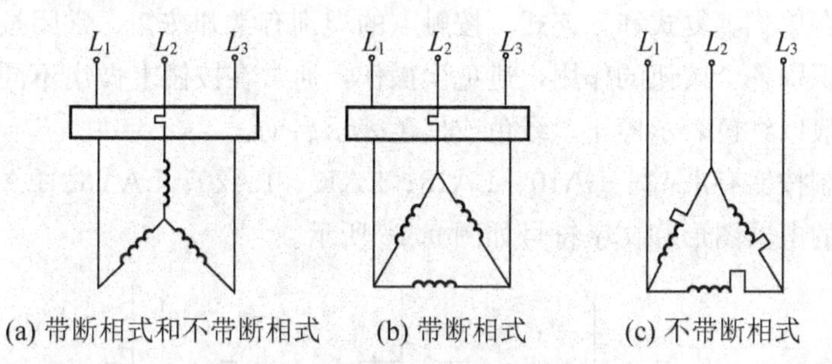

图 9.14 热继电器接入电路的方式

(3) 当三相电源因供电线路故障而发生严重的不平衡、电动机绕组内部发生短路或绝缘不良等故障时，就可能使电动机某一线电流比其他两线电流要高，而恰好在电流过高的这一相中没有热元件，此时就需采用具有 3 个热元件的三相结构热继电器。两相、三相结构热继电器的工作原理相同，只需增加双金属片和热元件。

热继电器的电器图形和文字符号如图 9.15 所示。

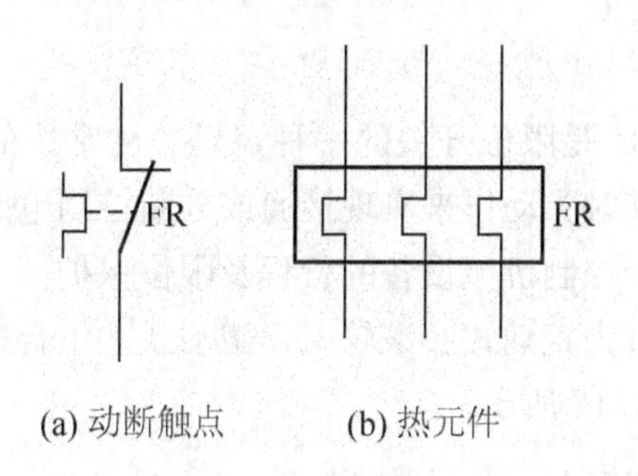

图 9.15 热继电器的电器图形和文字符号

实际上，继电器和接触器的结构和工作原理大致相同。主要区别在于：接触器的主触点可以通过大电流；继电器的体积和触点容量小，触点数目多，且只能通过小电流。所以，继电器一般用于控制电路中。

9.1.4 主控电器

主控电器是用来接通和分断控制电路以发布命令或对生产过程作程序控制的开关电器。主控电器应用广泛，种类繁多，主要有控制按钮、行程开关、万能转换开关和主令控制器等。

1. 控制按钮

控制按钮(control button)用作低压电路中远距离手动控制各种电磁开关，或用来转换各种信号电路与电器联锁线路等。

控制按钮一般由按钮、恢复弹簧、动、静触点和外壳等组成。当按下按钮时，常闭触

点断开，常开触点闭合；当按钮释放后，在恢复弹簧的作用下使按钮复原。

控制按钮有单式、复式和三连式。按触点的类别有常开按钮、常闭按钮和常开常闭按钮。为了便于识别各个按钮的作用，避免误操作，通常在按钮上做出不同的标志或涂以不同的颜色，一般以红色表示停止，绿色或黑色表示启动。

常用的控制按钮有LA2、LA10、LA18、LA19、LA20、LAY3、LAZ1等。

控制按钮的电器图形和文字符号如图9.16所示。

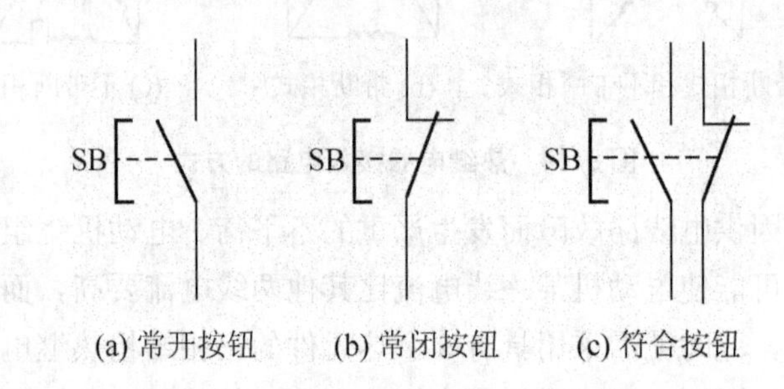

(a) 常开按钮　(b) 常闭按钮　(c) 符合按钮

图9.16　控制按钮的电器图形和文字符号

2. 行程开关

行程开关(travel switch)是限位开关的一种，是一种常用的小电流主令电器。利用生产机械运动部件的碰撞使其触头动作来实现接通或分断控制电路，实现顺序控制、定位控制和位置状态的检测，用于控制机械设备的行程及限位保护。

行程开关按其结构可分为直动式、滚轮式、微动式和组合式，具体说明见表9-1。其电器图形和文字符号如图9.17所示。

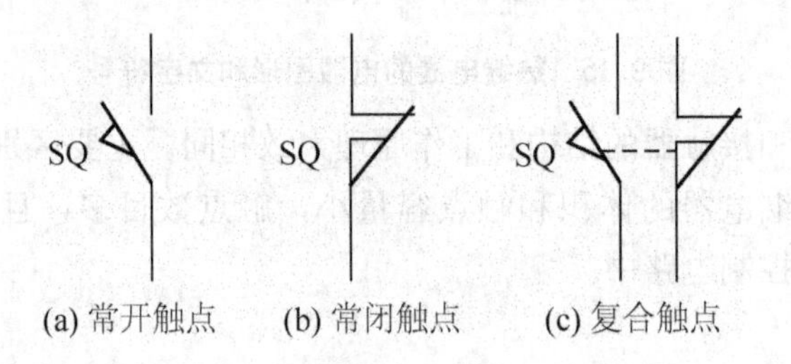

(a) 常开触点　(b) 常闭触点　(c) 复合触点

图9.17　行程开关的电器图形和文字符号

除了上述常用的行程开关以外，还有引进生产的西门子公司的SE3系列产品，其规格全，外形结构多样，技术性能优良，拆装方便，动作可靠。

3. 接近开关

接近开关(proximity switch)是无触点晶体管行程开关，是一种与运动部件无机械碰撞而能操作的行程开关，当运动物体接近到它的一定距离范围内，它就可以接受并发出控制信号，并根据信号限制物体的位置。其电器图形和文字符号如图9.18所示。

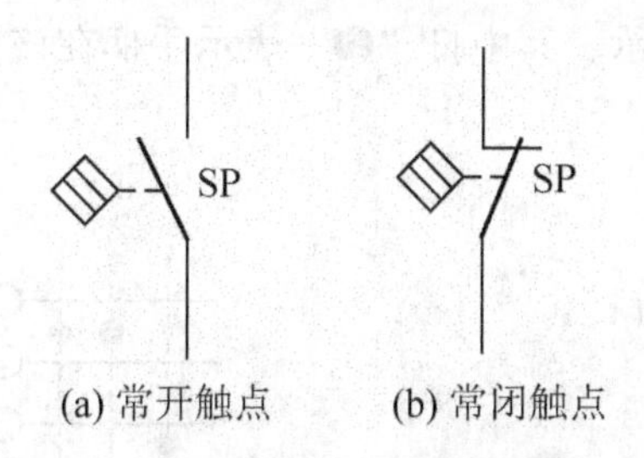

(a) 常开触点　　(b) 常闭触点

图 9.18　接近开关的电器图形和文字符号

表 9-1　行程开关类型结构说明

名称	结　构　图	说　　明
直动式 行程开关	1—推杆 2—弹簧 3—动断触点 4—动合触点	动作原理同按钮类似，所不同的是：一个是手动，另一个则由运动部件的撞块碰撞。当外界运动部件上的撞块碰压按钮使其触头动作，当运动部件离开后，在弹簧作用下，其触头自动复位。其触点的分合速度取决于生产机械的运行速度，不宜用于速度低于 0.4m/min 的场所
滚轮式 行程开关	1—滚轮 2—上转臂 3、5、11—弹簧 4—下转臂 6—滑轮 7—压板 8、9—触点 10—横板	当被控机械上的撞块撞击带有滚轮的撞杆时，撞杆转向右边，带动凸轮转动，顶下推杆，使微动开关中的触点迅速动作。当运动机械返回时，在复位弹簧的作用下，各部分动作部件复位。该开关又分为单滚轮自动复位和双滚轮(羊角式)非自动复位式，双滚轮行移开关具有两个稳态位置，有“记忆”作用，在某些情况下可以简化线路
微动 开关式 行程开关	1—推杆 2—弯形片状弹簧 3—压缩弹簧 4—动断触点 5—动合触点	微动开关安装了弯形片状弹簧，使推杆在很小的范围内移动时，可使触点因弯形片状弹簧的翻转而改变状态。 它具有体积小、重量轻、动作灵敏、能瞬时动作、微小行程等优点，常用于要求行程控制准确度高的场合，缺点是寿命较短

4. 万能转换开关

万能转换开关是一种具有多个档位、多对触头，可以控制多个回路的控制电器，主要作电路转换之用。它由操作机构、定位装置和触点 3 部分组成。触点的通断由凸轮控制，触点为双断点桥式结构，万能转换开关的结构原理图如图 9.19 所示。目前用得最多的万能转换开关产品有 LW5、LW6 系列。

万能转换开关手柄放在不同位置，它多接点的通断情况也不同。万能转换开关的电器图形和文字符号如图 9.20 所示。其中打“●”表示手柄在该位置时，该触点接通。

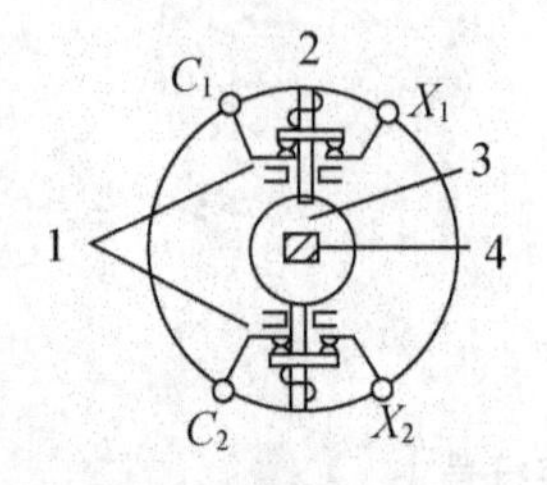

图 9.19　万能转换开关的结构

1—触点；2—触点弹簧；3—凸轮；4—转轴

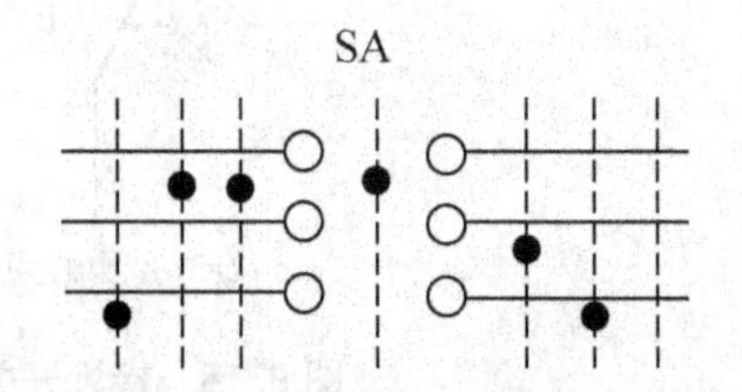

图 9.20　万能转换开关的电器图形和文字符号

练习与思考

1. 简述常用低压电器的功能并画出其相应的电器图形和文字符号。
2. 简述热继电器不能短路保护的原因。
3. 简述熔断器不能作过载保护的原因。
4. 简述交流接触器的工作原理、接触点类型、用途。
5. 简述交流继电器的工作原理、接触点类型、用途。
6. 简述行程开关的工作原理及用途。

9.2　三相异步电动机直接启动的控制线路

在电工技术中所绘制的控制线路图为原理图，它不考虑电器的结构和实际位置，突出的是电气原理。下面介绍继电接触控制线路的绘制。

9.2.1　电气原理图的绘制

1. 电气原理图

用电器符号，按一定规则画出来的，结构简单，层次分明，是设计和维修的依据。

2. 绘制电气原理图的原则

（1）电器元件图形符号、文字符号及标号必须采用最新国家标准。

（2）一般分主电路和辅助电路两部分画出。主电路用粗线条画在原理图的左边或上边，辅助电路用细线条画在原理图的右边或下边。

（3）三相交流电源的引入线用 L_1、L_2、L_3 标号，中性线用 N 标记，从左到右或从上到下顺序排列。

（4）采用电器元件展开图的画法。同一个电器元件的各部件可以不画在一起。若有多

个同类电器，可在文字符号后加上数字序号以示区别，如 KM1、KM2 等。

(5) 原理图中所有电器触点均按没有外力作用和没有通电时或生产机械在原始位置时的开闭状态画出。对于接触器、继电器的触点按线圈不通电状态画出，控制器手柄按处于零位时的状态画出，按钮、行程开关触点按不受外力作用时的状态画出等。

(6) 无论是主电路还是辅助电路，各电器元件应尽量按功能布置、按动作顺序从左到右，从上到下依次排列。

(7) 应尽量减少线条，避免交叉线的出现，两线交叉连接时需用黑色实心圆点表示。要布局合理、排列均匀、便于识图和分析。

(8) 在原理图上方或右方将图分成若干图区，并标明该区电路的用途与作用；在继电器、接触器线圈下方列有触点表以说明线圈和触点的从属关系。

9.2.2 三相异步电动机直接启动的控制线路

三相异步电动机具有结构简单、易制造、结实耐用、运行可靠、维护方便等特点，因此，在现代化生产中广泛使用三相异步电动机拖动各种生产机械。

实际生产设备对电动机提出的要求很多，有些控制线路较简单，有些则比较复杂，无论实际的控制线路如何千差万别，它都是由一些基本控制环节、基本控制线路所组成，只要掌握了这些基本环节、基本线路，就为分析一般控制线路打下基础。以下介绍几种直接启动的控制线路。

直接启动又叫全压启动(across-the-line starting)，是利用刀开关或接触器将电动机直接接到额定电压上的启动方式。该启动方式具有启动设备简单、启动时间短、控制线路简单、维修工作量小等优点，但是启动电流较大，而启动转矩不大，还会引起网压波动，不便于调速。故适用于电动机容量在 110kW 以下，并且小于供电变压器容量的 20%的低功率场合；还可以用下面的经验公式来判断，若电动机的启动电流倍数 I_{st}/I_N 满足 $\frac{I_{st}}{I_N}=\left[3+\frac{\text{电网容量(KV·A)}}{\text{电动机容量(KW)}}\right]$，则电动机便可直接启动，否则应采用降压启动。

直接启动可以用胶木开关、铁壳开关、空气开关断路器等实现电动机的近距离操作、点动控制、速度控制、正反转控制等，也可以用限位开关、交流接触器、时间继电器等实现电动机的远距离操作、点动控制、速度控制、正反转控制、自动控制等。

1. 典型控制线路

1) 点动控制

点动控制(jogging control)是指按下按钮电动机转动，松开按钮电动机停转的控制。它能实现电动机短时转动，用于生产机械运动部件的位置调整。其电气控制线路图如图 9.21 (a)所示。

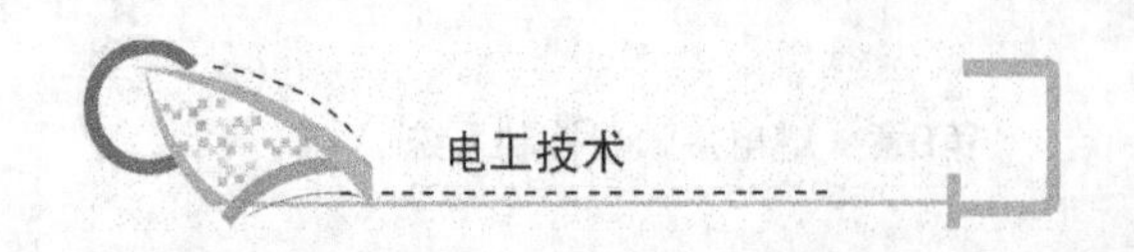

工作过程：按下按钮 SB 时，使线圈 KM 保持通电状态，触头 KM 闭合，电机转动；松开按钮 SB 时，使线圈 KM 断电，触头 KM 恢复常开状态，电动机断电停止运转。

合上开关 QS，三相电源被引入控制电路，但电动机还不能启动。按下按钮 SB，接触器 KM 线圈通电，衔铁吸合，常开主触点接通，电动机定子接入三相电源启动运转。松开按钮 SB，接触器 KM 线圈断电，衔铁松开，常开主触点断开，电动机因断电而停转。

如果电动机需要持续不停地运行，则操作员必须始终用手按住启动按钮 SB，造成极大的工作不便。

2）连续运行控制

连续运行控制(continuous control)也称长动控制，是按下按钮可使电动机长期连续运转的控制。其电气控制线路图如图 9.21(b)所示。

启动过程：按下启动按钮 SB1，接触器 KM 线圈通电，与 SB1 并联的 KM 的辅助常开触点闭合，以保证松开按钮 SB1 后 KM 线圈持续通电，串联在电动机回路中的 KM 的主触点持续闭合，电动机连续运转，从而实现连续运转控制。

停止过程：按下停止按钮 SB2，接触器 KM 线圈断电，与 SB1 并联的 KM 的辅助常开触点断开，以保证松开按钮 SB2 后 KM 线圈持续失电，串联在电动机回路中的 KM 的主触点持续断开，电动机停转。

与 SB1 并联的 KM 的辅助常开触点的这种作用称为自锁。该控制电路还可实现短路保护、过载保护和零压保护。

起短路保护的是串接在主电路中的熔断器 FU。一旦电路发生短路故障，熔体立即熔断，电动机立即停转。

起过载保护的是热继电器 FR。当过载时，热继电器的发热元件发热，将其常闭触点断开，使接触器 KM 线圈断电，串联在电动机回路中的 KM 的主触点断开，电动机停转。同时 KM 辅助触点也断开，解除自锁。故障排除后若要重新启动，需按下 FR 的复位按

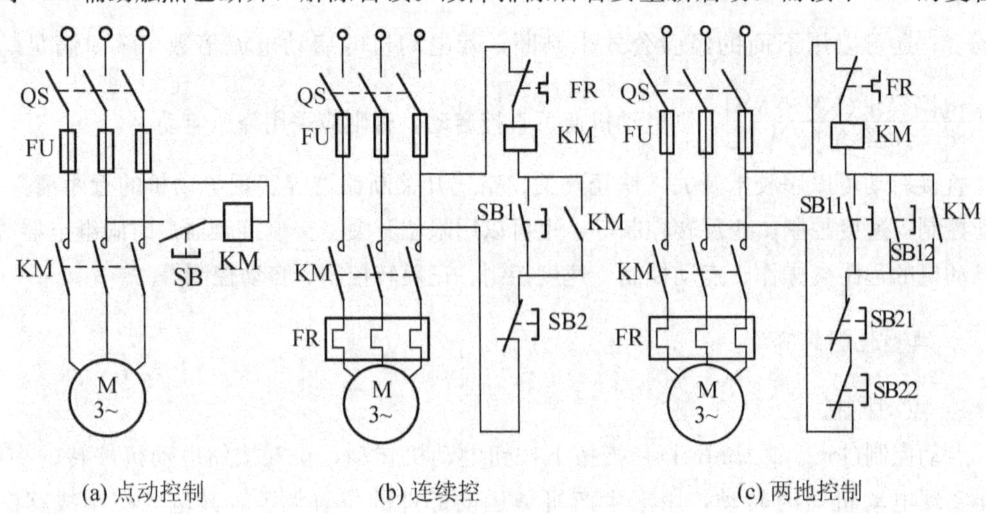

(a) 点动控制　　(b) 连续控　　(c) 两地控制

图 9.21　典型控制电气控制线路图

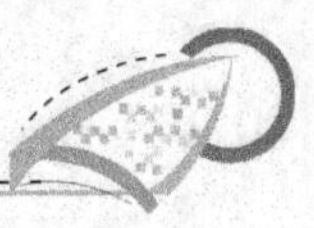

钮，使FR的常闭触点复位闭合即可。

起零压(或欠压)保护的是接触器KM本身。当电源暂时断电或电压严重下降时，接触器KM线圈的电磁吸力不足，衔铁自行释放，使主、辅触点自行复位，切断电源，电动机停转，同时解除自锁。

3）两地控制

两地控制(remote and local control)电气控制线路图如图9.21(c)所示。其接线原则是：两地启动按钮SB11、SB12并联，停止按钮SB21、SB22串联。这样，就可实现用按钮SB11、SB12都能控制电机启动，用按钮SB21、SB22都能控制停车。此控制亦可实现多地控制。

2. 正反转控制

在生产实践中，许多设备都要求运动部件能够向正、反两个方向(forward and reverse)运动，例如起重机的升降、机床工作台的前进与倒退、生产车间中天车的升降及前后左右移动等，这些都是三相交流电动机的正反转控制。三相交流电动机的正反转控制可借助于两个正、反向接触器改变定子绕组三相中任意两相的相序来实现。其电气控制线路图如图9.22(a)所示，其中，KM1为正转接触器，KM2为反转接触器。

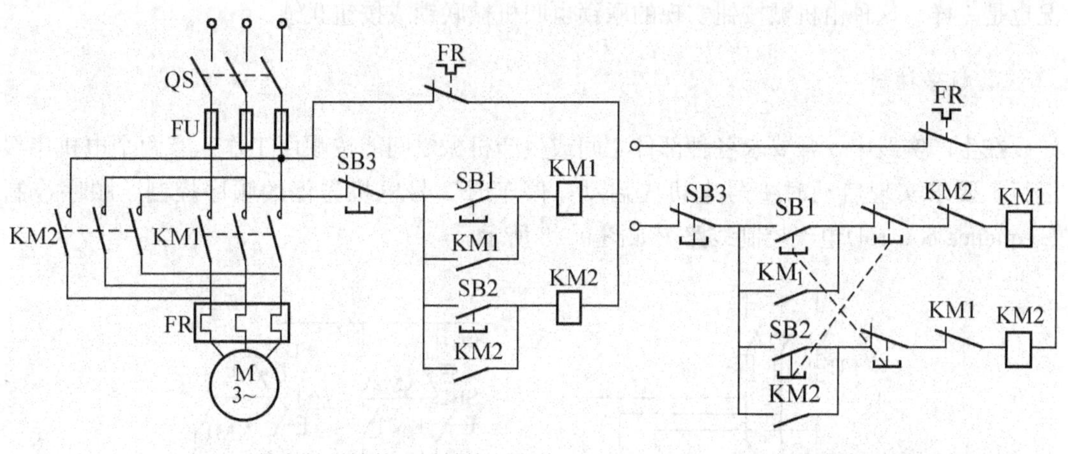

(a) 不带电气联锁的正反转控制电路　　(b) 带电气联锁的正反转控制电路

图9.22 电动机正反转控制线路图

正向启动过程：按下启动按钮SB1，接触器KM1线圈通电，与SB1并联的KM1的辅助常开触点闭合，以保证KM1线圈持续通电，串联在电动机回路中的KM1的主触点持续闭合，电动机连续正向运转。

停止过程：按下停止按钮SB3，接触器KM1线圈断电，与SB1并联的KM1的辅助触点断开，以保证KM1线圈持续失电，串联在电动机回路中的KM1的主触点持续断开，切断电动机定子电源，电动机停转。

反向启动过程：按下启动按钮SB2，接触器KM2线圈通电，与SB2并联的KM2的

辅助常开触点闭合，以保证 KM2 线圈持续通电，串联在电动机回路中的 KM2 的主触点持续闭合，电动机连续反向运转。

如图 9.22(a)所示的电气控制线路图 KM1 和 KM2 线圈不能同时通电，因此不能同时按下 SB1 和 SB2，也不能在电动机正转时按下反转启动按钮，或在电动机反转时按下正转启动按钮。如果操作错误，将引起主回路电源短路。同时，电路在具体操作时，若电动机处于正转状态，要反转时必须先按停止按钮 SB3，使联锁触点 KM1 闭合后按下反转启动按钮 SB2 才能使电动机反转；反转亦然。具有电气联锁和机械联锁的正反转控制电路可以解决上述问题。其电气控制线路图如图 9.22(b)所示。

将接触器 KM1 的辅助常闭触点串入 KM2 的线圈回路中，从而保证在 KM1 线圈通电时 KM2 线圈回路总是断开的；将接触器 KM2 的辅助常闭触点串入 KM1 的线圈回路中，从而保证在 KM2 线圈通电时 KM1 线圈回路总是断开的。这样接触器的辅助常闭触点 KM1 和 KM2 保证了两个接触器线圈不能同时通电，这种控制方式称为联锁或者互锁，这两个辅助常开触点称为联锁或者互锁触点，这是电气联锁。

而采用复式按钮，将 SB1 按钮的常闭触点串接在 KM2 的线圈电路中；将 SB2 的常闭触点串接在 KM1 的线圈电路中，这样，无论何时，只要按下反转启动按钮，在 KM2 线圈通电之前就首先使 KM1 断电，从而保证 KM1 和 KM2 不同时通电；从反转到正转的情况也是一样。这种由机械按钮实现的联锁也叫机械联锁或按钮联锁。

3. 顺序控制

在生产实践中，常要求各种部件之间或生产机械之间能按顺序工作。有两个电机串级运行，要求实现启动时 1 号电机先启动，停车时 2 号电机先停的顺序控制。顺序控制(sequence control)电气控制线路图如图 9.23 所示。

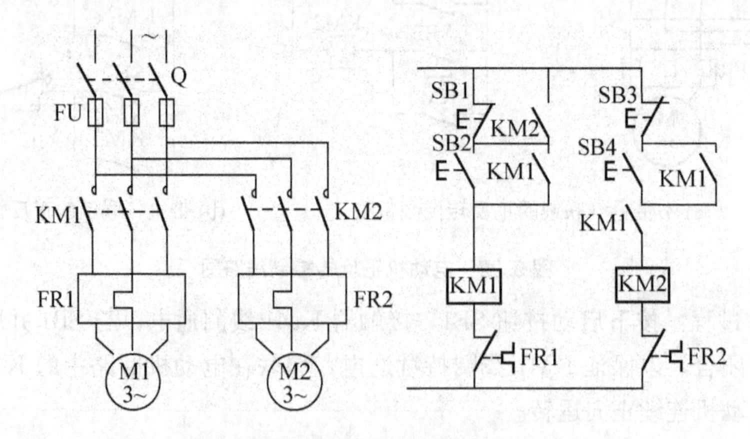

图 9.23 顺序控制电气控制线路图

将 1 号电动机的接触器 KM1 常开触点串入 2 号机接触器 KM2 的线圈回路，实现 1 号机先启动，2 号机后启动；2 号机接触器 KM2 的常开触点并联于 1 号机的停止按钮 SB1 两端，即当 2 号机启动后，1 号机的停止按钮被短接，不起作用；直至 2 号机停车，KM2 断电后，1 号机停止按钮才生效，这就保证了先停 2 号机，然后才能停 1 号机的要求。

4. 行程控制

行程控制(stroke control)包括自动往返运动和限位运动，不是依靠人力按动复合按钮实现动作切换到达特定位置，而是自动切换，无须人力干预，如玩具车。

1) 限位控制

当生产机械的运动部件到达预定的位置时，压下行程开关的触杆，将常闭触点断开，接触器线圈断电，使电动机断电而停止运行。其电气控制线路图如图 9.24(a)所示。

2) 自动往返控制

电气控制线路图如图 9.24(b)所示。按下正向启动按钮 SB1，电动机正向启动运行，带动工作台向前运动。当运行到 SQ2 位置时，挡块压下 SQ2，接触器 KM1 断电释放，KM2 通电吸合，电动机反向启动运行，使工作台后退。工作台退到 SQ1 位置时，挡块压下 SQ1，KM2 断电释放，KM1 通电吸合，电动机又正向启动运行，工作台又向前进，如此一直循环下去，直到需要停止时按下 SB3，KM1 和 KM2 线圈同时断电释放，电动机脱离电源停止转动。

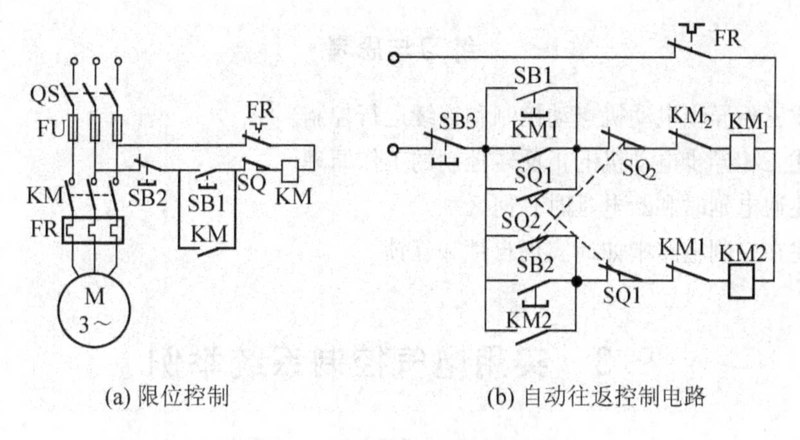

(a) 限位控制　　(b) 自动往返控制电路

图 9.24　行程控制电气控制线路图

5. 时间控制

时间控制(time control)是指控制指令下达后不会立即执行，而是经过一段时间后才自动执行(正反转切换，启动动作，停止动作)。典型例子控制线路如图 9.25 所示。

工作过程：按下启动按钮 SB1，时间继电器 KT 和接触器 KM2 同时通电吸合，KM2 的常开主触点闭合，把定子绕组连接成星形，其常开辅助触点闭合，接通接触器 KM1。KM1 的常开主触点闭合，将定子接入电源，电动机在星形连接下启动。KM1 的一对常开辅助触点闭合，进行自锁。经一定延时，KT 的常闭触点断开，KM2 断电复位，接触器 KM3 通电吸合。KM3 的常开主触点将定子绕组接成三角形，使电动机在额定电压下正常运行。与按钮 SB1 串联的 KM3 的常闭辅助触点的作用是：当电动机正常运行时，该常闭

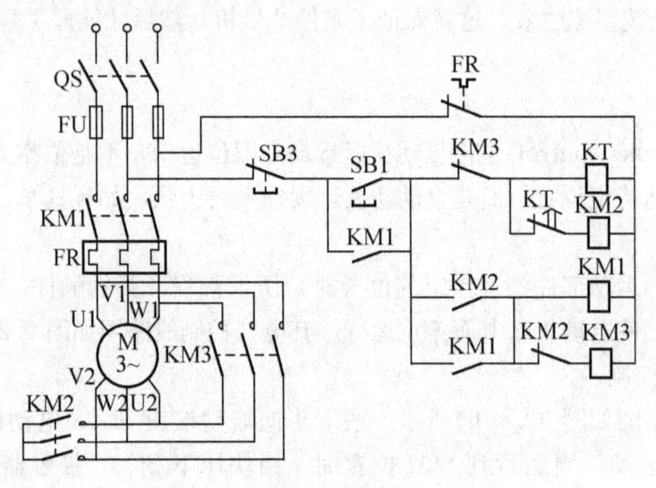

图 9.25 星形-三角形换启动控制

触点断开，切断了 KT、KM2 的通路，即使误按 SB1，KT 和 KM2 也不会通电，以免影响电路正常运行。若要停车，则按下停止按钮 SB3，接触器 KM1、KM2 同时断电释放，电动机脱离电源停止转动。

练习与思考

1. 简述三相异步电动机点动控制和连续运行控制。
2. 简述三相异步电动机的正反转控制的工作原理。
3. 简述通电延时和断电延时有何区别。
4. 简述在控制电路中如何实现自锁和互锁。

9.3 实用电气控制系统举例

1. 运料小车的控制

设计一个运料小车控制电路，其控制原理图如图 9.26 所示，同时满足以下要求。

(1) 小车启动后，前进到 A 地。然后做以下往复运动：到 A 地后停 2 分钟等待装料，然后自动走向 B；到 B 地后停 2 分钟等待卸料，然后自动走向 A。

(2) 有过载和短路保护。

(3) 小车可停在任意位置。

设计思路：运料小车，可由三相交流异步电动机拖动，小车能正、反向启动和运行。当小车从某一方向启动后，它就自动往返甲乙两地来回运动，直到按停止按钮为止。要求设计满足上述要求的继电器控制线路。这可以借鉴正反转控制线路，叠加上行程限位即可。

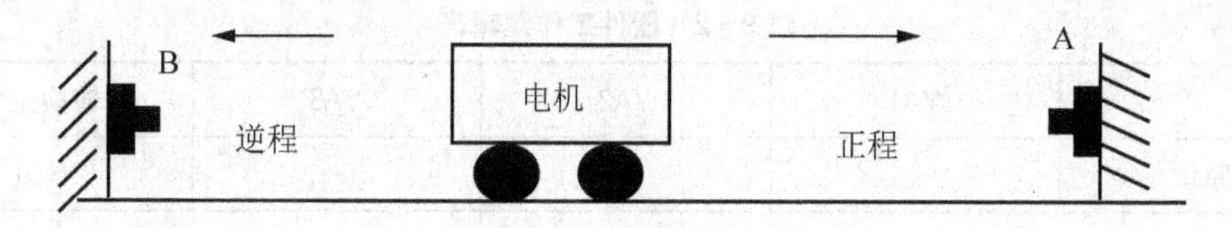

图 9.26　控制原理图

如图 9.26 所示，在 A 地设置行程开关 STa，当小车到达 A 地时，小车上挡块压合 STa，使它改变状态，即 STa 的常开触点闭合，常闭触点断开。使用该常闭触点断开反转接触器，停止反向；用其常开触点接通正向启动回路，转入正向运动，小车驶向 B 地。同样，在 B 地设置行程开关 STb，当小车到达 B 地时，压合 STb 开关，使电动机再次改变转向，小车返回 A 地。这样就完成了小车自动在甲乙两地往返运动。小车主电路如图 9.27(a)所示，控制线路如图 9.27(b)所示。

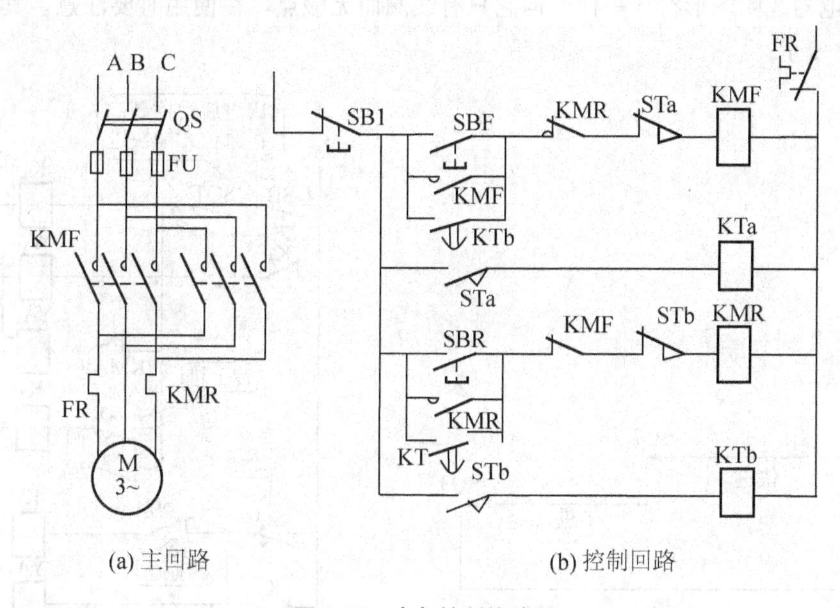

图 9.27　电气控制线路图

工作过程：按下 SBF，接触器 KMF 吸合，小车正向运行至 A 端，当碰撞 STa 后，KTa 延时继电器延时 2 分钟，KMR 吸合，小车反向运行至 B 端，撞击 STb，继电器 KTb 得电并延时 2 分钟，KMF 接触器吸合，小车正向运行……如此往反运行。

2. 电液控制

设计一电液控制电路，器件逻辑见表 9-2，工作原理图如图 9.28 所示。同时满足以下要求。

动力头的自动工作过程分快进、工作和快退 3 个过程，要求按下快进启动按钮后，利用限位开关，能够自动完成快进、工作和快退 3 个工作过程，SQ1、SQ2、SQ3 分别为快进、工作、快退结束的限位开关。快进的时候 3 个电磁铁均不吸合。快进时 YA1 和 YA3

表 9-2 器件工作逻辑表

	YA1	YA2	YA3	转换主令
原位	—	—	—	SQ1
快进	+	—	+	SB
工进	+	—	—	SQ2
快退	—	+	—	SQ3

吸合，工进时 YA1 吸合，快退时 YA2 吸合。

设计思路：电磁换向阀是电液控制中的电液控制元件，它可将输入的电信号转换为液压信号输出，电磁阀的控制实质上就是电磁铁的控制。电磁铁文字符号为 YA，线圈图形符号与继电器线圈图形符号一样，但它只有线圈而无触点，在使用时要注意。其控制线路如图 9.29 所示。

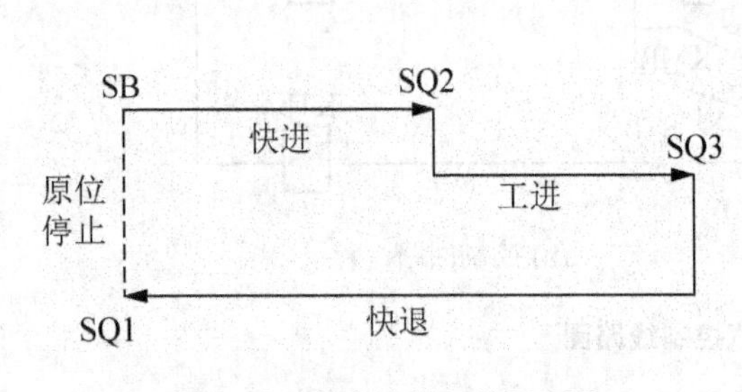

图 9.28 电液控制工作原理图

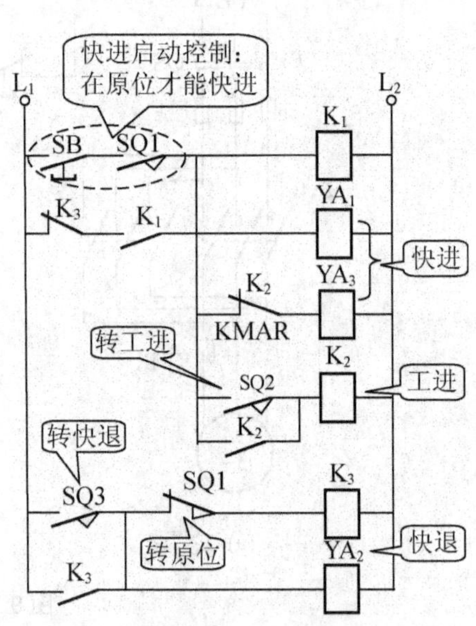

图 9.29 电液控制线路

工作过程：

（1）动力头原位停止：当电磁铁 YA1、YA2、YA3 都断电时，动力头停止不动，撞块压动行程开关 SQ1，其常开触点闭合，常闭触点断开。

（2）动力头快速进给：当动力头在原位，行程开关 SQ1 常开触点闭合时，按下启动按钮 SB，中间继电器 K_1 线圈得电，它的常开触点闭合自锁并使电磁铁 YA1、YA3 通电，动力头向前快进。

（3）动力头工作进给：在动力头快进过程中，当撞块压动行程开关 SQ2 时，其常开触点闭合，使中间继电器 K_2 线圈得电并自锁，K_2 的常闭触点断开使电磁铁 YA3 失电，动力头由快进转工进。

(4) 动力头快退：当动力头工进到终点时，撞块压动行程开关 SQ3，其常开触点闭合，使中间继电器 K_3 线圈得电并自锁，电磁铁 YA2 得电，K_3 常闭触点断开，使电磁铁 YA1 断电，动力头快速退回。当动力头快速退回到原位时，撞块压动行程开关 SQ1，其常闭触点断开，使中间继电器 K_3 失电，进而电磁铁 YA2 断电，此时电磁铁 YA1、YA2、YA3 都处于断电状态，动力头停在原位。

习 题

1. 电动机控制系统常用的保护环节有哪些？各用什么低压电器实现？

2. 短路保护和过载保护有什么区别？

3. 电机启动时电流很大，为什么热继电器不会动作？

4. 在电动机的主回路中，既然装有熔断器，为什么还要装热继电器？它们有什么区别？

5. 图 9.30 的鼠笼式电动机正反转控制线路中有几处错误，试改正之。

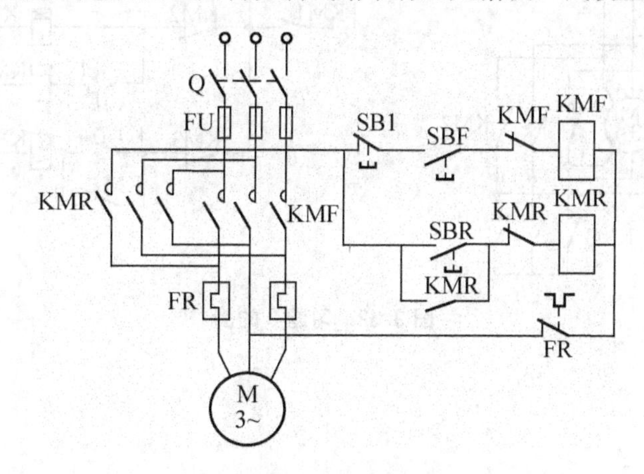

图 9.30 习题 5 的图

6. 电压继电器和电流继电器在电路中起什么作用？

7. 图 9.31 中的反接制动采用了速度继电器，若不使用速度继电器，而采用时间继电器，应该如何设计控制线路？

8. 试说明图 9.32 电路的控制功能(是什么控制电路)，并分析其工作原理(过程)。

9. 一台小车由一台三相异步电动机拖动，动作顺序如下：①小车由原位开始前进，到终点后自动停止。②在终点停留 20s 后自动返回原位并停止。要求在前进或后退途中，任意位置都能停止或启动，并具有短路、过载保护，设计主电路和控制电路。

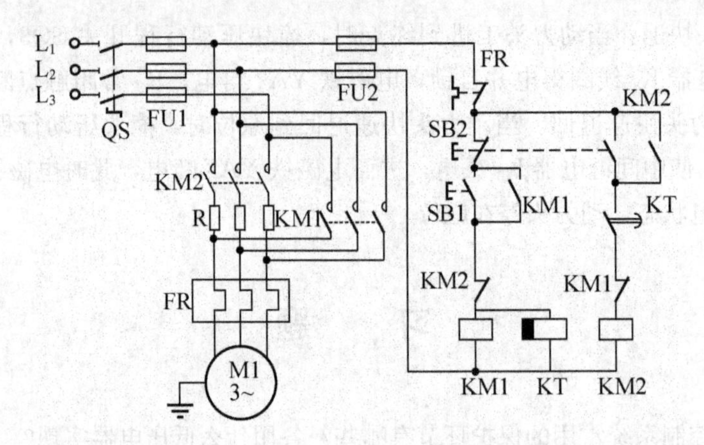

图 9.31 习题 7 的图

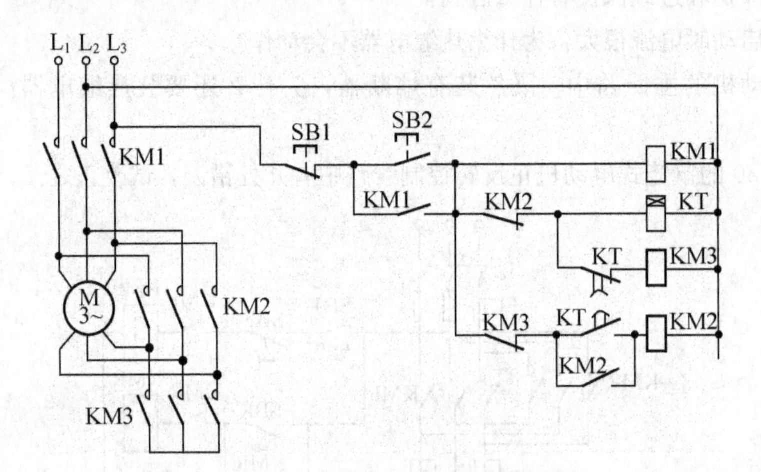

图 9.32 习题 8 的图

第10章

可编程控制器及其应用

学习目标

☞ 了解PLC硬件结构
☞ 理解PLC的工作原理
☞ 掌握PLC的指令形式和基本指令的使用
☞ 理解计数器指令和定时器指令的使用和区别
☞ 掌握PLC控制系统软、硬件系统设计原则和步骤
☞ 掌握利用梯形图编制PLC控制系统程序

知识结构

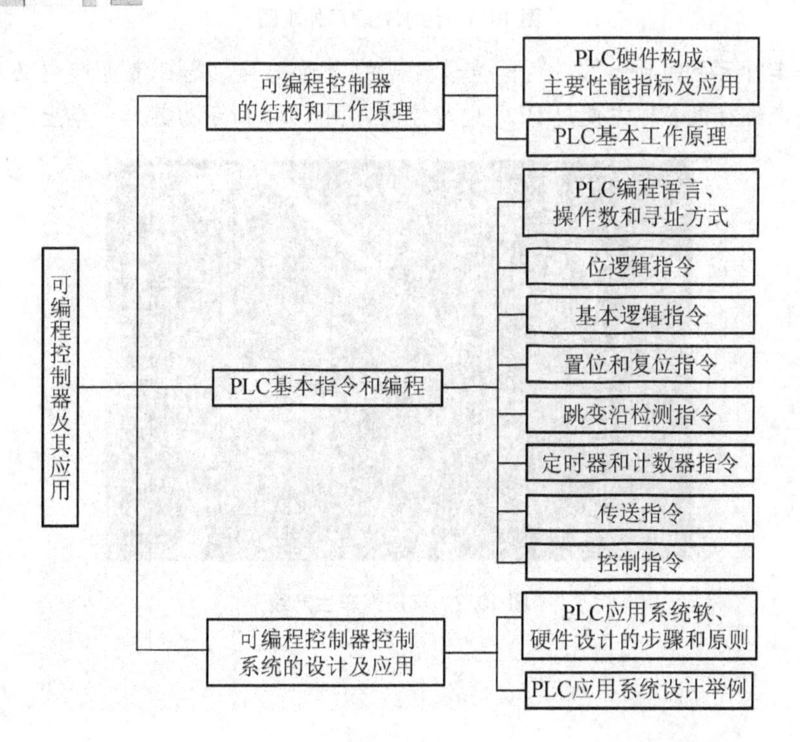

PLC控制随处可见，如十字路口的红绿灯的控制、升降梯的控制、银行自动门的控制等。PLC控制的范围越来越广，而不是局限于工业系统的控制，日常生活中也应用到，如洗衣机等。

水是生命之源，城市的污水处理在城市现代化进程中是必不可缺的一部分。建设先进、可靠、经济合理的自动化污水处理系统至关重要，它决定着人们的生活质量。图10.1所示为污水处理厂的外观图，是以PLC为核心控制器，通过检测操作面板按钮的输入、各类传感器的输入，以及相关模拟量的输入，完成相关设备的运行、停止和调速控制。

图10.1 污水处理厂外观图

在这个车行天下的时代里，汽车是最常见的交通工具，是日常生产中必不可少的东西。汽车生产线有很多地方使用PLC进行控制，图10.2所示为某厂汽车生产线。

图10.2 某厂汽车生产线

10.1　可编程控制器的结构和工作原理

在工业生产过程中，大量的开关量顺序控制，它按照逻辑条件进行顺序动作，并按照逻辑关系进行联锁保护动作的控制，及大量离散量的数据采集。传统上，这些功能是通过继电接触器控制系统来实现的。20 世纪 60 年代末，可编程逻辑控制器件 PLC 诞生了，PLC 处理模拟量能力、数字运算能力、人机接口能力和网络能力得到大幅度提高，PLC 逐渐进入过程控制领域，取代了继电接触器控制。

PLC 与继电器控制系统的比较具体如下。

(1) 控制方式：继电器的控制是采用硬件接线实现的，是利用继电器机械触点的串联或并联及延时继电器的滞后动作等组合形成控制逻辑，只能完成既定的逻辑控制。PLC 采用存储逻辑，其控制逻辑是以程序方式存储在内存中，要改变控制逻辑，只需改变程序即可，称软接线。

(2) 控制速度：继电器控制逻辑是依靠触点的机械动作实现控制的，工作频率低，毫秒级，机械触点有抖动现象。PLC 是由程序指令控制半导体电路来实现控制的，速度快，微秒级，严格同步，无抖动。

(3) 延时控制：继电器控制系统是靠时间继电器的滞后动作实现延时控制的，而时间继电器定时精度不高，受环境影响大，调整时间困难。PLC 用半导体集成电路作定时器，时钟脉冲由晶体振荡器产生，精度高，调整时间方便，不受环境影响。

PLC 具有通用性强、使用方便、适应面广、可靠性高、抗干扰能力强、编程简单等特点。广泛应用于机械制造、冶金、化工、交通、电力、轻工、电子纺织等工业领域。

10.1.1　PLC 简介

1. PLC 的构成

PLC 是一种通用的工业控制装置，其组成与一般的微机系统基本相似。按结构形式的不同，PLC 可分为整体式和组合式两类。整体式 PLC 是将中央处理器(CPU)、存储器、输入单元、输出单元、电源、通信接口等组装成一体，构成主机，如图 10.3 所示。另外还有独立的 I/O 扩展单元与主机配合使用。主机中，CPU 是 PLC 的核心，I/O 单元是连接 CPU 与现场设备之间的接口电路，通信接口用于 PLC 与上位机连接和网络通信。

组合式 PLC 将 CPU 单元、输入单元、输出单元、智能 I/O 单元、通信单元等分别做成相应的电路板或模块，各模块插在底板上，模块之间通过底板上的总线相互联系，或不用底板，直接通过总线相连，如图 10.4 所示。

无论哪种结构类型的 PLC，都可根据需要进行配置与组合。整体式结构的 PLC 通过

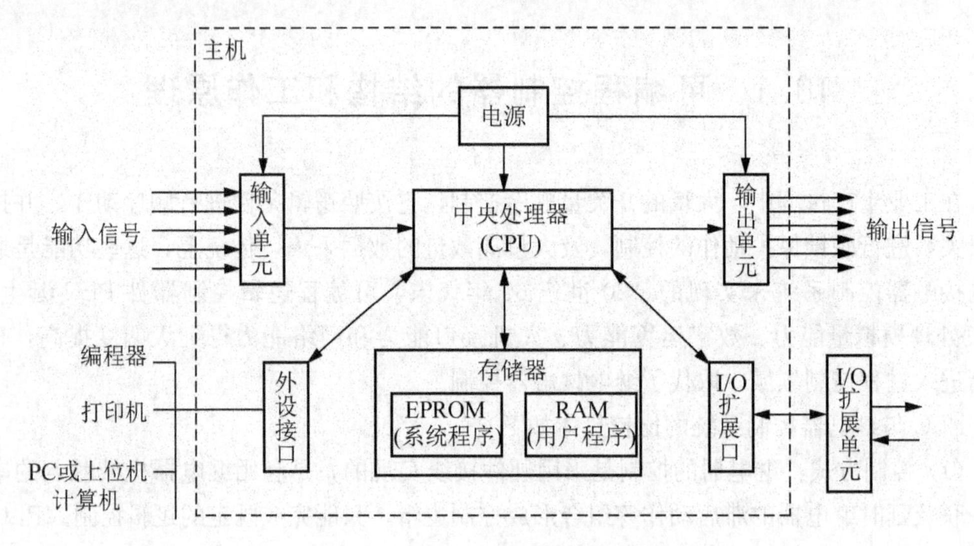

图 10.3　整体式 PLC 的组成示意图

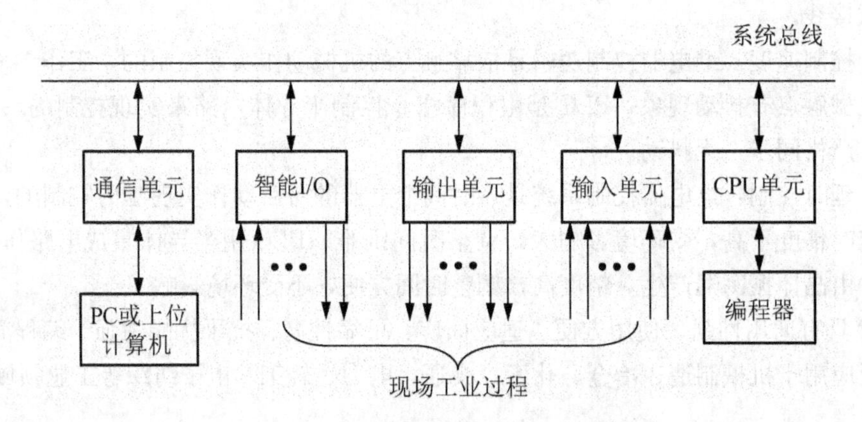

图 10.4　组合式 PLC 的组成示意图

主机连接 I/O 扩展单元，也可以配置模拟量 I/O 点。组合式 PLC 则在 I/O 配置上更方便、更灵活。

下面具体介绍 PLC 的各组成部分。

1）CPU 的构成

CPU 是 PLC 的核心，起神经中枢的作用，每套 PLC 至少有一个 CPU，它按 PLC 的系统程序赋予的功能接收并存储用户程序和数据，用扫描的方式采集由现场输入装置送来的状态或数据，并存入规定的寄存器中，同时，诊断电源和 PLC 内部电路的工作状态和编程过程中的语法错误等。进入运行后，从用户程序存储器中逐条读取指令，经分析后再按指令规定的任务产生相应的控制信号，去指挥有关的控制电路。

CPU 主要由运算器、控制器、寄存器及实现它们之间联系的数据、控制及状态总线构成，CPU 单元还包括外围芯片、总线接口及有关电路。内存主要用于存储程序及数据，是 PLC 不可缺少的组成单元。

在使用者看来，不必要详细分析 CPU 的内部电路，但对各部分的工作机制还是应有足够的理解。CPU 的控制器控制 CPU 工作，由它读取指令、解释指令及执行指令。但工作节奏由振荡信号控制。运算器用于进行数字或逻辑运算，在控制器指挥下工作。寄存器参与运算，并存储运算的中间结果，它也是在控制器指挥下工作。

CPU 速度和内存容量是 PLC 的重要参数，它们决定着 PLC 的工作速度、I/O 数量及软件容量等，因此限制着控制规模。

CPU 的作用：按系统程序赋予的功能，指挥 PLC 有条不紊地进行工作。归纳起来主要有以下 5 个方面。

(1) 接收并存储编程器或其他外设输入的用户程序或数据。

(2) 诊断电源、PLC 内部电路故障和编程中的语法错误等。

(3) 逐条读取并执行存储器中的用户程序，将运算结果存入存储器。

(4) 根据运算结果，更新有关标志位和输出内容，通过输出接口实现控制、制表打印或数据通讯等功能。

2) 存储器

存储器主要用于系统程序、用户程序、数据可读/写操作的随机存储器 RAM，只读存储器 ROM、PROM、EPROM、EEPROM。PLC 系统中的存储器主要用于存放系统程序、用户程序和工作状态数据。

系统程序存储器——采用 ROM 或 PROM 芯片存储器，由生产厂家用来存放 PLC 的操作系统程序、用户指令解释程序和编译程序、系统诊断程序和通信管理程序等。这些程序与 PLC 的硬件组成和专用部件的特性有关，处理器在出厂时已经根据不同功能的 PLC 编写并固化在 ROM 内，用户不能访问和修改这部分程序存储器的内容。

用户程序存储器——用于存放用户经编程器输入的应用程序。一般采用 EPROM 或 EEPROM 存储器，现在采用 Flash ROM，用户可擦除重新编程；其内容可由用户根据生产过程和工艺的要求进行修改。它的容量一般就代表 PLC 的标称容量。通常，小型机小于 8KB，中型机小于 50KB，而大型机可在 50KB 以上。

工作数据存储器用于存放 PLC 运行过程中经常变化的工作数据和需要随机存取的一些数据。这些数据一般不需要长久保留，因此采用随机存储 RAM。在 PLC 的工作数据存储区，开辟有元件映像寄存器和数据表。元件映像寄存器用来存储 PLC 的开关量输入/输出和定时器、计数器、辅助继电器等内部继电器的 ON/OFF 状态。数据表用来存放各种数据，它的标准格式是每一个数据占一个字。它存储用户程序执行时的某些可变参数值，如定时器和计数器的当前值和设定值。它还用来存放 A/D 转换得到的数字和数学运算的结果等。

根据需要，部分数据在停电时用后备电池维持其当前值，在停电时可以保持数据的存储区域称为数据保持区。

3) 电源

PLC 配有开关式稳压电源，以提供内部电路使用。与普通电源相比，PLC 电源的稳定性好、抗干扰能力强。因此，对于电网提供的电源稳定度要求不高，一般允许电源电压在其额定值±15%的范围内波动。许多PLC还向外提供直流24V稳压电源，用于对外部传感器供电。它既可以使外挂的，也可以是内置的。

4）输入输出(I/O)

通过输入输出部分(I/O)完成PLC与电气回路的接口，是PLC的重要组成部分。I/O模块集成了PLC的I/O电路，其输入暂存器反映输入信号状态，输出点反映输出锁存器状态。

输入模块用来接收和采集现场设备的输入信号，包括由按钮、选择开关、行程开关、继电器触点、接近开关、光电开关、数字拨码开关等的开关量输入信号和传感部件(电位器、热电偶、测速发电机等)及各种变送器提供的连续变化的模拟量输入信号。输出模块控制接触器、电磁阀、电磁铁、调节阀级调速装置等执行器，PLC控制的另一类外部负载是指示灯、数字显示装置等。为了提高抗干扰能力，一般的输入、输出接口均有光电隔离装置，应用最广泛的是由发光二极管和光电三极管组成的光电隔离器。

输出电路中常包含功率放大电路，其输出形式有继电器输出、晶体管输出、双向晶闸管输出3种。晶体管输出单元为无触点输出，使用寿命长，响应速度快且电流大。继电器输出电路中的负载电源可以根据需要选用直流或交流。继电器的工作寿命有限(触点的电气寿命一般为30万～50万次)，速度慢，但是抗干扰能力强。晶体管型输出只能接直流负载电源，它的速度最快。

另外，智能输入输出接口：自带CPU，由专门的处理能力，与主CPU配合共同完成控制任务，可减轻主CPU工作负担，又可提高系统的工作效率。

5）底板或机架

大多数模块式PLC使用底板或机架，其作用是：电气上，实现各模块间的联系，使CPU能访问底板上的所有模块；机械上，实现各模块间的连接，使各模块构成一个整体。

6）PLC系统的其他设备

编程器——是开发、应用、维护PLC不可缺少的设备。用来编辑、调试、输入用户程序，也可在线监控PLC内部状态和参数，与PLC进行人机对话。它是PLC中唯一不需要通过功能模块而直接与总线相连接的外设。它通过主机上的编程器接口直接与主机相连。编程器上有一个方式选择开关，用于控制PLC主机的工作方式。

小编程器PLC一般有手持型编程器，目前，很多PLC都可以利用微型计算机作为编程工具，这时应配上相应的编程软件及接口，使PLC的编程和调试更为方便。

人机界面——最简单的人机界面是指示灯和按钮，目前液晶屏(或触摸屏)式的一体式操作员终端应用越来越广泛，由计算机(运行组态软件)充当人机界面非常普及。

输入输出设备——用于永久性地存储用户数据，如EPROM、EEPROM写入器、条码阅读器、输入模拟量的电位器、打印机等。

7）其他智能模块

(1) 温度传感器模块。温度模块用来接收来自温度传感器的信号，并以数字量表示的值传给 PLC，使用温度模块相当于在温度传感器后面配置了变送器和 A/D 转换器，温度模块送给 PLC 的数据即是现场的实际温度值，便于监视。用温度模块与模拟量输出模块配合使用，可实现温度自动控制。

(2) 高速计数模块。由于 PLC 是按周期扫描的方式工作的，所以，对于高频变化的输入信号周期小于扫描时间，PLC 往往来不及响应，这样将会造成系统工作不正常。高速计数模块正是为了解决这一困难而制造的智能快速响应模块，它直接连接旋转编码器或增量编码器等高速脉冲源，用以实现定位、位移测量和转速测量等。

(3) 位置模块。位置模块主要用于位置控制，模块内部具有脉冲发生器，可直接向步进电机或伺服电机驱动器输出脉冲串，控制单坐标，改变位移速度和位置。其脉冲输出方式可由用户设定为独立的发出正向/反向脉冲序列或无方向脉冲序列和方向信号两种方式。

(4) PID 模块。在西门子软件中有多种 PID 控制器，如集成于 STEP7 的 FB41、FB42、FB43PID 控制函数；参数过程图形化、实现手动、自动无扰切换功能的标准 PID 控制函数(需要额外购买)；集成更多 PID 控制算法、需要将不同的控制算法搭接为一个完整 PID 控制回路的模块化 PID 控制函数(需要额外购买)等都是软件 PID 函数。

(5) 远程 I/O 模块。在小型 PLC 中，如 200 系列当中，CPU 上就会集成一定数量的 I/O 模块。如果资源不够的话，就可以挂接一些 I/O 模块，来满足控制的需求。在中大型的系统当中，CPU 上一般没有 I/O 模块，主机可以在一个机架上挂接 7 个 I/O 模块来实现控制。当一个机架满足不了扩展要求时，就需要做远程 I/O 来扩展。扩展形式大概可以分为 3 种，一种是进程扩张，例如 IM361 就可以扩展多个子站；一种是远程扩展，例如用 IM351 利用 PROFIEBUS 总线扩展多个远方站点；第三种就是联网控制，采用以太网或总线实现多个 PLC 的联网控制。

2. PLC 的主要性能指标

1) 存储容量

存储容量是指用户程序存储器的容量。用户程序存储器的容量大，可以编制出复杂的程序。一般来说，小型 PLC 的用户存储器容量为几千字，而大型机的用户存储器容量为几万字。

2) I/O 点数

输入/输出(I/O)点数是 PLC 可以接受的输入信号和输出信号的总和，是衡量 PLC 性能的重要指标。I/O 点数越多，外部可接的输入设备和输出设备就越多，控制规模就越大。

3) 扫描速度

扫描速度是指 PLC 执行用户程序的速度，是衡量 PLC 性能的重要指标。一般以扫描 1K 字用户程序所需的时间来衡量扫描速度，通常以 ms/K 字为单位。PLC 用户手册一般给出执行各条指令所用的时间，可以通过比较各种 PLC 执行相同的操作所用的时间，来衡量扫描速度的快慢。

4）指令的功能与数量

指令功能的强弱、数量的多少也是衡量 PLC 性能的重要指标。编程指令的功能越强、数量越多，PLC 的处理能力和控制能力也越强，用户编程也越简单和方便，越容易完成复杂的控制任务。

5）内部元件的种类与数量

在编制 PLC 程序时，需要用到大量的内部元件来存放变量、中间结果、保持数据、定时计数、模块设置和各种标志位等信息。这些元件的种类与数量越多，表示 PLC 的存储和处理各种信息的能力越强。

6）特殊功能单元

特殊功能单元种类的多少与功能的强弱是衡量 PLC 产品的一个重要指标。近年来各 PLC 厂商非常重视特殊功能单元的开发，特殊功能单元种类日益增多，功能越来越强，使 PLC 的控制功能日益扩大

7）可扩展能力

PLC 的可扩展能力包括 I/O 点数的扩展、存储容量的扩展、联网功能的扩展、各种功能模块的扩展等。在选择 PLC 时，经常需要考虑 PLC 的可扩展能力。

3. PLC 的应用

目前，PLC 在国内外已广泛应用于钢铁、石油、化工、电力、建材、机械制造、汽车、轻纺、交通运输、环保及文化娱乐等各个行业，使用情况大致可归纳为如下几类。

1）开关量的逻辑控制

这是 PLC 最基本、最广泛的应用领域，它取代传统的继电器电路，实现逻辑控制、顺序控制，既可用于单台设备的控制，也可用于多机群控及自动化流水线。如注塑机、印刷机、订书机械、组合机床、磨床、包装生产线、电镀流水线等。

2）模拟量控制

在工业生产过程当中，有许多连续变化的量，如温度、压力、流量、液位和速度等都是模拟量。为了使可编程控制器处理模拟量，必须实现模拟量和数字量之间的 A/D 转换及 D/A 转换。PLC 厂家都生产配套的 A/D 和 D/A 转换模块，使可编程控制器用于模拟量控制。

3）运动控制

PLC 可以用于圆周运动或直线运动的控制。从控制机构配置来说，早期的方案是直接用开关量 I/O 模块连接位置传感器和执行机构来实现，现在一般使用专用的运动控制模块完成。如可驱动步进电机或伺服电机的单轴或多轴位置控制模块。世界上各主要 PLC 厂家的产品几乎都有运动控制功能，广泛用于各种机械、机床、机器人、电梯等场合。

4）过程控制

过程控制是指对温度、压力、流量等模拟量的闭环控制。作为工业控制计算机，PLC

能编制各种各样的控制算法程序，完成闭环控制。PID 调节是一般闭环控制系统中用得较多的调节方法。大中型 PLC 都有 PID 模块，目前许多小型 PLC 也具有此功能模块。PID 处理一般是运行专用的 PID 子程序。过程控制在冶金、化工、热处理、锅炉控制等场合有非常广泛的应用。

5）数据处理

现代 PLC 具有数学运算，含矩阵运算、函数运算、逻辑运算、数据传送、数据转换、排序、查表、位操作等功能，可以完成数据的采集、分析及处理。这些数据可以与存储在存储器中的参考值比较，完成一定的控制操作，也可以利用通信功能传送到别的智能装置，或将它们打印制表。数据处理一般用于大型控制系统，如无人控制的柔性制造系统，也可用于过程控制系统，如造纸、冶金、食品工业中的一些大型控制系统。

6）通信及联网

PLC 通信含 PLC 间的通信及 PLC 与其他智能设备间的通信。随着计算机控制的发展，工厂自动化网络发展得很快，各 PLC 厂商都十分重视 PLC 的通信功能，纷纷推出各自的网络系统。新近生产的 PLC 都具有通信接口，通信非常方便。

10.1.2　PLC 的基本工作原理

PLC 的工作方式是不断循环扫描的工作方式。系统上电后，在系统程序监控下，周而复始地按固定顺序对系统内部的各种任务进行查询、判断和执行。一个循环扫描的过程称为扫描周期。

PLC 在一个扫描周期内要执行六大任务。

(1) 运行监控任务：PLC 内部设置了系统定时计时器 WD，在每个扫描周期都对 WDT 进行复位。如果扫描周期超时，自动发出报警信号，PLC 停止运行。WDT 的设定值为 100～200ms(2～3 倍 T)，可由硬件或软件设定。

(2) 与编程器交换信息任务：在每个扫描周期内都把与编程器交换信息的任务单独列出。

(3) 与数字处理器 DPU 交换信息任务：大中型 PLC 常为双处理系统(字处理器 CPU 和位处理器 DPU)，为双处理器系统时，就会有与 DPU 交换信息的任务。

(4) 与外部设备接口交换信息任务：PLC 与上位计算机、其他 PLC 或一些终端设备(彩色图形显示器，打印机)进行信息交换。没外设，该任务跳过。

(5) 执行用户程序任务：在每个扫描周期把用户程序执行一遍，结果装入输出状态暂存区中，实现系统控制功能。

(6) 输入输出任务：实现输入输出状态暂存区与实际输入输出单元的信息交换。在每个扫描周期都执行该任务。

PLC 的工作过程如图 10.5 所示。

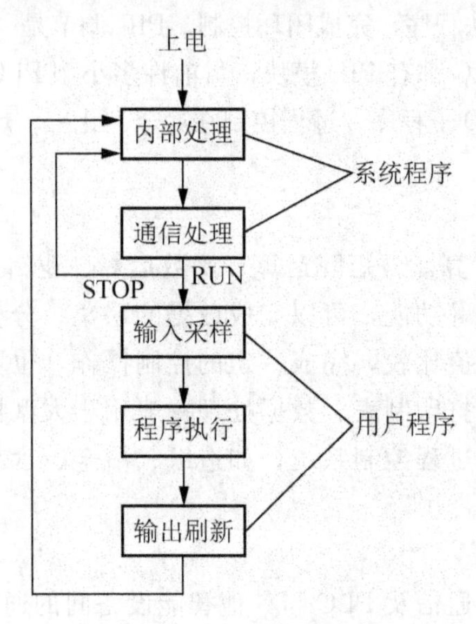

图 10.5 PLC 工作过程流程图

(1) 输入采样阶段。

在输入采样阶段，PLC 用扫描方式把所有输入端的外部输入信号的通/断(ON/OFF)状态一次写入到输入映像寄存器(或称输入状态寄存器)中，此时，输入映像寄存器被刷新。接着进入程序执行阶段，在程序执行阶段或输出阶段，输入映像寄存器与外界隔离，即使外部输入信号的状态发生了变化，输入映像寄存器的内容也不会随之改变。而输入信号变化了的状态，只能在下一个扫描周期的输入采样阶段才被读入。换句话说，在输入采样阶段采样结束之后，无论输入信号如何变化，输入映像寄存器的内容都保持不变，直到下一个扫描周期的输入采样阶段，才重新写入输入端的新内容。

(2) 程序执行阶段。

在程序执行阶段，PLC 逐条解释和执行程序。若是梯形图程序，则按先左后右、先上后下的顺序，逐句扫描，执行程序。若遇到程序跳转指令，则根据跳转条件是否满足来决定程序的跳转地址。若用户程序涉及输入输出状态时，PLC 从输入映像寄存器中读出上一阶段采入的对应输入端子状态，从输出映像寄存器读出对应映像寄存器的当前状态。根据用户程序进行逻辑运算，运算结果再存入有关器件寄存器中。对每个器件而言，器件映像寄存器中所寄存的内容会随着程序执行过程而变化。

(3) 输出刷新阶段。

程序执行完毕后将输出映像寄存器，即元件映像寄存器中的 Y 寄存器的状态，在输出处理阶段转存到输出锁存器，通过隔离电路，驱动功率放大电路，使输出端子向外界输出控制信号，驱动外部负载。

PLC 重复地执行上述 3 个阶段，每重复一次的时间即为一个扫描周期，扫描周期的长短与用户程序的长短有关。

练习与思考

1. 简述 PLC 的主要性能指标及应用场合。
2. 简述 PLC 的硬件结构和工作原理。
3. 简述 PLC 模块规格及数量是怎样确定的。

10.2　PLC 基本指令和编程

10.2.1　概述

PLC 的软件系统包括两部分：一是操作系统，二是用户程序。操作系统由 PLC 生产厂家提供，它支持用户程序的运行；用户程序是用户为完成特定的控制任务而编写的应用程序。用户要开发应用程序，就要用到 PLC 编程语言。

西门子公司 SIMATIC S7 系列 PLC 提供了梯形图(LAD)、语句表(STL，又称指令表)和功能块图(FBD)三种基本编程语言，这 3 种语言可以在 STEP 7 中相互转换，如图 10.6 所示。此外，还支持其他可选的编程语言，如标准控制语言(SCL，又称结构化控制语言)、顺序控制图形编程语言(GRAPH，又称顺序功能图(SFC))、图形编程语言(HiGraph，又称状态图)、连续功能图(CFC)、C 语言等。用户可以选择一种语言编程，如果需要，也可混合使用几种语言编程，这些编程语言都是面向用户的，它使控制程序的编写工作大大简化。对用户来说，开发、输入、调试和修改程序都极为方便。

在众多的 S7 编程预言中，本节针对西门子 S7-300 系列 PLC 来介绍其常用的语句表和梯形图编程语言。

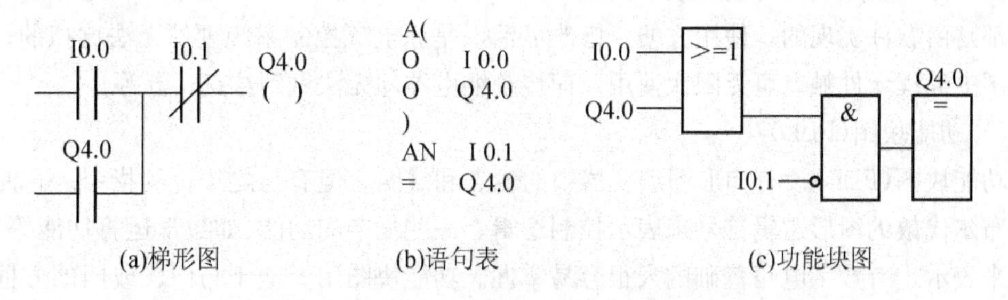

图 10.6　典型启停电路对应的 PLC 程序

1. PLC 的常用编程语言

1) 语句表(STL)

语句表(STL)编程语言类似于计算机中的助记符语言，它是 PLC 最基础的编程语言。所谓语句表编程，是用一个或几个容易记忆的字符来代表 PLC 的某种操作功能，它是一

种类似于微机的汇编语言中的文本语言，多条语句组成一个程序段。

一条语句指令由一个操作码和一个操作数组成，操作数由标识符和参数组成。操作码定义要执行的功能，它告诉CPU该做什么；操作数为执行该操作所需要的信息，它告诉CPU用什么去做。例如：A　I1.0是一条位逻辑操作指令，其中，“A”是操作码，它表示执行“与”操作；“I1.0”是操作数，它指出这是对输入继电器I1.0进行的操作。

有些语句指令不带操作数，它们的操作对象是唯一的，故为简便起见，不再特别说明。例如，“NOT”是对逻辑操作结果(RLO)取反。

语句表比较适合经验丰富的程序员使用，可以实现某些不能用梯形图或功能块图表示的功能。

2）梯形图(LAD)

PLC的梯形图与继电器控制系统梯形图的基本思想是一致的，只是在使用符号和表达方式上有一定区别，它实际上就是一种图形语言。在梯形逻辑指令中，其操作码是用图素表示的，该图素形象地表明了CPU做什么，其操作数的表示方法与语句指令相同。

在梯形图(LAD)程序中，通常使用类似继电器控制电路中的触点符号及线圈符号来表示PLC的位元件，被扫描的操作数(用绝对地址或符号地址表示)则标注在触点符号的上方。例如：

Q4.0
——(　)——

在该梯形逻辑指令中，“(　)”可认为是操作码，表示一个二进制赋值操作；Q4.0是操作数，表示赋值的对象。

梯形逻辑指令也可不带操作数。例如，“—|NOT|—”对逻辑操作结果(RLO)取反的操作。

梯形图的特点是形象、直观、易懂，它在形式上沿袭了传统的电气控制系统的原理图，但具体表达方式又有些区别，例如，PLC梯形图中使用的内部继电器、定时器、计数器等都是由软件实现的，使用方便、修改灵活，是原电气控制系统硬件无法比拟的；PLC梯形图中编程元件触点可无限次使用，而传统继电器却无法做到这点；等等。

3）功能块图(FBD)

功能块图(FBD)没有梯形图编程器中的触点和线圈，但有与之等价的指令。它使用类似于布尔代数的图形逻辑符号来表示控制逻辑。一些复杂的功能(如数学运算功能等)用指令框来表示，有数字电路基础的人很容易掌握。功能块图用类似于与门、或门的方框来表示逻辑运算关系，方框的左侧为逻辑运算的输入变量，右侧为输出变量，输入、输出端的小圆圈表示“非”运算，方框被“导线”连接在一起，信号自左向右流动。

利用FBD可以查看到像普通逻辑门图形的逻辑盒指令。这些指令是作为盒指令出现的，程序逻辑是由这些盒指令之间的连接决定。也就是说，一个指令(如AND盒)的输出可以用来允许另一条指令(如定时器)，这样可以建立所需要的控制逻辑。这样的连接思想可以解决范围广泛的逻辑问题。FBD编程语言有利于程序流的跟踪，但目前使用较少。

2. 操作数

1）标示符及标识参数

计算机的指令通常包含操作码和操作数两部分，前者指出操作的性质，后者给出操作的对象。一般情况下，指令的操作数位于PLC的存储器中，此时操作数由操作数标识符和标识参数组成。操作数标识符告诉CPU操作数放在存储器的哪个区域及操作数的位数；标识参数则进一步说明操作数在该存储区域内的具体位置。

操作数的标识符由主标识符和辅助标识符组成。主标识符表示操作数所在的存储区，辅助标识符进一步说明操作数的位数长度。若没有辅助标识符则指操作数的位数是1位。主标识符有I(输入过程映像存储区)，Q(输出过程映像存储区)，M(位存储区)，PI(外部输入)，PQ(外部输出)，T(定时器)，C(计数器)，DB(数据块)，L(本地数据)；辅助标识符有X(位)，B(字节)，W(字，2个字节)，D(双字，4个字节)。

PLC的物理存储器是以字节为单位的，所以存储单元规定为字节单元。位地址参数用一个点与字节地址分开，如，M10.1。

当操作数长度是字或双字时，标识符后给出的标识参数是字或双字内的最低字节单元号。当使用宽度为字或双字的地址时，应保证没有生成任何重叠的字节分配，以免造成数据读/写错误。

2）操作数的表示法

在STEP 7中，操作数有两种表示方法：物理地址(绝对地址)表示法和符号地址表示法。用物理地址表示操作数时，要明确指出操作数所在的存储区、该操作数位数和具体位置。例如，Q4.0是用物理地址表示的操作数，其中Q表示这是一个在输出过程映像区中的输出位，具体位置是第4个字节的第0位。

STEP 7允许用符号地址表示操作数。例如，Q4.0可用符号名MOTOR _ ON来替代表示。符号名必须先定义后使用，而且符号名必须是唯一的，不能重名。定义符号时，需要指明操作存储区、操作数的位数、具体位置及数据类型。采用符号地址表示法可使程序的可读性增强，并可降低编程时由于笔误造成的程序错误。

3. 寻址方式

所谓寻址方式是指指令得到操作数的方式，可以直接或间接给出操作数的地址。可用作STEP 7指令操作对象的操作数有：常数、S7状态字中的状态位、S7的各种寄存器、数据块(DB)、功能块(FB和FC)、系统功能块(SFB和SFC)和S7各存储区中的单元。STEP-7有4种寻址方式：立即寻址、存储器直接寻址、存储器间接寻址和寄存器间接寻址。

1）立即寻址

立即寻址是对常数或常量的寻址方式，其特点是操作数直接包含在指令中，或者指令的操作数是唯一的。

【例 10.1】

```
SET                  // 将 RLO 置 1
AW  W#16#117         //将常数 W#16#117 与累加器 1 进行"与" 逻辑运算
L 43                 //将整数 43 装入累加器 1 中
```

2）存储器直接寻址

存储器直接寻址的特点是直接给出操作数的存储单元地址。

【例 10.2】

```
O  I0.2              //对输入位 I0.2 进行"或" 逻辑运算
R  Q4.0              //将输出位 Q4.0 清"0"
=  M1.1              //使 M1.1 的内容等于 RLO 的内容
T  MW6               //将累加器 1 中的内容传送给 MW6
```

3）存储器间接寻址

存储器间接寻址的特点是用指针进行寻址。操作数存储在由指针给出的存储单元中，根据要描述的地址复杂程度，地址指针可以是字或双字的，存储指针的存储器也应是字或双字的。对于 T，C，FB，FC，DB，由于其地址范围为 0～65535，可使用字指针；对于 I，Q，M 等，可能要使用双字指针。使用双字指针时，必须保证指针中的位编号为“0”。存储器间接寻址的指针格式如图 10.7 所示。

31　　　　24	23　　　　16	15　　　　8	7　　　　0
× 000 0rrr	0000 0bbb	bbbb bbbb	bbbbb ×××

位31=0：是区域内寄存器间接寻址；
位31=1：是区域间寄存器间接寻址；
位24、25和26(r r r)：区域标识(见表10-1)
位3~18(b b b b b b b b b b b b b b b b)：被寻址的字节编号(范围0~65 535)
位0~2(×××)：被寻址的位编号(范围0~7)

图 10.7　存储器间接寻址的指针格式图

下面是存储器间接寻址的例子。

【例 10.3】

```
L  + 6               //将整数 6 装入累加器 1
OPN                  //打开由 MW1 指出的数据块，即打开数据块 DB6
T  MD5               //将累加器 1 的内容传送到存储器 MD5
A  I[MD1]            //对输入位 I8.7 进行逻辑"与" 操作
=  Q[MD5]            //将 RLO 赋值给输出位 Q12.7
```

4）寄存器间接寻址

寄存器间接寻址的特点是通过地址寄存器寻址。S7 中有两个地址寄存器：AR1 和 AR2，地址寄存器的内容加上偏移量形成地址指针，指向操作数所在的存储单元。

寄存器间接寻址有两种形式：区域内寄存器间接寻址和区域间寄存器间接寻址。寄存器间接寻址的指针格式如图 10.8 所示。地址指针区域标识位的含义见表 10－1。

	15	8	7	0
字指针格式	nnnn nnnn		nnnn nnnn	

位0~15(范围0~65 535)：用于定时器(T)、计数器(C)、数据块(DB)、功能块(FB)、功能(FC)的编号

	31	24 23	16 15	8 7	0
双字指针格式	0 0000000	0000 0bbb	bbbb bbbb	bbbb b×××	

位3~18(范围0~65 535)：被寻址的字节编号
位0~2(范围0~7)：被寻址的位编号

图 10.8　寄存器间接寻址的指针格式图

表 10-1　地址指针区域标识位的含义

rrr(B)	存储区	区域标识符号	rrr(B)	存储区	区域标识符号
000	外设 I/O 存储区	P	100	共享数据块存储区	DBX
001	输入寄存器存储区	I	101	北京数据块存储区	DBI
010	输出寄存器存储区	Q	111	临时本地数据	L
011	位存储区	M			

使用寄存器指针格式访问一个字节、字或双字时，必须保证指针中位地址的编号为0。下面是区间间接寻址的例子。

【例 10.4】

```
L  P#5.0                      //将间接寻址的指针装入累加器 1
LAR1                          //将累加器 1 中的内容送到地址寄存器 1
A  M[AR1, P#2.3]              //AR1 中的 P#5.0 加偏移量 P#2.3，实际上是对 M7.3 进行操作
=  Q[AR1, P#0.2]              //逻辑运算结果送 Q5.2
```

下面是区域间间接寻址的例子。

【例 10.5】

```
L  P#M6.0                     //将存储器位 M6.0 的双字指针装入累加器 1
LAR1                          //将累加器 1 中的内容送到地址寄存器 1
T  W[AR1, P#50.0]             //将累加器 1 的内容传送到存储器字 MW56
```

10.2.2　位逻辑指令

梯形图中常用的位逻辑指令使用两个数字 1 和 0。这两个数字 1 和 0 称为二进制数字或位。对于触点和线圈而言，1 表示已激活或已励磁，0 表示未激活或未励磁。位逻辑指令解释信号状态 1 和 0，并根据布尔逻辑将其组合。这些组合产生称为逻辑运算结果(RLO)结果 1 或 0。由位逻辑指令触发的逻辑运算可以执行各种功能。位逻辑指令的操作及功能说明见表 10-2。

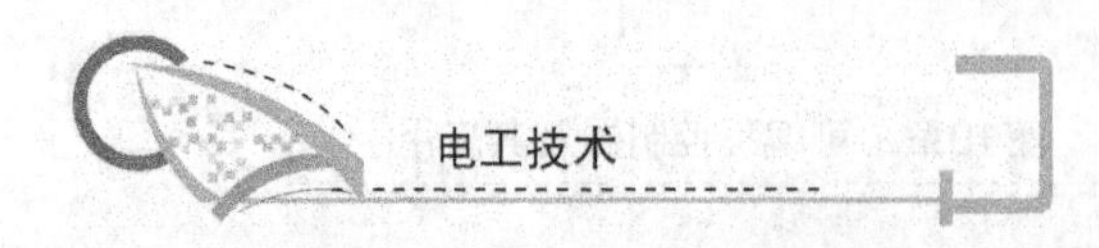

表 10-2　位逻辑指令的操作及功能说明

<table>
<tr><th>指令类型</th><th>功 能 说 明</th></tr>
<tr><td>常开触点
＜地址＞
---| |---</td><td>---| |---存储在指定＜地址＞的位值为“1” 时，(常开触点)处于闭合状态。触点闭合时，梯形图轨道能流流过触点，逻辑运算结果(RLO ＝1)。否则，如果指定＜地址＞的信号状态为 “0”，触点将处于断开状态。触点断开时，能流不流过触点，逻辑运算结果(RLO ＝0)。串联使用时，通过 AND 逻辑将---| |---与 RLO 位进行链接。并联使用时，通过 OR 逻辑将其与 RLO 位进行链接</td></tr>
<tr><td>常闭触点
＜地址＞
---| / |---</td><td>---| / |---存储在指定＜地址＞的位值为“0” 时，(常闭触点)处于闭合状态。触点闭合时，梯形图轨道能流流过触点，逻辑运算结果(RLO ＝1)。否则，如果指定＜地址＞的信号状态为 “1”，将断开触点。触点断开时，能流不流过触点，逻辑运算结果(RLO ＝0)。串联使用时，通过 AND 逻辑将---| / |---与 RLO 位进行链接。并联使用时，通过 OR 逻辑将其与 RLO 位进行链接</td></tr>
<tr><td>能流取反
---| NOT |---</td><td>---| NOT |---(能流取反)取反 RLO 位</td></tr>
<tr><td>输出线圈
＜地址＞
---( )---</td><td>---( )---(输出线圈)的工作方式与继电器逻辑图中线圈的工作方式类似。如果有能流通过线圈(RLO＝1)，将置位＜地址＞位置的位为 “1”；如果没有能流通过线圈(RLO＝0)，将置位＜地址＞位置的位为 “0”。只能将输出线圈置于梯级的右端。可以有多个(最多 16 个)输出单元(请参见实例)。使用---| NOT |---(能流取反)单元可以创建取反输出</td></tr>
<tr><td>中线输出
＜地址＞
---(＃)---</td><td>---(＃)---(中间输出)是中间分配单元，它将 RLO 位状态(能流状态)保存到指定＜地址＞。中间输出单元保存前面分支单元的逻辑结果。以串联方式与其他触点连接时，可以像插入触点那样插入---(＃)---。不能将---(＃)---单元连接到电源轨道、直接连接在分支连接的后面或连接在分支的尾部。使用---| NOT |---(能流取反)单元可以创建取反---(＃)---</td></tr>
</table>

位逻辑指令的参数的数据类型均为 BOOL 类型，而存储区却略有不同，常开、常闭触点的存储区为 I、Q、M、L、D、T、C，且均为选中位。而输出线圈和中线输出的存储区为 I、Q、M、L、D。

10.2.3　基本逻辑指令

逻辑操作由系列的指令(与、或、异或、赋值指令)组成，通过检查信号的状态和指令，设置 Q、M、T、C 或 D。这些信号包括输入(I)、输出(Q)、位存储器(M)、定时器(T)、计数器(C)或数据位(D)。当程序执行时，得到检查结果。如果满足检查条件，检查结果就是 “1”，如果不满足，就是 “0”。首次检查结果存放在逻辑操作结果(RLO)中。当执行下面的检查指令时，逻辑操作结果 (RLO) 和检查结果运算，得到新的 RLO。当执行逻辑操作的最后一个检查指令时，RLO 保持不变。后面跟着使用相同 RLO 的一些指令。

赋值指令用来把 RLO 传送到指定的地址 (Q、M、D)，当 RLO 变化时，相应地址的信号状态也随之变化。

1. “与” (A)、“与非” (AN)

A：“与” 指令适用于单个常开触点串联，完成逻辑 “与” 运算。

AN：“与非”指令适用于单个常闭触点串联，完成逻辑“与非”运算。

如图 10.9 所示为“与”(A)、“排”(AN)指令。

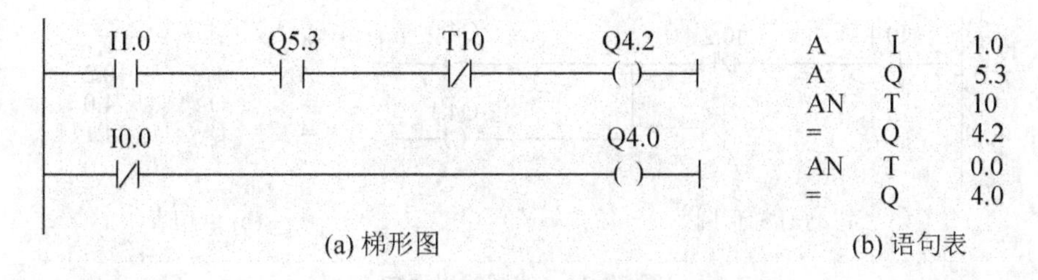

图 10.9 “与”(A)、“与非”(AN)指令

由图 10.9 可知，I1.0 的扫描称为首次扫描。首次扫描的结果(I1.0 的状态)被直接保存在 RLO(逻辑操作结果位)中；在下一条语句，扫描触点 Q5.3 的状态，并将这次扫描的结果和 RLO 中保存的上一次结果相“与”产生的结果，再存入 RLO 中，如此依次进行。在逻辑串结束处的 RLO 可作进一步处理，如赋值给 Q4.2(＝Q4.2)。

2. “或”(O)、“或非”(ON)

O：“或”指令适用于单个常开触点并联，完成逻辑“或”运算。

ON：“或非”指令适用于单个常闭触点并联，完成逻辑“或非”运算。

由图 10.10 可知，触点并联指令也用于一个并联逻辑行的开始。CPU 对逻辑行开始第 1 条语句如 I4.0 的扫描称为首次扫描。首次扫描的结果(I4.0 的状态)被直接保存在 RLO(逻辑操作结果位)中，并和下一条语句的扫描结果相“或”，产生新的结果再存入 RLO 中，如此一次进行。在逻辑串结束处的 RLO 可用作进一步处理，如赋值给 Q8.0(＝Q8.0)。

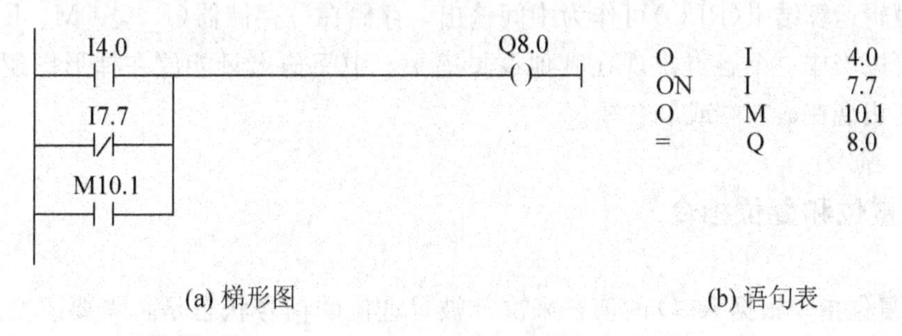

图 10.10 “或”(O)、“或非”(ON)指令

此外，还有“异或”(X)、“异或非”(XN)、嵌套指令等。

3. 输出线圈

输出线圈指令即逻辑串输出指令，又称赋值指令，该指令把 RLO 中的值赋给指定的位地址，当 RLO 变化时，相应位地址信号状态也变化，在 LAD 中，只能将输出指令放在触点电路的最右端，不能将输出指令单独放在一个空网络中。

一个 RLO 可被用来驱动几个输出元件。在 LAD 中，输出线圈是上下依次排列的。在

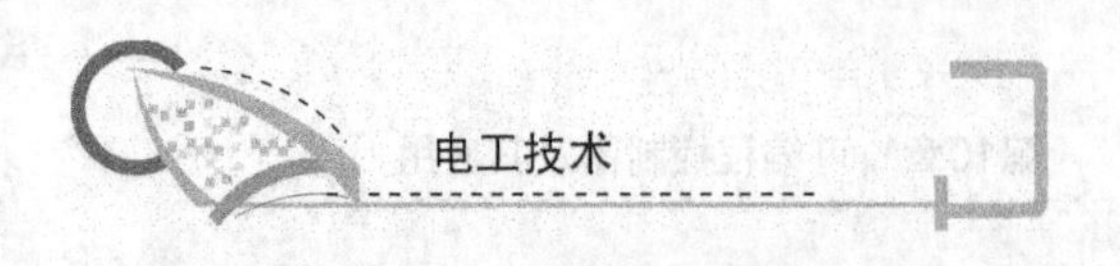

STL 中，与输出信号有关的指令被一个接一个地连续编程，这些输出具有相同的优先级。线图输出语句如图 10.11 所示。

I0.1　I0.2　Q4.0　Q4.1

(a) 梯形图

```
A    I    0.1
AN   I    0.2
=    Q    4.0
=    Q    4.1
```

(b) 语句表

图 10.11　线圈输出语句

如图 10.12 所示，中间输出指令被安置在逻辑串中间，用于将其前面的位逻辑操作结果(即本位置的 RLO 值)保存到指定地址，所以有时也称为“连接器”或“中间赋值元件”。它和其他元件串联时，“连接器”指令和触点一样插入。连接器不能直接连接母线，也不能放在逻辑串的结尾或分支结尾处。

I0.0　I0.2　M0.0 (#)　I0.3　NOT　Q4.0

(a) 梯形图

```
A    I    0.0
A    I    0.2
=    M    0.0
A    M    0.0
AN   I    0.3
NOT
=    Q    4.0
```

(b) 语句表

图 10.12　中间继电器输出例句

在梯形图设计时，如果一个逻辑串很长，不便于编辑时，可以将逻辑串分成几个段，前一段的逻辑运算结果(RLO)可作为中间输出，存储在位存储器(I、Q、M、L 或 D)中，该存储位可以当作一个触点出现在其他逻辑串中。中间输出只能放在梯形图逻辑串的中间，而不能出现在最左端或最右端。

10.2.4　置位和复位指令

置位/复位指令根据 RLO 的值，来决定被寻址位的信号状态是否需要改变。若 RLO 的值为 1，被寻址位的信号状态被置 1 或清 0；若 RLO 是 0，则被寻址位的信号保持原状态不变。置位/复位指令见表 10-3。

表 10-3　置位/复位指令

指令	LAD	STL	说　明
置位	〈位地址〉 —(S)—	S〈位地址〉	如果 RLO=“1”，指定的地址被设定为状态“1”，而且一直保持到它被另一个指令复位为止
复位	〈位地址〉 —(R)—	R〈位地址〉	如果 RLO=“1”，指定的地址被复位为状态“0”，而且一直保持到它被另一个指令置位为止

置位指令的操作数(位地址)可以是：I、Q、M、L和D；复位指令的操作数(位地址)可以是：I、Q、M、L、D、T和C。

【例 10.6】 如图 10.13 所示梯形图中，当 I0.0 和 I0.1 的信号状态为“1”或 I0.2 的信号状态为“0”时，输出 Q4.0 的信号状态被复位为“0”；如果 RLO 为“0”，则输出 Q4.0 的信号状态保持不变；定时器 T1 的信号状态只有在 I0.3 的信号状态为“1”时才被复位；计数器 C1 定时器的信号状态只有在 I0.4 的信号状态为“1”时才被复位。

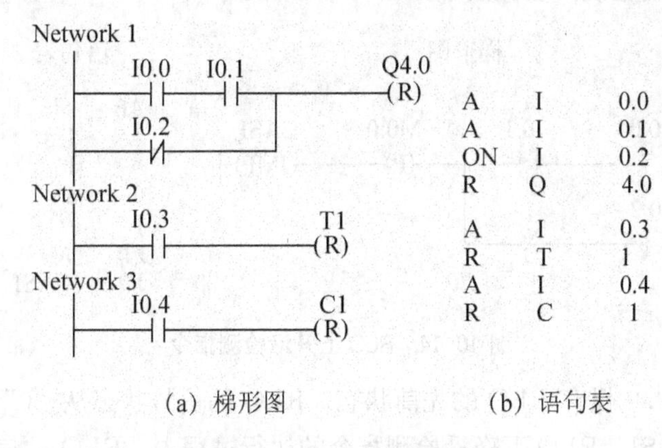

(a) 梯形图　　　(b) 语句表

图 10.13　例 10.6 的复位指令

10.2.5　跳变沿检测指令

跳变沿检测指令用来检测 RLO 或地址的上升沿信号和下降沿信号。具体说明见表 10-4。

表 10-4　跳变沿检测指令

指令	LAD	STL	说　明
RLO 上升沿检测指令	〈位地址〉 ——(P)——	FP〈位地址〉	在 RLO 从“0”变为“1”时检测上升沿，并以 RLO = 1 显示
RLO 下降沿检测指令	〈位地址〉 ——(N)——	FN〈位地址〉	在 RLO 从“1”变为“0”时检测下降沿，并以 RLO = 1 显示
地址上升沿检测指令	〈位地址1〉 POS 启动条件— Q 〈位地址2〉— M_BIT	A 〈位地址 1〉 BLD 100 FP 〈位地址 2〉 = 输出	将＜地址 1＞状态与存储在＜地址 2＞中的先前状态进行比较。如果当前的 RLO 状态为“1”，而先前的状态为“0”，则在操作之后，RLO 位将为“1”
地址下降沿检测指令	〈位地址1〉 NEG 启动条件— Q 〈位地址2〉— M_BIT	A 〈位地址 1〉 BLD 100 FN 〈位地址 2〉 = 输出	将＜地址 1＞状态与存储在＜地址 2＞中的先前状态进行比较。如果当前的 RLO 状态为“0”，而先前的状态为“1”，则在操作之后，RLO 位将为“1”

跳变沿检测的方法是：在每个扫描周期(OB1 循环扫描一周)，把当前信号状态和它在前一个扫描周期的状态相比较，若不同，则表明有一个跳变沿。因此，前一个周期里的信号状态必须被存储，以便能和新的信号状态相比较。S7-300/400PLC 有两种边沿检测指令：一种是对逻辑串操作结果 RLO 的跳变沿检测的指令；另一种是对单个触点跳变沿检测的指令。

RLO 上升沿检测正跳沿实例演示如图 10.14 所示。

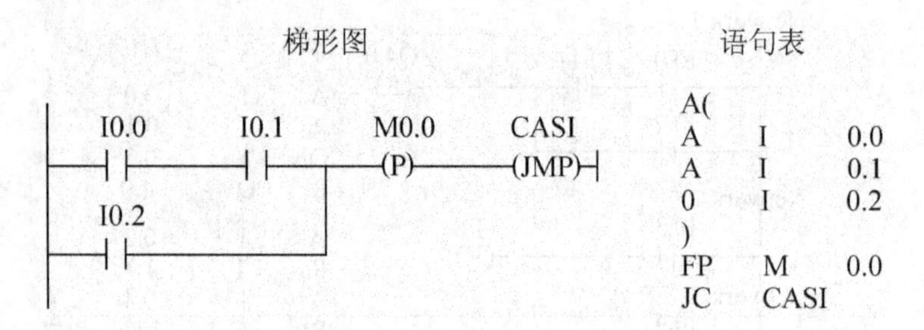

图 10.14 RLO 上升沿检测指令

边沿存储位 M0.0 保存 RLO 的先前状态。RLO 的信号状态从“0”变为“1”时，程序将跳转到标号 CAS1。RLO 下降沿检测指令的执行过程中，RLO 的信号状态从“1”变为“0”时，程序将跳转到标号 CAS1。

地址下降沿检测指令实例演示如图 10.15 所示。

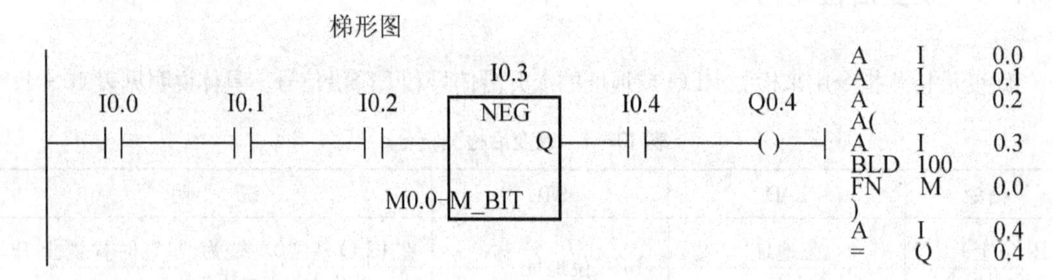

图 10.15 地址下降沿检测指令

满足下列条件时，输出 Q4.0 的信号状态将是“1”。

输入 I0.0、I0.1 和 I0.2 的信号状态是“1”，输入 I0.3 有下降沿；输入 I0.4 的信号状态为“1”。

10.2.6 定时器和计数器指令

1. 定时器指令

在控制任务中，经常需要各种各样的定时功能，在 S7-300 中，最多允许使用 256 个定时器。

1）定时器的组成

S7 中定时时间由时基和定时值两部分组成，定时时间等于时基与定时值的乘积。采用减计时，定时时间到后会引起定时器触点的动作。在 CPU 的存储器中留出了定时器区域，用于存储定时器的定时时间值。每个定时器为 2 B，称为定时器字。定时器字的第 0 位到第 11 位存放二进制格式的定时值，第 12、13 位存放二进制格式的时基(图 10.16)。表 10－5 给出了可能出现的组合情况。

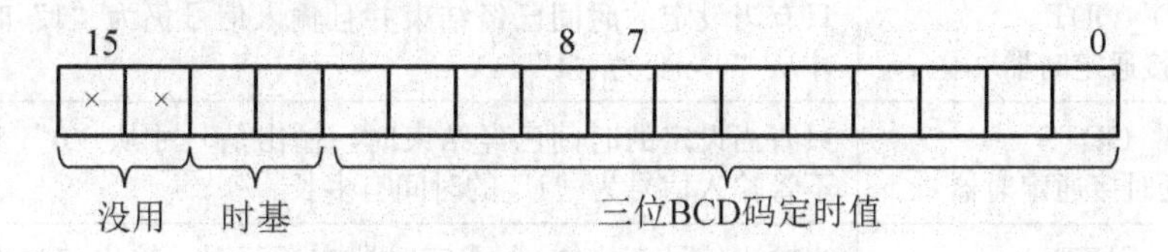

图 10.16　定时器字的时基和定时值

表 10－5　时基与定时范围

时 基	时基的二进制代码	分辨率	定时范围
10 ms	0 0	0.01 s	10MS 至 9S _ 990MS
100 ms	0 1	0.1 s	100MS 至 1M _ 39S _ 900MS
1 s	1 0	1 s	1S 至 16M _ 39S
10 s	1 1	10 s	10S 至 2H _ 46M _ 30S

可以使用下列格式预装一个定时值。

(1) W＃16＃txyz。

其中，t=时基(即时间间隔或分辨率)；xyz ＝ 二一十进制格式的时间值。

(2) S5T＃aH _ bM _ cS _ dMS。

其中，H=小时，M=分钟，S=秒，MS=毫秒；用户定义：a，b，c，d；时基自动选择，时间值按其所取时基取整为下一个较小的数。

可以输入的最大时间值是 9 990 秒，或 2H _ 46M _ 30S(2 小时 46 分 30 秒)。

例如，s5t＃2h _ 15m=2 小时 15 分钟，S5T＃1H _ 12M _ 18S=1 小时 12 分钟 18 秒。

2）定时器类型说明

S7 有 5 种类型的定时器，各定时器的类型及说明见表 10－6，其时序图如图 10.17 所示。

S7 中的定时器与时间继电器的工作特点相似，对定时器同样要设置定时时间，也要启动定时器(使定时器线圈通电)。除此之外，定时器还增加了一些功能，如随时复位定时器、随时重置定时时间(定时器再启动)、查看当前剩余定时时间等。

表 10-6　定时器类型

定时器	说　明
SP_PULSE 脉冲定时器	输出信号为“1”的最大时间等于设定的时间值 t。如果输入信号变为“0”，则输出信号为“1”的时间较短
SE_PEXT 扩展脉冲定时器	不管输入信号为“1”的时间有多长，输出信号为“1”的时间长度等于设定的时间值
SD_ODT 延时接通定时器	只有当设定的时间已经结束并且输入信号仍为“1”时，输出信号才从“0”变为“1”
SS_ODTS 保持型延时接通定时器	只有当设定的时间已经结束时，输出信号才从“0”变为“1”，而不管输入信号为“1”的时间有多长
SF_OFFDT 延时关断定时器	当输入信号变为“1”或定时器在运行时，输出信号变为“1”。当输入信号从“1”变为“0”时，定时器启动

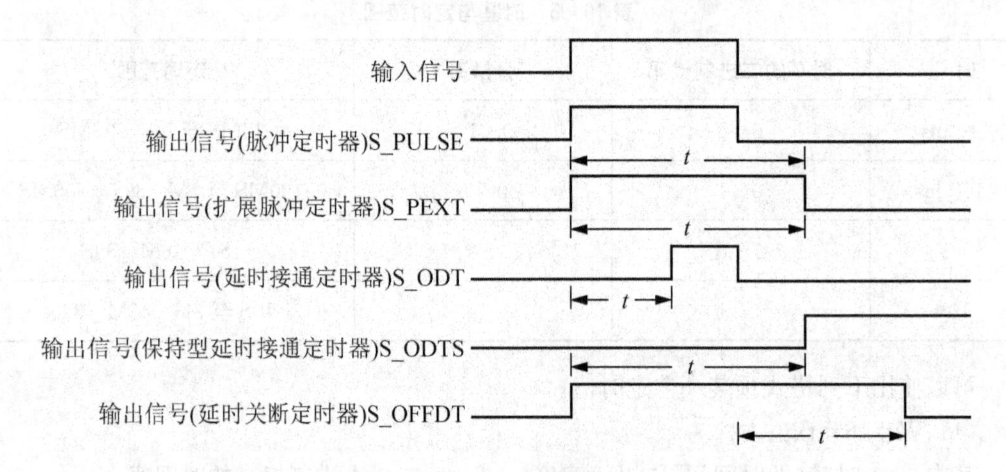

图 10.17　5 种定时器时序图

3）定时器的梯形图和功能块指令(表 10-7)

(1) 脉冲定时器(S)(图 10.18)。

如果在启动(S)输入端有一个上升沿，S_PULSE(脉冲 S5 定时器)将启动指定的定时器。信号变化始终是启用定时器的必要条件。定时器在输入端 S 的信号状态为“1”时运行，但最长周期是由输入端 TV 指定的时间值。只要定时器运行，输出端 Q 的信号状态就为“1”。如果在时间间隔结束前，S 输入端从“1”变为“0”，则定时器将停止。这种情况下，输出端 Q 的信号状态为“0”。如果在定时器运行期间定时器复位(R)输入从“0”变为“1”时，则定时器将被复位。当前时间和时间基准也被设置为零。如果定时器不是正在运行，则定时器 R 输入端的逻辑“1”没有任何作用。可在输出端 BI 和 BCD 扫描当前时间值。时间值在 BI 端是二进制编码，在 BCD 端是 BCD 编码。当前时间值为初始 TV 值减去定时器启动后经过的时间。

表 10-7　定时器梯形图和功能块图指令

<table>
<tr><th>定时器类型</th><th>LAD</th><th>STL</th><th>定时器指令参数</th></tr>
<tr><td>SP_PULSE
脉冲定时器</td><td>T no.
S_PULSE
启动信号-S　Q-输出位地址
定时值-TV　BI-时间字单元1
复位信号-R　BCD-时间字单元2</td><td rowspan="5">A　启动信号
L　定时值
S*　T no.
A　复位信号
R　T no.
L　T no.
T　时间字单元 1
LC　T no.
T　时间字单元 2
A　T no.
=　输出地址
注：定时器的语句表指令基本相同，所不同的是语句中的“*”换成不同的字母，代表的定时器类型不同：
P：脉冲定时器
E：扩展脉冲定时器
D：延时接通定时器
S：保持型延时接通定时器
F：延时关断定时器</td><td rowspan="5">T：编号定时器标识号，范围取决于 CPU
S：使能输入
TV：预设时间值
R：复位输入
BI：剩余时间值，整型格式
BCD：剩余时间值，BCD 格式
Q：定时器的状态
存储区：除 T()在 T 外，其余均在 I、Q、M、L、D</td></tr>
<tr><td>SE_PEXT
扩展脉冲
定时器</td><td>T no.
S_PEXT
启动信号-S　Q-输出位地址
定时值-TV　BI-时间字单元1
复位信号-R　BCD-时间字单元2</td></tr>
<tr><td>SD_ODT
延时接通
定时器</td><td>T no.
S_ODT
启动信号-S　Q-输出位地址
定时值-TV　BI-时间字单元1
复位信号-R　BCD-时间字单元2</td></tr>
<tr><td>SS_ODTS
保持型延时
接通定时器</td><td>T no.
S_ODTS
启动信号-S　Q-输出位地址
定时值-TV　BI-时间字单元1
复位信号-R　BCD-时间字单元2</td></tr>
<tr><td>SF_OFFDT
延时关断
定时器</td><td>T no.
S_OFFDT
启动信号-S　Q-输出位地址
定时值-TV　BI-时间字单元1
复位信号-R　BCD-时间字单元2</td></tr>
</table>

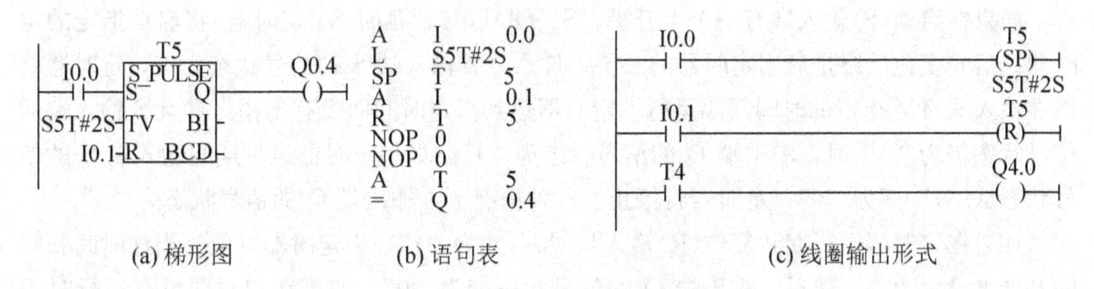

(a) 梯形图　(b) 语句表　(c) 线圈输出形式

图 10.18　脉冲 S5 定时器程序示例

如果输入端 I0.0 的信号状态从“0”变为“1”（RLO 中的上升沿），则定时器 T5 将启动。只要 I0.0 为“1”，定时器就将继续运行指定的两秒(2s)时间。如果定时器达到预定时间前，I0.0 的信号状态从“1”变为“0”，则定时器将停止。如果输入端 I0.1 的信号状态从“0”变为“1”，而定时器仍在运行，则时间复位。

只要定时器运行，输出端 Q4.0 就是逻辑“1”，如果定时器预设时间结束或复位，则输出端 Q4.0 变为“0”。

(2) 延时脉冲定时器(SE)(图 10.19)。

如果在启动(S)输入端有一个上升沿，S _ PEXT(扩展脉冲 S5 定时器)将启动指定的定时器。信号变化始终是启用定时器的必要条件。定时器以在输入端 TV 指定的预设时间间隔运行，即使在时间间隔结束前，S 输入端的信号状态变为“0”。只要定时器运行，输出端 Q 的信号状态就为“1”。如果在定时器运行期间输入端 S 的信号状态从“0”变为“1”，则将使用预设的时间值重新启动(“重新触发”)定时器。如果在定时器运行期间复位(R)输入从“0”变为“1”，则定时器复位。当前时间和时间基准被设置为零。可在输出端 BI 和 BCD 扫描当前时间值。时间值在 BI 处为二进制编码，在 BCD 处为 BCD 编码。当前时间值为初始 TV 值减去定时器启动后经过的时间。

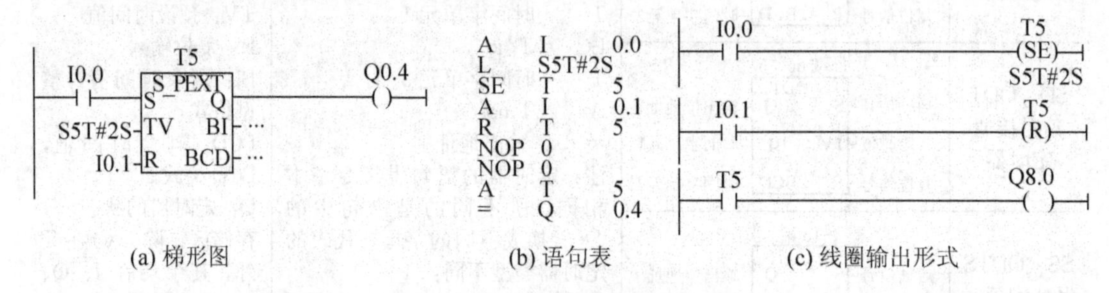

(a) 梯形图　　(b) 语句表　　(c) 线圈输出形式

图 10.19　延时脉冲定时器示例

如果输入端 I0.0 的信号状态从“0”变为“1”(RLO 中的上升沿)，则定时器 T5 将启动。定时器将继续运行指定的两秒(2 秒)时间，而不会受到输入端 S 处下降沿的影响。如果在定时器达到预定时间前，I0.0 的信号状态从“0”变为“1”，则定时器将被重新触发。只要定时器运行，输出端 Q4.0 就为逻辑“1”。

(3) 启动延时接通定时器(SD)(图 10.20)。

如果在启动(S)输入端有一个上升沿，S _ ODT(接通延时 S5 定时器)将启动指定的定时器。信号变化始终是启用定时器的必要条件。只要输入端 S 的信号状态为正，定时器就以在输入端 TV 指定的时间间隔运行。定时器达到指定时间而没有出错，并且 S 输入端的信号状态仍为“1”时，输出端 Q 的信号状态为“1”。如果定时器运行期间输入端 S 的信号状态从“1”变为“0”，定时器将停止。这种情况下，输出端 Q 的信号状态为“0”。

如果在定时器运行期间复位(R)输入从“0”变为“1”，则定时器复位。当前时间和时间基准被设置为零。然后，输出端 Q 的信号状态变为“0”。如果在定时器没有运行时 R 输入端有一个逻辑“1”，并且输入端 S 的 RLO 为“1”，则定时器也复位。

如果 I0.0 的信号状态从“0”变为“1”(RLO 中的上升沿)，则定时器 T5 将启动。如果指定的两秒时间结束并且输入端 I0.0 的信号状态仍为“1”，则输出端 Q8.0 将为“1”。如果 I0.0 的信号状态从“1”变为“0”，则定时器停止，并且 Q8.0 将为“0”(如果 I0.1 的信号状态从“0”变为“1”，则无论定时器是否运行，时间都复位)。

(4) 启动保持型延时接通定时器(SS)(图 10.21)。

如果希望输入信号接通后接通短时即断开，或持续接通，在设定延迟时间后才有输

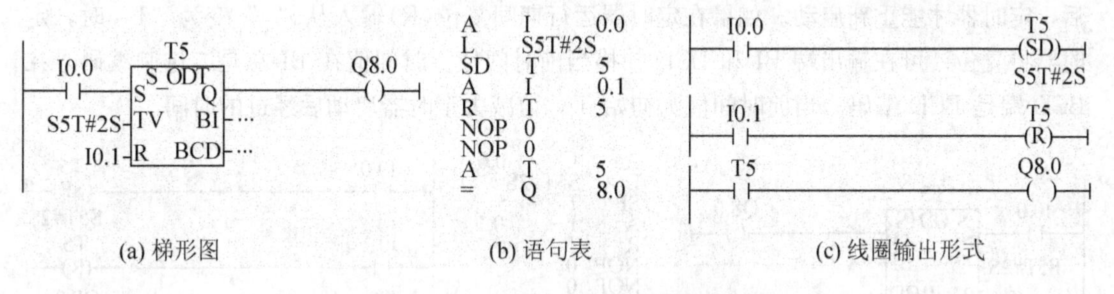

(a) 梯形图　　(b) 语句表　　(c) 线圈输出形式

图 10.20　启动延时接通定时器示例

出，就需要用启动保持型延时接通定时器。

如果在启动(S)输入端有一个上升沿，S_ODTS(保持接通延时 S5 定时器)将启动指定的定时器。信号变化始终是启用定时器的必要条件。定时器以在输入端 TV 指定的时间间隔运行，即使在时间间隔结束前，输入端 S 的信号状态变为“0”。定时器预定时间结束时，输出端 Q 的信号状态为“1”，而无论输入端 S 的信号状态如何。如果在定时器运行时输入端 S 的信号状态从“0”变为“1”，则定时器将以指定的时间重新启动(重新触发)。如果复位(R)输入从“0”变为“1”，则无论 S 输入端的 RLO 如何，定时器都将复位。然后，输出端 Q 的信号状态变为“0”。可在输出端 BI 和 BCD 扫描当前时间值。时间值在 BI 端是二进制编码，在 BCD 端是 BCD 编码。当前时间值为初始 TV 值减去定时器启动后经过的时间。

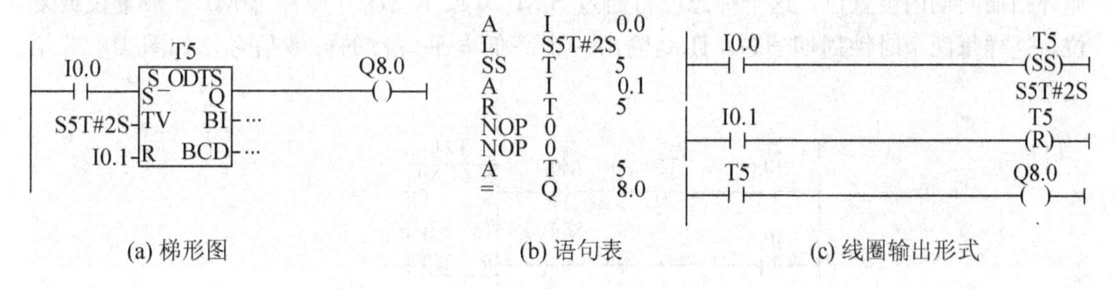

(a) 梯形图　　(b) 语句表　　(c) 线圈输出形式

图 10.21　启动保持型延时接通定时器示例

如果 I0.0 的信号状态从“0”变为“1”(RLO 中的上升沿)，则定时器 T5 将启动。无论 I0.0 的信号是否从“1”变为“0”，定时器都将运行。如果在定时器达到指定时间前，I0.0 的信号状态从“0”变为“1”，则定时器将重新触发。如果定时器达到指定时间，则输出端 Q8.0 将变为“1”。(如果输入端 I0.1 的信号状态从“0”变为“1”，则无论 S 处的 RLO 如何，时间都将复位。)

(5) 启动延时断开定时器(SF)(图 10.22)。

如果在启动(S)输入端有一个下降沿，S_OFFDT(断开延时 S5 定时器)将启动指定的定时器。信号变化始终是启用定时器的必要条件。如果 S 输入端的信号状态为“1”，或定时器正在运行，则输出端 Q 的信号状态为“1”。如果在定时器运行期间输入端 S 的信号状态从“0”变为“1”时，定时器将复位。输入端 S 的信号状态再次从“1”变为“0”

后，定时器才能重新启动。如果在定时器运行期间复位(R)输入从“0”变为“1”时，定时器将复位。可在输出端 BI 和 BCD 扫描当前时间值。时间值在 BI 端是二进制编码，在 BCD 端是 BCD 编码。当前时间值为初始 TV 值减去定时器启动后经过的时间。

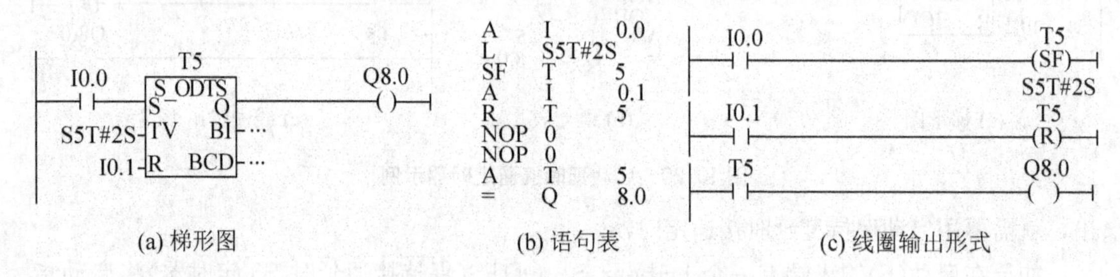

(a) 梯形图　　(b) 语句表　　(c) 线圈输出形式

图 10.22　启动延时断开定时器示例

如果 I0.0 的信号状态从“1”变为“0”，则定时器启动。I0.0 为“1”或定时器运行时，Q8.0 为“1”。(如果在定时器运行期间 I0.1 的信号状态从“0”变为“1”，则定时器复位)。

【例 10.7】 由一个定时器构成闪烁频率信号发生器。

首先通过 SP 产生一个时钟信号，如图 10.23 第一段，每当定时时间 T 到达时，就重新启动定时器 T21，使定时器在每个时钟周期输出一个宽度为一个扫描周期的“0”脉冲。I0.6 为时钟启动信号。通过其常闭触点复位定时器。当定时时间 T 到达时，M0.2 在一个循环扫描周期内被置位，这个标志位将通过 S M1.0 或 R M1.0 使标志 M1.0 被置位或复位，这样每两个时钟周期通过 M1.0 输出一个高低电平对称的方波信号，如图 10.23 第二段。

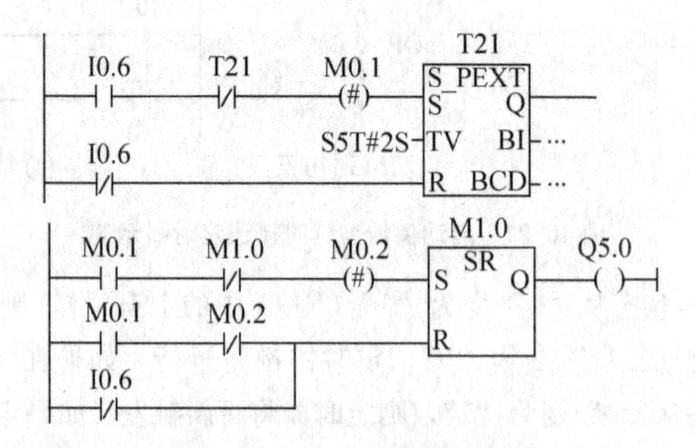

图 10.23　例 10.7 题的语句

4）定时器线圈指令

为了编程方便，经常将定时器的复位、输出和数据字单元省略而得到 LAD 环境下的定时器线圈指令机器说明见表 10-8。在需要复位和输出时可以通过编程实现。在不需要监视当前时间时采用这种方法程序更简单。

表 10-8 定时器的线圈输出对照表

定时器线圈类型	LAD	STL	功能	语句指令表说明
SP_PULSE 脉冲定时器	T no. —(SP)—┤ 定时值	SP T no.	启动脉冲定时器 定时值格式为 S5TIME	FR：允许定时器再启动
SE_PEXT 延时脉冲定时器	T no. —(SE)—┤ 定时值	SE T no.	启动延时脉冲定时器 定时值格式为 S5TIME	L：将定时器的时间值（整数）装入累加器 1 中
SD_ODT 延时接通定时器	T no. —(SD)—┤ 定时值	SD T no.	启动延时接通定时器 定时值格式为 S5TIME	LC：将定时器的时间值（BCD）装入累加器 1 中 R：复位定时器
SS_ODTS 保持型延时接通定时器	T no. —(SS)—┤ 定时值	SS T no.	启动保持型延时接通定时器 定时值格式为 S5TIME	
SF_OFFDT 延时断开定时器	T no. —(SF)—┤ 定时值	SF T no.	启动延时断开定时器 定时值格式为 S5TIME	

【例 10.8】 电机延时停机：按下启动按钮 S1(I0.0)时，电机 M1(Q4.0)、M2(Q4.1)立即启动；按下停止按钮 S2(I0.1)后，电机 M2 立即停机，电机 M1 延时 5 秒后停机。

解：如图 10.24 所示，采用断电延时线圈编程。

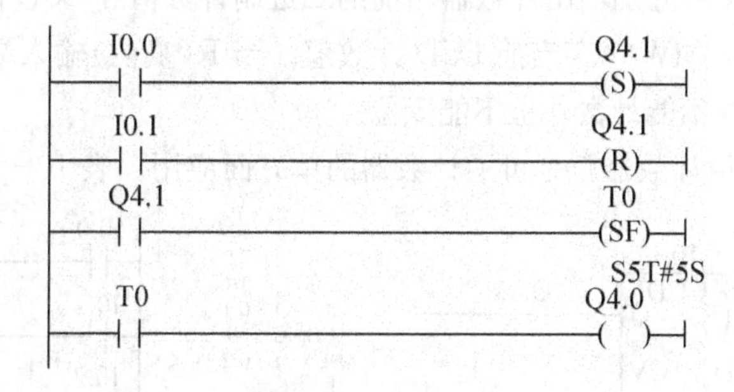

图 10.24 例 10.8 的图

2. 计数器指令

1）计数器的组成

在生产过程中常常要对现场事物发生的次数进行记录并据此发出控制命令，计数器就是为了完成这一功能而开发的。

S7 中的计数器用于对 RLO 正跳沿计数，由表示当前计数值的字及状态的位组成。S7 中有 3 种计数器：加计数器、减计数器和可逆计数器。

S7-300 的计数器都是 16 位的，因此每个计数器占用该区域 2 个字节空间，用来存储计数值。如图 10.25 所示，计数器字中的第 0～11 位表示计数值(二进制格式)，计数范围是 0～999。第 12～15 为不使用。不同的 CPU 模板，用于计数器的存储区域也不同，最多允许使用 64～512 个计数器。计数器的地址编号：C0～C511。

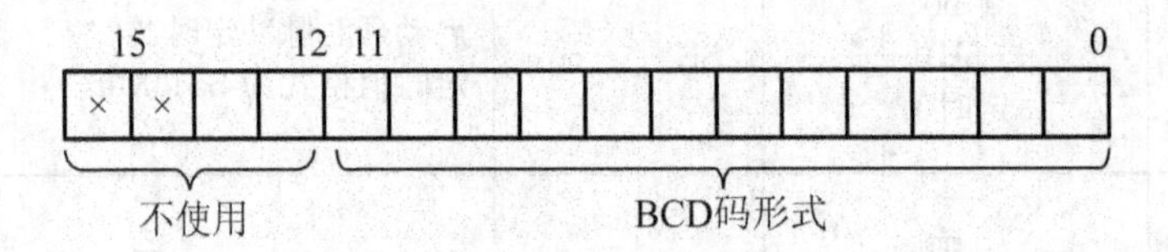

图 10.25 计数器数值设置格式

输入从 0～999 的数字，用户可为计数器提供预设值，例如，使用下列格式输入 127：C＃127。其中 C＃代表二进制编码十进制格式(BCD 格式：由四位组成的每一组都包含一个十进制值的二进制代码)。计数器中的 0～11 位包含二进制编码十进制格式的计数值。

2）计数器类型说明

(1) S _ CUD 双向计数器实用说明。

如图 10.26 中当 S(置位)输入端的 I0.2 从 0 跳变到 1 时，计数器就设定为 PV 端输入的值，PV 输入端可用 BCD 码指定设定值，也可用存储 BCD 数的单元指定设定值，本图中指定 BCD 数为 5。当 CU(加计数)输入端 I0.0 从 0 变到 1 时，计数器的当前值加 1(最大 999)。当 CD(减计数)输入端 I0.1 从 0 变到 1 时，计数器的当前值减 1(最小为 0)。如果两个计数输入端都有正跳沿，则加、减操作都执行，计数保持不变。当计数值大于 0 时输出 Q 上的信号状态为 1；当计数值等于 0 时，Q 上的信号为 0，图中 Q4.0 也相应为 1 或 0。输出端 CV 和 CV _ BCD 分别输出计数器当前的二进制计数值和 BCD 计数值，图中 MW10 存当前二进制计数值，MW12 存当前 BCD 计数值。当 R(复位)输入端的 I0.3 为 1，计数器的值置为 0，计数器不能计数，也不能置位。

升值计数器和降值计数器就是可逆计数器的单方面应用。表 10－9 为计数器梯形图和

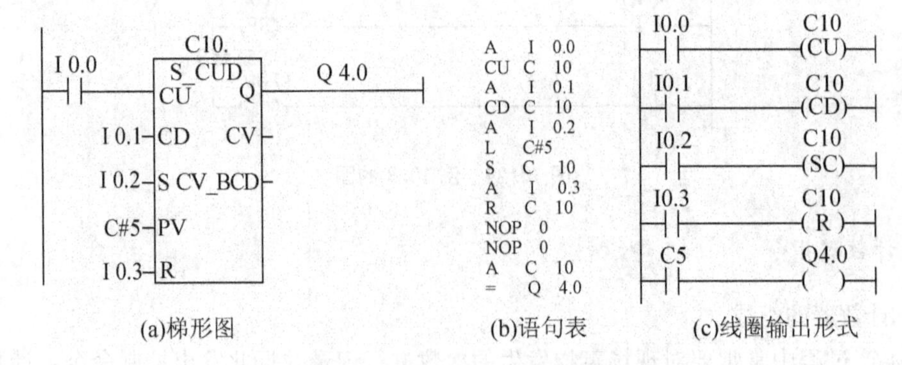

图 10.26 S _ CUD 双向计数器指令例句

指令参数表。

表 10-9 计数器梯形图和指令参数表

计数器类型	LAD	参数英语及描述	语句表说明
S_CUD 双向计数器	C no. S_CUD 加计数输入-CU Q-输出位地址 减计数输入-CD CV-计数字单元1 置数输入-S CV_BCD-计数字单元2 计数初值-PV 复位输入-R	C 编号：计数器标识号，其范围依赖于 CPU CU：升值计数输入 CD：降值计数输入 S：为预设计数器设置输入 CV：将计数器值以“C＃<值>”的格式输入(范围 0～999) PV：预设计数器的值 R：复位输入 CV：当前计数器值，十六进制数字 CV_BCD：当前计数器值，BCD 码 Q：计数器状态 存储区：除 C 存储在 C 外，其余均在 I、Q、M、L、D	FR：启用计数器(释放) L：将当前计数器值载入 ACCU 1 LC：将当前计数器值作为 BCD 码载入 ACCU 1 R：将计数器复位 S：设置计数器预设值 CU：升值计数器 CD：降值计数器 S_CU 加计数器 S_CD 减计数器
S_CU 加计数器	C no. S_CU 加计数输入-CU Q-输出位地址 置数输入-S CV-计数字单元1 计数初值-PV CV_BCD-计数字单元2 复位输入-R		
S_CD 减计数器	C no. S_CD 减计数输入-CD Q-输出位地址 置数输入-S CV-计数字单元1 计数初值-PV CV_BCD-计数字单元2 复位输入-R		

(2) 加计数器使用说明(图 10.27)。

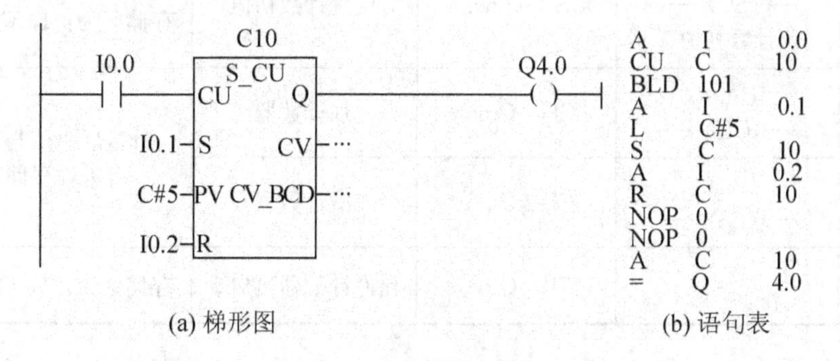

图 10.27 加计数器例句

如果 I0.2 从“0”改变为“1”，则计数器预置为 MW10 的值。如果 I0.0 的信号状态从“0”改变为“1”，则计数器 C10 的值将增加 1，当 C10 的值等于“999”时除外。如果 C10 不等于零，则 Q4.0 为“1”。

(3) 减计数器使用说明(图 10.28)。

当输入 I0.1 从 0 跳变为 1 时，CPU 将装入累加器 1 中的计数初值(此处为 BCD 数值 5)置入指定的计数器 C10 中。计数器一般是正跳沿计数。当输入 I0.0 由 0 跳变到 1，每一

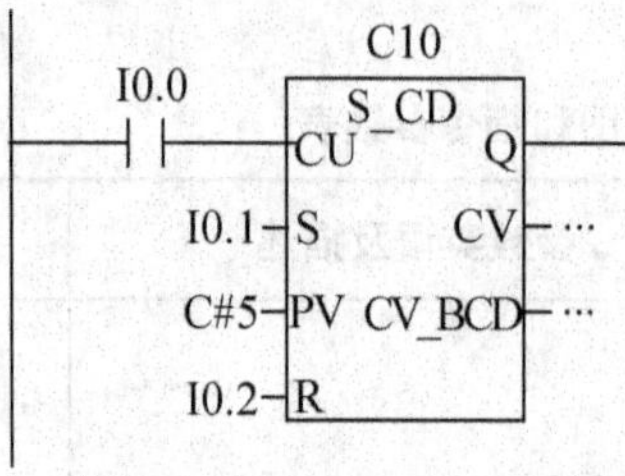

I0.0 C10 S_CD CU Q Q4.0 ( )
I0.1—S CV—…
C#5—PV CV_BCD—…
I0.2—R

(a) 梯形图

```
A    I    0.0
CD   C    10
BLD  101
A    I    0.1
L    C#5
S    C    10
A    I    0.2
R    C    10
NOP  0
NOP  0
A    C    10
=    Q    4.0
```

(b) 语句表

图 10.28 减计数器例句

个正跳沿使计数器C10的计数值减1(减计数)，若I0.0没有正跳沿，计数器C20的计数值保持不变。当I0.0正跳变5次，计数器C10中的计数值减为0。计数值为0后，I0.0再有正跳沿，计数值0也不会再变。计数器C10的计数值若不等于0，则C20输出状态为1，Q4.0也为1；当计数值等于0时，C20输出状态亦为0，Q4.0为0。输入I0.2若为1，计数器立即被复位，计数值复位为0，C20输出状态为0。

3）计数器线圈指令

除前面介绍的块图形式的计数器指令外，S7-300系统还为用户准备了线圈形式的计数器。这些指令有计数器预置初值指令SC、加计数器指令CU和减计数器指令CD，见表10-10。

表 10-10 计数器线圈指令

指令	LAD指令	STL	功能	说　明
预置初值指令SC	C no. —(SC)—┤ 计数初值	S　C no.	设置计数初值	0-999，BCD码 存储区为：I，Q，M，D，L
加计数器指令CU	C no. —(CU)—┤	CU　C no.	加计数器	计数器总值与CPU模板有关，存储区为：C
减计数器指令CD	C no. —(SS)—┤	CD　C no.	减计数器	
使能计数器		FR　C no.	允许计数器再启动	存储区为：I，Q，M，D，L

说明：当RLO从“0”变为“1”时，使用FR指令，可以清零用于设置和选择寻址计数器的加计数或减计数的边沿检测标志。计数器置数或正常计数时不必使能计数器。

【例 10.9】 SC指令与CU和CD配合可实现S_CUD的功能。

解：如图10.29所示。

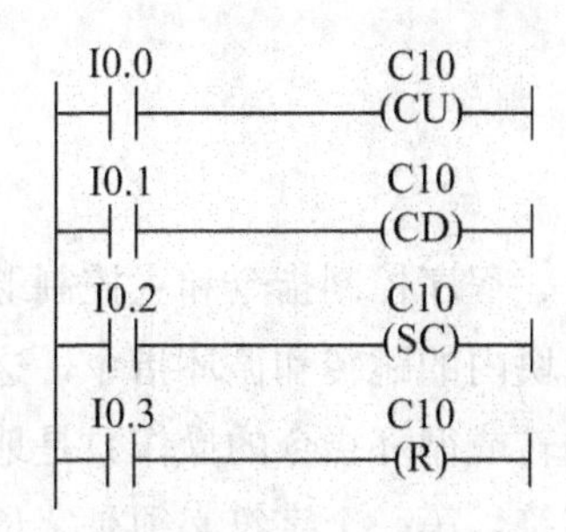

图 10.29 例 10.9 的图

10.2.7 传送指令

MOVE (分配值)通过启用 EN 输入来激活。在 IN 输入端指定的值将复制到在 OUT 输出端指定的地址。ENO 与 EN 的逻辑状态相同。MOVE 只能复制 BYTE、WORD 或 DWORD 数据对象。用户自定义数据类型(如数组或结构)必须使用系统功能“BLKMOVE”(SFC 20)来复制。

传送指令见表 10－11。

表 10－11 传送指令参数说明

LAD	参数	数据类型	存储区	描述
MOVE 分配值 MOVE 使能输入－EN ENO－使能输出 数据输入－IN OUT－数据输出	EN	BOOL	I、Q、M、L、D	启用输入
	ENO		I、Q、M、L、D	启用输出
	IN	长度为 8、16 或 32 位的基本数据类型	I、Q、M、L、D 或常数	源值
	OUT		I、Q、M、L、D	目标地址

传送指令的实例如下，如图 10.30 所示。

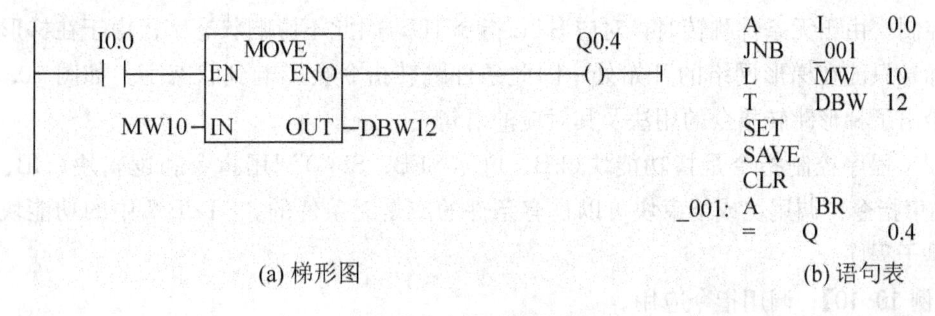

图 10.30 传送指令例句

如果 I0.0 为“1”，则执行指令。把 MW10 的内容复制到当前打开 DB 的数据字 12。如果执行了指令，则 Q4.0 为“1”。

10.2.8 控制指令

控制指令包括逻辑控制指令、程序控制指令和主控制继电器指令。

(1) 逻辑控制指令是指逻辑块内的跳转和循环指令，这些指令中止程序原有的线性逻辑流，跳到另一处执行程序。跳转或循环指令的操作数是地址标号，该地址标号指出程序要跳往何处，标号最多为4个字符，第一个字符必须是字母，其余字符可为字母或数字。

① 跳转指令。无条件跳转指令(JU)将无条件中断正常的程序逻辑流，使程序跳转到目标处继续执行。还可以根据逻辑运算结果或是状态位来实现程序的跳转，即条件跳转指令JL、JC、JCN、JCB、JNB、JBI、JNB等，读者在使用时可参考西门子用户手册。

跳转指令应用：

```
            A    I 1.0
            A    I 1.2
            JC   DELE           //如果 RLO=1，则跳转到跳转标号 DELE。
            L    MB10
            INC  1
            T    MB10
            JU   FORW           //无条件跳转到跳转标号 FORW。
    DELE:   L    0
            T    MB10
    FORW:   A    I2.1           //在跳转到跳转标号 FORW 之后重新进行程序扫描。
```

② 循环指令。使用循环指令(LOOP)可以多次重复执行特定的程序段，重复执行的次数存在累加器1中，即以累加器1为循环计数器。LOOP指令执行时，将累加器1低字中的值减1，如果不为0，则回到循环体开始处继续循环过程，否则执行LOOP指令后面的指令。循环体是指循环标号和LOOP指令间的程序段。图10.31所示为循环指令流程。

③ 梯形图逻辑控制指令。梯形图逻辑控制指令只有两条，可用于无条件跳转或条件跳转控制。由于无条件跳转时，对应STL指令JU，因此不影响状态字；由于在梯形图中目的标号只能在梯形网络的开始处，因此条件跳转指令会影响到状态字。如图10.32所示，给出了梯形跳转指令的用法及其对应的语句表。

(2) 程序控制指令是指功能块(FB、FC、SFB、SFC)调用指令和逻辑块(OB、FB、FC)结束指令。调用块或结束块可以是有条件的或是无条件的。STEP 7中的功能块实质上就是子程序。

【例10.10】 调用指令应用。

```
A    I2.0          // 检查输入 I2.0 的信号状态。
CC   FC6           // 如果 I2.0 为"1"，调用功能 FC6。
L    MW 4          // 如果 I2.0=1，从调用功能返回处执行；如果 I2.0=0，
                   // 直接在 AI2.0 语句后执行。
UC   FC2           // 无条件调用 FC2
```

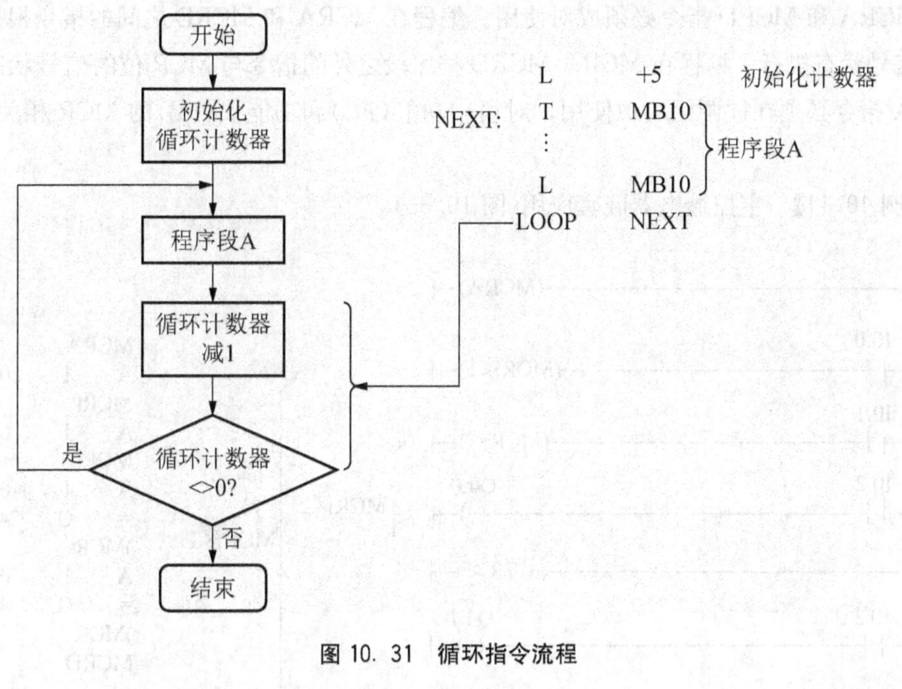

图 10.31　循环指令流程

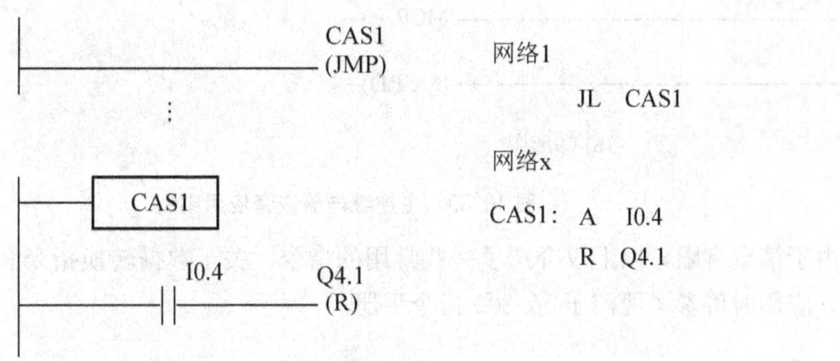

图 10.32　梯形图逻辑控制指令示例图

(3) 主控继电器指令。主控继电器(MCR)是一种继电器梯形图逻辑主开关，用于激活或去活电流，可执行由=＜位＞、S＜位＞、R＜位＞、T＜字节＞，T＜字＞，T＜双字＞等位逻辑和传送指令触发的操作。其指令见表 10-12。

表 10-12　主控继电器指令

指令	STL	LAD	功　能
激活 MCR 区	MCRA	—(MCRA)	激活 MCR 区，表明一个 MCR 区域的开始
去活 MCR 区	MCRD	—(MCRD)	表明一个按 MCR 方式操作区域的结束
开始 MCR 区	MCR(	—(MCR＜)	主控继电器，并产生一条母线(子母线)
结束 MCR 区	)MCR	—(MCRA＞)	恢复 RLO，结束子母线，返回主母线

MCRA 和 MCRD 指令必须成对使用。编程在 MCRA 和 MCRD 之间的指令根据 MCR 位的信号状态执行。编程在 MCRA-MCRD 程序段之外的指令与 MCR 位的信号状态无关。MCRA 指令必须在被调用块中使用，对块中功能(FC)和功能块(FB)的 MCR 相关性进行编程。

【例 10.11】 主控继电器嵌套应用(图 10.33)。

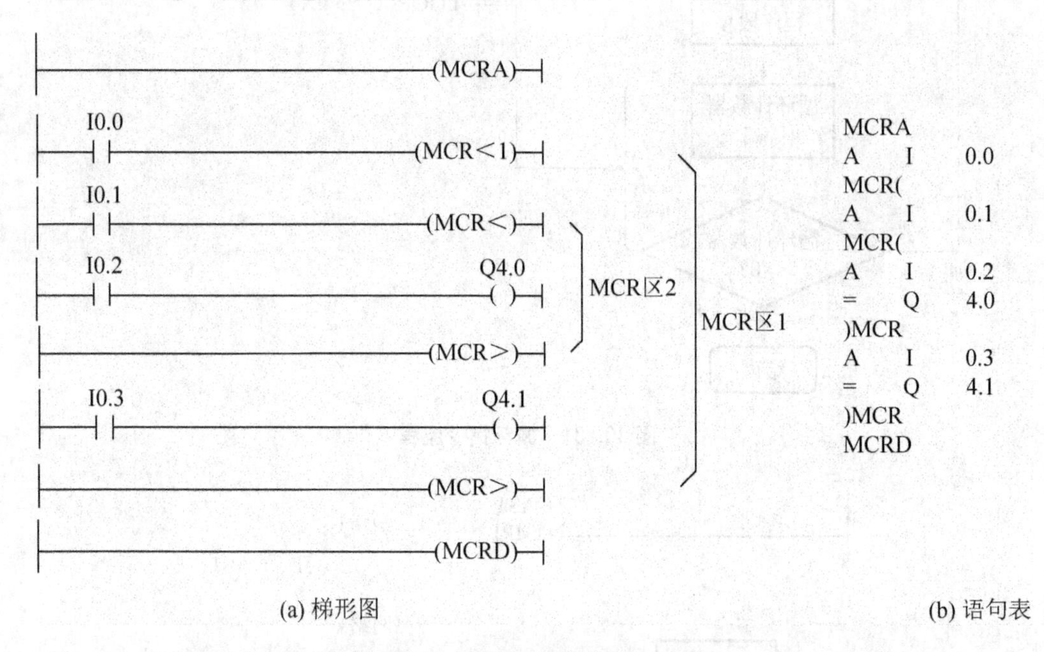

(a) 梯形图 (b) 语句表

图 10.33 主控继电器嵌套应用实例

由于篇章有限，以上仅介绍了一些常用的指令，关于数据转换指令和数据运算指令等指令，应用时可参考西门子 S7-300 指令手册。

练习与思考

1. 简述 S7-300 PLC 的寻址方式。
2. 如何定义定时器的计数值?
3. 写出与如图 10.34 所示梯形图相对应的语句表。
4. 画出与图 10.34 梯形图相对应的功能块图。
5. 用定时器构成一个脉冲发生器，使其产生的信号周期为 3s、脉冲宽度为 1s 的脉冲信号。
6. 编写一段检测上升沿变化的程序。每当 I0.1 接通一次，VB0 的数值增加 1，如果计数达到 18 时，Q0.1 接通，用 I0.2 使 Q0.1 复位。

OB1：主程序

Network 1：起保停电路

I0.0　I0.1　Q4.0

Q4.0

Network 2：置位复位电路

M0.0

I0.2　SR　Q4.3

S　Q

I0.3

R

图 10.34　思考 3 的图

10.3　可编程控制器控制系统的设计及应用

10.3.1　PLC 应用系统的硬件设计

根据所确定的控制方案，选择 PLC 的机型及有关的功能模块(插件板)。在选择机型时，除满足已确定的要求外，还应留有一定的冗余，以便调试和日后使用时扩展。

对各控制对象作适当的编号，确定它们在系统中的位置(如占用哪些输入/输出通道等)。编号时应尽量采用习惯的或易于记忆的符号，这样易于编程和维护。最后画出系统详细的结构图和接线图，并标注上详细的说明。

1. PLC 选型

在满足控制要求的前提下，选型时应选择最佳的性能价格比，具体应考虑以下几点。

1）性能与任务相适应

对于开关量控制的应用系统，当对控制速度要求不高时，可选用小型 PLC(如西门子公司 S7-200 系列 PLC)就能满足要求，如对小型泵的顺序控制、单台机械的自动控制等。

对于以开关量控制为主，带有部分模拟量控制的应用系统，如对工业生产中常遇到的温度、压力、流量、液位等连续量的控制，应选用带有 A/D 转换的模拟量输入模块和带有 D/A 转换的模拟量输出模块，配接相应的传感器、变送器(对温度控制系统可选用温度

传感器直接输入的温度模块)和驱动装置，并且选择运算功能较强的中小型 PLC，如西门子公司的 S7-300 系列 PLC。

对于比较复杂的中大型控制系统，如闭环控制、PID 调节、通信联网等，可选用中大型 PLC(如西门子公司的 S7-400 系列 PLC)。当系统的各个控制对象分布在不同的地域时，应根据各部分的具体要求来选择 PLC，以组成一个分布式的控制系统。

2）处理速度与实时控制要求相适应

PLC 工作时，从输入信号到输出控制存在着滞后现象，即输入量的变化，一般要在 1～2 个扫描周期之后才能反映到输出端，但有些设备的实时性要求较高，滞后时间应控制在几十毫秒之内，应小于普通继电器的动作时间(普通继电器的动作时间约为 100 ms)。

为了提高 PLC 的处理速度，可以采用以下几种方法。

(1) 选择 CPU 处理速度快的 PLC，使执行一条基本指令的时间不超过 0.5s。

(2) 优化应用软件，缩短扫描周期。

(3) 采用高速响应模块，如高速计数模块，其响应的时间可以不受 PLC 扫描周期的影响，而只取决于硬件的延时。

3）应用系统结构合理、机型系列应统一

PLC 的结构分为整体式和模块式两种。在使用时，应按实际具体情况进行选择。在一个单位或一个企业中，应尽量使用同一系列的 PLC，这不仅使模块通用性好，减少备件量，而且给编程和维修带来极大的方便，也给系统的扩展升级带来方便。

4）编程模式的选择

(1) 离线编程。简易编程器必须插在 PLC 上才能进行编程操作，其特点是编程器与 PLC 共用一个 CPU，在编程器上有一个“运行/监控/编程(RUN/MONITOR/PROGRAM)”选择开关，当需要编程或修改程序时，将选择开关转到“编程(PROGRAM)”位置，这时 PLC 的 CPU 不执行用户程序，只为编程器服务，这就是“离线编程”。程序编好后再把选择开关转到“运行(RUN)”位置，CPU 则去执行用户程序，对系统实施控制。简易编程器结构简单，体积小，携带方便，很适合在生产现场调试、修改程序时用。

(2) 在线编程。图形编程器或者个人计算机与编程软件包配合可实现在线编程。PLC 和图形编程器各有自己的 CPU，编程器的 CPU 可随时对键盘输入的各种编程指令进行处理；PLC 的 CPU 主要完成对现场的控制，并在一个扫描周期的末尾与编程器通信，编程器将编好或修改好的程序发送给 PLC，在下一个扫描周期，PLC 将按照修改后的程序或参数进行控制，实现“在线编程”。图形编程器价格较贵，但它功能强大，适应范围广，不仅可以用指令语句编程，还可以直接用梯形图编程，并可存入磁盘或用打印机打印出梯形图和程序。一般大中型 PLC 多采用图形编程器。使用个人计算机进行在线编程，可省去图形编程器，但需要编程软件包的支持，其功能类似于图形编程器。

5) PLC 容量估算

PLC 容量包括两个方面：一是 I/O 的点数；二是用户存储器的容量。

(1) I/O 点数的估算。根据功能说明书，可统计出 PLC 系统的开关量 I/O 点数及模拟

量I/O通道数，以及开关量和模拟量的信号类型。考虑到在前面的设计中I/O点数可能有疏漏，并考虑到I/O端的分组情况以及隔离与接地要求，应在统计后得出I/O总点数的基础上，增加10%～15%的冗余。考虑到今后的调整和扩充，选定的PLC机型的I/O能力极限值必须大于I/O点数估算值，并应尽量避免使PLC能力接近饱和，一般应留有30%左右的冗余。

(2) 存储器容量估算。用户应用程序占用多少内存与许多因素有关，如I/O点数、控制要求、运算处理量、程序结构等。因此在程序设计之前只能粗略地估算。根据经验，每个I/O点及有关功能器件占用的内存大致如下。

① 开关量输入所需存储器字数 = 输入点数×10。

② 开关量输出所需存储器字数 = 输出点数×8。

③ 定时器/计数器所需存储器字数 = 定时器/计数器数量×2。

④ 模拟量所需存储器字数 = 模拟量通道数×100。

⑤ 通信接口所需存储器字数 = 接口个数×300。

存储器的总字数再加上一个备用量即为存储器容量。例如，作为一般应用下的经验公式是

所需存储器容量：(KB)=(1～1.25)×(DI×10+DO×8+AI/AO×100+CP×300)/1024

式中：DI为数字量输入总点数；DO为数字量输出总点数；AI/AO为模拟量I/O通道总数；CP为通信接口总数。

根据上面的经验公式得到的存储器容量估算值只具有参考价值，但在明确对PLC要求容量时，还应依据其他因素对其进行修正。需要考虑的因素具体如下。

(1) 经验公式仅是对一般应用系统，而且主要是针对设备的直接控制功能而言的，特殊的应用或功能可能需要更大的存储器容量。

(2) 不同型号的PLC对存储器的使用规模与管理方式的差异，会影响存储器的需求量。

(3) 程序编写水平对存储器的需求量有较大的影响。实际选型时应采用就高不就低的原则。

2. I/O模块的选择

1) 开关量输入模块

PLC的输入模块用来检测来自现场(如按钮、行程开关、温控开关、压力开关等)电平信号，并将其转换为PLC内部的低电平信号。开关量输入模块按输入点数分，常用的有8点、12点、16点、32点等；按工作电压分，常用的有直流5V、12V、24V，交流110V、220V等；按外部接线方式又可分为汇点输入、分隔输入等。

选择输入模块主要应考虑以下两点。

(1) 根据现场输入信号(如按钮、行程开关)与PLC输入模块距离的远近来选择电压的高低。一般，24V以下属低电平，其传输距离不宜太远。如12V电压模块一般不超过

10 m，距离较远的设备选用较高电压模块比较可靠。

(2) 高密度的输入模块，如32 A输入模块，允许同时接通的点数取决于输入电压和环境温度。一般，同时接通的点数不得超过总输入点数的60%。

2) 开关量输出模块

输出模块的任务是将PLC内部低电平的控制信号转换为外部所需电平的输出信号，驱动外部负载。输出模块有3种输出方式：继电器输出、双向可控硅输出和晶体管输出。

(1) 输出方式。继电器输出价格便宜，使用电压范围广，导通压降小，承受瞬间过电压和过电流的能力较强，且有隔离作用。但继电器有触点，寿命较短，且响应速度较慢，适用于动作不频繁的交/直流负载。当驱动电感性负载时，最大开闭频率不得超过1Hz。

晶闸管输出(交流)和晶体管输出(直流)都属于无触点开关输出，适用于通断频繁的感性负载。感性负载在断开瞬间会产生较高的反压，必须采取抑制措施。

(2) 输出电流。模块的输出电流必须大于负载电流的额定值，如果负载电流较大，输出模块不能直接驱动，则应增加中间放大环节。对于电容性负载、热敏电阻负载，考虑到接通时有冲击电流，故要留有足够的冗余。

(3) 允许同时接通的输出点数。在选用输出模块时，不但要看一个输出点的驱动能力，还要看整个输出模块的满负荷能力，即输出模块同时接通点数的总电流值不得超过模块规定的最大允许电流。

3) 模拟量及特殊功能模块

除了开关量信号以外，工业控制中还要对温度、压力、物位、流量等过程变量进行检测和控制。模拟量输入、模拟量输出以及温度控制模块就是用于将过程变量转换为PLC可以接收的数字信号以及将PLC内的数字信号转换成模拟信号输出。此外，还有一些特殊情况，如位置控制、脉冲计数以及联网，与其他外部设备连接等，都需要专用的接口模块，如传感器模块、I/O链接模块等。这些模块中有自己的CPU、存储器，能在PLC的管理和协调下独立地处理特殊任务，这样既完善了PLC的功能，又减轻了PLC的负担，提高了处理速度。

4) 分配I/O点

一般输入点与输入信号、输出点与输出控制是一一对应的。分配好后，按系统配置的通道与接点号，分配给每一个输入信号和输出信号，即进行编号。

在个别情况下，也有两个信号用一个输入点的，那样就应在接入输入点前，按逻辑关系接好线(如两个触点先串联或并联)，然后再接到输入点。

(1) I/O通道范围。不同型号的PLC，其I/O通道的范围是不一样的，应根据所选PLC型号，弄清相应的I/O点地址的分配。

(2) 内部辅助继电器。内部辅助继电器不对外输出，不能直接连接外部器件，而是在控制其他继电器、定时器、计数器时作数据存储或数据处理用。从功能上讲，内部辅助继电器相当于传统电控柜中的中间继电器。未分配模块的输入/输出继电器区以及未使用1∶1连接时的链接继电器区等均可作为内部辅助继电器使用。

(3) 定时器/计数器。对用到定时器和计数器的控制系统，注意定时器和计数器的编号不能相同。若扫描时间较长，则要使用高速定时器以保证计时准确。

(4) 数据存储器。在数据存储、数据转换以及数据运算等场合，经常需要处理以通道为单位的数据。数据存储器中的内容，即使在PLC断电、运行开始或停止时也能保持不变。数据存储器也应根据程序设计的需要来合理安排。

3. 设计安全回路

安全回路起保护人身安全和设备安全的作用，它应能独立于PLC工作，并采用非半导体的机电元件以硬接线方式构成。

设计对人身安全至关重要的安全回路，应考虑使用独立于PLC的紧急停机功能。在操作人员易受机器影响的地方，应考虑使用一个机电式过载器或其他独立于PLC的冗余工具，用于启动和终止转动。

为确保系统安全，硬接线逻辑回路在以下几种情况下将发挥安全保护作用。

(1) PLC或机电元件检测到设备发生紧急异常状态时。

(2) PLC失控时。

(3) 操作人员需要紧急干预时。

安全回路的典型设计，是将每个执行器均连接到一个特别紧急停止(E-stop)区构成矩阵结构，该矩阵即为设计硬件安全电路的基础。设计安全回路的任务包括以下内容。

(1) 确定控制回路之间逻辑和操作上的互锁关系。

(2) 提供对过程中重要设备的手动安全性干预手段。

(3) 确定其他与安全和完善运行有关的要求。

(4) 为PLC定义故障形式和重新启动特性。

10.3.2 PLC应用系统的软件设计

从应用的角度来看，运用PLC技术进行PLC应用系统的软件设计与开发，需要两个方面的知识和技能：PLC硬件系统的配置和编写程序技术。本节在熟悉PLC指令系统的基础上，对PLC应用软件的设计内容、方法、步骤以及编程工具软件进行较全面的介绍。

1. 软件设计的内容

PLC应用软件的设计是一项十分复杂的工作，它要求设计人员既要有PLC、计算机程序设计的基础，又要有自动控制的技术，还要有一定的现场实践经验。PLC软件工程的设计通常要涉及以下几个方面的内容。

(1) PLC软件功能的分析与设计。

(2) I/O信号及数据结构分析与设计。

(3) 程序结构分析与设计。

(4) 软件设计规格说明书编制。

(5) 用编程语言、PLC指令进行程序设计。

(6) 软件测试。

(7) 程序使用说明书编制。

2. 软件设计步骤

根据可编程序控制器系统硬件结构和生产工艺要求，在软件规格说明书的基础上，用相应的编程语言指令，编制实际应用程序并形成程序说明书的过程就是应用系统的软件设计。可编程序控制器应用系统的软件设计过程如图10.35所示。

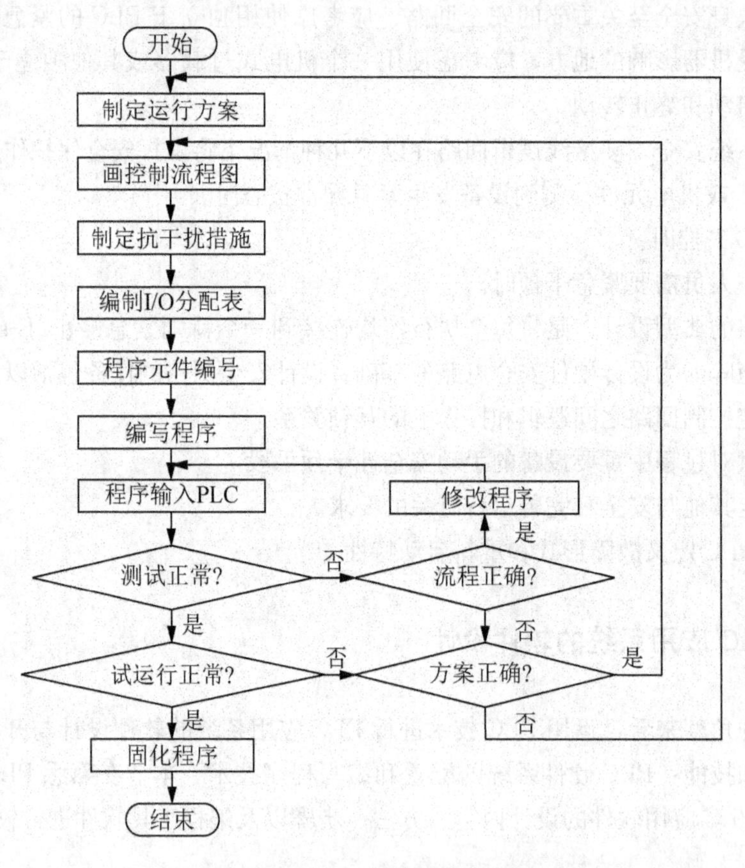

图10.35 PLC软件设计流程图

1) 制定设备运行方案

制定方案就是根据生产工艺的要求，分析各输入、输出与各种操作之间的逻辑关系，确定需要检测的量和控制的方法，并设计出系统中各设备的操作内容和操作顺序。

2) 绘制控制流程图

对于较复杂的应用系统，需要绘制系统控制流程图，用以清楚地表明动作的顺序和条件。

3) 制定系统的抗干扰措施

根据现场工作环境、干扰源的性质等因素，综合制定系统的硬件和软件抗干扰措施，

如硬件上的电源隔离、信号滤波、软件上的平均值滤波等。

4）编写程序

根据被控对象的I/O信号及所选定的PLC型号分配PLC的硬件资源(如采用LAD语言来编程，则需为梯形图的各种继电器或接点进行编号)，再按照软件规格说明书(技术要求、编制依据、测试)进行。编程主要包括以下内容。

(1) 存储器(包括RAM和ROM)空间的分配。

(2) 专用存储器(寄存器)的确定。

(3) 系统初始化程序的设计。

(4) 各功能块子程序的编制。

(5) 主程序的编制及调试。

(6) 故障应急措施。

(7) 其他辅助程序的设计。

5）软件测试

为了及时发现和消除程序中的错误和缺陷，减少系统现场调试的工作量，确保系统在各种正常和异常情况时都能做出正确的响应，需要对程序进行离线测试。经调试、排错、修改及模拟运行后，才能把程序固化到EPROM或EEPROM芯片中，正式投入运行。程序测试时重点应注意下列问题。

(1) 程序能否按设计要求运行。

(2) 各种必要的功能是否具备。

(3) 发生意外事故时能否做出正确的响应。

(4) 对现场干扰等环境因素适应能力如何。

6）编制程序使用说明书

当一项软件工程完成后，为了便于用户和现场调试人员的使用，应对所编制的程序进行说明，通常程序使用说明书应包括程序设计的依据、结构、功能、流程图，各项功能单元的分析，PLC的I/O信号，软件程序操作使用的步骤、注意事项，对程序中需要测试的必要环节可进行注释。实际上说明书就是一份软件综合说明的存档文件。

10.3.3　设计举例

以下介绍两个PLC控制系统实例。

1. 用PLC实现电机正反转控制

电机正反转控制的原继电接触线路如图9.22所示。

(1) I/O分配：见表10-13。

(2) PLC外部接线：如图10.36所示。

表 10－13　电机正反转控制 I/O 分配

输入设备	输入地址	输出设备	输出地址
停止按钮 SB1	I0.0	正转接触器 KM1	Q4.0
正转按钮 SB2	I0.1	反转接触器 KM2	Q4.1
反转按钮 SB3	I0.2		
热继电器 KR	I0.3		

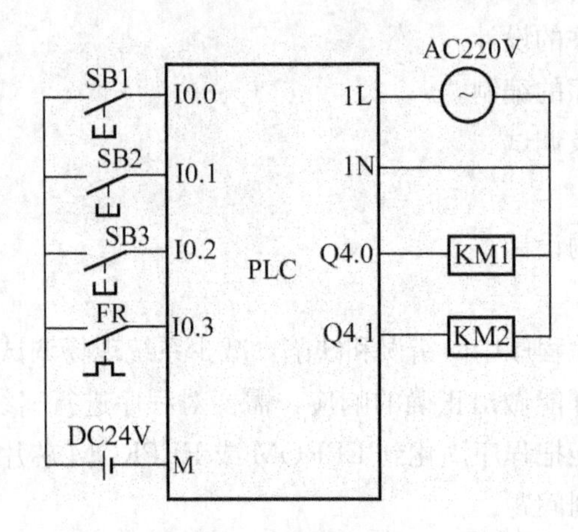

图 10.36　电机正反转控制 PLC 外部接线

(3) PLC 硬件配置。

电源：PS307 /2A

CPU315

数字量输入模块：SM 321 DI 16×24 VDC

数字量输出模块：PSM 322 DO 8×120/230 VAC/2A。

(4) 程序设计。在 OB1 中编写控制程序，如图 10.37 所示。

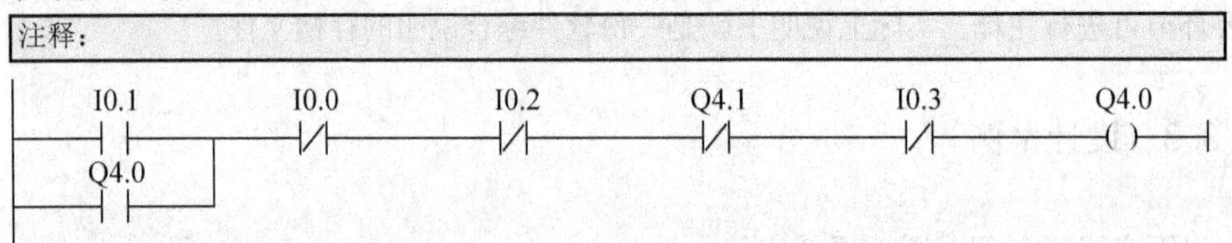

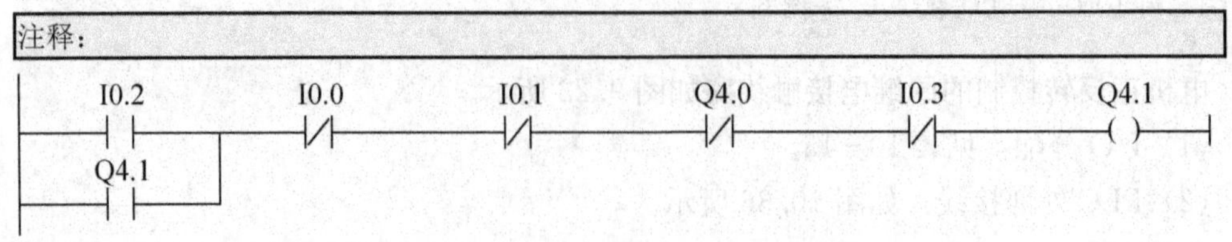

图 10.37　电机正反转控制 PLC 梯形图

2. 物品分选系统设计

如图 10.38 所示，物品分选系统设计：传送带由电机 M 拖动，该电机的通断由接触器 KM 控制，每传送一个物品，脉冲发生器 LS 发出一个脉冲，作为物品发送的检测信号，次品检测在传送带的 0 号位进行，由光电检测装置 PEB1 检测，当次品在传送带上继续往前走，到 4 号位置时应使电磁铁 YV 通电，电磁铁向前推，次品落下，当光电开关 PEB2 检测到次品落下时，给出信号，让电磁铁 YV 断电，电磁铁缩回，正品则到第 9 号位置时装入箱中，光电开关 PEB3 为正品装箱计数检测用。

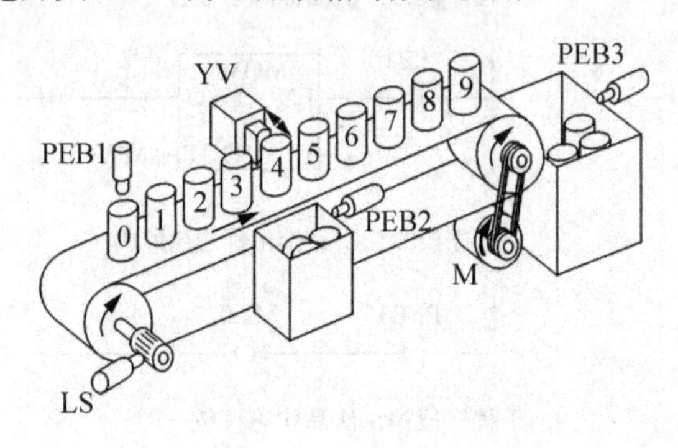

图 10.38　物品分选系统示意图

I/O 分配表见表 10－14，并据此建立符号表。PLC 外部接线如图 10.39 所示。

表 10－14　物品分选系统地址分配表

模块	地址	符号	传感器/执行器	说明
数字量输入 32×24VDC	I0.0	LS	脉冲发生器	物品到来信号
	I0.1	PEB1	光电传感器常开触点	次品检测
	I0.2	PEB2	光电传感器常开触点	次品落下检测
	I0.3	PEB3	光电传感器常开触点	正品落下检测
	I0.4	SB1	常开按钮	次品标志复位
	I0.5	SB2	常开按钮	正品计数器复位
	I0.6	SB3	常开按钮	传送带启动
	I0.7	SB4	常开按钮	传送带停止
数字量输出 8×220VAC	Q4.0	KM	接触器	电机启停
	Q4.1	YV	电磁铁	次品推出
	Q4.2	HL	信号灯	箱装满指示

PLC 控制程序如图 10.40 所示。此处，用 MW0 作为移位寄存器，M2.0、M2.1、M2.2 作为中间寄存器。当 PEB1 检测到次品时，使初位 M0.0 置“1”，然后，每过一个次品，LS 发出一个脉冲，使移位器移位一次，当移位 5 次时，次品信号传递到 4 号位

(M0.4)置“1”，次品推出电磁铁工作，通过 SB1 可以使次品标志(MW0)复位。正品计数由计数器 C1 完成，当计到 20 时，信号灯 HL 亮。

程序段?1：传送带启停控制

“SB3” “SB4” “C1” “KM”
“KM”

程序段?2：次品标志字复位

“SB1” MOVE EN ENO
0-IN OUT-“MWO”

程序段?3：次品推出标志(M0.0)

“PEB1” M2.0 (P) M0.0 (S)

程序段?4：次品状态移位

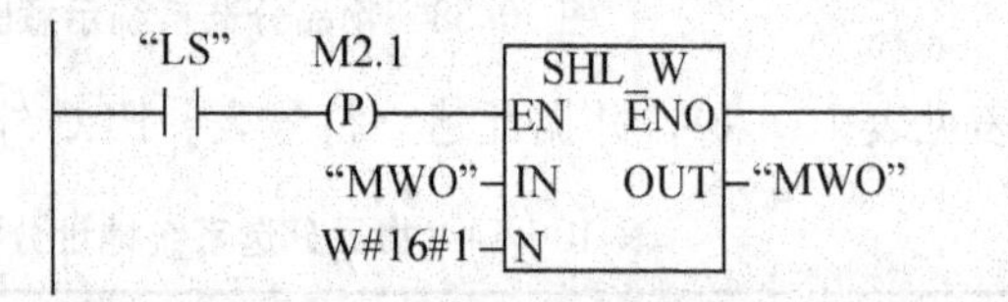

程序段?5：次品推出，复位次品标志(此时已移到M0.4)

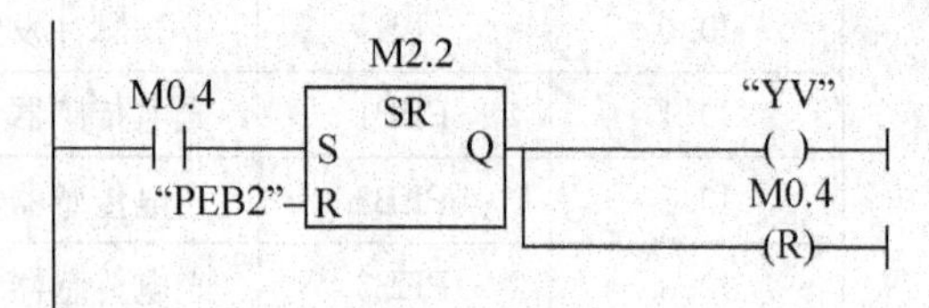

程序段?6：正品次数

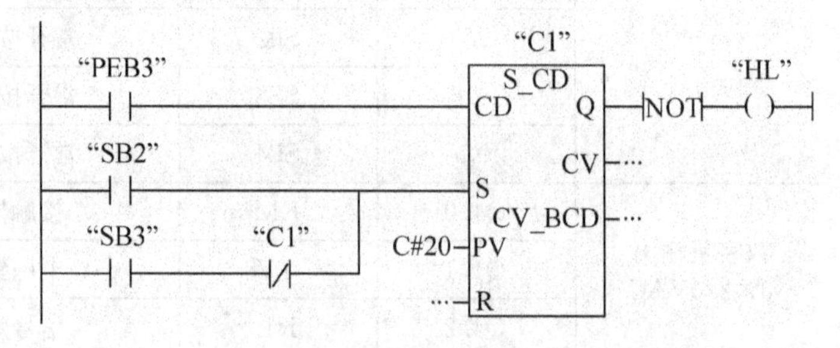

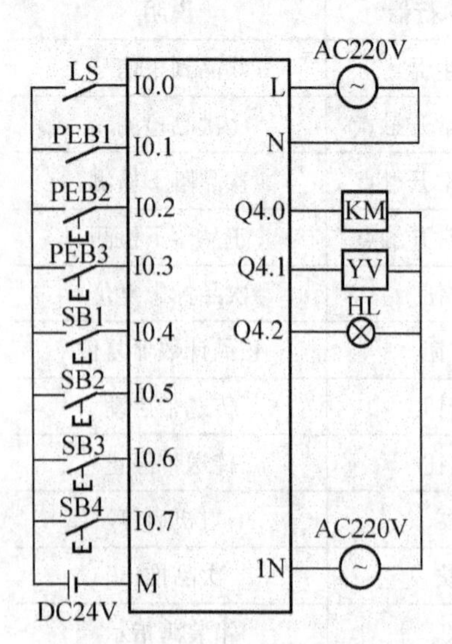

图 10.39　物品分选系统 PLC 接线图

图 10.40　物品分选系统 PLC 程序

习 题

1. 用两个定时器构成一个时钟脉冲发生器，当按钮 S1(I0.0)按下时，输出指示灯 H1(Q4.0)以亮 2s、灭 1s 的规律交替进行。

2. 两台电机启停控制：按下启动按钮 SB1(I0.1)后，电机 1(Q4.1)立即启动，5S 后电机 2(Q4.2)启动；按下停止按钮 SB2(I0.2)后，电机 2 立即停止，10S 后电机 1 停止。

3. 如图 10.41 所示，若传送带上 20s 内无产品通过则报警，并接通 Q0.0。试画出梯形图并写出指令表。

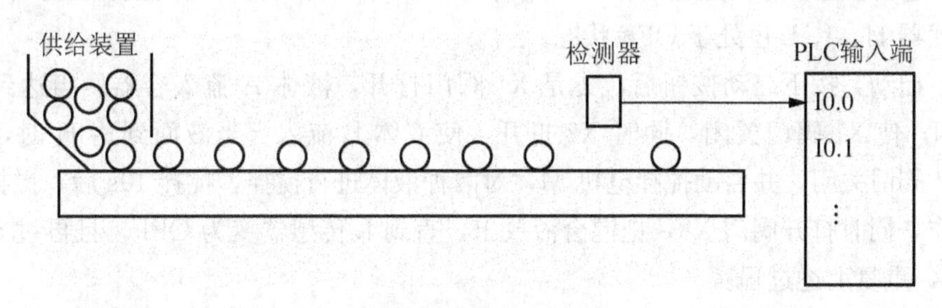

图 10.41 习题 3 的图

4. 图 10.42 是闪烁电路的波形图，设开始时 T37 和 T38 均为 OFF，当 I0.0 为 ON 后，T37 开始定时 2s 之后，Q0.0 点亮，同时 T38 开始定时 3s 之后，Q0.0 熄灭，T37 又开始定时 2s 之后，Q0.0 又点亮，同时 T38 又开始定时 3s，如此周期变化，试设计对应的梯形图。

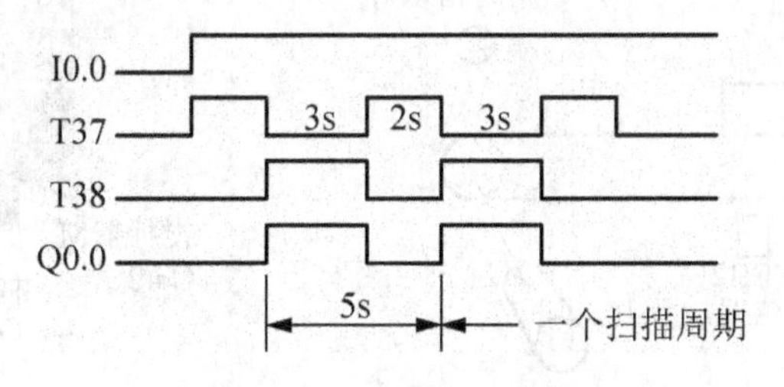

图 10.42 习题 4 的图

5. 现有 3 台电动机 M_1、M_2、M_3，要求按下启动按钮 I0.0 后，电动机按顺序启动(M_1 启动，接着 M_2 启动，最后 M_3 启动)，按下停止按钮 I0.1 后，电动机按顺序停止(M_3 先停止，接着 M_2 停止，最后 M_1 停止)。试设计其梯形图并写出指令表。

6. 风扇监控：用程序对一个设备中 3 个风扇(I0.0、I0.1 和 I0.2)进行监控。正常情况下，只要设备运行(I0.3＝1)，其中两个风扇就转，另一个备用。对它们的监控要求如下。

(1) 如果一个风扇坏了，而备用风扇在 5s 内还未接通，显示故障信号(Q4.0＝1)。

(2) 一旦 3 个风扇都坏了，故障信号立即显示。

(3) 如果3个风扇都接通，故障信号5s后显示。

(4) 当设备恢复正常运行时，用I0.7清除故障信息(Q4.0=0)。

7. 图10.43中的传送带一侧装配有两个光电传感器(PEB1和PEB2)(安装距离小于包裹的长度)，设计用于检测包裹在传送带上的移动方向，并用方向指示灯L_1和L_2指示。其中光电传感器触点为常开触点，当检测到物体时动作(闭合)。用3个常开按钮控制传送带的左启、右启和停车。试用PLC实现上述控制要求，画出传送带方向检测PLC接线图，给出地址分配表并画出梯形图。

8. 两种液体混合PLC控制，如图10.44所示。

要求如下。

(1) 起始状态：容器是空的，3个阀门(X1、X2、X3)均关闭，搅拌电机M不工作，液面传感器H、I、L也处于OFF状态。

(2) 启动：按下启动按钮后，先是X1阀门打开，液体A流入容器。当达到I时，I变为ON，使X1阀门关闭，同时X2打开，使液体B流入。当液面到达H时，H变为ON，X2阀门关闭，并启动搅拌电机M，对两种液体进行搅拌，搅拌10s后，搅拌电机M停止工作，同时打开阀门X3，把混合液放出，直到L传感器变为OFF，且再过5s，阀门X3关闭，重复上述过程。

(3) 停止：在任何时刻按停车按钮后，在当前周期结束后停止工作。

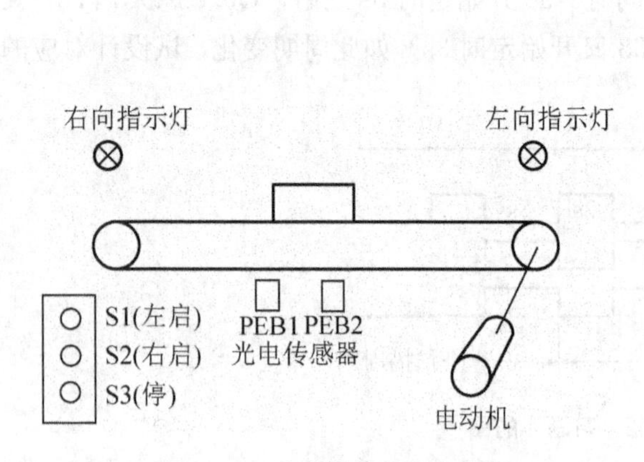

图10.43 传送带控制方向检测

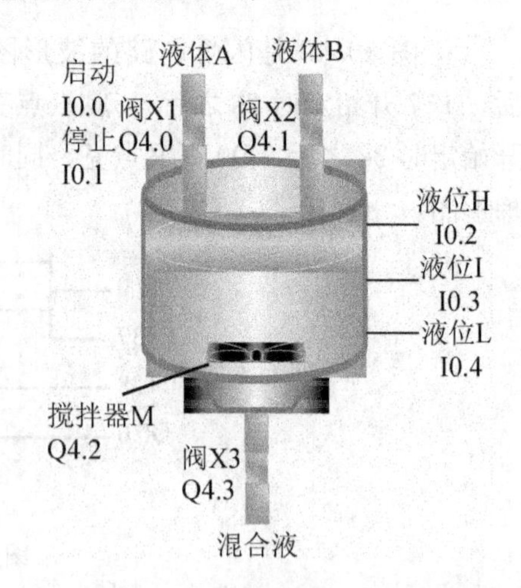

图10.44 两种液体混合示意图

第11章

电工测量

学习目标

☞ 掌握电工测量仪表的分类、基本结构及工作原理
☞ 掌握电工测量仪表的特点和连接方式
☞ 掌握电工测量仪表的技术特性和应用范围
☞ 掌握各种电工测量仪表的正确使用方法

知识结构

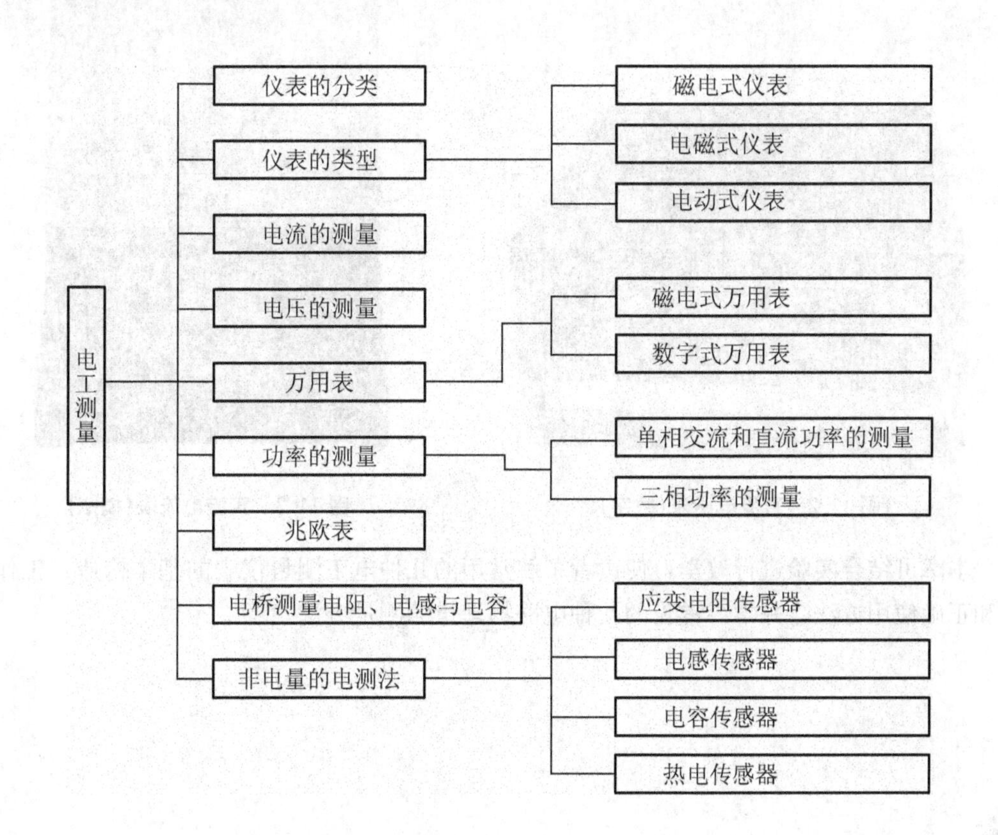

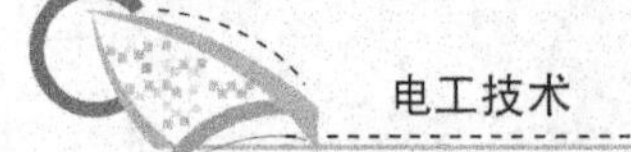

引例

实现电磁测量过程所需技术工具的总称，称为电工仪表。电路中的各个物理量(如电压、电流、功率、电能及电路参数等)的大小，除用分析与计算的方法外，常用电工测量仪表去测量。例如，在电路分析中，测定端口的伏安曲线是一个很重要的分析手段，通常采用调节外接可调电阻的方法，以得到不同的电压、电流值，常用的测量方法有伏安测量法，如图 11.1 所示。

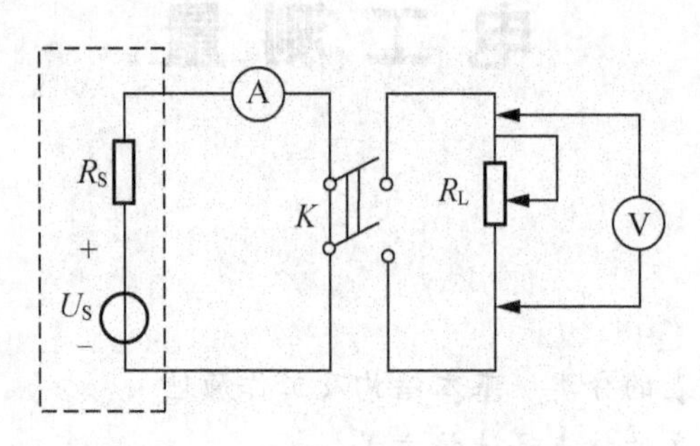

图 11.1　伏安测量法实验线路图

图中用到的电工仪表为电压表Ⓥ和电流表Ⓐ，分别用来测量电路中的直流电压和直流电流，实物图如图 11.2 和图 11.3 所示。其他仪表的结构和功能将在本章详细介绍。

图 11.2　直流电压表(数字)

图 11.3　直流电流表(模拟)

本章可结合实验进行教学，使读者了解常用的几种电工测量仪表的基本构造、工作原理和正确使用方法，并学会常见的几种电路物理量的测量方法。

11.1 电工测量仪表的分类

通常用的直读式电工测量仪表常按照下列几个方面来分类。

1. 按照被测量的种类分类

电工测量(electrical measurements)仪表若按照被测量的种类来分，则见表 11-1。

表 11-1 电工测量仪表按被测量的种类分类

次序	被测量的种类	仪表名称	符 号
1	电 流	电流表	Ⓐ
		毫安表	(mA)
2	电 压	电压表	Ⓥ
		千伏表	(kV)
3	电功率	功率表	Ⓦ
		千瓦表	(kW)
4	电 能	电能表	kWh
5	相位差	相位表	(φ)
6	频 率	频率表	(f)
7	电 阻	电阻表	(Ω)
		兆欧表	(MΩ)

2. 按照工作原理分类

电工测量仪表若按照工作原理来分类，主要的几种则见表 11-2。

3. 按照电流的种类分类

电工测量仪表可分为直流仪表、交流仪表和交直流两用仪表，见表 11-2。

4. 按照准确度分类

准确度是电工测量仪表的主要特性之一。仪表的准确度(accuracy)与其误差有关。不管仪表制造得如何精确，仪表的读数和被测量的实际值之间总是有误差的：一种是基本误

表 11-2　电工测量仪表按工作原理分类

类型	符号	被测量的种类	电流的种类与频率
磁电式		电流、电压、电阻	直流
整流式		电流、电压	工频及较高频率的交流
电磁式		电流、电压	直流及工频交流
电动式		电流、电压、电功率、功率因数、电能量	直流及工频与较高频率的交流

差，它是由于仪表本身结构的不精确所产生的，如刻度的不准确、弹簧的永久变形、轴和轴承之间的摩擦、零件位置安装不正确等；另外一种附加误差，它是由于外界因素对仪表读数的影响所产生的，例如没有在正常工作条件下进行测量，测量方法不完善，读数不准确等。

仪表的准确度是根据仪表的相对额定误差来分级的。所谓相对额定误差(relative rated error)，就是指仪表在正常工作条件下进行测量可能产生的最大基本误差 ΔA_m 与仪表的最大量程(满标值) A_m 之比，如以百分数表示，则为

$$\gamma = \frac{\Delta A_m}{A_m} \times 100\% \tag{11.1}$$

目前，我国直读式电工测量仪表按照准确度分为 0.1，0.2，0.5，1.0，1.5，2.5 和 5.0 七级。这些数字就是表示仪表的相对额定误差的百分数。

例如，有一准确度为 2.5 级的电压表，其最大量程为 50V，则可能产生的最大基本误差为

$$\Delta U_m = \gamma \times U_m = \pm 2.5\% \times 50 = \pm 1.25\text{V}$$

在正常工作条件下，可以认为最大基本误差是不变的，所以被测量较满标值愈小，则相对测量误差就愈大。例如，用上述电压表来测量实际值为 10V 的电压时，则相对测量误差为

$$\gamma_{10} = \frac{\pm 1.25}{10} \times 100\% = \pm 12.5\%$$

而用它来测量实际值为 40V 的电压时，则相对测量误差为

$$\gamma_{40} = \frac{\pm 1.25}{40} \times 100\% = \pm 3.1\%$$

因此，在选用仪表的量程时，应使被测量的值愈接近满标值愈好。一般应使被测量的值超过仪表满标值的一半以上。

准确度等级较高(0.1，0.2，0.5级)的仪表常用来进行精密测量或校正其他仪表。

在仪表上，通常都标有仪表的类型、准确度的等级、电流的种类以及仪表的绝缘耐压强度和放置位置等符号(表11-3)。

表11-3 电工测量仪表上的几种符号

符号	意义	符号	意义
⎓	直流	ϟ2kV	仪表绝缘试验电
∼	交流	↑	仪表直立放置
≂	交直流	→	仪表水平放置
3∼或≋	三相交流	∠60°	仪表倾斜60°放置

练习与思考

1. 试说明通常用的直读式电工测量仪表的分类。

2. 在电压测量过程中，什么是电压的相对测量误差？

3. 有一个准确度为1.5级的电流表，其最大量程为200mA，则它可能产生的最大基本误差是多少？

11.2 电工测量仪表的类型

按照工作原理可将常用的直读式仪表主要分为磁电式、电磁式和电动式等几种。

直读式仪表之所以能测量各种电量的根本原理，主要是利用仪表中通入电流后产生电磁作用，使可动部分受到转矩而发生转动。转动转矩与通入的电流之间存在着一定的关系：

$$T = f(I)$$

为了使仪表可动部分的偏转角 α 与被测量成一定比例，必须有一个与偏转角成比例的阻转矩 T_c 来与转动转矩 T 相平衡，即

$$T = T_c$$

这样才能使仪表的可动部分平衡在一定位置，从而反映出被测量的大小。

此外，仪表的可动部分由于惯性的关系，当仪表开始通电或被测量发生变化时，不能马上达到平衡，而要在平衡位置附近经过一定时间的振荡才能静止下来。为了使仪表的可动部分迅速静止在平衡位置，以缩短测量时间，还需要有一个能产生制动力(阻尼力)的装置，它称为阻尼器(damper)。阻尼器只在指针转动过程中才起作用。

在通常的直读式仪表中主要是由上述3个部分——产生转动转矩的部分、产生阻转矩的部分和阻尼器三部分组成的。

下面对磁电式(永磁式)、电磁式和电动式3种仪表的基本构造、工作原理及主要用途

加以讨论。

11.2.1 磁电式仪表

磁电式仪表(magneto electric meter)的构造如图 11.4 所示。它的固定部分包括马蹄形永久磁铁、极掌 NS 及圆柱形铁心等。极掌与铁心之间的空气隙的长度是均匀的，其中产生均匀的辐射方向的磁场，如图 11.5 所示。仪表的可动部分包括铝框及线圈、前后两根半轴 O 和 O'、螺旋弹簧(或用张丝：张丝是由铍青铜或锡锌青铜制成的弹性带)及指针等。铝框套在铁心上，铝框上绕有线圈，线圈的两头与连在半轴 O 上的两个螺旋弹簧的一端相接，弹簧的另一端固定，以便将电流通入线圈。指针也固定在半轴 O 上。

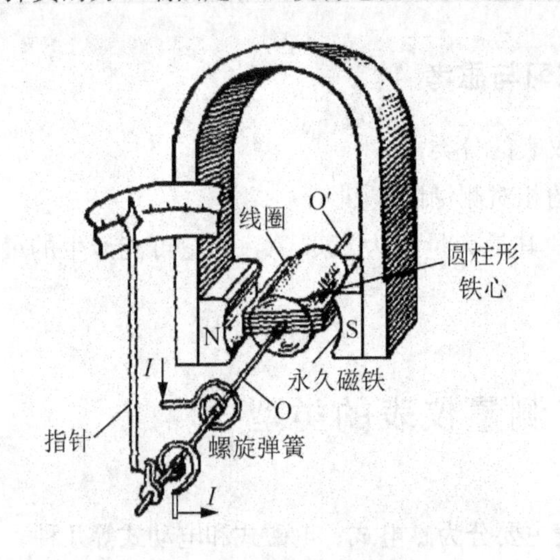

图 11.4 磁电式仪表图

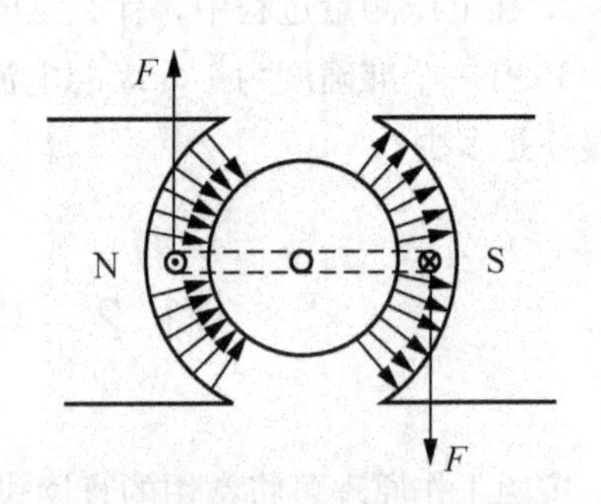

图 11.5 磁电式仪表的转矩

当线圈通有电流时，由于与空气隙中磁场的相互作用，线圈的两有效边受到大小相等、方向相反的力，其方向(图 11.5)由左手定则确定，其大小为

$$F = BlNI$$

式中：B 为空气隙中的磁感应强度；l 为线圈在磁场内的有效长度；N 为线圈的匝数。

如果线圈的宽度为 b，则线圈所受的转矩为

$$T = Fb = BlbNI = k_1 I \tag{11.2}$$

式中：$k_1 = BlbN$，是一个比例常数。

在该转矩的作用下，线圈和指针便转动起来，同时螺旋弹簧被扭紧而产生阻转矩。弹簧的阻转矩与指针的偏转角 α 成正比，即

$$T_C = k_2 \alpha \tag{11.3}$$

当弹簧的阻转矩与转动转矩达到平衡时，可动部分便停止转动。这时

$$T = T_c \tag{11.4}$$

即

$$\alpha = \frac{k_1}{k_2}I = kI \tag{11.5}$$

由上式可知，指针偏转的角度是与流经线圈的电流成正比的，按此即可在标度尺上作均匀刻度。当线圈中无电流时，指针应指在零的位置。如果不在零的位置，可用校正器进行调整。

磁电式仪表的阻尼作用是这样产生的：当线圈通有电流而发生偏转时，铝框切割永久磁铁的磁通，在框内感应出电流，该电流再与永久磁铁的磁场作用，产生与转动方向相反的制动力，于是仪表的可动部分就受到阻尼作用，迅速静止在平衡。

这种仪表只能用来测量直流(如用磁电式仪表，测量交流则须用交换器，如整流式仪表)，如通入交流电流，则可动部分由于惯性较大，将赶不上电流和转矩的迅速交变而静止不动。也就是说，可动部分的偏转是决定于平均转矩的，而并不决定于瞬时转矩。在交流的情况下，这种仪表的转动转矩的平均值为零。

磁电式仪表的优点是：刻度均匀；灵敏度和准确度高；阻尼强；消耗电能量少；由于仪表本身的磁场强，所以受外界磁场的影响很小。这种仪表的缺点是：只能测量直流；价格较高；由于电流须流经螺旋弹簧，因此不能承受较大过载，否则将引起弹簧过热，使弹性减弱，甚至被烧毁。

磁电式仪表常用来测量直流电压、直流电流及电阻等。

11.2.2 电磁式仪表

电磁式仪表(electromagnetic meter)常采用推斥式的构造，如图 11.6 所示。它的主要部分是固定的圆形线圈、线圈内部的固定铁片、固定在转轴上的可动铁片。当线圈中通有电流时，产生磁场，两铁片均被磁化，同一端的极性是相同的，因而互相推斥，可动铁片因受斥力而带动指针偏转。在线圈通有交流电流的情况下，由于两铁片的极性同时改变，所以仍然产生推斥力。

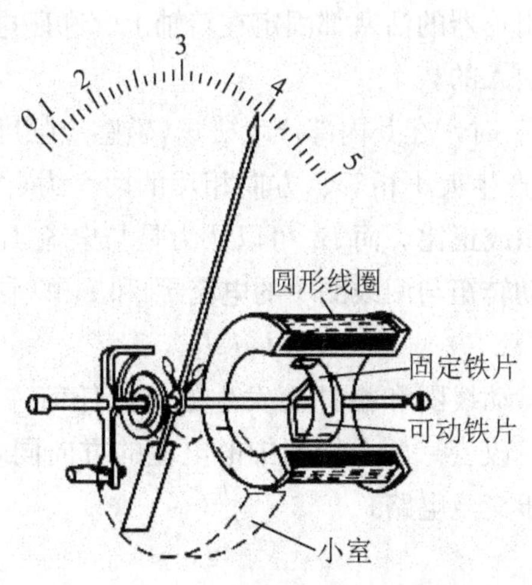

图 11.6 推斥式电磁式仪表

可以近似地认为，作用在铁片上的吸力或仪表的转动转矩是和通入线圈的电流的平方成正比的。在通入直流电流 I 的情况下，仪表的转动转矩为

$$T=k_1 I^2 \tag{11.6}$$

在通入交流电流 i 时，仪表可动部分的偏转决定于平均转矩，它和交流电流有效值 I 的平方成正比，即

$$T=k_2 I^2 \tag{11.7}$$

和磁电式仪表一样，产生阻转矩的也是连在转轴上的螺旋弹簧。当阻转矩与转动转矩达到平衡时，可动部分即停止转动。这时

$$T=T_c$$

即

$$\alpha=\frac{k_1}{k_2}I^2=kI^2 \tag{11.8}$$

由上式可知，指针的偏转角与直流电流或交流电流有效值的平方成正比，所以刻度是不均匀的。

在这种仪表中产生阻尼力的是空气阻尼器。其阻尼作用是由与转轴相连的活塞在小室中移动而产生的。

电磁式仪表的优点是：构造简单；价格低廉；可用于交直流；能测量较大电流和允许较大的过载(因为电流只经过固定线圈，不像磁电式仪表那样要经过螺旋弹簧。线圈导线的截面可以较大)。其缺点是：刻度不均匀；易受外界磁场(本身磁场很弱)及铁片中磁滞和涡流(测量交流时)的影响，因此准确度不高。

这种仪表常用来测量交流电压和电流。

11.2.3 电动式仪表

电动式仪表(electric meter)的构造如图 11.7 所示。它有两个线圈：固定线圈和可动线圈。后者与指针及空气阻尼器的活塞都固定在转轴上。和磁电式仪表一样，可动线圈中的电流也是通过螺旋弹簧引入的。

当固定线圈通有电流 I_1 时，在其内部产生磁场(磁感应强度为 B_1)，可动线圈中的电流 I_2 与此磁场相互作用，产生大小相等、方向相反的两个力(图 11.8)，其大小则与磁感应强度 B_1 和电流 I_2 的乘积成正比。而 B_1 可以认为是与电流 I_1 成正比的，所以作用在可动线圈上的力或仪表的转动转矩与两线圈中的电流 I_1 和 I_2 的乘积成正比，即

$$T=k_1 I_1 I_2 \tag{11.9}$$

在该力矩的作用下，可动线圈和指针便发生偏转。任何一个线圈中的电流的方向改变，指针偏转的方向就随着改变。两个线圈中的电流的方向同时改变，偏转的方向不变。因此，电动式仪表也可用于交流电路。

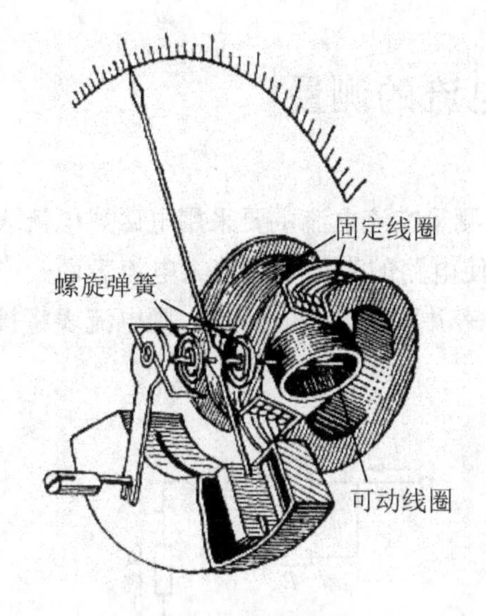

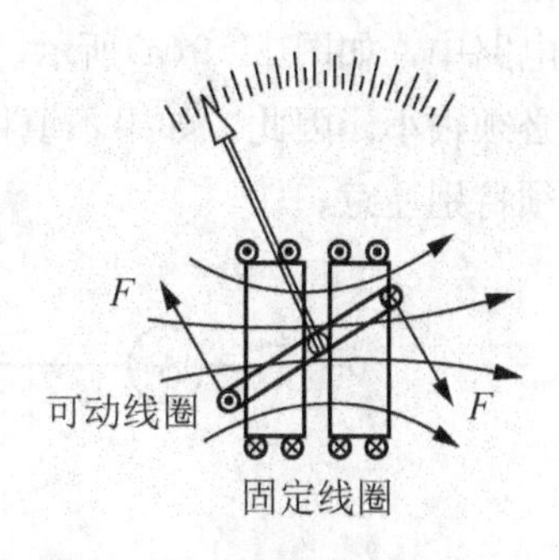

图 11.7 电动式仪表

图 11.8 电动式仪表的转矩

当线圈中通入交流电流 $i_1 = I_{1m}\sin\omega t$ 和 $i_2 = I_{2m}\sin(\omega t+\varphi)$ 时，转动转矩的瞬时值即与两个电流的瞬时值的乘积成正比。但仪表可动部分的偏转是决定于平均转矩的，即

$$T = k'_1 I_1 I_2 \cos\varphi \tag{11.10}$$

式中：I_1 和 I_2 是交流电流 i_1 和 i_2 的有效值；φ 是 i_1 和 i_2 之间的相位差。

当螺旋弹簧产生的阻转矩 $T_C = k_2\alpha$ 与转动转矩达到平衡时，可动部分便停止转动。这时

$$T = T_c$$

即

$$\alpha = kI_1I_2\text{（直流）} \tag{11.11}$$

或

$$\alpha = kI_1I_2\cos\varphi\text{（交流）} \tag{11.12}$$

电动式仪表的优点是适用于交直流，同时由于没有铁心(在线圈中也有置以铁心的，以增强仪表本身的磁场，这称为铁磁电动式仪表)，所以准确度较高。其缺点是受外界磁场的影响大(本身的磁场很弱)，不能承受较大过载。

电动式仪表可用在交流或直流电路中测量电流、电压及功率等。

练习与思考

1. 按照工作原理，常用的直读式仪表主要分为哪几种?

2. 试说明电磁式仪表和磁电式仪表的优、缺点。

11.3 电流的测量

测量直流电流通常都用磁电式电流表，测量交流电流主要采用电磁式电流表。电流表应串联在电路中，如图 11.9(a)所示。为了使电路的工作不因接入电流表而受影响，电流表的内阻必须很小。因此，如果不慎将电流表并联在电路的两端，则电流表将被烧毁，在使用时务须特别注意。

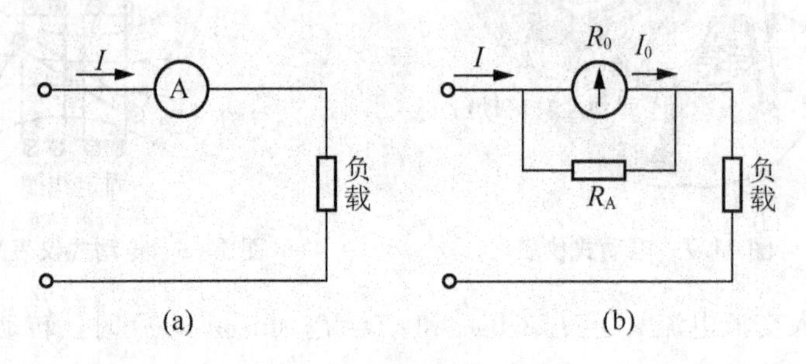

图 11.9 电流表和分流器

采用磁电式电流表测量直流电流时，因其测量机构(即表头)所允许通过的电流很小(上节所述的磁电式仪表的结构称为测量机构，由于电流是经螺旋弹簧引入的，一般只允许在 100mA 以内)，不能直接测量较大电流。为了扩大它的量程，应该在测量机构上并联一个称为分流器的低值电阻 R_A，如图 11.9(b)所示。这样，通过磁电式电流表的测量机构的电流 I_0 只是被测电流 I 的一部分，但两者有如下关系：

$$I_0 = \frac{R_A}{R_0 + R_A} I$$

即

$$R_A = \frac{R_0}{\dfrac{I}{I_0} - 1}$$

式中：R_0 是测量机构的电阻。由上式可知，需要扩大的量程愈大，则分流器的电阻应愈小。多量程电流表具有几个标有不同量程的接头，这些接头可分别与相应阻值的分流器并联。分流器一般放在仪表的内部，成为仪表的一部，但较大电流的分流器常放在仪表的外部。

【例 11.1】 有一磁电式电流表，当无分流器时，表头的满标值电流为 5mA。表头电阻为 20 Ω。今欲使其量程(满标值)为 1A，问分流器的电阻应为多大?

解：

$$R_A = \frac{R_0}{\dfrac{I}{I_0} - 1} = \frac{20}{\dfrac{1}{0.005} - 1} = 0.1005(\Omega)$$

用电磁式电流表测量交流电流时，不用分流器来扩大量程。这是因为：一方面电磁式电流表的线圈是固定的，可以允许通过较大电流；另一方面在测量交流电流时，由于电流的分配不仅与电阻有关，而且也与电感有关，因此分流器很难制得精确。如果要测量几百安培以上的交流电流时，则利用电流互感器来扩大量程。

练习与思考

1. 在测量电流时，直流电和交流电分别采用哪种仪表？
2. 试说明用电磁式电流表测量交流电流时，不用分流器来扩大量程的原因。

11.4 电压的测量

测量直流电压常用磁电式电压表，测量交流电压常用电磁式电压表。电压表是用来测量电源、负载或某段电路两端的电压的，所以必须和它们并联，如图 11.10(a)所示。为了使电路工作不因接入电压表而受影响，电压表的内阻必须很高。而测量机构的电阻 R_0 是不大的，所以必须和它串联一个称为倍压器(doublers)的高值电阻 R_V，如图 11.10(b)所示，这样就使电压表的量程扩大了。

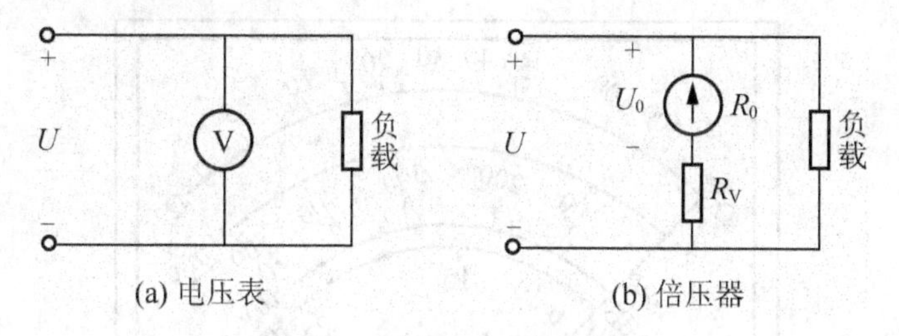

图 11.10 电压表和倍压器

由图 11.10(b)可得

$$\frac{U}{U_0}=\frac{R_0+R_V}{R_0}$$

即

$$R_V=R_0\left(\frac{U}{U_0}-1\right) \tag{11.13}$$

由上式可知，需要扩大的量程愈大，则倍压器的电阻应愈高。多量程电压表具有几个标有不同量程的接头，这些接头可分别与相应阻值的倍压器串联。电磁式电压表和磁电式电压表都须串联倍压器。

【例 11.2】 有一个电压表，其量程为 50V，内阻为 2000 Ω。今欲使其量程扩大到 300V，问还需串联多大电阻的倍压器？

解：

$$R_V=2000\times\left(\frac{300}{50}-1\right)\Omega=10000\Omega$$

练习与思考

1. 在测量电流时，直流电和交流电分别采用哪种仪表?
2. 试说明用电磁式电流表测量交流电流时，不用分流器来扩大量程的原因。

11.5 万 用 表

万用表(multimeter)可测量多种电量，虽然准确度不高，但是使用简单，携带方便，特别适用于检查线路和修理电气设备。万用表有磁电式和数字式两种。

11.5.1 磁电式万用表

磁电式万用表由磁电式微安表、若干分流器和倍压器、二极管及转换开关等组成，可以用来测量直流电流、直流电压、交流电压和电阻等。图 11.11 所示是常用的 MF 型万用表的面板图。现将各项测量电路分述如下。

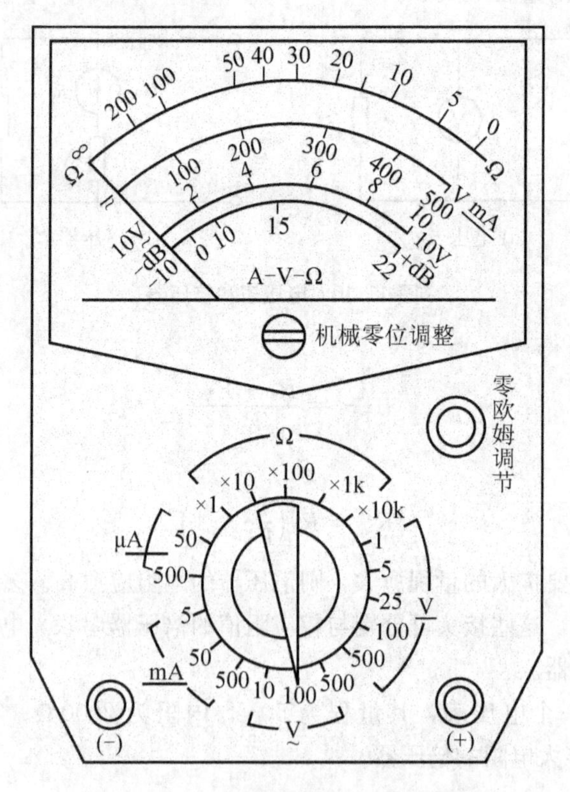

图 11.11 MF 型万用表的面板图

1. 直流电流的测量

测量直流电流的原理电路如图 11.12 所示。被测电流从“＋”、“－”两端进出。R_{A1}～R_{A5}是分流器电阻，它们和微安表连成一闭合电路。改变转换开关的位置，就改变了分流器的电阻，从而也就改变了电流的量程。例如，放在 50mA 档时，分流器电阻为 $R_{A1}+R_{A2}$，其余则与微安表串联。量程愈大，分流器电阻愈小。图中的 R 为直流调整电位器。

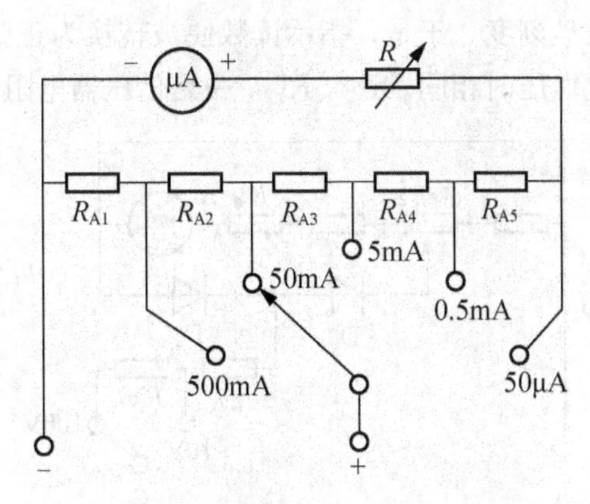

图 11.12 测量直流电流的原理电路

2. 直流电压的测量

测量直流电压的原理电路如图 11.13 所示。被测电压加在“＋”、“－”两端。R_{V1}，R_{V2}，…是倍压器电阻。量程愈大，倍压器电阻也愈大。

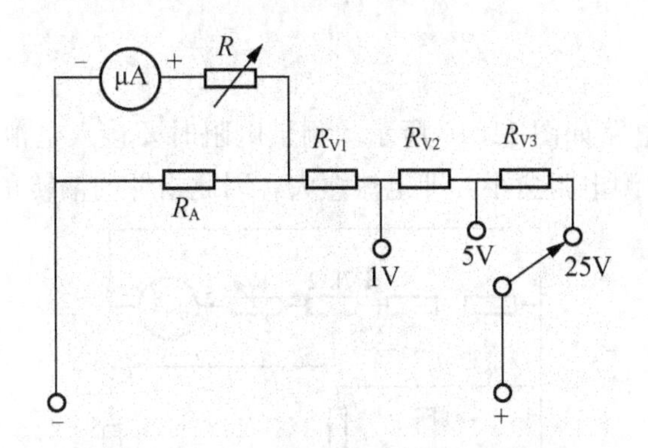

图 11.13 测量直流电压的原理电路

电压表的内阻愈高，从被测电路取用的电流愈小，被测电路受到的影响也就愈小。可以用仪表的灵敏度，也就是用仪表的总内阻除以电压量程来表明这一特征。例如，万用表在直流电压 25V 档上仪表的总内阻为 500 kΩ，则这档的灵敏度为 $\frac{500}{25}=20\ \text{k}\Omega/\text{V}$。

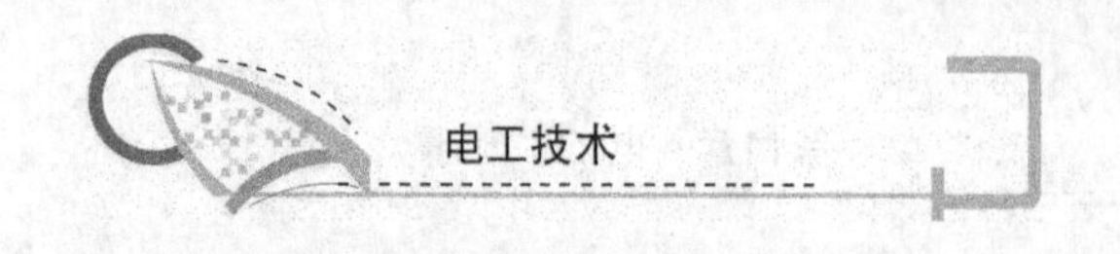

3. 交流电压的测量

测量交流电压的原理电路如图 11.14 所示。磁电式仪表只能测量直流，如果要测量交流，则必须附有整流元件，即图中的二极管 D_1 和 D_2。二极管只允许一个方向的电流通过，反方向的电流不能通过。被测变流电压也是加在“+”、“-”两端。在正半周时，设电流从“+”端流进，经二极管 D_1，部分电流经微安表流出。在负半周可见，通过微安表的是半波电流，读数应为该电流的平均值。为此，表中有一交流调整电位器(图中的 600Ω 电阻)，用来改变表盘刻度。于是，指示读数便被转换为正弦电压的有效值。至于量程的改变，则和测量直流电压时相同。R'_{V1}，R'_{V2}，…是倍压器电阻。

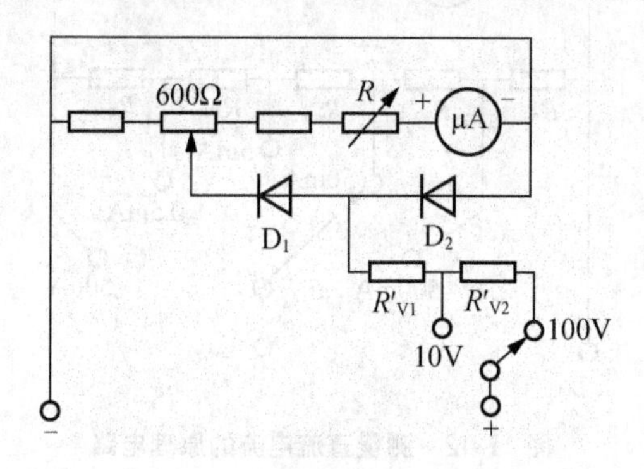

图 11.14 测量交流电压的原理电路

万用表交流电压档的灵敏度一般比直流电压档的低。MF 型万用表交流电压档的灵敏度为 5kΩ/V。

普通万用表只适用于测量频率为 45～1000 Hz 的交流电压。

4. 电阻的测量

测量电阻的原理电路如图 11.15 所示。测量电阻时要接入电池，被测电阻也是接在“+”、“-”两端。被测电阻愈小，即电流愈大，因此指针的偏转角愈大。测量前应先将

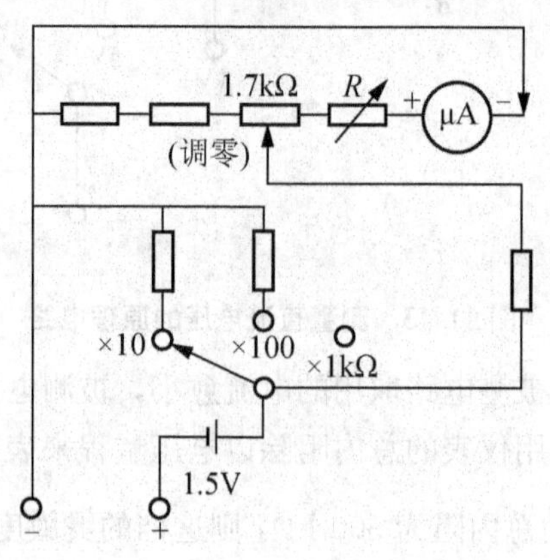

图 11.15 测量电阻的原理电路

“+”、“−”两端短接，看指针是否偏转最大而指在零(刻度的最右处)，否则应转动零欧姆调节电位器(图中的 1.7kΩ 电阻)进行校正。

使用万用表时应注意转换开关的位置和量程，绝对不能在带电线路上测量电阻，用毕应将转换开关转到高电压档。

此外，从图 11.15 还可看出，面板上的“+”端接在电池的负极，而“−”端是接向电池的正极的。

11.5.2 数字式万用表

今以 DT-830 型数字式万用表(digital multimeter)为例来说明它的测量范围和使用方法。

1. 测量范围

(1) 直流电压分 5 档：200mV，2V，20V，200V，1000V。输入电阻为 10 MΩ。

(2) 交流电压分 5 档：200mV，2V，20V，200V，750V。输入阻抗为 10 MΩ。频率范围为 40～500 Hz。

(3) 直流电流分 5 档：200μA，2 mA，20 mA，200 mA，10 A。

(4) 交流电流分 5 档：200μA，2 mA，20 mA，200 mA，10 A。

(5) 电阻分 6 档：200 Ω，2 kΩ，20 kΩ，200 kΩ，2 MΩ，20 MΩ。

此外，还可检查二极管的导电性能，并能测量晶体管的电流放大系数 h_{FE} 和检查线路通断。

2. 面板说明

图 11.16 所示是 DT-830 型数字式万用表的面板图。

(1) 显示器。显示四位数字，最高位只能显示 1 或不显示数字，算半位，故称三位半$\left(3\frac{1}{2}\text{位}\right)$。最大指示值为 1999 或−1999。当被测量超过最大指示值时，显示“1”或“−1”。

(2) 电源开关。使用时将电源开关置于“ON”位置；使用完毕置于“OFF”位置。

(3) 转换开关。用以选择功能和量程。根据被测的电量(电压、电流、电阻等)选择相应的功能位；按被测量的大小选择适当的量程。

(4) 输入插座。将黑色测试笔插入“COM”插座。红色测试笔有如下 3 种插法：测量电压和电阻时插入“V・Ω”插座；测量小于 200 mA 的电流时插入“mA”插座；测量大于 200mA 的电流时插入“10 A”插座。

DT-830 型数字式万用表的采样时间为 0.4 s，电源为直流 9V。

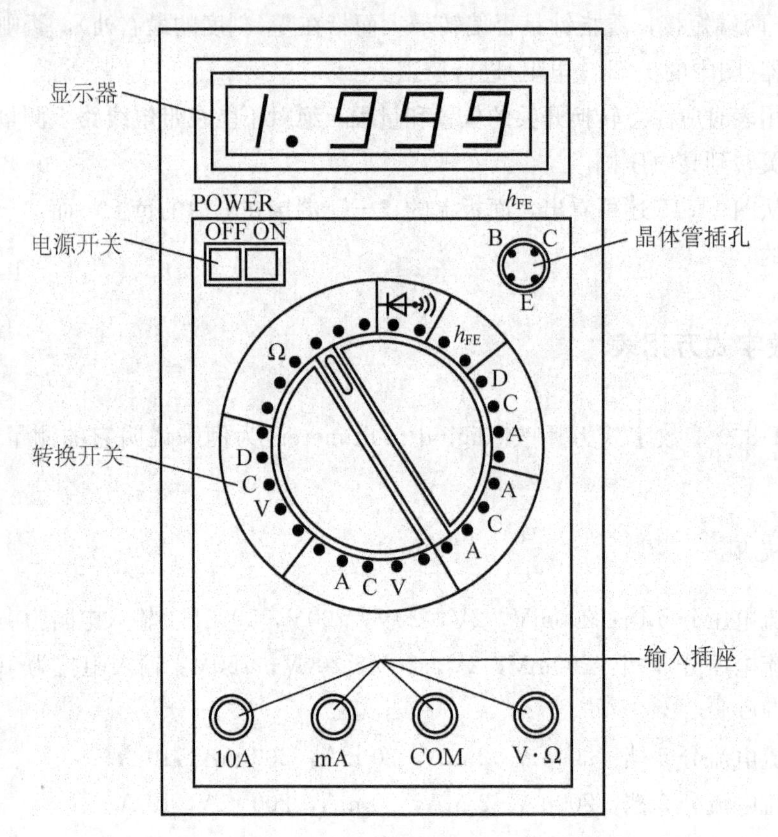

图 11.16　DT-830 型数字式万用表的面板图

练习与思考

1. 万用表分为哪几类？
2. 试问万用表可以测量哪些电量？
3. 数字万用表有哪些功能？

11.6　功率的测量

电路中的功率与电压和电流的乘积有关，因此用来测量功率的仪表必有两个线圈：一个用来反映负载电压，与负载并联，称为并联线圈或电压线圈(voltage coil)；另一个用来反映负载电流，与负载串联，称为串联线圈或电流线圈(current coil)。这样，电动式仪表可以用来测量功率，通常用的就是电动式功率表。

11.6.1 单相交流和直流功率的测量

图 11.17 所示是功率表的接线图。固定线圈的匝数较少，导线较粗，与负载串联，作为电流线圈。可动线圈的匝数较多，导线较细，与负载并联，作为电压线圈。

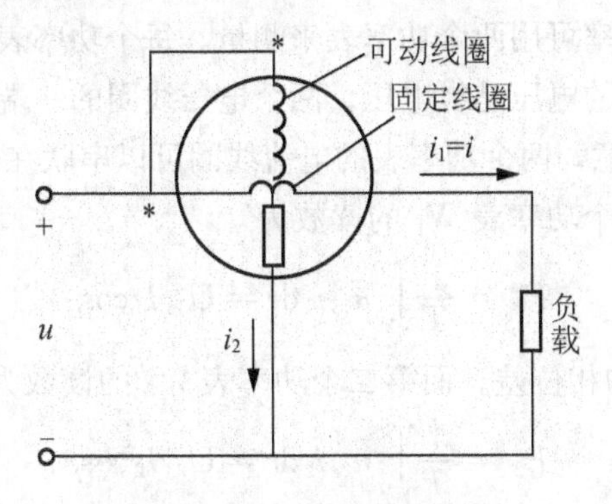

图 11.17 功率表的接线图

由于并联线圈串有高阻值的倍压器，它的感抗与其电阻相比可以忽略不计，所以可以认为其中电流 i_2 与两端的电压 u 同相。这样，在式(11.11)中 I_1 即为负载电流的有效值 I，I_2 与负载电压的有效值 U 成正比，φ 即为负载电流与电压之间的相位差，而 $\cos\varphi$ 即为电路的功率因数。因此，式(11.12)也可写成

$$\alpha = k'UI\cos\varphi = k'P \tag{11.14}$$

可见，电动式功率表中指针的偏转角 α 与电路的平均功率 P 成正比。

如果将电动式功率表的两个线圈中的一个反接，指针就反向偏转，这样便不能读出功率的数值。因此，为了保证功率表正确连接，在两个线圈的始端标以“±”或“*”号，这两端均应连在电源的同一端。

功率表的电压线圈和电流线圈各有其量程。改变电压量程的方法和电压表一样，即改变倍压器的电阻值。电流线圈常常是由两个相同的线圈组成，当两个线圈并联时，电流量程要比串联时大一倍。

同理，电动式功率表也可测量直流功率。

11.6.2 三相功率的测量

在三相三线制电路中，不论负载为星形连结或三角形连结，也不论负载对称与否，都广泛采用两功率表法来测量三相功率。

图 11.18 所示的是负载为星形连结的三相三线制电路，其三相瞬时功率为

$$p = p_1 + p_2 + p_3 = u_1 i_1 + u_2 i_2 + u_3 i_3$$

因为

$$i_1 + i_2 + i_3 = 0$$

所以

$$\begin{aligned} p &= u_1 i_1 + u_2 i_2 + u_3(-i_1 - i_2) \\ &= (u_1 - u_3) i_1 + (u_2 - u_3) i_2 \\ &= u_{13} i_1 + u_{23} i_3 = p_1 + p_2 \end{aligned}$$

由上式可知，三相功率可用两个功率表来测量。每个功率表的电流线圈中通过的是线电流，而电压线圈上所加的电压是线电压。两个电压线圈的一端都连在未串联电流线圈的一线上(图 11.18)。应注意，两个功率表的电流线圈可以串联在任意两线中。

在图 11.18 中，第一个功率表 W_1 的读数为

$$P_1 = \frac{1}{T}\int_0^T u_{13} i_1 \mathrm{d}t = U_{13} I_1 \cos\alpha \tag{11.15}$$

式中：α 为 u_{13} 和 i_1 之间的相位差。而第二个功率表 W_2 的读数为

$$P_2 = \frac{1}{T}\int_0^T u_{23} i_2 \mathrm{d}t = U_{23} I_2 \cos\beta \tag{11.16}$$

式中：β 为 u_{23} 和 i_2 之间的相位差。

两功率表的读数 P_1 与 P_2 之和即为三相功率：

$$P = P_1 + P_2 = U_{13} I_1 \cos\alpha + U_{23} I_2 \cos\beta$$

当负载对称时，由图 11.19 的相量图可知，两功率表的读数分别为

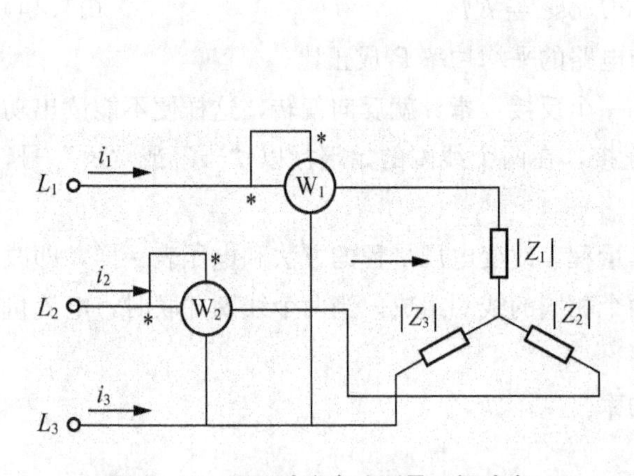

图 11.18　用两功率表法测量三相功率

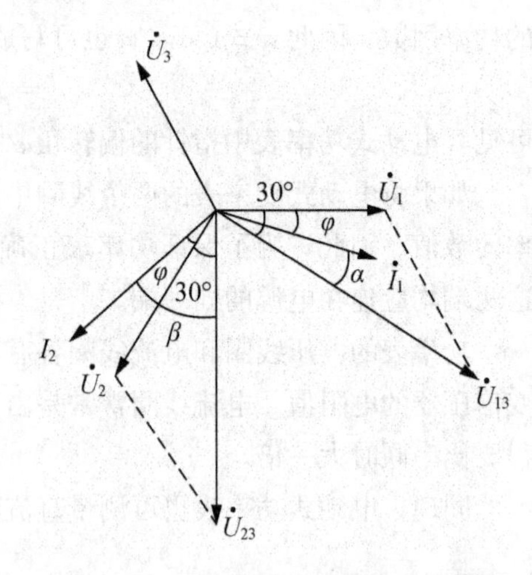

图 11.19　对称负载星形连结时的相量图

$$P_1 = U_{13} I_1 \cos\alpha = U_L I_L \cos(30^\circ - \varphi) \tag{11.17}$$

$$P_2 = U_{23} I_2 \cos\beta = U_L I_L \cos(30^\circ + \varphi) \tag{11.18}$$

因此，两功率表读数之和为

$$\begin{aligned} P = P_1 + P_2 &= U_L I_L \cos(30^\circ - \varphi) + U_L I_L \cos(30^\circ + \varphi) \\ &= \sqrt{3} U_L I_L \cos\varphi \end{aligned} \tag{11.19}$$

由式(11.19)可知，当相电流与相电压同相时，即 $\varphi = 0$，则 $P_1 = P_2$，即两个功率表的

读数相等。当相电流比相电压滞后的角度$\varphi > 60^\circ$时，则P_2为负值，即第二个功率表的指针反向偏转，这样便不能读出功率的数值。因此，必须将该功率表的电流线圈反接。这时三相功率便等于第一个功率表的读数减去第二个功率表的读数，即

$$P = P_1 + (-P_2) = P_1 - P_2$$

由此可知，三相功率应是两个功率表读数的代数和，其中任意一个功率表的读数是没有意义的。

实际上，常用一个三相功率表(或称二元功率表)代替两个单相功率表来测量三相功率，其原理与两功率表法相同，接线图如图 11.20 所示。

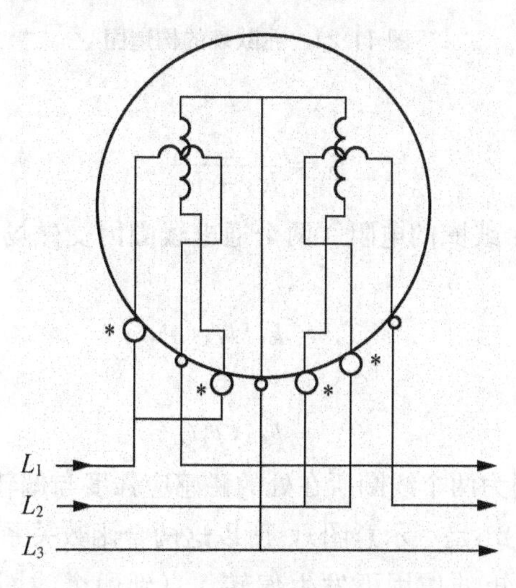

图 11.20 三相功率表的接线图

练习与思考

1. 试述功率表的内部结构。
2. 测量三相电路功率有几种方法?

11.7 兆 欧 表

检查电机、电器及线路的绝缘情况和测量高值电阻，常应用兆欧表(megohm meter)。兆欧表是一种利用磁电式流比计的线路来测量高电阻的仪表，其构造如图 11.21 所示。在永久磁铁的磁极间放置着固定在同一轴上而相互垂直的两个线圈。一个线圈与电阻R串联，另一个线圈与被测电阻R_x串联，然后将两者并联于直流电源。电源安置在仪表内，是一手摇直流发电机，其端电压为U。

在测量时两个线圈中通过的电流分别为

$$I_1 = \frac{U}{R_1 + R}$$

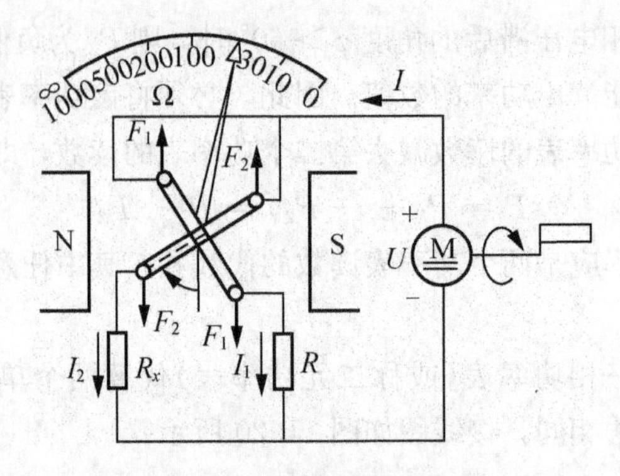

图 11.21 兆欧表的构造图

和

$$I_2 = \frac{U}{R_2 + R_x}$$

式中：R_1 和 R_2 分别为两个线圈的电阻。两个通电线圈因受磁场的作用，产生两个方向相反的转矩：

$$T_1 = k_1 I_1 f_1(\alpha)$$

和

$$T_2 = k_2 I_2 f_2(\alpha)$$

式中：$f_1(\alpha)$ 和 $f_2(\alpha)$ 分别为两个线圈所在处的磁感应强度与偏转角 α 之间的函数关系。因为磁场是不均匀的(图 11.21 是一示意图)，所以这两个函数关系并不相等。

仪表的可动部分在转矩的作用下发生偏转，直到两个线圈产生的转矩相平衡为止。这时

$$T_1 = T_2$$

即

$$\frac{I_1}{I_2} = \frac{k_2 f_2(\alpha)}{k_1 f_1(\alpha)} = f_3(\alpha)$$

或

$$\alpha = f\left(\frac{I_1}{I_2}\right) \tag{11.20}$$

上式表明，偏转角 α 与两线圈中电流之比有关，故称为流比计。

由于

$$\frac{I_1}{I_2} = \frac{R_2 + R_x}{R_1 + R}$$

所以

$$\alpha = f\left(\frac{R_2 + R_x}{R_1 + R}\right) = f'(R_x) \tag{11.21}$$

可见偏转角 α 与被测电阻 R_x 有一定的函数关系，因此，仪表的刻度尺就可以直接按电阻来分度。这种仪表的读数与电源电压 U 无关，所以手摇发电机转动的快慢不影响读数。

线圈中的电流是经由不会产生阻转矩的金属带引入的，所以当线圈中无电流时，指针将处于随遇平衡状态。

练习与思考

什么是兆欧表？它有什么作用？

11.8 电桥测量电阻、电容与电感

在生产和科学研究中常用各种电桥来测量电路元件的电阻、电容和电感，在非电量的电测技术中也常用到电桥。电桥(bridge)是一种比较式仪表，它的准确度和灵敏度较高。

11.8.1 直流电桥

最常用的是单臂直流电桥(Wheatstone bridge，惠斯通电桥)，是用来测量中值(1Ω～0.1MΩ)电阻的，其电路如图11.22所示。当检流计G中无电流通过时，电桥达到平衡。电桥平衡的条件为

$$R_1R_4 = R_2R_3$$

设$R_1 = R_x$为被测电阻，则

$$R_x = \frac{R_2}{R_4}R_3 \tag{11.22}$$

式中：$\frac{R_2}{R_4}$为电桥的比臂，R_3为较臂。测量时先将比臂调到一定比值，而后再调节较臂直到电桥平衡为止。

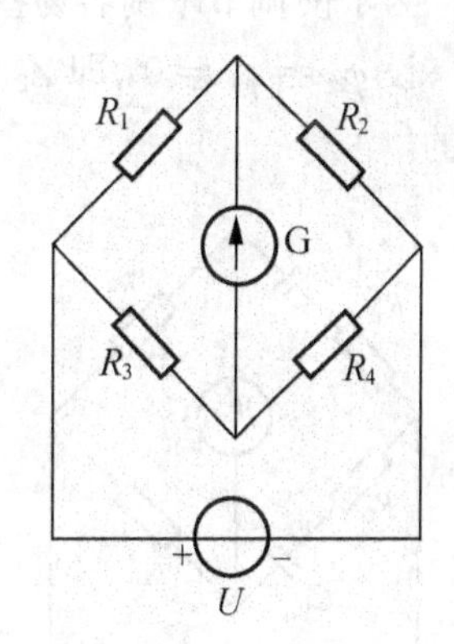

图 11.22 直流电桥的电路

电桥也可以在不平衡的情况下来测量：先将电桥调节到平衡，当R_x有所变化时，电桥的平衡被破坏，检流计中流过电流，这电流与R_x有一定的函数关系，因此，可以直接读出被测电阻值或引起电阻发生变化的某种非电量的大小。不平衡电桥一般用在非电量的电测技术中。

11.8.2 交流电桥

交流电桥(AC bridge)的电路如图11.23所示。4个桥臂由阻抗Z_1、Z_2、Z_3和Z_4组成，交流电源一般是低频信号发生器，指零仪器是交流检流计或耳机。

当电桥平衡时

$$Z_1Z_4 = Z_2Z_3 \tag{11.23}$$

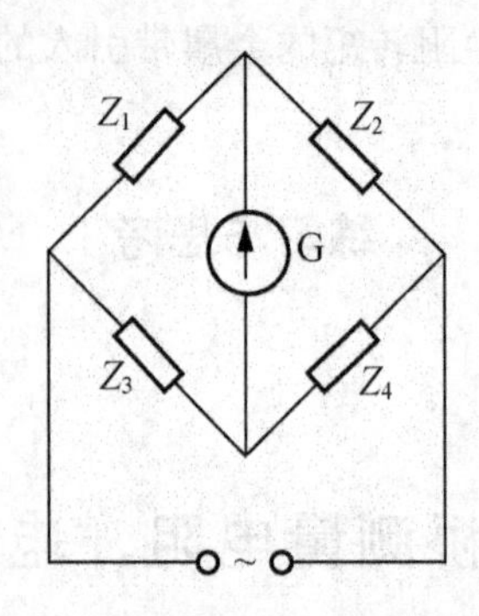

图 11.23　交流电桥的电路

将阻抗写成指数形式，则为

$$|Z_1|e^{j\varphi_1}|Z_4|e^{j\varphi_4}=|Z_2|e^{j\varphi_2}|Z_3|e^{j\varphi_3}$$

或

$$|Z_1||Z_4|e^{j(\varphi_1+\varphi_4)}=|Z_2||Z_3|e^{j(\varphi_2+\varphi_3)}$$

由此得

$$|Z_1||Z_4|=|Z_2||Z_3| \tag{11.24}$$

$$\varphi_1+\varphi_4=\varphi_2+\varphi_3 \tag{11.25}$$

为了使调节平衡容易些，通常将两个桥臂设计为纯电阻。

设 $\varphi_2=\varphi_4=0$，即 Z_2 和 Z_4 是纯电阻，则 $\varphi_1=\varphi_3$，即 Z_1 和 Z_3 必须同为电感性或电容性的。

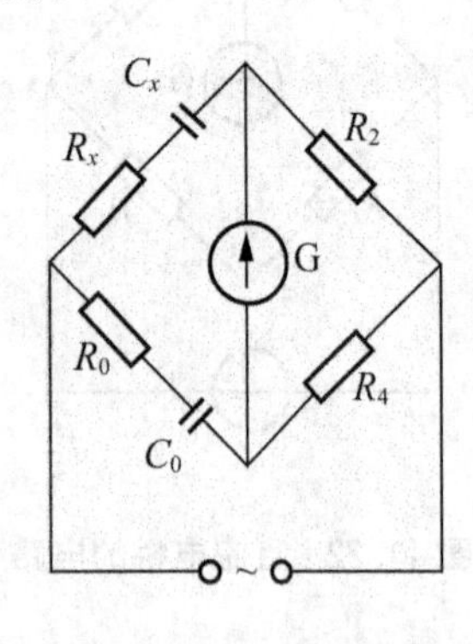

图 11.24　测量电容的电路

设 $\varphi_2=\varphi_3=0$，即 Z_2 和 Z_3 是纯电阻，则 $\varphi_1=-\varphi_4$，即 Z_1 和 Z_4 中，一个是电感性的，另一个是电容性的。

下面举例说明测量电感和电容的原理。

1）电容的测量

测量电容的电路如图 11.24 所示，电阻 R_2 和 R_4 作为两臂，被测电容器 (C_x, R_x)（R_x 是电容器的介质损耗所反映出的一个等效电阻）作为一臂，无损耗的标准电容器（C_0）和标准电阻（R_0）串联后作为另一臂。

电桥平衡的条件为

$$\left(R_x-j\frac{1}{\omega C_x}\right)R_4=\left(R_0-j\frac{1}{\omega C_0}\right)R_2$$

由此得

$$R_x=\frac{R_2}{R_4}R_0$$

$$C_x=\frac{R_2}{R_4}C_0$$

为了要同时满足上两式的平衡关系，必须反复调节 $\frac{R_2}{R_4}$ 和 R_0 或 C_0 直到平衡为止。

2）电感的测量

测量电感的电路如图 11.25 所示，R_x 和 L_x 是被测电感元件的电阻和电感。

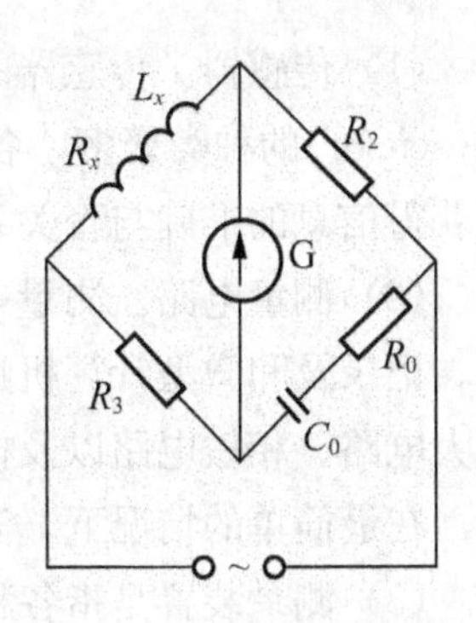

图 11.25 测量电感的电路

电桥平衡的条件为

$$R_2R_3=(R_x+\mathrm{j}\omega L_x)\left(R_0-\mathrm{j}\frac{1}{\omega C_0}\right)$$

由上式可得出

$$L_x=\frac{R_2R_3C_0}{1+(\omega R_0C_0)^2}$$

$$R_x=\frac{R_2R_3R_0\ (\omega C_0)^2}{1+(\omega R_0C_0)^2}$$

调节 R_2 和 R_0 使电桥平衡。

练习与思考

1. 什么是电桥？电桥平衡的条件是什么？
2. 如何应用电桥测量电阻、电容和电感？

11.9 非电量的电测法

非电量的电测法就是将各种非电量(如温度、压力、速度、位移、应变、流量、液位等)变换为电量，而后进行测量的方法。由于变换所得的电量(如电动势、电压、电流、频率等)与被测的非电量之间有一定的比例关系，因此通过对变换所得的电量的测量便可测得非电量的大小。

非电量的电测法具有下列几个主要优点。

(1) 能连续测量，以自动控制生产过程(如要自动控制锅炉设备时，必须不断地测量蒸汽压力、锅炉水位、出汽温度等)。

(2) 能远距离测量。

(3) 能测量动态过程(可用惯性很小的示波器来观测)。

(4) 能自动记录(如自动记录炉温)。

(5) 测量的准确度和灵敏度较高。

(6) 采用微处理器做成的智能化仪器，可与微型计算机一起组成测量系统，实现数据处理、误差校正和自动监控等功能。

随着生产过程自动化的发展，非电量的电测技术日益重要。

各种非电量的电测仪器，主要由下列几个基本环节组成。

传感器 ⟶ 测量电路 ⟶ 测录装置

(1) 传感器。传感器的作用是把被测非电量变换为与其成一定比例关系的电量。传感器(sensor)的种类繁多，各有各的变换功能。它在非电量电测系统中占有很重要的位置，它获得信息的准确与否关系到整个测量系统的精确度。

(2) 测量电路。测量电路的作用是把传感器输出的电信号进行处理，使之适合于显示、记录及和微型计算机连接。最常用的测量电路有电桥电路、电位计电路、差动电路、放大电路、相敏电路以及模拟量和数字量的转换电路等。

在最简单的情况下，测量电路就是连接传感器与测录装置的导线。

(3) 测录装置是指各种电工测量仪表、示波器、自动记录器、数据处理器及控制电机等。非电量变换为电量后，用测录装置来测量、显示或记录被测非电量的大小或其变化，或者通过控制电机(电器)来控制生产过程。

此外，目前在非电量电测系统中广泛应用微型计算机，不仅能扩大测量系统的功能，而且也能改善对测量值的处理技术，并提高了可靠性。

下面介绍几种最常用的传感器以及相应的测量原理，以使读者对非电量的电测法有所了解。

11.9.1 应变电阻传感器

机械零件和各种结构杆件的应变(即伸缩度)通常用应变仪来测量，并由此计算其中的应力。应变仪中常用的传感器是金属电阻丝应变片(此外，还有金属箔栅应变片和半导体应变片)，如图 11.26 所示。图中的电阻丝，是由直径为 0.02～0.04 mm 的康铜或镍铬合金绕成图中的形状，粘在薄纸片上。在测量时，将此应变片用特种胶水粘在被测试件上。被测试件发生的应变通过胶层和纸片传给电阻丝，把电阻丝拉长或缩短，因而改变了它的电阻。这就把机械应变变换为电阻的变化。

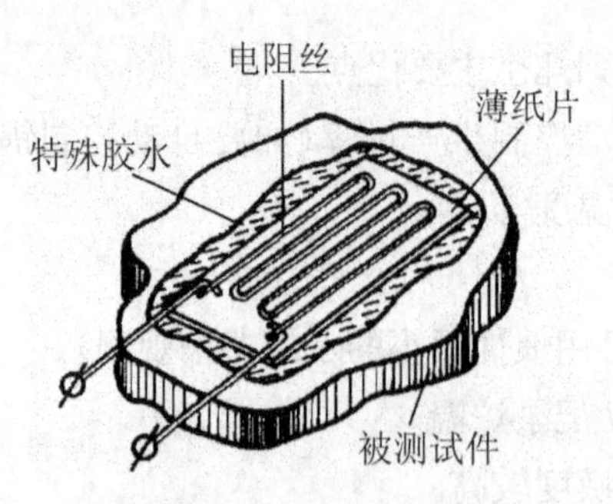

图 11.26 金属电阻丝应变片

电阻丝的电阻的相对变化 $\frac{\Delta R}{R}$ 和被测试件的轴向应变 $\frac{\Delta l}{l}$ 成正比，即

$$k = \frac{\Delta R}{R} \Big/ \frac{\Delta l}{l}$$

或

$$\frac{\Delta R}{R}=k\frac{\Delta l}{l}=k\varepsilon \tag{11.26}$$

式中：k 为电阻丝应变片的灵敏系数，其值约为2。

由于机械应变一般很小，所以电阻的变化也很小，$\Delta R=10^{-1}\sim10^{-4}\,\Omega$。因此要求测量电路能精确地测量出微小的电阻变化。最常用的测量电路是电桥电路(大多采用不平衡电桥)，把电阻的相对变化转换为电压或电流的变化。

图11.27所示是交流电桥测量电路，为简便起见，设4个桥臂皆为纯电阻，其中R_1为电阻丝应变片。电源电压一般为50～500 kHz的正弦电压$\dot{U}$，输出电压为$\dot{U}_0$，通过计算可得出两者的关系式：

$$\dot{U}_0=\frac{R_1R_4-R_2R_3}{(R_1+R_2)(R_3+R_4)}\cdot\dot{U}$$

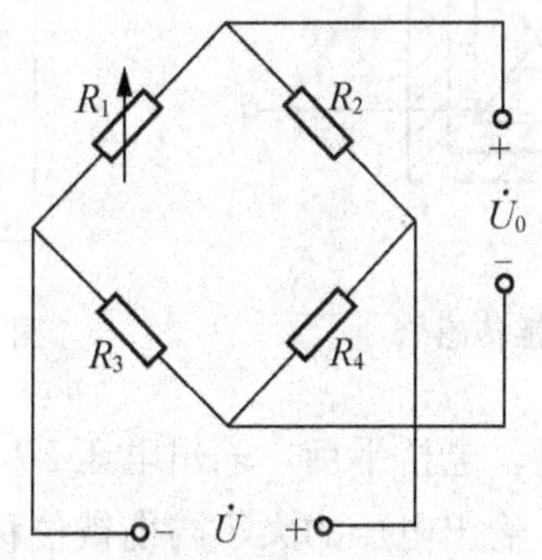

图11.27 交流电桥测量电路

设测量前电桥平衡，即

$$R_2R_3=R_1R_4,\dot{U}_0=0$$

测量时应变片电阻变化了ΔR_1，则

$$\dot{U}_0=\frac{R_1R_4+\Delta R_1R_4-R_2R_3}{(R_1+\Delta R_1+R_2)(R_3+R_4)}\cdot\dot{U}$$

如果初始时，$R_1=R_2$ 和 $R_4=R_3$，并略去分母中的ΔR_1，则得

$$\dot{U}_0=\frac{1}{4}\times\frac{\Delta R_1}{R_1}\dot{U} \tag{11.27}$$

输出电压与电阻的相对变化成正比。

由于被测应变信号很小，$\dot{U}_0$ 也是很小的。因此，还要经过放大、整流、滤波等环节而后输出，用测录装置显示或记录。

11.9.2 电感传感器

电感传感器(inductance sensor)能将非电量的变化变换为线圈电感的变化，再由测量电路转换为电压或电流信号。

图 11.28 所示是常用的差动电感传感器。有两只完全相同的线圈 rL_1 和 rL_2，上下对称排列，其中有一衔铁。当衔铁在中间位置时，两线圈的电感相等，$L_1 = L_2$。当衔铁受到非电量的作用上下移动时，两只线圈的电感一增一减，发生变化，此即为差动。

图 11.29 所示是交流电桥测量电路，两只线圈分别为两个相邻桥臂，标准电阻 R_0 组成另外两个桥臂。

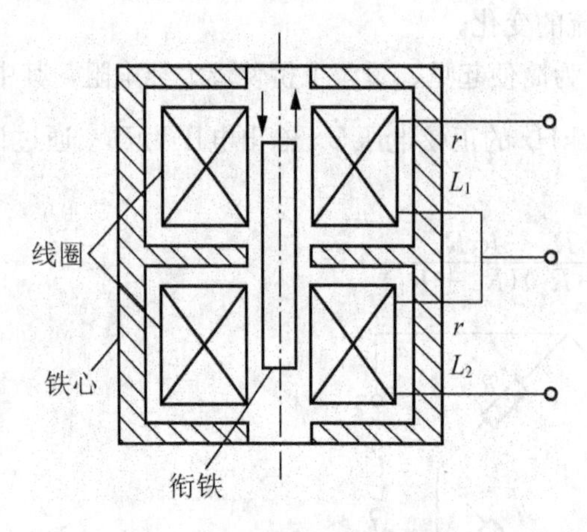

图 11.28　差动电感传感器

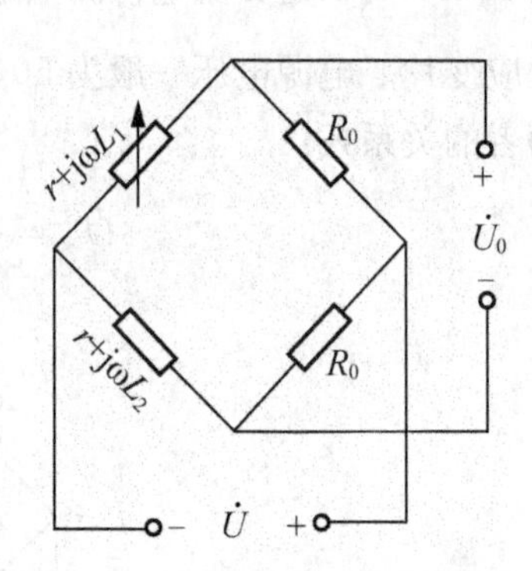

图 11.29　交流电桥测量电路

初始时，衔铁处于中间位置，电桥平衡，输出电压 $\dot{U}_0 = 0$。当衔铁偏离中间位置向上或向下移动时，电桥就不平衡，输出电压的大小与衔铁位移的大小成比例，其相位则与衔铁移动的方向有关。电桥的输出电压通常还要经过放大、整流、滤波等环节而后输出，用测录装置指示或记录。

电感传感器的优点是输出功率较大，在很多情况下可以不经放大，直接与测量仪表相连。此外，它的结构简单，工作可靠，而且采用的是工频交流电源。因此，电感传感器的应用很广泛，常用来测量压力、位移、液位、表面光洁度，以及检查零件尺寸等。

11.9.3　电容传感器

电容传感器(capacitive sensor)能将非电量的变化变换为电容器电容的变化。通常采用的是平板电容传感器(图 11.30)，其电容为

$$C = \frac{\varepsilon A}{d} \tag{11.28}$$

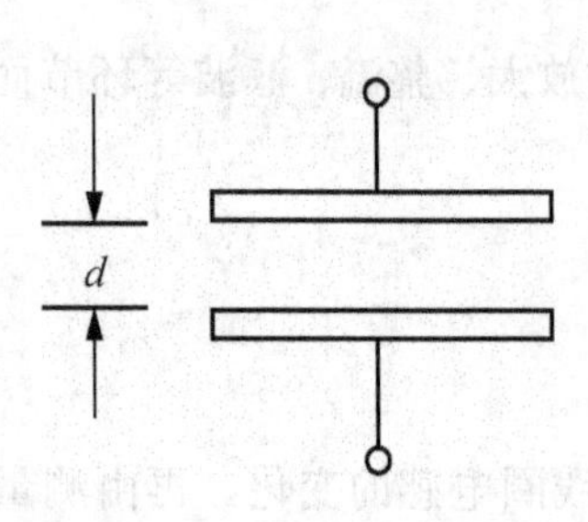

图 11.30　平板电容传感器

式中：ε 是极板间介质的介电常数；A 是两块极板对着的有效面积；d 是极板间距离。

由上式可见，只要改变 ε、A、d 三者之一，都可使电容改变。

如将上极板固定，下极板与被测运动物体相接触，当运动物体上、下位移(改变 d)或左、右位移(改变 A)时，将引起电容的变化，通过测量电路将这种电容的变化转换为电信号

输出，其大小反映运动物体位移的大小。图 11.31 所示是交流电桥测量电路：C_1是电容传感器；C_2是一个固定电容器，其电容与初始时 C_1 的电容相等；R_0是两个标准电阻。初始时，电桥平衡，$\dot{U}_0=0$。当C_1的电容变化时，电桥有电压输出，其值与电容的变化成比例，由此可测定被测非电量。

图 11.32 所示是测量绝缘带条厚度的电容传感器，其极板间的距离 d 一定。带条的厚度为δ，其介电常数为ε，空气的介电常数为ε_0，则电容

$$C=\frac{A}{\frac{d-\delta}{\varepsilon_0}+\frac{\delta}{\varepsilon}} \tag{11.29}$$

可见，C 是带条厚度 δ 的函数，由此可检查出带条厚度是否合格。

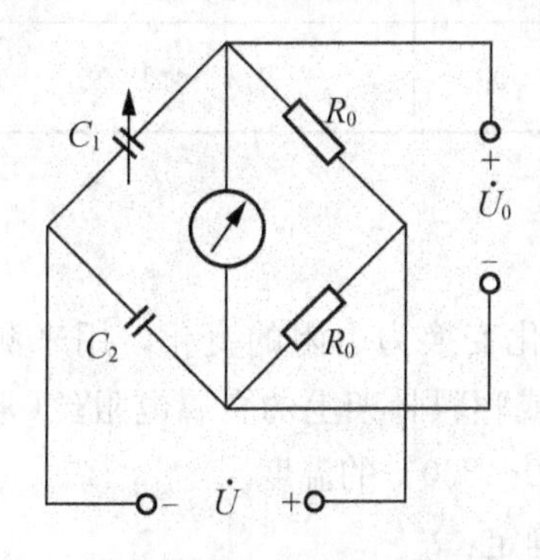

图 11.31 交流电桥测量电路

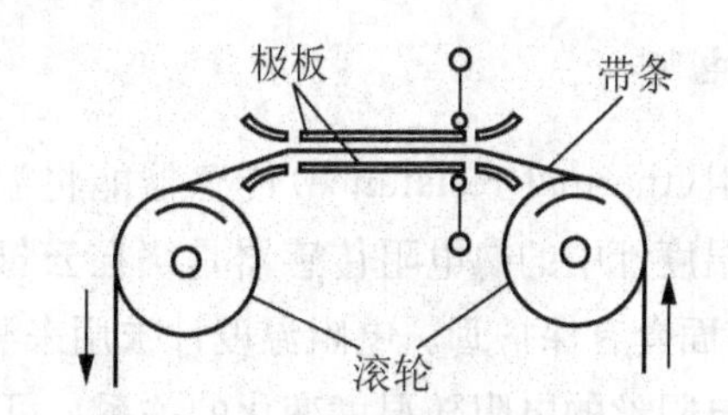

图 11.32 用电容传感器测量绝缘带条的厚度

11.9.4 热电传感器

热电传感器能将温度的变化变换为电动势或电阻的变化，主要有下列 3 种。

1. 热电偶

热电偶(thermocouple)由两根不同的金属丝或合金丝组成(图 11.33)。如果在两金属丝相连的一端加热(热端)，则产生热电动势 E_t，它与热电偶两端的温度有关，即

$$E_t=f(t_1)-f(t_2) \tag{11.30}$$

设热电偶冷端的温度 t_2 保持恒定，则热电动势就只与热端的温度(被测温度) t_1 有关。

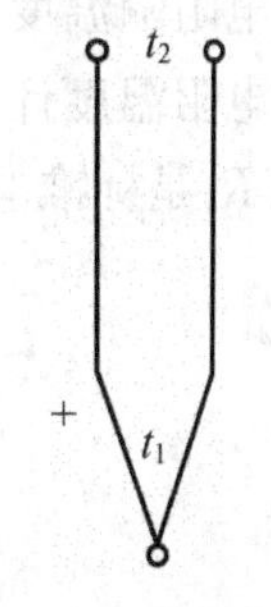

图 11.33 热电偶

热电偶温度计常用来测量 500～1500℃的温度。表 11-4 是常用热电偶的主要技术数据。

为了防止热电偶受到机械损坏或高温蒸汽的有害作用，常把它放在用钢、瓷或石英制成的保护套管中。

表 11-4 常用热电偶的主要技术数据

热电偶名称	成分	极性	测量最高温/℃		当 $t_2=0$℃和 $t_1=100$℃时的热电动势/mV
			长时间	短时间	
铂铑-铂	90%Pt+10%Rh 100%Pt	+ −	1300	1600	0.64
镍铬-镍铝	90%Ni+10%Cr 95%Ni+5%Al	+ −	1000	1250	4.1
镍铬-考铜	90%Ni+10%Cr 55Cu+45%Ni	+ −	600	800	6.59
铜-康铜	100%Cu 55%Cu+45%Ni	+ −	350	500	4.74
铜-考铜	100%Cu 60%Cu+40%Ni	+ −	350	500	4.15

2. 热电阻

热电阻(thermal resistance)传感器能将温度的变化变换为电阻的变化，用来测量温度。电阻温度计中的热电阻传感器是绕在云母、石英或塑料骨架上的金属电阻丝(常用铜或铂)，外面套有保护管。电阻温度计被用来测量−200～800℃的温度。

金属电阻丝的电阻随温度变化的关系，可用下式确定：

$$R_t = R_0(1 + At + Bt^2) \qquad (11.31)$$

式中：R_t和R_0分别为温度 t℃和 0℃时的电阻值，R_0值有 50Ω 和 100Ω 两种：A 和 B 为金属温度范围内的电阻温度系数的平均值。对铜丝而言，A=4×10−3(1/℃)，B=0；对铂丝而言，$A=3.98\times10^{-3}$(1/℃)，$B=-5.84\times10^{-7}$(1/℃)^2。

作为热电阻传感器的金属电阻丝，在工作温度范围内必须具有稳定的物理和化学性能；电阻随温度变化的关系最好是接近线性的；热惯性愈小愈好。

电阻温度计中常采用电桥测量电路，如图 11.34 所示。图中 R_1是热电阻传感器；R_2、R_3和 R_4是标准电阻，其中一个或两个是可调的。

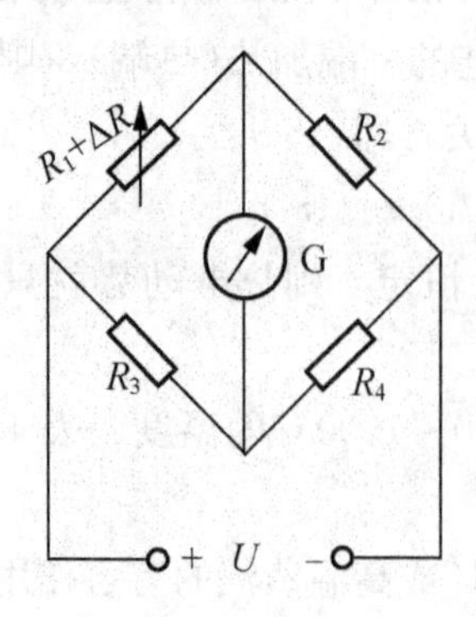

图 11.34 电桥测量电路

当电桥未平衡时，检流计G(其电阻为R_G)中通过电流I_G，它可用下式计算：

$$I_G = \frac{U(R_2R_3 - R_1R_4)}{M} \tag{11.32}$$

式中

$$M = R_G(R_1 + R_2)(R_3 + R_4) + R_1R_2(R_3 + R_4) + R_3R_4(R_1 + R_2)$$

在测量前，先调节R_2或R_3，使电桥平衡($I_G = 0$)。平衡条件为

$$R_2R_3 = R_1R_4$$

在测量温度时，传感器电阻丝的电阻变化了ΔR，于是式(11.31)的分子中的$R_2R_3 - R_1R_4$便变为

$$R_2R_3 - (R_1 + \Delta R)R_4 = R_2R_3 - R_1R_4 - \Delta RR_4 = -R_4\Delta R$$

在式(11.32)的分母中以$(R_1 + \Delta R)$来代替R_1，则可得$M+\Delta M$，而

$$\Delta M = \Delta R[R_G(R_3 + R_4) + R_2(R_3 + R_4) + R_3R_4]$$

当ΔR很小时，ΔM也很小，于是可以认为式(11.32)的分母保持不变。这时的不平衡电流为

$$I_G \approx \frac{UR_4}{M}|\Delta R| \tag{11.33}$$

R_t通过具有电阻R'_1、R'_2和R'_3的3根导线与电桥相连。R'_1和R'_2两连线的长度相等(一般$R'_1 = R'_2$)，电阻温度系数相同，分别接在相邻桥臂内，当温度变化时引起的电阻变化相同，便可消除测量误差。热电阻测温电桥的三线连接法如图11.35所示。

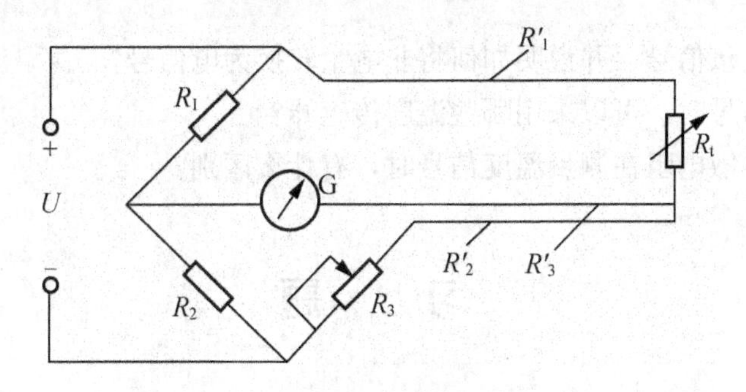

图11.35 热电阻测温电桥的三线连接法

3. 热敏电阻

热敏电阻(thermistor)能将温度的变化变换为电阻的变化，可用于温度测量、温度控制和温度补偿。热敏电阻是半导体元件，它是将锰、镍、钴、铜和钛等氧化物按一定比例混合后压制成形，在高温(1000℃左右)下烧结而成的。其外形有珠状、片状、圆柱状和垫圈状等多种。

热敏电阻具有负的电阻温度系数，当温度升高时，其电阻明显减小；同时，它的电阻与温度的关系是非线性的。电阻与温度的关系如图11.36所示。

热敏电阻的测温范围约为−50～+300℃，除可以测量一般液体、气体和固体的温度

外，还可用来测量晶体管外壳温升、植物叶片温度和人体血液温度等。

测温时采用的也是电桥测量电路(图 11.37)。由于电阻－温度特性的非线性，要用电阻温度系数很小的补偿电阻 R_c 与热敏电阻串联或并联，使等效电阻与温度在一定范围内呈线性关系。

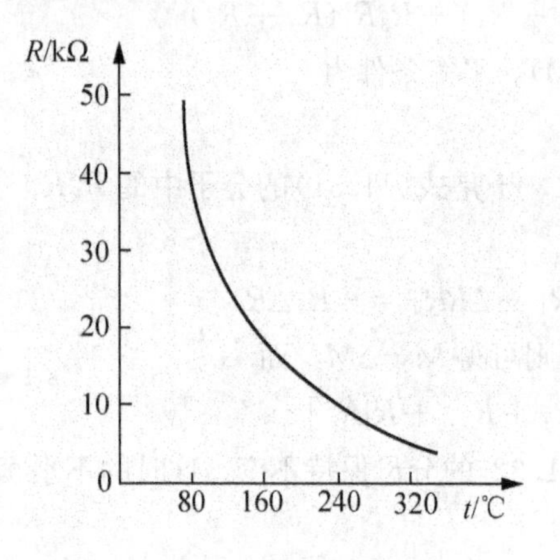

图 11.36　热敏电阻的电阻温度特性

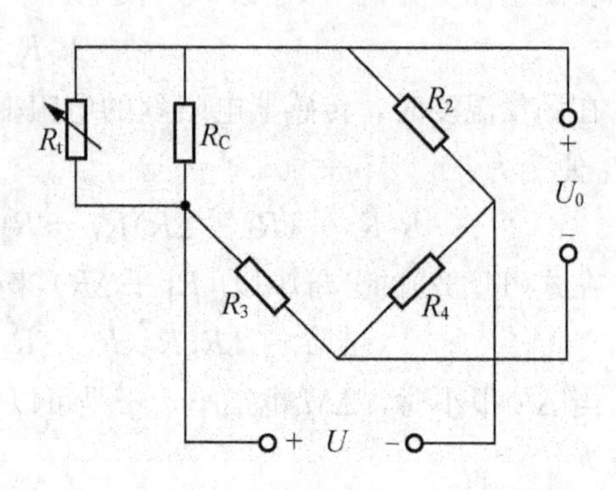

图 11.37　热敏电阻与补偿电阻并联的电桥测量电路

由于热敏电阻具有负的电阻温度系数，因此可用它来对正的温度系数的电阻元件进行补偿，以减小温度误差。

练习与思考

1. 试列举非电量信号，并说明如何将非电量转换为电信号？
2. 测量温度信号时，可以采用哪些温度传感器？
3. 热电偶和热敏电阻在测量温度信号时，有什么区别？

习　题

1. 有一个准确度为 1.0 级的电压表，其最大量程为 50V，如用来测量实际值为 25V 的电压时，则相对测量误差为(　　)。

A. ±0.5　　B. ±2%　　C. ±0.5%

2. 有一个电流表，其最大量程为 30 A。今用来测量 20 A 的电流时，相对测量误差为 ±1.5%，则该电流表的准确度为(　　)。

A. 1 级　　B. 0.01 级　　C. 0.1 级

3. 有一个准确度为 2.5 级的电压表，其最大量程为 100V，则其最大基本误差为(　　)。

A. ±2.5V　　B. ±2.5　　C. ±2.5%

4. 使用电压表或电流表时，要正确选择量程，应使被测值(　　)。

A. 小于满标值的一半左右　　B. 超过满标值的一半以上

C. 不超过满标值即可

5. 交流电压表的读数是交流电压的(　　)。

A. 平均值　　　　B. 有效值　　　　C. 最大值

6. 测量交流电压时，应用(　　)。

A. 磁电式仪表或电磁式仪表

B. 电磁式仪表或电动式仪表

C. 电动式仪表或磁电式仪表

7. 在多量程的电流表中，量程愈大，则其分流器的阻值(　　)。

A. 愈大　　　　B. 愈小　　　　C. 不变

8. 在多量程的电压表中，量程愈大，则其倍压器的阻值(　　)。

A. 愈大　　　　B. 愈小　　　　C. 不变

9. 在三相三线制电路中，通常采用(　　)来测量三相功率。

A. 两功率表法　　B. 三功率表法　　C. 一功率表法

10. 电源电压的实际值为22V，今用准确度为1.5级、满标值为250V和准确度为1.0级、满标值为500V的两个电压表去测量，试问哪个参数比较准确？

11. 用准确度为2.5级、满标值为250V的电压表去测量110V的电压，试问相对测量误差为多少？如果允许的相对测量误差不应超过5%，试确定这只电压表适宜于测量的最小电压值。

12. 一毫安表的内阻为20 Ω，满标值为12.5 mA。如果把它改装成满标值为250V的电压表，问必须串联多大的电阻？

13. 图11.38所示是一个电阻分压电路，用一个内阻R_V。为25 kΩ、50 kΩ、500 kΩ的电压表测量时，其读数各为多少？由此得出什么结论？

14. 图11.39所示是用伏安法测量电阻R的两种电路。因为电流表有内阻R_A，电压表有内阻R_V，所以两种测量方法都将引入误差。试分析它们的误差，并讨论这两种方法的适用条件，即适用于测量阻值大一点的还是小一点的电阻以减小误差？

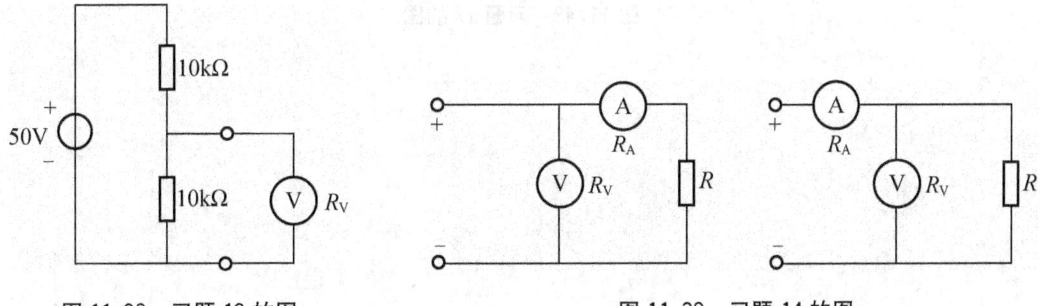

图11.38　习题13的图　　　　图11.39　习题14的图

15. 图11.40所示的是测量电压的电位计电路，其中$R_1+R_2=50\Omega$，$R_3=44\Omega$，$E=3V$。当调节滑动触点使$R_2=30\Omega$时，电流表中无电流通过。试求被测电压U_x之值。

16. 图11.41所示是万用表中直流毫安档的电路。表头内阻$R_0=280\ \Omega$，满标值电流

$I_0=0.6$ mA。今欲使其量程扩大为 1 mA、10 mA 及 100 mA，试求分流器电阻 R_1、R_2 和 R_3。

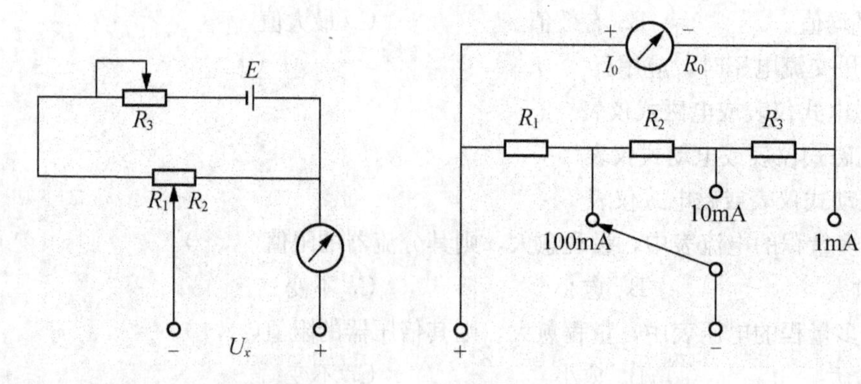

图 11.40　习题 15 的图　　　　图 11.41　习题 16 的图

17. 如用上述万用表测量直流电压，共有 3 档量程，即 10V、100V 及 250V，试计算如图 11.42 所示倍压器电阻 R_4、R_5 及 R_6。

18. 在三相四线制电路中负载对称和不对称这两种情况下，如何用功率表来测量三相功率？分别画出测量电路。能否用两功率表法测量三相四线制电路的三相功率？

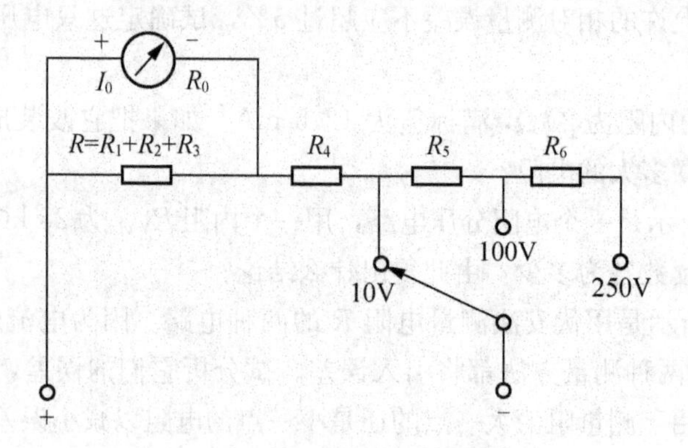

图 11.42　习题 17 的图

参 考 文 献

[1] 秦曾煌．电工学(上册)[M].7版．北京：高等教育出版社，2009.
[2] 邱关源．电路[M].5版．北京：高等教育出版社，2012.
[3] 张文生．电工学(上册)[M]. 北京：中国电力出版社，2008.
[4] 赵莹．电工学学习指导与习题解答[M]. 北京：中国电力出版社，2012.
[5] 蒋中．电工技术[M]. 北京：北京大学出版社，2007.
[6] 卢小芬．电路分析[M]. 北京：中国电力出版社，2011.
[7] 孙陆梅．电工学[M]. 北京：中国电力出版社，2011.
[8] 张绪光．电路与模拟电子技术[M]. 北京：北京大学出版社，2009.
[9] 刘晓惠．电工与电子技术基础[M]. 北京：北京理工大学出版社，2011.
[10] 马鑫金．电工仪表与电路实验技术[M]. 北京：机械工业出版社，2010.
[11] 罗先觉．电路学习指导与习题分析[M]. 北京：高等教育出版社，2012.

参考文献

[illegible]